Wirtschaftliche Resilienz in deutschsprachigen Regionen

Rüdiger Wink • Laura Kirchner
Florian Koch • Daniel Speda

Wirtschaftliche Resilienz in deutschsprachigen Regionen

Rüdiger Wink
Fakultät Wirtschaft
HTWK Leipzig
Leipzig
Deutschland

Laura Kirchner
Fakultät Wirtschaft
HTWK Leipzig
Leipzig
Deutschland

Florian Koch
HTWK Leipzig
Leipzig
Deutschland

Daniel Speda
HTWK Leipzig
Leipzig
Deutschland

Die Forschungsergebnisse wurden auch durch die Finanzierung folgender Forschungsprojekte ermöglicht:

„Economic Resilience in Europe (ECR 2)" im Auftrag des European Spatial Planning Observatory Networks (ESPON)

„Territories and technologies in an unstable economy" (T-RES), gefördert durch die Deutsche Forschungsgemeinschaft (DFG) im Rahmen des Programms „Open Research Area in Europe"

„Territorial Agenda 2020 put in practice – enhancing the efficiency and effectiveness of the Cohesion Policy by a place-based approach" im Auftrag der Europäischen Kommission, DG Regio

ISBN 978-3-658-09822-3   ISBN 978-3-658-09823-0 (eBook)
DOI 10.1007/978-3-658-09823-0

Die Deutsche Nationalbibliothek verzeichnet diese Publikation in der Deutschen Nationalbibliografie; detaillierte bibliografische Daten sind im Internet über http://dnb.d-nb.de abrufbar.

Springer Gabler

Gedruckt auf säurefreiem und chlorfrei gebleichtem Papier

Springer Fachmedien Wiesbaden ist Teil der Fachverlagsgruppe Springer Science+Business Media
(www.springer.com)

Inhaltsverzeichnis

Einführung

1

1.1 Krisen als Herausforderung regionaler Wirtschaftspolitik

Der Begriff „Resilienz" hat sich in den vergangenen Jahren zu einem schillernden, häufig Hoffnungen auslösenden Ausdruck entwickelt. Ursprünglich vorwiegend in der Psychologie und Ökologie verwendet, wird „resilient" im Kontext der Regional- und Stadtentwicklung bereits als das *„neue nachhaltig"* bezeichnet (vgl. beispielsweise Exner 2013) und in Buchtiteln zur Stadtentwicklung mit Stoßseufzern wie *„Jetzt auch noch resilient?"* (DIfU 2013) verbunden. Gemeinsam ist allen Betrachtungen der regionalen Resilienz, dass auf – akut zu überwindende, aber auch angesichts ökologischer Risiken oder gefährdeter kritischer Infrastrukturen zukünftig zu verhindernde – Krisen Bezug genommen wird (vgl. zum Stand der Forschung in verschiedenen Disziplinen die Beiträge bei Wink 2015 und zu einer bibliometrischen Analyse der Ausbreitung des Konzepts der Resilienz Meerow und Newell 2015 sowie Xu et al. 2015). Die Finanz- und Wirtschaftskrise ab dem Jahr 2007 mit ihren seit der „Great Depression" ab 1929 nicht erlebten Rückgängen des Bruttoinlandsprodukts in den meisten Industrieländern bildet daher auch den Hintergrund einer intensivierten Verwendung des Begriffs „Resilienz" im wirtschaftswissenschaftlichen Kontext (vgl. Hill et al. 2010; Simmie und Martin 2010; Christopherson et al. 2010). Ein Schwerpunkt lag und liegt in der Analyse regionaler Unterschiede bei der Betroffenheit wirtschaftlicher Krisen und ihrer Bewältigung. Standen zuvor makroökonomische Maßnahmen im Rahmen von Geld- und Fiskalpolitik im Zentrum der Betrachtung, wie kurzfristige konjunkturelle Krisen verhindert oder überwunden werden können (vgl. beispielsweise Blanchard und Wolfers 2000; Kalinowski 2013; kritisch hierzu Aiginger 2009), ging es nunmehr auch um Erklärungen für regionale Unterschiede in konjunkturellen Krisensituationen trotz gleicher geld-, fiskal- und arbeitsmarktpolitischer Instrumente auf der nationalen und supranationalen (EU-)Ebene.

© Springer Fachmedien Wiesbaden 2016
R. Wink et al., *Wirtschaftliche Resilienz in deutschsprachigen Regionen*,
DOI 10.1007/978-3-658-09823-0_1

Die zunehmende Beliebtheit der Begriffsverbindung „regionale wirtschaftliche Resilienz" stieß jedoch auch auf Kritik insbesondere aus zwei Richtungen. Eine kritische Argumentationslinie fragte nach den neuen Erkenntnissen, die ein solcher Begriff und daraus hergeleitetes Konzept ermöglicht (Stichwort: *„Alter Wein in neuen Schläuchen"*, vgl. Hassink 2010). Ohne bereits auf konzeptionelle Inhalte einzugehen, die erst im zweiten Kapitel diskutiert werden, ist dieser Kritik zu entgegnen, dass erst die Orientierung an Resilienz eine produktive Auseinandersetzung mit Krisen und ihren Veränderungspotentialen auslöste. Gerade in der regionalen Wirtschaftsförderung wurde in den vergangenen Jahren häufig auf die produktive Rolle von Clusterprozessen und Technologieplattformen im Sinne idealtypischer Abläufe verwiesen, ohne hierbei den Einfluss singulärer, unvorhergesehener oder auch schwelender Krisenereignisse zu berücksichtigen, die zu einschneidenden Veränderungen dieser Prozesse beitragen können (vgl. zur Diskussion auch Kiese und Hundt 2014; Richter Ostergaard und Park 2015). Zugleich wird in der Literatur auf eine Häufung des Begriffs „Krise" in einer negativen Konnotation verwiesen, ohne auf das Potential für förderliche Veränderungen einzugehen, das Krisen auch innewohnen kann (vgl. auch Boschma 2014) und das bereits durch Schumpeter und sein Konzept der „kreativen Zerstörung" in die wissenschaftlichen Debatten eingebracht wurde (Schumpeter 1911, 1997). Die zweite kritische Argumentationslinie verweist auf ideologische Festlegungen, die aus dem Resilienzbegriff einen erhöhten Druck auf das Individuum herleiteten, sich immer neuen Veränderungsanforderungen zu unterwerfen, und zugleich Verantwortungen für Veränderungen und ihre Ermöglichung zunehmend von staatlichen Einrichtungen auf die Zivilgesellschaft zu verlagern (Walker und Cooper 2011; Mackinnon und Driscoll Derickson 2012). Eine solche ideologische Festlegung lässt sich jedoch bislang nicht als allgemeines Kennzeichen der wissenschaftlichen Auseinandersetzung feststellen. Unsere Untersuchungen in diesem Buch zielen gerade durch einen ideologieoffenen Resilienzbegriff unter Berücksichtigung des jeweiligen Verständnisses von Gesprächspartnern in den Untersuchungsregionen darauf ab, keine einseitigen Festlegungen in der Analyse und in der Herleitung von Empfehlungen vorzunehmen. Wir hoffen daher, mit unserer Vorgehensweise auch zur Klärung des Potentials, das im wirtschaftlichen Resilienzbegriff und seiner Verwendung steckt, beitragen zu können.

Ausgehend von den unmittelbaren Folgen der Finanz- und Wirtschaftskrise beschäftigten sich die meisten Studien und Messkonzepte mit der wirtschaftlichen Resilienz in den USA und Großbritannien. Dies lag auch darin begründet, dass die Krisenerfahrung in den USA mit grundsätzlichen strukturellen Krisen, beispielsweise in der Automobilindustrie, einherging (vgl. zur Bandbreite der Diskussion Weller und Helppie 2010; Sirkin et al. 2011), und in Großbritannien die starke Abhängigkeit von der wirtschaftlichen Entwicklung des Londoner Finanzmarktes und der Immobilienfinanzierung offenbar wurde (Fingleton et al. 2012). Mit zunehmendem Übergang zur Banken- und Schuldenkrise in der Europäischen Währungsunion gerieten auch Regionen in Ländern unter Auflagen zur Senkung der Staatsverschuldung im Rahmen des Europäischen Stabilitätsmechanismus in den Fokus der Untersuchungen. Wir werden im zweiten Kapitel ausführlicher auf den Stand der empirischen Forschung eingehen. Nationale und regionale Ebenen in Deutschland und Österreich wurden zumeist als Beispiele erfolgreicher Krisenvermeidung und Krisenüberwindung herangezogen (vgl. Davies 2011; Bristow et al. 2014). Diese Beobachtung überraschte zunächst, da gerade die relativ starken Exportsektoren dieser beiden Länder (Automobilwirtschaft und Maschinenbau als typische Beispiele) in besonderer Intensität mit der Krise konfrontiert wurden (Canova et al. 2012). Der Schwerpunkt der Beobachtungen lag bislang in allen Ländern allgemein auf Beschreibungen der unmittelbaren wirtschaftlichen Entwicklungen während und nach der Finanz- und Wirtschaftskrise und auf Analysen einzelner struktureller Einflussfaktoren auf die wirtschaftliche Entwicklung in der Finanz- und Wirtschaftskrise, während sich die Betrachtung politischer Instrumente zumeist auf Maßnahmen der Fiskal- und Geldpolitik auf nationaler und EU-Ebene beschränkte (vgl. auch zusammenfassend Strambach und Klement 2015).

An dieser Stelle setzen die Studien im Rahmen dieses Buches an. Drei Aspekte stehen hierbei in Abgrenzung zu bisherigen Untersuchungen im Vordergrund:

1. *Konzentration auf deutschsprachige Regionen*

Insgesamt werden in diesem Buch zehn Fallstudien zu Regionen versammelt. Neun dieser zehn Regionen gehören zur Bundesrepublik Deutschland, ergänzend wurde das Burgenland aufgrund seiner eindeutigen strategischen Orientierung während der vergangenen zwei Jahrzehnte als zusätzliche ländliche Region aufgenommen. Durch diese weitgehende Konzentration auf Regionen in Deutschland besteht ein gemeinsamer institutioneller und politischer Rahmen, insbesondere im Hinblick auf die Fiskal- und Geldpolitik sowie auf die Kompetenzverteilungen zwischen Bundes-, Landes- und kommunaler Ebene. Diese Gleichsetzung der Rahmenbedingungen ermöglicht eine Identifizierung spezifischer Maßnahmen und Entwicklungen auf lokaler und regionaler Ebene. Das Burgenland war als Ziel-1-Region im Rahmen der Europäischen Kohäsionspolitik in besonderem Maße von Anpassungen der Förderung durch die EU-Osterweiterung betroffen, eine Parallele zu den erfolgten Anpassungen für altindustrielle Regionen in Westdeutschland sowie zu den zukünftigen Anpassungen des Förderstatus ostdeutscher Regionen ab 2014. Durch diese Konzentration auf Regionen mit vergleichbaren oder gleichen institutionellen und politischen Rahmenbedingungen soll der spezifische Beitrag regionaler Besonderheiten und Maßnahmen identifiziert werden.

2. *Berücksichtigung vorheriger Krisenerfahrungen und mittelfristiger Anpassungsprozesse*

Die meisten bislang vorliegenden Studien zur regionalen wirtschaftlichen Resilienz betrachteten unmittelbare Folgen einzelner Krisen und exogener Schocks für die betroffenen Regionen. Eine solche Fokussierung auf kurzfristige Anpassungen vernachlässigt jedoch die Bedeutung vorhergehender Entwicklungen, die Einfluss auf die akute Anpassungsfähigkeit ausübten, und mittelfristiger Reaktionen, um die Anpassungsfähigkeit bei zukünftigen Störungen zu erhöhen (vgl. zur Bedeutung der Vor-Krisen-Situation für die Folgen der Wirtschaftskrise auf Unternehmensebene Knudsen, 2011). Die wenigen Studien, die langfristige Resilienzerfahrungen untersuchten (zum Beispiel Fingleton und Palombi 2013; Cellini und Torrisi 2014), konzentrierten sich auf die Auswertung langer Zeitreihen, ohne sich mit der Bedeutung politischer Eingriffe und Strategien sowie der Organisation von Anpassungsprozessen zu beschäftigen. In unseren Fallstudien haben wir daher einen Zeitraum von zwei Jahrzehnten herangezogen, der zumeist mehr als eine konjunkturelle Krisensituation und strukturelle Herausforderung, beispielsweise durch Veränderungen in regional bedeutsamen Branchen oder Transformationseffekte der deutschen Vereinigung und EU-Osterweiterung, umfasste. In diesem Zeitraum konnten Lerneffekte und Veränderungen der Wahrnehmung struktureller Herausforderungen und Anpassungsoptionen sowie wesentliche Einflussfaktoren beobachtet werden, so dass neben den bislang zumeist thematisierten Kurzfristmaßnahmen auch Empfehlungen zu mittelfristigen Strategien und Instrumenten aufgenommen werden konnten.

3. *Einbeziehung vielfältiger strategischer Instrumente und Maßnahmen regionaler Akteure*

Der Großteil der Studien zu Einflussfaktoren auf regionale wirtschaftliche Resilienz beschränkte sich bislang auf die Analyse der Bedeutung struktureller Komponenten, ohne jedoch auf politische und institutionelle Faktoren in den Regionen einzugehen, die entsprechende strukturelle Entwicklungen fördern. Ausnahmen betreffen zumeist Studien über die Entwicklung regionaler Cluster-Initiativen, bei denen Resilienz als Zielsetzung nicht im Zentrum steht, oder regionale Effekte nationaler Instrumente, beispielsweise zur Kurzarbeit oder „Umweltprämie" im Zuge der Konjunkturpakete der Bundesregierung während der Finanz- und Wirtschaftskrise (vgl. Strambach und Klement 2015, mit weiteren Verweisen). Viele Studien – insbesondere aus Großbritannien und den USA – gehen in ihren Betrachtungen von Einflussfaktoren über konventionelle ökonomische Kategorien wie Branchenmix, Qualifikationen oder Betriebsgrößen hinaus, indem auf stabilisierende Beiträge in Krisen durch zivilgesellschaftliche Initiativen und Identifikationen mit den jeweiligen Regionen hingewiesen wird (vgl. bspw. Edwards 2009; Bristow 2010; Experian 2012 sowie zur Verknüpfung mit Aspekten der Stadtplanung auch in Deutschland Jakubowski 2013). Es liegt daher nahe, nicht nur die Rolle konventioneller Instrumente der regionalen Wirtschaftsförderung zu untersuchen. Neben diesen Instrumenten sind auch politische Maßnahmen zur Förderung der sozialen Integration, zur Stadtentwicklung, Verbesserung von Umweltbedingungen sowie kultureller Bildung einzubeziehen. Ebenso ist neben Beiträgen der Politik die Rolle weiterer Akteure auf regionaler Ebene wie beispielsweise der Sozialpartner und sonstiger zivilgesellschaftlicher Vereinigungen bei der Vermeidung und Überwindung von Krisen zu untersuchen. Unsere Fallstudien gehen daher im Rahmen einer qualitativen Analyse auf eine Vielzahl von Einzelelementen ein und zielen nicht auf die Identifizierung einzelner Instrumente im Rahmen von Patentrezepten zur regionalen wirtschaftlichen Resilienz ab (vgl. kritisch zu solchen Patentrezepten im Rahmen der regionalen Wirtschaftspolitik Tödtling und Trippl 2004). Anstelle einer solchen unzulässigen Verallgemeinerung kommt es uns auf einzelne Denkanstöße für Regionen mit vergleichbaren Bedingungen und differenzierte Ansatzpunkte zu einer eigenständigen Auseinandersetzung mit den eigenen Möglichkeiten zur Stärkung der Anpassungsfähigkeiten als Voraussetzung für regionale Resilienz in den Regionen an. Die Überlegungen zur Auswahl der Fallstudien und Methoden der Untersuchungen werden im folgenden Abschnitt erläutert.

1.2 Fallstudienwahl und Methodik der Untersuchungen

Zielsetzung unserer Untersuchungen ist die Identifizierung von Maßnahmen auf regionaler Ebene, um die regionale wirtschaftliche Resilienz zu erhöhen. Damit erhält der Begriff der „Region" eine zentrale Bedeutung. Vielfältige Konzepte zur Definition und Abgrenzung von Regionen existieren in der Literatur (vgl. zu einigen Ansätzen beispielsweise Bathelt und Glückler 2012). Für unsere Studien beschränken wir uns auf ein pragmatisches Vorgehen, das sich aus mehreren Schritten zusammensetzt. Da unsere Methodik vornehmlich qualitative empirische Verfahren auf der Basis von Interviews und Workshops vorsieht, nehmen wir als Ausgangspunkt die Wahrnehmung der räumlichen Abgrenzung durch die Akteure in den zentralen Orten der jeweiligen administrativen Region (vgl. zum Konzept der „zentralen Orte" und seiner Verwendung in der bundesdeutschen Raumordnung Blotevogel 2005; ARL 2013). In den meisten Fällen ergibt sich hieraus eine Fokussierung auf Städte und damit auch auf Instrumente und Initiativen, die sich auf Städte konzentrieren. Entsprechend werden für den jeweiligen Vergleich zumeist Daten in der administrativen Abgrenzung von kreisfreien Städten betrachtet. Wurden in den Interviews Wirkungsbeziehungen mit dem Umland thematisiert oder – wie insbesondere im Fall Stuttgarts – gemeinsame Instrumente der Wirtschaftsförderung, wurden entsprechend der Kreis der befragten Akteure und die Anzahl der einbezogenen Städte und Kreise in Vergleiche quantitativer Daten erweitert. Zudem werden jeweils quantitative Daten der umliegenden Städte und Kreise berücksichtigt, um Aussagen zu möglichen Wirkungsbeziehungen bei der Krisenbewältigung zu illustrieren. Wirkungsbeziehungen mit Nachbarkommunen und Umland werden somit in die Untersuchungen einbezogen, der Fokus richtet sich allerdings auf die jeweiligen zentralen Orte, um den jeweiligen Beschränkungen der Kompetenzverteilung aus der Perspektive der Städte Rechnung zu tragen.

Die Auswahl der Fallstudien folgt der Wahrnehmung in bisherigen Studien zur regionalen wirtschaftlichen Resilienz, dass strukturelle Charakteristika die Verletzlichkeit gegenüber Krisen und externen Schocks sowie Möglichkeiten zur Krisenüberwindung beeinflussen. Ergebnisse bisheriger Studien werden im Rahmen des zweiten Kapitels ausführlicher vorgestellt. Zur Berücksichtigung der strukturellen Aspekte wurden fünf Gruppen mit jeweils zwei Fallstudien gebildet, die sich durch spezifische Branchenschwerpunkte, Siedlungsstrukturen und räumliche Lage unterscheiden. Innerhalb der Gruppen werden – mit Ausnahme der altindustriellen Städte – verbleibende Unterschiede zwischen west- und ostdeutschen Regionen bzw. österreichischen und ostdeutschen Regionen aufgrund bestehender Unterschiede in der Wirtschaftskraft, der Rolle europäischer Kohäsionspolitik

und Erfahrungen durch die Transformation nach dem Fall des „eisernen Vorhangs" berücksichtigt. Hieraus ergeben sich folgende Gruppierungen:

- Großstädte mit relativ hohem Anteil industrieller Produktion und dominanten Leitindustrien durch multinationale Unternehmen

Auch vor dem Hintergrund der Finanz- und Wirtschaftskrise, ausgelöst durch Entwicklungen in der Finanzindustrie und im Immobiliensektor, setzte in der Politik der EU und der
USA eine verstärkte Hinwendung zum Ausbau des Anteils industrieller Produktion ein,
um die Verletzlichkeit gegenüber zukünftigen Krisen zu verringern (Europäische Kommission 2012; PCAST 2014). Die Europäische Kommission formulierte im Jahr 2012
explizit das Ziel, den Anteil industrieller Produktion am BIP der EU bis 2020 von 16
auf 20 % zu erhöhen (Europäische Kommission 2012), nachdem in den zwei Jahrzehnten
zuvor eine stetige Verringerung dieses Anteils durch die Verlagerung industrieller Produktion in Schwellenländer stattfand. Die erste Fallstudiengruppe bezieht sich daher auf
Regionen mit vergleichsweise hohem Anteil an industrieller Produktion und einer entsprechenden akademischen Ausbildung in den technischen Universitäten. Stuttgart steht
stellvertretend für Stadtregionen mit führenden deutschen Exportindustrien und mit einer
Spitzenposition bei Vergleichen von Innovationsfähigkeiten in der Europäischen Union.
In Dresden stiegen der Anteil industrieller Produktion und die Exportquote nach der deutschen Vereinigung und Transformation relativ schnell wieder an. Im Unterschied zu Stuttgart haben die multinationalen Unternehmen im Dresdener Cluster der Mikroelektronik
jedoch nicht ihren Unternehmenssitz am Standort.

- Kreisfreie Städte mit relativ hohem Anteil an Dienstleistungssektoren und einem starken Bevölkerungswachstum im vergangenen Jahrzehnt

Diese Fallstudiengruppe steht stellvertretend für Regionen, bei denen eine vergleichsweise geringe Verletzlichkeit gegenüber externen ökonomischen Schocks angenommen
wird. Gründe für die angenommene geringe Verletzlichkeit sind die Branchenstruktur,
die von Dienstleistungsbranchen mit vergleichsweise geringen Exportquoten und damit
ausländischer Nachfrage geprägt ist, und die vergleichsweise geringe Verknüpfung der
Branchen untereinander, die das Ansteckungsrisiko in Krisen verringern. Daneben wird
der vergleichsweise höhere Anteil an jüngerer und formal gut ausgebildeter Bevölkerung
als Potential zur Krisenvermeidung oder -überwindung angesehen. Freiburg entwickelte in den vergangenen Jahrzehnten ein Image als urbaner Standort mit besonders hoher
Umweltqualität bzw. vielfältigen Initiativen zur Verbesserung der Umweltqualität. Auch
durch seinen Status als Universitätsstandort mit großem Angebot an geisteswissenschaftlichen Fächern gelang es, eine im bundesdeutschen Vergleich günstige demografische
Entwicklung zu erreichen. Leipzig als traditioneller Handels- und Dienstleistungsstandort
gelang es ebenfalls durch seine geisteswissenschaftlich geprägte Universität in den vergangenen Jahren, einen negativen Bevölkerungstrend umzukehren. Zudem nehmen beide
Standorte eine zentrale Versorgungsrolle für ihr jeweiliges räumliches Umland ein.

• Altindustrielle Standorte mit Verzögerungen im wirtschaftlichen Strukturwandel

Regionen, in denen strukturelle Anpassungen aufgrund von Pfadabhängigkeiten in der wirtschaftlichen Entwicklung ausgeblieben oder verzögert abgelaufen sind, gelten als typische Kandidaten für eine geringe wirtschaftliche Resilienz aus der Perspektive der „evolutionary adaptive resilience", wie wir im zweiten Kapitel erläutern werden. Eine aufgrund der strukturellen Schwächen in diesen Regionen ohnehin geringere wirtschaftliche Aktivität und die Fortführung von Sozialtransfers und anderen öffentlichen Förderungen aus dem nationalen Staatshaushalt könnten hingegen zu guten Resilienzwerten aus der Perspektive der „engineering resilience" beitragen, da es daraufhin in Krisensituationen bei sinkender wirtschaftlicher Nachfrage zu einem nur geringen Rückgang gegenüber dem Vor-Krisenniveau kommt. Das Ruhrgebiet gilt als klassisches Beispiel für eine altindustrielle Region mit typischen Schwierigkeiten einer verzögerten oder ausbleibenden Anpassung an den sektoralen Strukturwandel. Zudem bedingt die hohe Bevölkerungsdichte vielfältige Verflechtungen zwischen den Städten und Kreisen innerhalb des Ruhrgebiets. Administrativ wird das Ruhrgebiet jedoch drei unterschiedlichen Regierungsbezirken auf der NUTS-2-Ebene zugeordnet, und trotz gesetzlich vorgegebener Abstimmungsprozesse im Bereich der Regionalplanung durch den Regionalverband Ruhr werden die Entscheidungen über lokale Projekte der Wirtschaftsförderung vorrangig lokal getroffen. Mit den beiden Städten Dortmund und Gelsenkirchen werden zwei Fallstudien betrachtet, die ausgehend von industriehistorischen und strukturellen Unterschieden über unterschiedliche Möglichkeiten zur Transformation und Erhöhung von Anpassungsfähigkeiten verfügen.

• Kleinere Großstädte mit relativ hohem Anteil an industrieller Produktion

Im Unterschied zur ersten Kategorie bilden die in dieser Kategorie betrachteten Standorte nicht ein eindeutiges Oberzentrum ihres jeweiligen räumlichen Umlands, sondern werden von Sogwirkungen jeweils größerer Städte in ihrem Bundesland und einem Arbeitsplatzangebot in benachbarten Städten und Kreisen herausgefordert. Zudem sind die dominanten Industrien an diesen Standorten mit Erfordernissen struktureller Veränderungen als Folge einer intensivierten internationalen Konkurrenz konfrontiert. In Pforzheim betrifft dies insbesondere die Schmuck- und Uhrenindustrie, deren heimische Produktion in den vergangenen zwanzig Jahren dramatisch reduziert wurde. In Chemnitz beziehen sich die strukturellen Herausforderungen auf den Maschinenbau, die Textilindustrie und Zulieferer für die Fahrzeugindustrie.

• Ländlich-periphere Regionen in räumlicher Nähe zu Hauptstadtregionen

Die meisten Studien zur regionalen wirtschaftlichen Resilienz konzentrieren sich auf urbane und industriell geprägte Regionen. Die vergleichsweise geringere Beschäftigung mit ländlichen und peripheren Regionen erklärt sich aus einer geringeren Einbindung in internationale industrielle Wertschöpfungsketten und einem erhöhten Anteil an Pendlern, deren Arbeitsplätze von wirtschaftlichen Entwicklungen in urbanen Regionen abhängen. Daher wird erwartet, dass ländlich-periphere Regionen entweder nicht von externen Störungen betroffen werden oder im Fall einer Störung über nur wenig eigene Steuerungsmöglichkeiten zur Krisenüberwindung verfügen. Die hier betrachteten Regionen – Burgenland in Österreich und der Landkreis Uckermark in Ostdeutschland – waren ursprünglich Regionen mit vergleichsweise geringen Exportquoten und einem geringen Arbeitsplatzbesatz. Die Nähe zu den jeweiligen Hauptstädten führte zumindest im Fall des nördlichen Burgenlands zu einer Sogwirkung der dortigen Arbeitsmärkte bzw. zu Vorteilen im Rahmen von Prozessen der Suburbanisierung und Nutzung von Naherholungsräumen. Durch den Ausbau erneuerbarer Energieproduktion und regionaler Tourismusangebote wurde in den vergangenen zwei Jahrzehnten jedoch auch in diesen Regionen ein intensiver Strukturwandel vollzogen, der Fragen nach einer veränderten Reaktion auf internationale Wirtschaftskrisen nahelegt.

Methodisch bauen die in diesem Buch versammelten Studien auf qualitativen empirischen Verfahren auf. Der Fokus auf qualitativen Methoden ergab sich aus zwei Gründen (vgl. zur allgemeinen Begründung des Einsatzes qualitativer empirischer Verfahren Birkinshaw et al. 2011; Flick 2014). Erstens sollten die Krisenerfahrungen und Anpassungsreaktionen nicht ausschließlich auf konjunkturelle wirtschaftliche Indikatoren beschränkt, sondern auch subjektive Wahrnehmungen und Bewertungen an den Standorten einbezogen werden. Bislang hat sich noch keine einheitliche Definition regionaler wirtschaftlicher Resilienz durchgesetzt. Mit einer möglichst großen Vielfalt an Ansätzen zur Messung regionaler Resilienz und einer Berücksichtigung subjektiver Bewertungen vor Ort soll dieser unklaren Definitionslage Rechnung getragen werden. Zweitens liegt der Schwerpunkt des Forschungsinteresses innerhalb der Studien auf den ergriffenen Maßnahmen und Entscheidungsprozessen in den Fallstudienregionen in ihrem jeweiligen Kontext. Hierzu war es erforderlich, von den zentralen Akteuren vor Ort – aus der Politik, öffentlicher Verwaltung, aus Unternehmen, Verbänden, Kammern oder Nicht-Regierungsorganisationen – zu erfahren, wie sich Entscheidungsprozesse über strukturelle Veränderungen in den vergangenen zwei Jahrzehnten entwickelt haben, wie diese Erfahrungen Einfluss auf Krisenreaktionen und Anpassungsmöglichkeiten ausübten und wie die beobachteten Maßnahmen und Effekte in ihrem regionalen Kontext zu verstehen sind.

Grundlagen der qualitativen Studien bildeten insgesamt 75 Interviews mit Vertretern aus den Fallstudienregionen sowie Repräsentanten der öffentlichen Verwaltung auf Landes-, Bundes- und EU-Ebene im Zeitraum zwischen Ende 2011 und Sommer 2014. Zudem wurden zwei Workshops mit insgesamt 30 Vertretern aus Fallstudienregionen im Jahr 2014 in Sachsen und Baden-Württemberg durchgeführt. Um eine möglichst große Bereitschaft zur Teilnahme an der Befragung und zu möglichst offenen Aussagen zu erreichen, wurde den Teilnehmern Anonymität zugesichert. Die Interviews wurden – soweit möglich – in den Büros der Befragten durchgeführt, in Ausnahmefällen auch telefonisch. Die Befragungen basierten auf einem semi-strukturierten Leitfaden-Fragebogen (vgl. ausführlicher zu dieser Methodik Nohl 2012), an dessen Beginn zunächst eine weit gefasste Fragestellung unter Bezugnahme auf einen bestimmten Zeitraum und Kontext stand. Diese Vorgehensweise wird auch als episodisches Interview bezeichnet (Flick 2000). In unserem

Fall ging es um die subjektive Wahrnehmung der Finanz- und Wirtschaftskrise in der Region und ihre Verbindung zu strukturellen Anpassungsprozessen in den vergangenen zwei Jahrzehnten. Auf diese Weise sollte ein „Narrativ", eine subjektiv geprägte Geschichte der Erfahrungen in der Region bzw. Organisation, wie die Krise erlebt und bewältigt wurde, entstehen (vgl. zur Verknüpfung von Interview und Narrative auch Mishler 1986; Flick 2000). Die sich an diese sehr offene Frage anschließenden Fragen bezogen sich auf die Organisation von Entscheidungsprozessen, hierbei einbezogene Organisationen und Einzelakteure, das Verhältnis zwischen Fallstudienregionen und Landes-, Bundes- und EU-Ebene sowie auf enger gefasste Fragestellungen zu regionalen Arbeitsmärkten, zur Zivilgesellschaft, zur Rolle der Energiewende, zu demografischen Veränderungen und zu ansonsten aus der Sicht der Befragten für die Resilienz der Region relevanten Aspekten. Die Gespräche wurden aufgezeichnet und transkribiert. Aus den Transkriptionen wurden mit Hilfe einer qualitativen Inhaltsanalyse Aussagen entlang einzelner Kategorien gruppiert und vergleichbar gemacht (zur Methodik der qualitativen Inhaltsanalyse grundlegend Mayring 2010, und zur rechnergestützten Auswertung Kuckartz 2012).

Neben den Befragungen erfolgte eine umfangreiche Dokumentenrecherche zu Entwicklungen in den Fallstudienregionen während der vergangenen zwei Jahrzehnte, die auch zu einer Auflistung entlang einer Zeitleiste verwendet wurden. Diese Dokumente wurden neben einer Ergänzung der Befragungsergebnisse auch zum Vergleich mit den subjektiven Aussagen in den Interviews verwendet. Die ursprüngliche Zielsetzung, mögliche Widersprüche zwischen den Aussagen einzelner Interviewpartner innerhalb der Regionen sowie zwischen Befragungsergebnissen und Dokumenten im Rahmen einer Diskursanalyse zu vertiefen, erwies sich als nicht vielversprechend, da solche Widersprüche und Konflikte nur in wenigen Einzelfragen auftraten. Statt dessen war im Hinblick auf Prozesse der Krisenbewältigung und Anpassung ein hohes Maß an Vergleichbarkeit und Ähnlichkeit zwischen den Aussagen von Vertretern unterschiedlicher Organisationen in den jeweiligen untersuchten Regionen zu beobachten.

Als dritte Quellengruppe wurden schließlich offizielle Daten der statistischen Ämter auf lokaler, Landes-, Bundes- und EU-Ebene herangezogen. Diese Daten dienten jedoch nicht der Identifizierung allgemeiner struktureller Einflüsse auf regionale wirtschaftliche Resilienz, da hierzu die Zahl der Fallstudienregionen zu gering und somit nicht repräsentativ war. Die quantitativen Angaben sollten vielmehr Aussagen der Interviewpartner und Beobachtungen in den Regionen illustrieren, um Ansatzpunkte für Hypothesen im Rahmen zukünftiger quantitativer empirischer Forschung zu bieten.

1.3 Aufbau des Buches und Verwendungshinweise

Das Buch folgt drei Untersuchungsschritten, die von den Lesern jedoch nicht notwendigerweise vollständig nachvollzogen werden müssen, um den Gedankengang zu verstehen. In einem ersten Untersuchungsschritt bietet das zweite Kapitel einen kurzen Überblick über den Stand der Forschung zur regionalen wirtschaftlichen Resilienz und zur Verortung unserer Studien im Verhältnis zu bisherigen empirischen Ergebnissen. Dieses Kapitel richtet sich vorrangig an Interessenten an wissenschaftlichen Debatten und ist nicht zwingend zum Verständnis der nachfolgenden Fallstudien erforderlich. Der eilige Leser findet zudem zumindest Übersichten im Text und eine kurze Überleitung zum Vorgehen in unserer Studie am Ende des Kapitels. Bei Bedarf können auch einzelne Begriffe, die bei einer ausschließlichen Lektüre der Fallstudien im dritten Kapitel ins Auge fallen, über einen Index am Ende des Buches im zweiten Kapitel verortet und eingeordnet gefunden werden.

Das Herzstück des Buches bildet im zweiten Untersuchungsschritt die Vorstellung und Auswertung der Fallstudien entlang der fünf Kategorien. Diese Fallstudien folgen einer gemeinsamen Struktur und bieten somit vielfältige Vergleichsmöglichkeiten. Auch hier sollte es jedoch für Leser, die ausschließlich an einer bestimmten Region oder Kategorie interessiert sind, möglich sein, die für sie relevante(n) Studie(n) losgelöst von den anderen Studien und Kapiteln verstehen zu können. Wiederum werden am Ende des dritten Kapitels wesentliche Kernaussagen der Studien zusammengefasst und miteinander in Beziehung gesetzt.

Der abschließende dritte Schritt bezieht sich auf regionalpolitische Schlussfolgerungen der empirischen Ergebnisse. Hier gehen wir auch auf die Entwicklungen in der EU-Kohäsionspolitik im Rahmen der „Territorialen Agenda 2020" und der dort eingeführten Begrifflichkeit eines „*place based approach*" und einer „*smart specialisation*" ein und setzen diese Entwicklungen in Beziehung zu Beobachtungen über Voraussetzungen für regionale wirtschaftliche Resilienz in unseren Fallstudienregionen. In diesem Abschnitt werden politische Instrumente und Prozesse aus den Fallstudien aufgegriffen und hinsichtlich ihrer Wirkungspotentiale und Voraussetzungen diskutiert. Am Ende des Abschnitts steht kein einheitliches „Patentrezept", das die Instrumentensets zu Modebegriffen der vergangenen zwanzig Jahre wie „Clusterpolitik", „Kreativwirtschaft" oder „Metropolregionen" ergänzt oder gar ersetzt, sondern einige Leitgedanken für Praktiker auf der lokalen und regionalen Ebene, um sich und ihre Region im Hinblick auf einen Handlungsbedarf zur Förderung der regionalen wirtschaftlichen Resilienz zu verorten.

2.1 Zum Begriff regionaler wirtschaftlicher Resilienz

Nahezu jede Abhandlung in jeder wissenschaftlichen Disziplin zum Konzept der Resilienz beginnt mit dem lateinischen Ursprung des Begriffs „resilire" im Sinne eines „Zurückspringens" (vgl. zu den Ursprüngen und Entwicklungen des Begriffs ausführlicher Alexander 2013). Grundbestandteile zur Beobachtung von Resilienz sind ausgehend von dieser Betrachtung des „Zurückspringens" ein oder mehrere externe oder interne Stress- oder Störereignisse und das Ausbleiben dauerhaft negativer Folgen für das Subjekt der Resilienzbetrachtung. In der Psychologie oder der Sozialen Arbeit sind es daher beispielsweise Beobachtungen eines gegen jede Erwartung glückhaften Ausbleibens dauerhaft negativer Folgen traumatischer Erlebnisse eines Kindes (siehe auch Fooken 2015; Zander und Roemer 2015), während sich die Ingenieurswissenschaften mit der gezielten Konstruktion „kritischer technischer Infrastrukturen" beschäftigen, um Ausfälle trotz Störereignissen möglichst umfassend ausschließen zu können (Thoma et al. 2012). Die sehr einflussreiche Begriffsbildung zur Resilienz in der Ökologie bezog sich auf die Erhaltung der Funktionalität von Ökosystemen trotz negativer Umfeldbedingungen (Holling 1996). In diesem Kontext wird in der Systembiologie auch der Begriff der „Robustheit" verwendet (Whitacre 2012). Vereinzelt wird auch der Versuch unternommen, durch die Verwendung des Begriffs der „Anti-Fragilität" (Taleb 2012) Stärkungen und Funktionsverbesserungen trotz Schock und Ordnungsverlust gegenüber der Funktionserhaltung abzugrenzen.

In der Wirtschaftswissenschaft bezogen sich erste Studien zur Resilienz auf die Beobachtung und Isolierung einzelner Störereignisse und ihrer Folgen für gesamtwirtschaftliche Größen. Beispiele für solche Einzelereignisse sind Erdbeben, Überschwemmungen, Unfälle großer Versorgungsanlagen oder konjunkturelle Krisen (Rose und Liao 2005; Reggiani et al. 2002; Briguglio et al. 2008). Betrachtet wurden Folgen für Länder, Regionen und Organisationen, wobei sich – ausgehend von einer kursorischen Literaturrecherche der jeweils einflussreichsten Zeitschriften einzelner Teildisziplinen der Wirtschaftswis-senschaft – bislang vornehmlich wirtschaftsgeografische Autorinnen und Autoren mit wirtschaftlicher Resilienz beschäftigten. Ungeachtet der vermehrten Anzahl an Veröffent-lichungen und empirischen Studien bestehen jedoch weiterhin große definitorische Unter-schiede entlang drei grundlegender Fragestellungen (zu einer allgemeinen Einordnung vgl. auch Wink 2014):

1. *Was ist unter „negativen Umfeldbedingungen" zu verstehen?*

„Negative Umfeldbedingungen" ist die Umschreibung des Störeinflusses auf die wirt-schaftliche Entwicklung (der „Krise"), die eine möglichst weite Einbeziehung vielfältiger Einflüsse ermöglicht (vgl. auch Strambach und Klement 2015, zu diesem Definitions-ansatz). Unterschiede in den Studien beziehen sich auf die Beantwortung der Frage, ob nur einzelne diskretionäre Ereignisse, die von außen (Naturkatastrophen, Weltmärkte etc.) auf die Wirtschaft einwirken, einzubeziehen sind oder auch allmählich entstehende, durch regionsinterne Fehlentscheidungen oder Versäumnisse verstärkte Strukturkrisen („slow burn changes", vgl. auch Pendall et al. 2010) als Herausforderungen für die regionale wirt-schaftliche Resilienz betrachtet werden sollen. Wir werden in unseren Studien einer wei-ten Definition der Störeinflüsse folgen und uns bei der Abgrenzung an den Wahrnehmun-gen durch die Gesprächspartner oder an veröffentlichten Verlautbarungen in den Regionen orientieren. Hiermit wollen wir auch zugleich dem Umstand Rechnung tragen, dass nur in den seltensten Fällen ein einzelner Störeinfluss als alleinige Herausforderung anzusehen ist, sondern sich in den meisten Fällen vielfältige Störeinflüsse von außen und innen zeit-lich überlappen und damit die Krisenfolgen und Anpassungsmöglichkeiten beeinflussen.

2. *Was ist unter dem „Ausbleiben dauerhaft negativer Folgen" zu verstehen?*

Diese Frage verweist auf zwei Ebenen definitorischer Unterschiede. Erstens ist die Frage zu beantworten, auf was sich die „Folgen" beziehen. In den meisten quantitativen Studien wurden das regionale Bruttoinlandsprodukt (BIP) oder die Anzahl der Beschäftigten ge-mäß der offiziellen Datenbanken verwendet, da diese Indikatoren in vielen Regionen in vergleichbarer Form und relativ kurzfristig zur Verfügung stehen (vgl. auch den kurzen Überblick zu empirischen Studien im folgenden Abschnitt). Diese Studien untersuchten, ob sich ein solcher Indikator nach erfolgter Störung verschlechterte, und, wenn ja, ob und in welchem Zeitraum das Vor-Krisen-Niveau wieder erreicht wurde (vgl. beispielsweise zu diesem Vorgehen Fingleton et al. 2012; Bristow et al. 2014). In anderen Studien wurden Bewohner befragt, ob es ihnen bzw. der Region besser oder schlechter als vor der Krise ging. Hierbei kam es in Einzelfällen zu Aussagen, dass Bewohner die (wirtschaftliche) Lage besser im Vergleich zur Situation vor der Krise beurteilten, obwohl die Indikatoren eine Verschlechterung aufzeigten (vgl. hierzu beispielsweise Hill et al. 2010, mit Ver-weis auf die Region „Grand Forks" im US-Bundesstaat North Dakota). In eine ähn-liche Richtung argumentiert eine Studie zu den Erfahrungen mit dem Hochwasser im Jahr

2002 in Sachsen (Kuhlicke 2013). Die Erfahrungen mit unvorhergesehenen Schäden, aber auch einer unerwarteten gemeinsamen Fähigkeit zur Bewältigung der Schäden, führten zu einem positiv besetzten „Mythos der Resilienz", der sich nicht aus einer objektiven Auswertung quantitativer Daten speist (vgl. zur Bedeutung der Wahrnehmungsprozesse und Interpretationen auch Christmann et al. 2014). Umgekehrt zeigten Befragungen zu psychosozialen Wahrnehmungsprozessen nach der deutschen Vereinigung in Ostdeutschland, dass die Befragten ungeachtet eines erhöhten persönlichen Einkommens auf negative Folgen der Vereinigung verwiesen, weil die eingeforderten sozialen Veränderungen als zu gravierend bewertet wurden (vgl. Silbereisen et al. 2010). Darüber hinaus verweisen Studien zu gesundheitlichen Folgen und erhöhten Selbstmordraten im Kontext von Wirtschaftskrisen auf Folgendimensionen (vgl. beispielsweise Kentikelenis et al. 2011; Stuckler und Basu 2014), die zumeist nicht vollständig in ökonomischen Indikatoren erfasst werden können. Hierbei werden Wirtschaftskrisen auch in einen generellen Zusammenhang zwischen der Entstehung von Störungen der kollektiven Ordnung und Routinen und dem Auftreten extremer Reaktionen auf den Ordnungsverlust eingeordnet (Hoffman und Bearman 2015; Taleb 2012).[1] Durch unsere qualitative empirische Vorgehensweise trugen wir dieser konstruktivistischen Dimension der Resilienz Rechnung und konnten unterschiedliche subjektive Einschätzungen der Resilienz in der jeweiligen Region einbeziehen. Daneben erfolgte ein Abgleich mit quantitativen Daten auf der Basis häufig verwendeter öffentlicher Statistiken, um mögliche Diskrepanzen zur persönlichen Wahrnehmung zu identifizieren.

Die zweite definitorische Unsicherheit bezieht sich auf die „Dauerhaftigkeit" der Folgen. Hier geht es um die Beurteilung des Zeitraums, bis zu dem ein bestimmtes Niveau wirtschaftlicher Leistungsfähigkeit oder anderer Indikatoren erreicht sein muss, um keine Dauerhaftigkeit negativer Folgen zu konstatieren. Bei den meisten Studien zu den Folgen der Finanz- und Wirtschaftskrise wurde pragmatisch vorgegangen, indem der jeweils verfügbare Datenzeitraum die Grenze zur Bestimmung der Dauerhaftigkeit bildete. Fingleton et al. (2012) definierten den gesamten Zeitraum zwischen zwei Rezessionen als Erholungsphase, während beispielsweise Cellini und Torrisi (2014) in ihrer Langfriststudie einen einheitlichen Zeitraum von drei Jahren nach Beginn einer Rezession festsetzten. Angesichts der Vielzahl möglicher externer Schocks erhöht ein längerer Zeitraum, bis zu dem das Wiedererlangen des ursprünglichen Niveaus erreicht werden kann, das Risiko erneuter Herausforderungen für die Resilienz, die dann nicht mehr eindeutig einzelnen Störungen zuzuordnen sind. Für unsere Studie endete die Einbeziehung der quantitativen Daten aufgrund ihrer jeweiligen Verfügbarkeit und Vergleichbarkeit im Jahr 2012, während aus den

---

[1] Bemerkenswert erscheint in diesem Kontext ein Zitat von Emile Durkheim: *„If therefore industrial or financial crises increase suicides, this is not because they cause poverty, since crises of prosperity have the same result; it is because they are crises, that is, disturbances of the collective order. Every disturbance of equilibrium, even though it achieves greater comfort and a heightening of general vitality, is an impulse to voluntary death."* (Durkheim 2002, 206–207).

Befragungen und Workshops Einschätzungen zur regionalen Resilienz bis zum Jahr 2014 aufgenommen wurden.

3. *In welchem Verhältnis steht das „Ausbleiben negativer Effekte" zu Veränderungen vor und nach dem Schock?*

An dieser Frage entzündet sich eine besonders intensive theoretische Diskussion und Unterscheidung in der Wirtschaftsgeografie. Auch wenn die Fragestellung zunächst akademisch erscheint, ergeben sich hieraus wesentliche Unterschiede für die Herleitung politischer Schlussfolgerungen. Einem Unterscheidungsansatz von Martin (2012) sowie von Martin und Sunley (2015) folgend,[2] werden zumeist drei Grundpositionen gegenübergestellt.

Als *„engineering resilience"* wird ein Ansatz bezeichnet, der von einem langfristigen Gleichgewicht ausgeht, das eine resiliente regionale Wirtschaft infolge der Störung kurzfristig verlassen kann, aber dann innerhalb eines kurzen Anpassungszeitraums wieder erreicht (vgl. auch Pendall et al. 2010). Veränderungen im Vergleich zur Vor-Krisensituation sind in diesem Kontext nicht vorgesehen. Es findet eine Rückkehr zum Ursprungsgleichgewicht statt.

Unter den Oberbegriff *„ecological resilience"* werden Ansätze zusammengefasst, die sich verstärkt den Anpassungen als Folge externer Störungen zuwenden. Diese Anpassungen können zu einer Neuorientierung der regionalen Wirtschaftsstrukturen führen, die wiederum ein anderes Gleichgewicht als vor der Krise einnehmen. Es kann somit in resilienten Regionen zu dauerhaften Veränderungen kommen. Die Möglichkeiten zur Veränderung werden jedoch durch Anpassungen entlang möglicher Gleichgewichte begrenzt (vgl. zum *„adaptive cycle"* beispielsweise auch Lukesch et al. 2011, sowie kritisch Simmie und Martin 2010).

Der dritte Resilienzbegriff, als *„evolutionary adaptive resilience"* bezeichnet (Martin und Sunley 2015), verlässt diese Gleichgewichtsorientierung. Hier werden Regionen als adaptive soziale Systeme verstanden, die ständig in Veränderungen begriffen sind. Resiliente Regionen zeichnen sich aus der Perspektive der *„evolutionary adaptive resilience"* dadurch aus, dass sie bestimmte Funktionen bereitstellen, beispielsweise einen hohen Beschäftigungsstand oder ein hohes regionales BIP pro Kopf, den Erhalt dieser Funktionen aber durch fortwährende Anpassungen an veränderte Rahmenbedingungen und Interaktionen zwischen Unternehmen, anderen Organisationen, einzelnen Bürgern und öffentlichen Einrichtungen gewährleisten. Auch ohne Störungen kommt es daher zu fortwährenden Veränderungen. Störungen setzen diese Veränderungsfähigkeit jedoch unter einen besonderen Anpassungsdruck, dem lediglich resiliente Regionen aufgrund ihrer Anpassungsfähigkeiten gewachsen sind.

---

[2] Eine wesentliche Grundlage für diese die Diskussion in der Wirtschaftsgeografie prägende Unterscheidung war eine Abgrenzung zwischen der „engineering resilience" und „ecological resilience" durch Holling (1996) sowie weitergeführt durch Gunderson et al. (2002).

Für die regionale Wirtschaftspolitik ist diese Unterscheidung wichtig, da sich aus den jeweiligen Argumentationen unterschiedliche Empfehlungen hinsichtlich geeigneter politischer Strategien herleiten lassen. „*Engineering resilience*" fokussiert stark auf eine Stabilisierung bestehender Strukturen und eine Behauptung der Wirtschaftsstrukturen gegen externe Störungen, um das ursprüngliche Gleichgewicht beizubehalten. Typische Empfehlungen aus dieser Argumentation können sich daher auf kurzfristige Stabilisierungsmaßnahmen durch öffentliche Aufträge im Rahmen der Fiskalpolitik, Programme zur Sicherung von Beschäftigung und sozialer Absicherung sowie zur Erhaltung relevanter Branchen beziehen. In der Finanz- und Wirtschaftskrise zählten Maßnahmen des Konjunkturpakets der Bundesregierung wie das verlängerte Kurzarbeitergeld, die „Umweltprämie" („Abwrackprämie") oder das „Zukunftsinvestitionsprogramm" für Investitionen in die lokale und regionale Infrastruktur zu dieser Kategorie. Wir werden auf einige dieser Maßnahmen vor dem Hintergrund unserer Fallstudien zurückkommen, soweit sie von unseren Gesprächspartnern als relevant erwähnt wurden.

Aus der „*ecological resilience*" lassen sich strategische Maßnahmen zur Erhöhung der Anpassungsfähigkeit im Rahmen gegebener Strukturen herleiten. Schwerpunkte einer entsprechenden Politik liegen daher im Bereich der gezielten Qualifizierung, Förderung der Erschließung neuer Märkte sowie der Förderung der Zusammenarbeit im Rahmen von Clusterförderungen. Branchen- und Qualifikationsschwerpunkte werden in diesem Kontext aber weitergeführt, es führt eine Bewegung entlang gegebener Strukturpfade, aber kein vollständiger Strukturwandel statt. „*Evolutionary adaptive resilience*" bezieht sich am stärksten unter den drei Argumentationslinien auf die strukturelle Veränderbarkeit der regionalen Wirtschaft und eine Vermeidung von lock-in-Situationen infolge dominanter Branchen und einseitiger strategischer Ausrichtung an bestimmten Märkten. Entsprechende Maßnahmen der Politik zur fortwährenden Strukturveränderung beinhalten den Aufbau regionaler Technologieplattformen, die Förderung von Gründungsaktivitäten oder die Unterstützung der Teilnahme regionaler Unternehmen an internationalen Messen (vgl. auch Asheim et al. 2011; Boschma 2013). Wesentlich ist bei den Konzepten der „*ecological resilience*" und der „*evolutionary adaptive resilience*" die Unterscheidung politischer Strategien zum Ausbau der Anpassungsfähigkeit („*adaptability*") gegenüber der Förderung von Anpassungen („*adaptation*"). Diese Konzepte gehen von Anpassungen als notwendigen Voraussetzungen für Resilienz in Krisen aus. Diese Anpassungen setzen jedoch den fortwährenden Ausbau von Anpassungsfähigkeiten voraus, der nur durch strukturelle Veränderungen in der regionalen Wirtschaft möglich wird (vgl. zur Unterscheidung zwischen „*adaptation*" und „*adaptability*" auch ausführlicher Pike et al. 2010 aufbauend auf Ansätzen bei Grabher 1993).

Im Rahmen der „*evolutionary adaptive resilience*" wird zudem auf die Verknüpfung zwischen einzelnen Akteuren (Unternehmen, andere Organisationen, öffentliche Verwaltung) und zwischen den unterschiedlichen administrativen Ebenen (lokal, regional, national und supranational) bei der Auslösung von Veränderungen und Anpassungen Bezug genommen. Als eine wesentliche Schwäche dieses Ansatzes wird von Kritikern jedoch die bislang zu schwache Beachtung institutioneller und politischer Prozesse hervorgehoben

(Pike et al. 2009; Hassink et al. 2014). In unseren Studien werden vornehmlich Perspektiven der *„evolutionary adaptive resilience"* zur Erklärung der Entstehung, Entwicklung und Veränderung von Anpassungsfähigkeiten über längere Zeiträume eingenommen, um durch eine Betrachtung von Prozessen entlang zweier Jahrzehnte, die Befragung zahlreicher unterschiedlicher Akteure in den Regionen zur Einbeziehung ihrer Blickwinkel, Erfahrungen und Einflüsse und die Berücksichtigung vielfältiger Dimensionen der jeweiligen Politik in den Regionen eine möglichst breite Übersicht über Strukturen, Veränderungen und Barrieren in den Regionen zu gewinnen. Damit sollen zugleich bisherige Schwächen dieses Ansatzes bei der Einbeziehung konkreter politischer Prozesse und Institutionen überwunden werden.

Im folgenden Abschnitt gehen wir auf bisherige empirische Studien zur regionalen wirtschaftlichen Resilienz und zu möglichen Einflussfaktoren ein, um unsere Vorgehensweise und die Zielsetzung unserer empirischer Studien in diesem Kontext zu verorten.

2.2　Empirische Ergebnisse zur regionalen wirtschaftlichen Resilienz

In diesem Abschnitt gehen wir auf empirische Studien ein, die sich überwiegend mit zwei Fragestellungen beschäftigten:

- Welche Regionen in Europa und Nordamerika sind in der Finanz- und Wirtschaftskrise als resilient zu bezeichnen?[3]
- Welche Einflussfaktoren auf die regionale wirtschaftliche Resilienz können empirisch identifiziert und bestätigt werden?

Studien zur Identifizierung der wirtschaftlichen Resilienz von Regionen

Die ersten wissenschaftlichen Studien zur Beantwortung der Frage nach der Resilienz von Regionen in der Finanz- und Wirtschaftskrise beschäftigten sich mit kurzfristigen Erfahrungen einzelner Regionen zu Krisenbeginn. Vorgängerstudien untersuchten zumeist den Erfolg politischer Maßnahmen zur Bewältigung konjunktureller Krisen auf nationaler Ebene (zum Beispiel Duval et al. 2007, mit Bezug auf den Zeitraum 1982–2003 oder Cerra et al. 2013 [Working Paper, 2009], mit Bezug auf Daten von 1960 bis 2005). Davies (2011) stellte Ergebnisse eines internationalen Vergleichs der unmittelbaren Folgen der Finanz- und Wirtschaftskrise in zehn europäischen Ländern vor. Die quantitative Betrachtung in dieser Studie unterschied die Vulnerabilität gegenüber der Krise (abgelesen an Datenänderungen zwischen den Jahren 2008 und 2009) von der Erholung von der Krise (abgelesen an Datenänderungen zwischen den Jahren 2009 und 2010), konzentrierte sich allerdings auf Arbeitslosenquoten als einzigem Indikator für die wirtschaftlichen Folgen.

---

[3] Die Bezugnahme auf diese beiden wirtschaftlichen Weltregionen ist der verfügbaren Literatur zu diesem Thema geschuldet, die sich bislang weitgehend nur mit Erfahrungen in diesen beiden Räumen beschäftigte.

Auffallend an den Ergebnissen dieser Studie waren die signifikanten Unterschiede der regionalen Betroffenheit zwischen den betrachteten Ländern: In Frankreich und Rumänien waren Regionen mit geringem BIP pro Kopf und hohen Arbeitslosenquoten vorrangig von der Krise betroffen, während dies in Deutschland und Italien vorrangig Regionen mit hohem BIP pro Kopf und geringen Arbeitslosenquoten, aber hohem Anteil an der Industrieproduktion betraf. Bei der Betrachtung der Erholung fielen bei dieser Studie ostdeutsche Regionen mit hoher Arbeitslosenquote vor der Krise auf, da sie erfolgreicher bei der Senkung ihrer Arbeitslosenquoten als die wirtschaftlich starken Regionen in Westdeutschland waren. Allerdings wies die Autorin selbst auf den Einfluss von Abwanderungen und Niveaueffekten durch relativ hohe Ausgangswerte hin.

Zahlreiche weitere Studien zu einzelnen Regionen erschienen bereits kurz nach der Entstehung der Finanz- und Wirtschaftskrise. Räumliche Schwerpunkte dieser Studien waren die USA und Großbritannien (Hill et al. 2010; Simmie und Martin 2010; Martin 2012; Gardiner et al. 2013; Dawley et al. 2014; Townsend und Champion 2014), während Studien zu Erfahrungen in Krisenländern der Europäischen Währungsunion wie beispielsweise Griechenland erst später veröffentlicht wurden (vgl. als Beispiele Psycharis et al. 2014; Williams et al. 2013; Palaskas et al. 2015). Aufgrund des hohen Interesses an ökonomischer Resilienz wurden in Großbritannien bereits ab 2010 regionale und lokale Rankings anhand verschiedener Indizes – zumeist durch Verknüpfung von Daten zur Veränderung des BIP pro Kopf, der Beschäftigung, sozialer Absicherung und Wohnsituation – erstellt (vgl. als Beispiel Experian 2012). In Deutschland hingegen gab es nur vereinzelte Ansätze zur Erstellung eines Rankings von Regionen. So veröffentlichte das Pestel-Institut bereits im Jahr 2010 einen Index zur regionalen Krisenfestigkeit für die deutschen Kreise und kreisfreien Städte (Pestel-Institut 2010). Dieser Index zeigte eine besonders hohe Krisenfestigkeit in nahezu allen ostdeutschen Regionen. Im Gegensatz zur oben zitierten Studie von Davies (2011) mit ihrer Fokussierung auf einen Indikator (Arbeitslosenquote) sah diese Studie eine Vielzahl an Indikatoren vor, die vom Flächenverbrauch über den Anteil erneuerbarer Energien bis zur Hausärzteversorgung, Mieterquote und zum Anteil an Bewohnern, die nicht über Regionsgrenzen pendeln, reichten. Wie die Indikatoren miteinander verknüpft werden und in welcher Art die einzelnen Indikatoren Einflussgrößen der regionalen Krisenfestigkeit abbilden, wurde jedoch nicht erörtert. So wurde der Kreis Uckermark, der auch Bestandteil unserer Fallstudien ist, zu den besonders krisenfesten Regionen gezählt, obwohl der Kreis beim Anteil an Schulabgängern ohne Abschluss, der SGB-II-Quote, der Hausarztdichte und der Migrationsentwicklung unterdurchschnittlich abschnitt. Die Entwicklung der Beschäftigung und des BIP pro Kopf, die in anderen Studien zumeist verwendet wurden, wurden in diesen Index nicht einbezogen.

Eine längerfristige Untersuchung der Resilienz von Regionen, die sich allerdings nur auf Arbeitsmärkte bezog, veröffentlichten Jakubowski et al. (2013). In dieser Studie wurden Schocks zwischen 1977 und 2011 und ihre Auswirkungen auf die Beschäftigung in bundesdeutschen Regionen untersucht. Diese Auswirkungen wurden als Vergleich der Beschäftigung in der Region zu Beginn und zum Ende einer gesamtwirtschaftlichen Rezession auf Bundesebene ausgewiesen, und als resistent wurden Regionen bezeichnet, in denen keine Beschäftigungsverluste auftraten. Anhand struktureller Faktoren (Anteil der Beschäftigten in Dienstleistungssektoren, Anteil der Beschäftigten in wissensintensiven Branchen mit Angebot unternehmensnaher Dienstleistungen und Anteil der Langzeit-arbeitslosigkeit) wurden Cluster von Regionen gebildet, die in vier Gruppen kategorisiert wurden:

- resistente Regionen
- Regionen mit durchschnittlicher Resistenz
- Regionen mit geringer Resistenz in der Finanz- und Wirtschaftskrise 2008/2009
- Regionen mit durchgängig geringer Resistenz

Die Ergebnisse zur Resistenz wurden anschließend mit Beobachtungen zur Erholung der Regionen verbunden und hieraus eine Typisierung deutscher Regionen hergeleitet.

Eine vergleichsweise umfangreiche Vergleichsstudie zur Erfassung der wirtschaftlichen Resilienz im Zeitraum zwischen 2004 und 2012 anhand der Indikatoren Beschäftigung und BIP pro Kopf wurde vom European Spatial Observatory Network (ESPON) in Auf-trag gegeben (Bristow et al. 2014). Untersucht wurden alle NUTS-2 bzw. NUTS-3-Re-gionen in der Europäischen Union. Vier Kategorien wurden in der quantitativen Analyse gebildet:

- resistent im Sinne des Ausbleibens negativer Folgen durch die Krise
- vollständig erholt im Sinne des Erreichens bzw. Übertreffens der Höchstwerte vor der Krise
- noch nicht vollständig erholt, also noch nicht wieder am Höchstwert vor der Krise, aber mit einer positiven Tendenz
- noch nicht vollständig erholt und mit einer weiterhin negativen Entwicklung bis zum Jahr 2012

Für den Indikator Beschäftigung ergab sich entlang dieser Kategorisierung, dass 16 % der NUTS-3-Regionen resistent waren, 24 % als vollständig erholt klassifiziert werden konnten, 28 % der NUTS-3-Regionen noch nicht erholt, aber mit positiver Tendenz er-fasst wurden und bei 32 % der NUTS-3-Regionen keine vollständige Erholung und wei-terhin eine negative Tendenz vorlagen. Abbildung 2.1 zeigt eine Übersicht der Ergeb-nisse für den Indikator Beschäftigung entsprechend der vier genannten Kategorien auf der NUTS-2-Ebene, da konkrete Resultate zu einzelnen Regionen lediglich auf dieser Ebene (für Deutschland: insgesamt 39 Regionen: 8 Bundesländer, 19 Regierungsbezirke, 10 ehemalige Regierungsbezirke und zwei Regionen in Brandenburg) vorlagen. Unter den ostdeutschen Regionen war Brandenburg-Südwest das einzige Gebiet, das als resis-tent – ohne Beschäftigungsverlust – eingestuft wurde. Von den weiteren Bundesländern mit Fallstudienregionen waren Nordrhein-Westfalen und Baden-Württemberg sowie das österreichische Bundesland Burgenland unter den vollständig erholten Regionen zu fin-

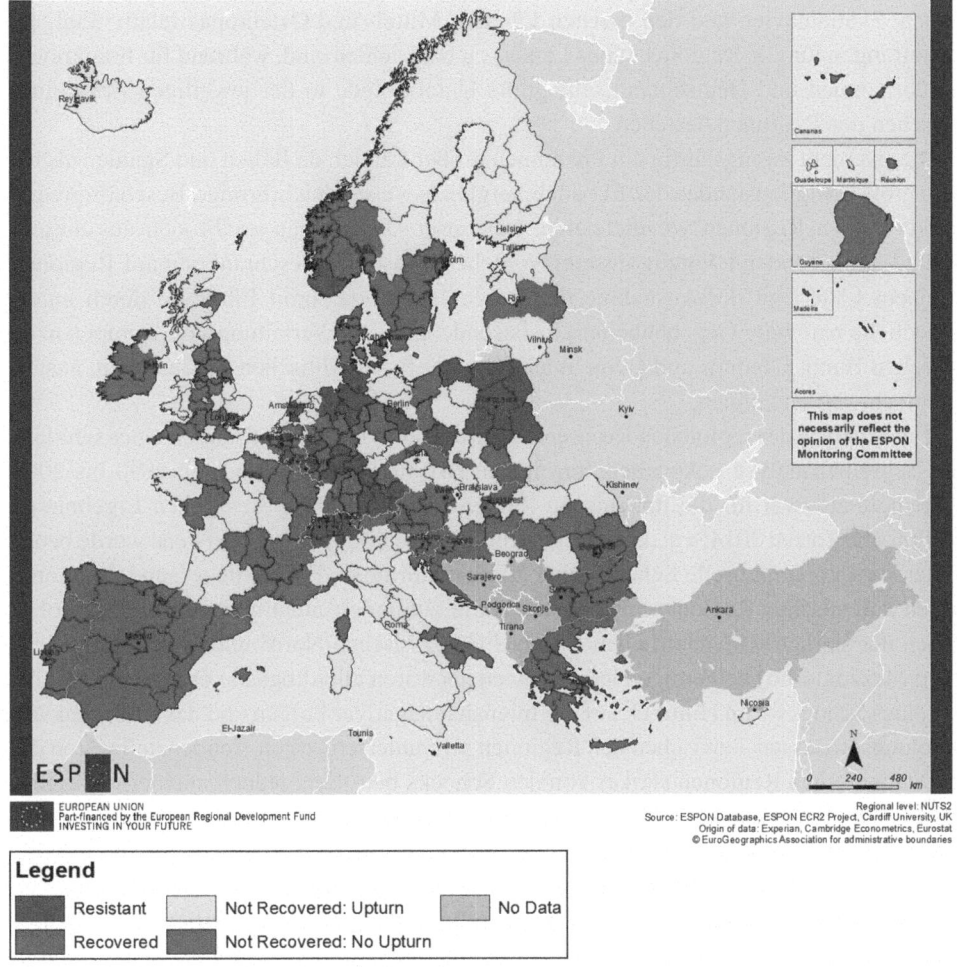

Abb. 2.1 Ergebnisse zur Resilienz der Beschäftigungsentwicklung in europäischen Regionen auf der NUTS-2 Ebene. (Quelle: Bristow et al. (2014))

den, während Sachsen zur Gruppe der noch nicht vollständig erholten, aber sich mit positiver Tendenz entwickelnden Regionen gehörte. Sachsen-Anhalt war bei dieser Studie das einzige deutsche Bundesland, das sich in der Gruppe der weiterhin mit einer negativen Beschäftigungsentwicklung noch nicht vollständig erholten Regionen befand.

Insgesamt zeigt sich auch in dieser Studie wie bereits in der Studie von Davies (2011), dass keine allgemeinen strukturellen Gegebenheiten über die Resilienz einzelner Regionen entscheiden und man daher nicht bei Regionen mit gleichen Strukturen in allen EU-Ländern die gleichen Resilienzergebnisse beobachten kann, sondern dass zumeist nationale Besonderheiten beim Zusammenwirken zwischen regionalen und nationalen Krisenfolgen zu beachten sind. So zeigt Abb. 2.1 für die Beschäftigungsentwicklung seit Beginn der Finanz- und Wirtschaftskrise, dass in den südlichen Krisenländern, aber auch in den Niederlanden, Skandinavien und den meisten Ländern Mittel- und Osteuropas relativ ähnliche Einstufungen für alle Regionen eines Landes zu beobachten sind, während für Frankreich, Großbritannien und Deutschland sehr große Unterschiede in der jeweiligen Einstufung zwischen den Regionen bestehen.

Dies ist nicht zwangsläufig ein Phänomen großer Länder, da Italien und Spanien als relativ große Mitgliedsländer der EU auch vergleichsweise gleichförmige Beschäftigungseffekte in den Regionen verzeichneten. Für unsere Fallstudien ergibt sich aus diesem Befund ein besonderer Vorzug unserer Vorgehensweise der Beschränkung auf Regionen in einem Land (mit der Ausnahme des Burgenlands), da somit Einflüsse durch unterschiedliche nationale Gegebenheiten, insbesondere bei der Verteilung von Kompetenzen zwischen Bund, Ländern und Gemeinden oder bei fiskalpolitischen Maßnahmen, ausgeschlossen werden können.

Eine Analyse der regionalen Resilienzerfahrungen in Italien im Rahmen einer sehr langen Zeitreihenanalyse – Angaben zum realen BIP für den Zeitraum von 1890 bis 2009 – gelangte zu zwei für die italienische Regionalstruktur sehr wesentlichen Ergebnissen (Cellini und Torrisi 2014; vgl. auch Lagravinese 2015; di Caro 2015). Erstens wurde beobachtet, dass konjunkturelle Schocks eher zu gleichförmigen Folgen über lange Zeiträume in den italienischen Regionen führten und somit zumindest nicht ursächlich zum Fortbestehen der starken wirtschaftlichen Unterschiede zwischen Nord- und Süditalien (Stichwort: Mezzogiorno) beigetragen haben. Zweitens waren allerdings die unmittelbaren Folgen eines Schocks – im Hinblick auf die Intensität negativer Folgen und das Auftreten von Erholungsprozessen – zwischen den Regionen sehr unterschiedlich. Tendenziell waren die norditalienischen Regionen stärker von den Schocks betroffen, jedoch auch erfolgreicher bei der Erholung. Den Ausschlag für die jeweiligen Anpassungs- und Verarbeitungsmöglichkeiten gab jeweils die Industriestruktur in den Regionen (vgl. auch Lagravinese 2015; di Caro 2015). Für unsere Studien ist diese Beobachtung insoweit von Bedeutung, als auch zwischen west- und ostdeutschen Regionen große Unterschiede hinsichtlich der Industriestruktur, des realen BIP und der Beschäftigungsentwicklung bestanden und daher auch in den Studien zu untersuchen war, inwieweit Schocks und Krisenerfahrungen Einfluss auf diese Unterschiede ausüben.

Insgesamt ist bei allen Studien zur Erfassung regionaler wirtschaftlicher Resilienz ein pragmatisches Vorgehen zur Bestimmung geeigneter Indikatoren für Resilienz zu beobachten. Die meisten Studien verwenden Sozialproduktsgrößen (typischerweise BIP bzw. BIP pro Kopf) und Arbeitsmarktindikatoren (Arbeitslosenquoten und Beschäftigung). Bei den Ansätzen zur Bildung eines Indexes werden vielfältige Einzelindikatoren zusammengefasst. Die Auswahl der Einzelindikatoren und Verknüpfung werden jedoch nicht wissenschaftlich begründet, sondern folgen in der Regel der Verfügbarkeit der Daten. Solange daher noch kein wissenschaftlicher Konsens zur Definition des Begriffs wirtschaftliche Resilienz und zur Bestimmung entsprechender Indikatoren vorliegt, erscheint unser Vorgehen – das Aufgreifen qualitativer Aussagen zur regionalen Resilienz und Illustrierung anhand der Zeitreihen von Beschäftigung und regional verfügbarer Sozialproduktsgröße – angemessen.

- *Studien zu Einflussfaktoren auf regionale wirtschaftliche Resilienz*

Die meisten Studien zu Einflussfaktoren auf regionale wirtschaftliche Resilienz konzentrierten sich auf die Bedeutung einzelner regionaler Strukturmerkmale. Klement und Strambach (2015) fassen in ihrem Artikel zum Stand der Forschung das Vorgehen zahlreicher Studien in einem Überblick zusammen. Diese Zusammenfassung, die in Tab. 2.1 wiedergegeben ist, strukturiert die Studien entlang unterschiedlicher Optionen zur Erreichung regionaler Resilienz, die von Martin (2012) gegenübergestellt wurden:

- *Resistenz* im Sinne des vollständigen Ausbleibens negativer Folgen
- *Erholung* im Sinne eines Erreichens von Vor-Krisen-Niveaus ohne gravierende Veränderungen der Strukturen
- *Reorientierung* im Sinne einer Erholung durch Übergang zu verwandten Strukturen
- *Erneuerung* im Sinne einer Erholung durch die Entstehung neuartiger Strukturen

Zu den zumeist betrachteten regionalen Strukturmerkmalen zählt die Diversität oder Konzentration der Branchen. Hierbei wurden lediglich bei einzelnen Studien positive Korrelationen zwischen einer Konzentration auf Branchen im medium-high-tech-Bereich und im Tourismus festgestellt (Psycharis et al. 2014; Brakmann et al. 2014), da eine geringere Krisenbetroffenheit dieser Branchen zu beobachten war. Hingegen erwiesen sich eine hohe Konzentration auf Exportsektoren, konjunkturanfällige Sektoren und langlebige Konsumgüter als häufig mit einer hohen Krisenanfälligkeit verbunden (Hill et al. 2012; Groot et al. 2011). Diese Beobachtung negativer Folgen einer Spezialisierung greift eine Argumentation aus der Theorie komplexer adaptiver Systeme auf, die Diversität und Redundanz als Eigenschaft zur Sicherung des Funktionserhalts hervorhebt (vgl. ausführlicher zur Einordnung Wink 2010 und am Beispiel der Berufsvielfalt von Immigranten Lester, Nguyen 2015). Eine solche Fokussierung kann jedoch zu Zielkonflikten mit der Effizienz regionalwirtschaftlicher Prozesse führen (vgl. allgemein Grabher 1994; Brede und de Vries 2009). Der Aufbau von Redundanz kann Doppelstrukturen, beispielsweise Mehrfachqualifikationen ohne unmittelbaren Einsatz oder parallel an ähnlichen Aufgabenstellungen arbeitende Forschungsprojekte, bedingen. Daher werden eine zu ausgeprägte Diversität und das Auftreten von Redundanzen als mögliche Barrieren auf dem Weg zur Entstehung notwendiger Mindestgrößen regionaler Branchen oder Unternehmen angesehen, da diese Mindestgrößen nur durch eine Konzentration und Spezialisierung auf bestimmte Produktionsprozesse und Zielmärkte zu erreichen sind (vgl. zu dieser Diskussion auch Barca 2009). Resilienz und Effizienz könnten daher in einem Zielkonflikt zueinander stehen.

Solche krassen Gegenüberstellungen von Effizienz und Resilienz versucht die Perspektive der „*evolutionary adaptive resilience*", die in diesem Buch vornehmlich eingenommen wird, zu unterlaufen, indem auf die Effizienz einer langfristigen Anpassungsfähigkeit durch die Vermeidung von „Lock-in-Situationen" und Erschließung neuer Märkte hingewiesen wird (Boschma 2014). In diesem Zusammenhang wurden konventionelle Diversitäts- und Konzentrationsmaße in den vergangenen Jahren in der Wirtschaftsgeogra-

Tab. 2.1 Einflussfaktoren auf Resilienz: Empirische Ergebnisse in der Wirtschaftsgeografie. (Strambach und Klement 2015)

Elemente des Systems		Dimensionen der Re silienz (nach Martin 2012)		
	Resistenz	Erholung	Reorientierung	Erneuerung
Komponenten	Spezialisierte Branchenstruktur (−) (Fingleton und Palombi 2013) Spezialisierung konjunkturanfällige Sektoren (−) (Groot et al. 2011) Spezialisierung langlebige Konsumgüter (−) (Hill et al. 2012) Spezialisierung Medium-High-Tech (+) (Brakman et al. 2014) Spezialisierung Verarbeitendes Gewerbe (−) Spezialisierung Tourismus (+) (Psycharis et al. 2014) Verarbeitendes Gewerbe, je nach Krise (+/−) (Martin 2012) Wohlstand (BIP) je nach Staat (+/−) (Davies 2011)	Spezialisierung langle-bige Konsumgüter (+); Exportorientierung (+) (Hill et al. 2012) Industrieregion, je nach Land (+/−) (Davies 2011) Frühere Krisen: Hysterese (−) (Martin 2012) Kleinunternehmen (+) (Holm und Østergaard 2013)	Hochqualifizierte (+) (Chapple und Lester 2010; Duschl 2014) Innovation (+); Exportorientierung (+); Konzentration Industrie (+) (Chapple und Lester 2010) Unverwandte Vielfalt (+) (Fingleton und Palombi 2013; Duschl 2014) Hohes Wirtschaftswachstum (+) (Duschl 2014) Entscheidungen einzelner Unternehmen (+/−) (Hill et al. 2012)	Potenzial vorhandener verwandter Forschungs-felder/Branche (+) (Treado 2010) Spezialisierung öffentli-cher Sektor (−) (Williams et al. 2013)
Interaktionen	Stabilität durch disassortatives Netzwerk (+) (Crespo et al. 2014)		Wissensdiffusion durch disassor-tatives Netzwerk (+) (Crespo et al. 2014)	Extra-regionale Inter-aktionen (+) (Carlsson et al. 2014) Verbindungen zwischen älteren Industriebran-chen und jungen High-Tech Branchen (+) (Otto et al. 2014)

Tab. 2.1 (Fortsetzung)

Elemente des Systems	Resistenz	Dimensionen der Resilienz (nach Martin 2012)		
		Erholung	Reorientierung	Erneuerung
Institutionen	*Finanzieller Spielraum regionaler Politik (+); Input für nationale Politik (+)* (Bailey und Berkeley 2014) *Kontrazyklische Fiskalpolitik (+)* (Psycharis et al. 2014)	*Gerichtete Interventionen (+)* (Bailey und Berkeley 2014) *Restrukturierungsprogramme (+)* (Carlsson et al. 2014) *Stärkung strukturschwacher Regionen (+)* (Davies 2011) *Flexibler Arbeitsmarkt (+)* (Hill et al. 2012)	*Unterstützung von Upgrading und Diversifikations- Strategien (+)* (Bailey und Berkeley 2014) *Information und Verständnis neuer Herausforderungen (+)* (Carlsson et al. 2014; Cowell 2013) *Umdenken, Umsetzen in konkrete Pläne, Ziele und Strategien* (Cowell 2013) *Vorausschauend Diversifizierung, Innovation & Unternehmertum fördern (+)* (Hill et al. 2012) *Cluster-Initiativen: organisatorische Fähigkeiten, Professionalisierung, Strategischer Fokus (+)* (Kiese und Hundt 2014)	*Neue Verbindungen verwandter Branchen statt Branchenfokus (+)* (Bailey und Berkeley 2014) *Diversifikations-Förderung (+); Bottom-Up-Organisation (+); Beteiligung (+)* (Carlsson et al. 2014) *Unternehmerfreundliche Politik und Institutionen; Entrepreneurship (+)* (Williams et al. 2013)

fie durch Analysen einer „*verbundenen Vielfalt*" ergänzt (vgl. zum Konzept der „*related variety*" Frenken et al. 2007; Brachert et al. 2011; Boschma 2014). *Verbundenheit* wird in diesen Studien alternativ anhand gemeinsamer Qualifikationsanforderungen an Arbeitskräfte (Otto et al. 2014; Boschma et al. 2013), Gemeinsamkeiten beim Einsatz von Technologien und Maschinen (Schneider 2015), gemeinsamer Produktmärkte (Boschma und Iammarino 2009) oder gemeinsamer Forschung und Entwicklung (Castaldi et al. 2013) betrachtet, während sich die *Vielfalt* zumeist aus einer Zugehörigkeit zu unterschiedlichen Branchen ergibt (vgl. zur Vorgehensweise Frenken et al. 2007). Für die regionale wirtschaftliche Resilienz ergeben sich aus der Betrachtung verbundener Vielfalt vielfältige Anknüpfungen entlang einer Verarbeitung externer Schocks (Boschma 2014). Verbundenheit über Branchengrenzen hinweg erhöht bei einem externen Schock das Risiko einer Ansteckung negativer Effekte, da möglicherweise potentielle Partner ausfallen, Auftragsrückgänge weitergegeben werden oder qualifizierte Arbeitskräfte durch Insolvenzen verbundener Unternehmen abwandern (Diodato und Weterings 2014). Phasen der Erholung und Re-Orientierung sollten jedoch durch verbundene Vielfalt unterstützt werden, da entlassene Arbeitskräfte neue Beschäftigungsmöglichkeiten in verbundenen Unternehmen finden können, verbundene Unternehmen als Partner den Einstieg in neue strategisch bedeutsame Märkte erleichtern und Unternehmen in verbundenen Produktmärkten neue Zielmärkte entdecken können (vgl. beispielsweise Otto et al. 2014, am Beispiel des Saarlands). Vollständige Erneuerungen der Branchen-Mixe und Produktschwerpunkte werden hingegen in solchen Regionen erwartet, in denen es bislang unverbundenen Unternehmen gelingt, neue Verknüpfungen aufzubauen (Castaldi et al. 2013; Balland et al. 2013).

Eine interessante Ergänzung, die auch für unsere Fallstudien relevant ist, wurde durch die Betrachtung einer „*sektoralen Resilienz*" (Fromhold-Eisebith 2015) vorgenommen. Unter „*sektoraler Resilienz*" wurde in diesem Beitrag die Vermeidung und Verarbeitung von Krisen auf Branchenebene entlang branchenrelevanter Wertschöpfungsketten verstanden. Tatsächlich wurden auch in der Finanz- und Wirtschaftskrise starke Unterschiede der Folgen und Krisenverarbeitung zwischen einzelnen Branchen beobachtet. So erwies sich beispielsweise die Beschäftigung im Finanzsektor in den meisten Industrieländern – trotz der auslösenden Rolle dieses Sektors für die Krise – als vergleichsweise stabil in der Krise und nahm in vielen Ländern sogar stärker als in der Industrie zu (Stegmann und Gärtner 2015). Ebenso wurde auch in anderen Studien auf eine gute Verarbeitung der Finanz- und Wirtschaftskrise in Dienstleistungsbranchen hingewiesen (Borchert und Mattoo 2010; Navarro-Espigares et al. 2012). Branchenspezifische Anpassungsprozesse mit teilweise starken unternehmensbezogenen und regionalen Unterschieden wurden hingegen in der Automobilindustrie, im Maschinenbau oder der Elektronikindustrie beobachtet (Abatecola 2009; OECD 2013; Fuchs und Kempermann 2012; Li et al. 2011, sowie zusammenfassend Fromhold-Eisebith 2015). Angesichts der regionsübergreifenden Gestaltung internationaler Produktionssysteme und der regionalen Eingebundenheit einzelner Akteure dieser Systeme entstehen somit ko-evolutive Wirkungsverknüpfungen (vgl. zur Bedeutung regionsinterner und -übergreifender Produktionsstrukturen auch Todo et al.

2015). Wir werden auf diese Wechselbeziehungen auch in unseren Fallstudien zurückkommen.

Auch die Autoren der bereits beschriebenen Studie im Auftrag des ESPON untersuchten den Einfluss von Strukturmerkmalen auf die wirtschaftliche Resilienz in den Regionen der EU (Bristow et al. 2014). Am deutlichsten zeigte sich hierbei ein positiver Effekt hoher Qualifikationsbestände und starker Innovationsfähigkeiten in den Regionen. Die positiven Beziehungen zwischen erhöhter Innovationsfähigkeit und erhöhter Resilienz zeigten sich lediglich bei solchen Regionen nicht, die sich im Übergang zwischen der Gruppe besonders innovationsschwacher und weniger innovationsschwacher Regionen befanden, da in diesen Fällen positive Einflüsse der Innovationsfähigkeiten auf Möglichkeiten zur schnellen Krisenanpassung durch eine erhöhte Krisenanfälligkeit infolge der zunehmenden Exportorientierung überkompensiert wurde. Positive Einflüsse zeigten sich zudem bei Regionen mit einer hohen Erwerbstätigenquote und einer eher stabilen Wachstumsentwicklung ohne ausgeprägte Blasenentwicklungen. Hinsichtlich der Branchenstruktur wurden allgemein negative Effekte für Regionen beobachtet, in denen einzelne Branchen und einzelne Großunternehmen dominierten. Ansonsten wurden jedoch keine eindeutigen Wirkungsbeziehungen zwischen sektoralen Spezialisierungsmustern und Resilienz identifiziert, was auch aus Sicht der Autoren daran lag, dass die verfügbaren Daten keine Aussagen zur verbundenen Vielfalt und damit zu potentiellen Übergängen zwischen Branchen als Strategie der Krisenüberwindung ermöglichten (Bristow et al. 2014).

Als weitere Dimension strukturbedingter Einflussfaktoren auf wirtschaftliche Resilienz wurden in wenigen Studien auch räumliche Siedlungsstrukturen betrachtet. So hoben Brakman et al. (2014) die Vorteile urbaner Regionen mit intensiven internen Pendelströmen bei der Krisenüberwindung hervor, da Unternehmen und Arbeitskräfte in urbanisierten Gebieten über mehr Alternativen zur Anpassung verfügen. Zudem wurde von den Autoren auf höhere Exportraten urbanisierter Regionen als einem möglichen Faktor zur Unterstützung von Erneuerungs- und Reorganisationsphasen verwiesen. Auch in der ESPON-Vergleichsstudie wurde auf positive Effekte der Verstädterung auf regionale Resilienz hingewiesen (Bristow et al. 2014). Diese Potentiale betrafen in besonderer Weise so genannte „*second-tier cities*". Dies sind Städte, die keinen Status als Hauptstadt eines EU-Landes haben, aber eine relativ hohe Dichte der Bevölkerung und wirtschaftlichen Aktivität aufweisen (zur Definition vgl. auch Parkinson et al. 2013). Parkinson et al. (2013) listeten 124 Städte in 31 europäischen Ländern auf. Von diesen Städten sind Stuttgart, Dresden, Leipzig, Chemnitz und das Ruhrgebiet Bestandteile unserer Fallstudien. Bristow, Healy et al. (2014) weisen schließlich noch auf eine hohe Bedeutung der Erreichbarkeit der Regionen für die wirtschaftliche Resilienz hin. Regionen an den Außengrenzen der EU, aber auch periphere, Berg- und Küstenregionen wiesen in der Regel schlechtere Resilienzwerte auf als Regionen mit Zugang zu Städteregionen.

Im Vergleich zur Anzahl empirischer Studien über den Einfluss struktureller Faktoren auf die Resilienz von Regionen ist die Bedeutung regionalpolitischer Eingriffe, der Interaktion zwischen Unternehmen, Verwaltung und Bürgern in den Regionen sowie der

Wechselwirkungen zwischen einzelnen Einflussfaktoren noch wenig erforscht (so auch Martin und Sunley 2015; Strambach und Klement 2015). Zu den wenigen Studien über Interaktionen und ihren Einfluss auf Resilienz gehört die Studie von Crespo et al. (2014) zur Netzwerkbildung in der europäischen Mobilfunkindustrie. Sie weisen auf positive Effekte eher flacher Netzwerkhierarchien und vielfältiger Brücken auch zu peripheren Akteuren hin, da diese in Krisenzeiten einen Übergang zu neuen strategischen Schwerpunkten und Zielmärkten eröffneten und eine „Lock-in"-Situation in Krisenmärkten verhindern. Zugleich gehen auch sie auf einen möglichen Zielkonflikt mit Effizienzzielen ein, da stärker hierarchisch aufgebaute Netzwerke mit eindeutig zentralen Akteuren (Unternehmen oder Forschungseinrichtungen) ein schnelleres Wachstum des Netzwerkes und relevanter Märkte ermöglichen (vgl. zu einem ähnlichen Befund dieses Zielkonflikts, auch unter Beachtung der Anpassungsfähigkeiten auf Unternehmensebene, Kahl und Hundt 2015). Einige wenige Studien untersuchen zudem die Rolle einzelner Organisationen und politischer Instrumente zur Förderung regionaler wirtschaftlicher Resilienz (vgl. beispielsweise Carlsson et al. 2014; Bailey und Berkeley 2014).

Der Zusammenhang zwischen Wirtschaftskrisen, ihren Folgen und der Funktionsweise politischer und gesellschaftlicher Institutionen wurde zuvor bereits auf einer allgemeinen Ebene untersucht. So argumentiert Siegenthaler (1993) auch unter Bezugnahme auf makroökonomische Krisen, dass das Vertrauen der Unternehmen und privaten Haushalte in die Funktionsweise von Regeln und damit in die Politik zu einer Stabilisierung in Krisen beiträgt, Verteilungskonflikte zwischen Gewinnern und Verlierern von Wachstumsprozessen auf der Basis dieser Regeln aber auch ihrerseits Krisen auslösen und schließlich durch neue – die Konflikte überwindenden – Regeln abgelöst werden. Ähnlich betont auch Setterfield (1997) die Bedeutung politischer Institutionen und akzeptierter Regeln für die Überwindung von Krisen. Zugleich weist er jedoch auch auf Pfadabhängigkeiten bei der Anwendung und Entwicklung dieser Regeln hin, beispielsweise durch Wahrnehmungen auf Probleme, unterschiedliche Einflussnahmen einzelner Interessengruppen oder allgemeine Ängste vor der Unsicherheit über die ökonomischen Folgen als zu einschneidend empfundener Veränderungen. Durch diese Pfadabhängigkeiten werden die Möglichkeiten zur Entwicklung neuer Regeln und neuer politischer Instrumente so stark eingeschränkt, dass die Volkswirtschaften nicht mehr durch angemessene Veränderungen auf Schocks reagieren können und sich daher nicht (mehr) als resilient erweisen. Wir werden in unseren Fallstudien stets auch diskutieren, inwieweit Pfadabhängigkeiten in den Regionen die Veränderungsfähigkeiten einschränken bzw. welche Strategien in den Regionen entwickelt wurden, um negative Folgen von Pfadabhängigkeiten zu verhindern. Eine systematische Verknüpfung dieser allgemeinen Argumentationslinien, die auf Nationalstaaten Bezug nahmen, mit der Situation spezifischer Regionen, der Ko-Evolution privater Vereinbarungen und politischer Instrumente sowie ihrer Einbindung in Multilevel-Governance-Systeme wie der EU fand bislang in der Empirie noch nicht statt (vgl. auch zusammenfassend zum Handlungsbedarf bei der empirischen Analyse des Einflusses politischer Instrumente auf regionale wirtschaftliche Resilienz Bristow und Healy 2014 sowie Wink 2014).

2.3 Verbindung der Fallstudien zum Stand der Forschung und Vorgehensweise in den Folgekapiteln

Unsere Fallstudien streben eine Verknüpfung der bisherigen Erkenntnisse der empirischen Forschung zu Einflussfaktoren auf regionale wirtschaftliche Resilienz mit Beobachtungen zu politischen Strategien und privaten Initiativen zur Stärkung der Resilienz auf lokaler und regionaler Ebene an. Daher bilden strukturelle Aspekte den Ausgangspunkt für die Auswahl der Fallstudienregionen und Hypothesen zu möglichen Einflussfaktoren. Tabelle 2.2 beschreibt einige auch aus den in Kap. 2.2 beschriebenen Ergebnissen anderer empirischer Studien abzuleitende Hypothesen über den Einfluss bestimmter struktureller Aspekte.

Unsere Wahl der Fallstudienregionen folgt einer Identifizierung von Besonderheiten auf der Ebene der Strukturaspekte, die auch unterschiedliche Voraussetzungen für ökonomische Resilienz in den jeweiligen Regionen erwarten lassen. Ob und inwieweit diese Hypothesen tatsächlich bestätigt werden können, lässt sich erst zum Abschluss der Fallstudien diskutieren. Die aus dieser Zuordnung struktureller Aspekte entstehenden fünf

Tab. 2.2 Beispiele für erwartete Zusammenhänge zwischen Strukturaspekten und regionaler Resilienz. (Eigene Darstellung)

Strukturaspekt	Zwischenvariable	Relevanz für regionale Resilienz
Branchenkonzentration	Verbundenheit zwischen den Branchen am Standort	Erhöhte Verbundenheit steigert die Ansteckungsgefahr in Krisen, aber auch die Anpassungsoptionen
Unternehmensstruktur	Hierarchie in den Wertschöpfungsketten und dominante Rolle von Großunternehmen	Risiken stärkerer Pfadabhängigkeiten und geringerer Anpassungsfähigkeit, aber auch schnellere Erreichung kritischer Mindestgrößen am Standort
Qualifikation	Anteil hoch qualifizierter Beschäftigter am Standort	Erhöhte Anpassungsfähigkeit aufgrund breiterer Qualifikationsbasis
Bevölkerungsdichte	Verfügbarkeit überregional relevanter Einrichtungen (Hochschulen, Kulturstätten etc.)	Unterstützung beim Aufbau von Anpassungsfähigkeit und Stabilisierung durch geringe Abhängigkeit von konjunkturellen Schwankungen
Geografische Lage	Erreichbarkeit großer Metropolregionen	Gute Erreichbarkeit erleichtert Zugang zu neuen Absatzmärkten in Krisensituationen.
Demografie	Verhältnis zwischen den Alterskohorten im erwerbsfähigen Alter	Erhöhter Anteil älterer Erwerbstätiger steigert das Risiko zukünftiger Knappheit an Fachkräften.
Institutionelle Dichte	Häufigkeit formeller Vereinigungen zwischen Unternehmen	Institutionelle Dichte verbessert die Voraussetzung einer gegenseitigen Unterstützung in Krisen.

Regionsgruppen sind (jeweils in Klammer dazu die jeweiligen Aspekte struktureller Besonderheiten):

- Regionen mit relativ hohem Anteil an industrieller Aktivität und „Leuchtturmindustrien" (Besonderheiten im Bereich der Unternehmensstruktur und institutioneller Dichte)
- Regionen mit relativ hohem Anteil an Dienstleistungsaktivitäten und geringer Verbundenheit zwischen den Branchen (Besonderheiten im Bereich der Branchenkonzentration, Qualifikation und Demografie)
- altindustrielle Regionen in einem Ballungsraum ohne eindeutiges funktionales Zentrum (Besonderheiten bei der Bevölkerungsdichte, Qualifikation und Unternehmensstruktur)
- kleinere Großstädte mit relativ hohem Anteil industrieller Aktivität und begrenzter Verfügbarkeit der Funktionen eines Oberzentrums (Besonderheiten bei der Bevölkerungsdichte, geografischen Lage und Unternehmensstruktur)
- ländliche Regionen mit wirtschaftlichem Rückstand und geografischer Nähe zu Bundeshauptstädten (Besonderheiten im Bereich der geografischen Lage und Bevölkerungsdichte)

Als Einstieg in die Untersuchung werden wir für jede Fallstudienregion die Entwicklung der zwei wichtigsten quantitativen Indikatoren – das BIP zu Marktpreisen und die Zahl der Erwerbstätigen – im Zeitraum zwischen 1992 und 2012 im Vergleich zum nationalen Durchschnitt betrachten. Diese Konzentration erfolgt aus Gründen der Datenverfügbarkeit und der Vergleichbarkeit mit verwendeten Indikatoren in anderen empirischen Studien (VGRdL 2015; Statistik Austria 2015). Die Darstellung der Indikatoren fokussiert jeweils auf die Dynamik im Zeitraum und blendet Niveauunterschiede zwischen den Fallstudienregionen aus. Diese Vorgehensweise erklärt sich aus unserem vorrangigen Erkenntnisziel, das sich auf Veränderungen im Zeitverlauf und Anpassungen richtet und nicht auf einen grundsätzlichen Wohlstandsvergleich. Gerade die Vergleichbarkeit der Krisenverläufe der beiden Indikatoren zwischen den Regionen einer Gruppe trotz unterschiedlicher Niveaus könnte die Bedeutung spezifischer struktureller Aspekte anstelle eines allgemeinen Wohlstandsniveaus unterstreichen.

Als Referenz für die nachfolgenden Fallstudien illustrieren die Abb. 2.2 und 2.3 die Entwicklung des BIP zu Marktpreisen und der Zahl der Erwerbstätigen für die Bundesrepublik Deutschland und Österreich.[4] Die Darstellung des BIP zu Marktpreisen zeigt den Einbruch während der Finanz- und Wirtschaftskrise im Jahr 2009 in beiden Ländern. Zudem wird deutlich, dass das Wachstum des BIP in der Bundesrepublik Deutschland seit Mitte der 1990er Jahre schwächer als in Österreich war.

---

[4] Für die Datenauswertungen wurden jeweils historische Daten auf der Basis des Europäischen Systems für Volkswirtschaftliche Gesamtrechnungen 1995 (für das BIP in beiden Ländern) und von Mikrozensusberechnungen (für die Erwerbstätigenzahl in Österreich) verwendet.

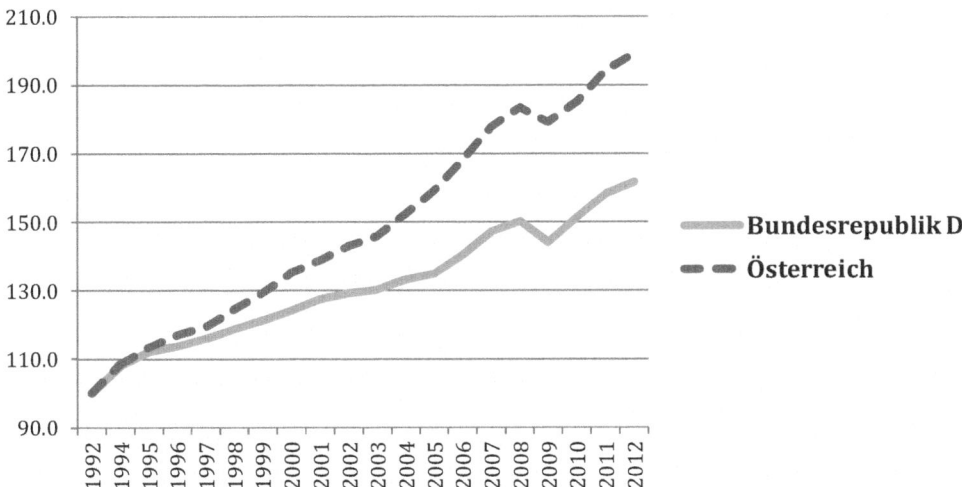

Abb. 2.2 BIP zu Marktpreisen, BRD und Österreich, 1992 = 100. (Quelle: VGRdL 2015; Statistik Austria 2015)

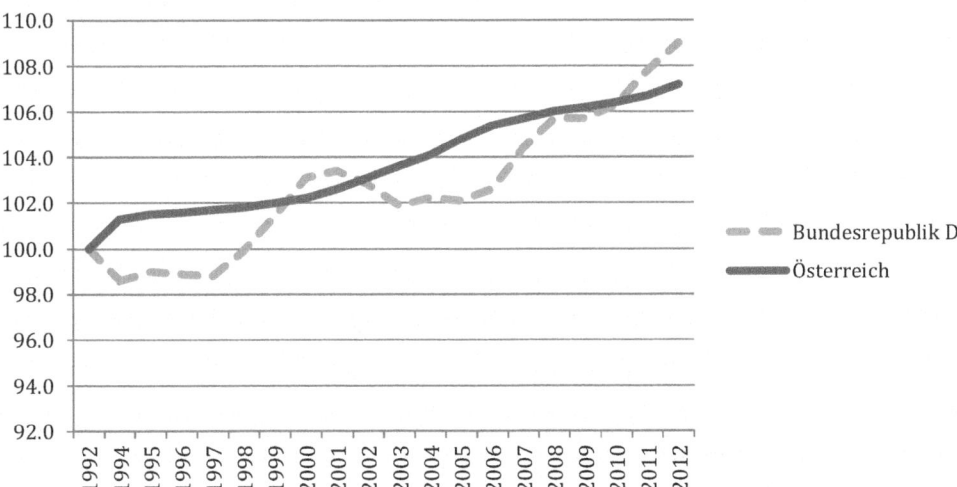

Abb. 2.3 Anzahl der Erwerbstätigen, BRD und Österreich, 1992 = 100. (Quelle: VGRdL 2015; Statistik Austria 2015)

Bei der Zahl der Erwerbstätigen (Abb. 2.3) ist der Verlauf in der Bundesrepublik Deutschland durch häufigere Schwankungen geprägt als beim BIP und bei der Erwerbstätigenzahl in Österreich. Insbesondere im Zeitraum zwischen 1992 und 1997 sowie 2002 und 2003 kam es zu einem Rückgang bzw. einer Stagnation der Veränderung der Erwerbstätigenzahl in Deutschland, während seit dem Jahr 2006 ein relativ starkes Wachstum bis zum Jahr 2012 einsetzte, das in der Wirtschaftskrise 2009 lediglich etwas abgebremst wurde. Es kam jedoch weder in Österreich noch in der Bundesrepublik Deutschland zu einem Rückgang der Erwerbstätigkeit. Insgesamt stieg die Erwerbstätigkeit in Österreich vergleichsweise stetig im gesamten Zeitraum an. Jedoch war das Wachstum insgesamt für den Gesamtzeitraum schwächer als in Deutschland. Ausgehend von diesen beiden häufig verwendeten Indikatoren können beide Länder als wirtschaftlich resilient bezeichnet werden, da das Vorkrisenniveau vor dem Jahr 2008 bis zum Jahr 2012 erreicht bzw. übertroffen wurde.

In einem nächsten Schritt werden wir nach dieser Betrachtung quantitativer Daten einen chronologischen Überblick zu wichtigen Ereignissen und Entscheidungen in der Region oder für die Region in einem Zeitraum von 1989 bzw. einem Jahr dieses Jahrzehnts mit bedeutenden Ereignissen und Entscheidungen für die Fallstudie bis zum Jahr 2012 bzw. 2014 anfügen. Diese Überblicke erheben keinen Anspruch auf Vollständigkeit oder Objektivität der Auswahl, sondern sollen den Leserinnen und Lesern die Orientierung zu einzelnen Aspekten der Veränderungen in den Regionen vor, während und nach der Wirtschaftskrise erleichtern. Die Überblicke bilden zugleich den Hintergrund einer nachfolgenden Betrachtung der Anpassungsprozesse in den Regionen vor der Finanz- und Wirtschaftskrise. Diese Prozessanalyse für den Zeitraum von 1990 bis 2008 lenkt den Blick auf Maßnahmen, die einen Einfluss auf die Verletzlichkeit und Anpassungsfähigkeit in der Finanz- und Wirtschaftskrise ausüben konnten. Unsere Hypothese hierzu ist, dass es bei politischen Maßnahmen zur Verhinderung und Überwindung von Krisen nicht nur auf kurzfristige Unterstützungen ankommt, sondern gerade auf regionaler bzw. lokaler Ebene insbesondere auf mittelfristig ausgerichtete strukturelle Maßnahmen.

Diese strukturellen Prozesse werden für die jeweiligen Regionen in einem thematischen Kontext dargestellt. Die chronologische Darstellung soll Einzelereignisse dieser unterschiedlichen Themenkomplexe zugleich in ihrer zeitlichen Positionierung einordnen, da viele dieser Prozesse zeitlich parallel und überlappend verlaufen und sich teilweise gegenseitig beeinflussen. Zugleich ist bei diesen chronologischen Prozessen auch die Situation auf nationaler und internationaler Ebene zu berücksichtigen, da dies Rahmenbedingungen für das Handeln auf regionaler oder lokaler Ebene bestimmt. Abbildung 2.4 fasst daher einige wesentliche Ereignisse auf nationaler, supra- und internationaler Ebene entlang eines Zeitstrahls zusammen, die zu wichtigen externen Veränderungen der Rahmenbedingungen für alle Fallstudien wurden.

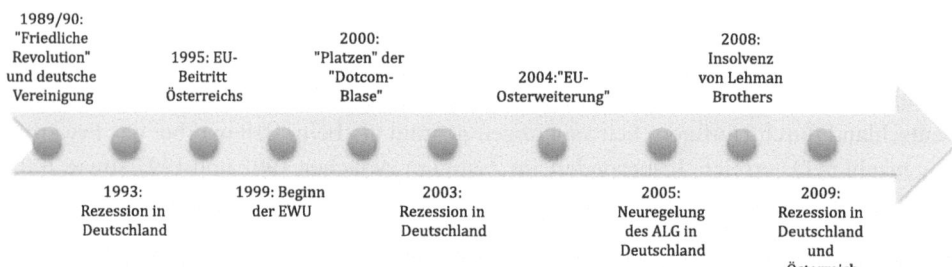

Abb. 2.4 Zeitstrahl nationaler und internationaler Ereignisse mit Auswirkungen auf die Wirtschaft in unseren Fallstudien. (Eigene Erstellung)

Tab. 2.3 Ausgewählte politische Maßnahmenbereiche zur Unterstützung regionaler wirtschaftlicher Resilienz in horizontaler und vertikaler Dimension. (Eigene Darstellung)

	Wirtschaftsförderung	Stadtentwicklung	Bildung und Forschung	Vernetzung von Innovationsfähigkeiten
Stadt/Kreis	Stadtmarketing, Clusterförderung	Flächenausweisung, Quartiersmanagement und Stadtteilpolitik, Bürgerbeteiligung	Schulen und Verbindung zu Stadtteilpolitik	Technologie- und Gründerzentren, Fachkräfteallianzen
Bundesland	Technologieplattformen und Branchenpolitik	Landesentwicklung, Flächenaufbereitung, Bürgerbeteiligung	Hochschul- und Weiterbildungseinrichtungen	Clusterförderung
Bund	Investitionsförderung im Rahmen der GRW	Bundesprogramm „Soziale Stadt"	Fraunhofer-Institute; Exzellenz-Wettbewerb	Spitzencluster-Wettbewerb
EU	EU-Strukturfonds	EU-Strukturfonds	EU-Strukturfonds, Bologna-Reform	EU-Strukturfonds, EU-Forschungsrahmenprogramm

Grundlage der Betrachtung der Prozesse vor, während und nach der Wirtschaftskrise sind unsere Gespräche in den Fallstudienregionen und die Auswertung von Dokumenten, wissenschaftlichen Quellen und Medienberichten. Unsere Grundhypothesen zur Veränderung der Anpassungsfähigkeit in den Fallstudienregionen beziehen sich auf das Zusammenwirken zahlreicher politischer Entscheidungen, Einzelhandlungen und Einzelvereinbarungen in einer vertikalen und horizontalen Dimension. In der Tab. 2.3 sind einige beispielhafte Maßnahmenbereiche in einer Matrix mit horizontaler und vertikaler Ausrichtung dargestellt. Diese Bereiche werden in den Fallstudien ausführlicher beschrieben und in ihrer Relevanz für den Aufbau von Anpassungsfähigkeiten in Krisen eingeordnet.

Horizontal meint in diesem Kontext die Betrachtung unterschiedlicher inhaltlicher Politikfelder. In Tab. 2.3 haben wir die Bereiche Wirtschaftsförderung, Stadtentwicklung, Bildung und Forschung sowie die Vernetzung von Innovationsfähigkeiten aufgeführt, die typischerweise auch in unseren Gesprächen als Bereiche mit wichtigen Einflüssen auf die strukturelle Entwicklung genannt wurden. Die in den Feldern genannten Maßnahmen und Programme stellen Beispiele zur Illustrierung dar. Einen vollständigen Überblick über alle Instrumente können und wollen wir aus Raumgründen an dieser Stelle nicht bieten. Zwischen den Politikfeldern existieren vielfältige Wechselbeziehungen, die den Einfluss auf die Resilienz beeinflussen und in unserer Untersuchung berücksichtigt werden. Mit dieser horizontalen Dimension wird dem in vielen empirischen Untersuchungen erwähnten Umstand Rechnung getragen, dass regionale Resilienz als Ergebnis verschiedener Einflussfaktoren aus unterschiedlichen Segmenten der regionalen Volkswirtschaften, Zivilgesellschaften, ökologischen und kulturellen Bedingungen verstanden wird (vgl. zur entsprechenden Diskussion beispielsweise auch Bristow 2010; Lang 2012; Drobniak 2014).

Die *vertikale Dimension* umschreibt die vielfältigen möglichen Entscheidungsebenen in der öffentlichen Hierarchie der Gebietskörperschaften von der lokalen bis zur supranationalen Ebene. Wiederum ist zu beachten, dass auch zwischen den vertikalen Ebenen Interaktionen und Wechselwirkungen – beispielsweise zwischen den Vorgaben, die von der Europäischen Kommission für die Strukturfondsperioden formuliert werden, und der konkreten Umsetzung und Anpassung auf Bundes- und Landesebene – existieren. Neben den Wechselbeziehungen zwischen den öffentlichen Ebenen sind auch Interaktionen zwischen öffentlichen Gebietskörperschaften und privaten Initiativen durch Bürger, Unternehmen oder sonstige Organisationen und staatlichen Akteuren bis hin zu public-private partnerships zu betrachten. Insoweit stellt die Analyse eine Verknüpfung von zwei Ansätzen dar, die eher getrennt voneinander angewendet werden: der Multilevel-Governance-Ansatz, der Beziehungen und Interaktionen zwischen unterschiedlichen staatlichen Ebenen (in Tab. 2.3 die vertikalen Ebenen) untersucht, und der Mikro-Meso-Makro-Ansatz zur Erklärung struktureller Veränderungen in sozialen (und damit auch ökonomischen) Systemen, der zumeist Interaktionen zwischen sozialen Organisationen unterschiedlicher Größe und Ordnungsregeln mit ihren Auswirkungen auf Veränderungsprozesse analysiert (vgl. ausführlich hierzu Dopfer et al. 2004, und mit Bezug auf eine konkrete Anwendung Schröder 2013).

Im Anschluss an die Betrachtung der Prozesse in den jeweiligen Fallstudienregionen zum Aufbau der Anpassungsfähigkeiten wird die Situation und Anpassung in der Finanz- und Wirtschaftskrise dargestellt. Auch hier bilden die Gespräche die Basis, um konkrete Erfahrungen in der Region während der Krise zu untersuchen. Drei Ebenen werden bei dieser Untersuchung miteinander verbunden:

1. *Private Anpassungen auf der Mikro- und Meso-Ebene*

Zur Mikro-Ebene zählen Entscheidungen in den Unternehmen beispielsweise zur Verlagerung von Kapazitäten in andere Märkte oder zur Veränderung des Personalbestands ebenso wie Entscheidungen von Arbeitnehmern, sich beispielsweise auf Jobs in anderen – weniger von der Krise betroffenen – Branchen zu bewerben, die Region zu verlassen oder in die Region zu wandern oder sich (zusätzlich) zu qualifizieren. Ebenso sind Entscheidungen über das Konsumverhalten oder Veränderungen des Wohnsitzes privater Haushalte Bestandteile der Mikro-Ebene. Die Meso-Ebene umfasst Interaktionen und Vereinbarungen zwischen Unternehmen oder zwischen sonstigen Organisationen innerhalb der Region, beispielsweise zur Kooperation beim Aufbau neuer Märkte oder bei der Überwindung von Liquiditätsengpässen. Unsere Grundhypothese zur „evolutionary adaptive resilience" geht davon aus, dass diese Anpassungen von Anpassungsfähigkeiten abhängen, die im Vorfeld der Krise entstanden bzw. entwickelt wurden. Daher werden Verknüpfungen zwischen diesen Anpassungen und den zuvor beschriebenen Prozessen zur Beeinflussung der Anpassungsfähigkeit vor der Finanz- und Wirtschaftskrise analysiert.

2. *Reaktion auf geld- und fiskalpolitische Stimuli von übergeordneten staatlichen Ebenen*

Angesichts der besonderen Intensität und des internationalen Ausmaßes der Finanz- und Wirtschaftskrise reagierten nahezu alle Regierungen in den Industrieländern mit fiskalpolitischen Maßnahmen zur Sicherung und Belebung der Güternachfrage (vgl. zu einer Beurteilung der gesamtwirtschaftlichen Wirkungen der fiskalpolitischen Maßnahmen in der Europäischen Währungsunion Coenen et al. 2012, und zu den fiskalischen Kosten der Maßnahmen in Deutschland Döhrn und Gebhardt 2013). In Deutschland wurden neben dem „Finanzmarktstabilisierungsgesetz" zur Verhinderung der Zahlungsunfähigkeit von Banken zwei „Konjunkturpakete" mit einem Gesamtvolumen von 64 Mrd. € eingeführt. Schwerpunktmaßnahmen waren hierbei unter anderem:

• befristete Verlängerungen des Kurzarbeitergeldes auf bis zu 24 Monate
• zusätzliche öffentliche Investitionen
• befristete Sonderabschreibungen und Steuervergünstigungen
• die befristete Einführung der „Umweltprämie" zur Förderung des Kaufs eines Neuwagens bei Verschrottung des bisherigen älteren Fahrzeugs
• Innovationsförderungen
• Vereinfachungen des Vergaberechts

Auch in Österreich wurden in den Jahren 2009 und 2010 zwei „Konjunkturpakete", ein „Bankenhilfspaket", eine Steuerreform und zwei „Arbeitsmarktpakete" im Gesamtvolumen von 11,9 Mrd. € (plus 10,1 Mrd. € für das „Bankenhilfspaket") eingeführt (siehe auch Breuss et al. 2009). Ähnlich wie in der Bundesrepublik, bildeten öffentliche Investitionen, Steuerermäßigungen, Abschreibungen und Unterstützungen des Zugangs von Unternehmen zu Liquidität Schwerpunkte.

Auf supranationaler Ebene schlug die Europäische Kommission bereits Ende 2008 ein koordiniertes Konjunkturprogramm im Gesamtumfang von 200 Mrd. € vor, wobei 30 Mrd. € aus dem EU-Haushalt zu finanzieren waren (European Commission 2008). Kernbestandteile der Maßnahmen auf EU-Ebene waren eine Ausweitung der Finanzierung durch die Europäische Investitionsbank, die Finanzierung zusätzlicher Investitionen in transeuropäische Netze und der Einsatz des Europäischen Fonds für die Anpassung an die Globalisierung zur Finanzierung von Umschulungen und Stellenvermittlungen für Arbeitnehmer, die in der Krise ihren Arbeitsplatz verloren.

Neben der Fiskalpolitik führt die Europäische Zentralbank seit der Insolvenz der US-amerikanischen Investmentbank Lehman Brothers im September 2008 geldpolitische Maßnahmen in einer für europäische Währungsräume beispiellosen Weise aus. Der Leitzins zur Refinanzierung privater Geschäftsbanken wurde von der Europäischen Zentralbank im Jahr 2009 auf 1 % gesenkt. Zudem wurden vielfältige Maßnahmen zur Stabilisierung der Liquiditätsversorgung im Interbankenmarkt ergriffen (vgl. zur Diskussion über die Wirksamkeit und Folgen dieser Art der Geldpolitik beispielsweise Joyce et al. 2011;

Baumeister und Benati 2013). Zielrichtung dieser Maßnahmen war insbesondere die Verhinderung einer „Kreditklemme", das heißt die Sicherung des Zugangs zu Liquidität für Unternehmen und private Haushalte. Für unsere Fallstudien werden die Aussagen unserer Gesprächspartner jeweils den Ausgangspunkt zur Identifizierung solcher fiskal- und geldpolitischer Maßnahmen bilden, die in den jeweiligen Regionen als bedeutsam für die Resilienz wahrgenommen wurden. Zudem werden wir diskutieren, inwieweit und unter welchen Umständen die Maßnahmen auf nationaler und supranationaler Ebene mit den Reaktionen in den Regionen verknüpft werden konnten.

3. *Politische Reaktionen auf lokaler und regionaler Ebene*

Im Gegensatz zur nationalen Ebene verfügten kommunale Einrichtungen in der Regel nicht über die Finanzmittel, in der Wirtschaftskrise direkte finanzielle Unterstützungen anzubieten. Auch auf der Bundesländerebene waren die Möglichkeiten einer eigenen Fiskalpolitik begrenzt. Zumeist wurden Maßnahmen zur Überbrückung von Liquiditätsengpässen durch die jeweiligen landeseigenen Förderbanken angeboten, beispielsweise durch Bürgschaften oder zusätzliche Darlehen (vgl. im dritten Kapitel die Erfahrungen in Baden-Württemberg, Sachsen und Nordrhein-Westfalen). Neben diesen direkten finanziellen Unterstützungen werden wir aber auch untersuchen, inwieweit es durch die Finanz- und Wirtschaftskrise zu sonstigen Veränderungen bei der Gestaltung der Wirtschaftsförderung, Stadtentwicklung oder sozialen Integration kam, und inwieweit diese Maßnahmen in direktem Bezug zu den privaten Anpassungen und Instrumenten auf Bundes- und EU-Ebene stehen.

Den Abschluss der Zeitraumbetrachtung in den Fallstudienregionen bildet eine Diskussion der Entwicklungen nach der Finanz- und Wirtschaftskrise. In diesem Kontext wird untersucht, inwieweit es zu strukturellen Veränderungen nach der Krisenerfahrung kam, welche Veränderungen im Hinblick auf die Entstehung und Fortentwicklung von Anpassungsfähigkeiten zu beobachten sind und mit welchen mittelfristigen Herausforderungen angesichts demografischer Prozesse, technologischer Veränderungen oder politischer Festlegungen, beispielsweise im Hinblick auf die „Energiewende", die Fallstudien konfrontiert sind. Die fünf Einzelabschnitte zu den Regionsgruppen enden jeweils mit einer Übersicht zu den Stärken, Schwächen, Chancen und Risiken der Regionen hinsichtlich der regionalen wirtschaftlichen Resilienz, um abschließend nochmals kompakt die wesentlichen Erkenntnisse zu den Besonderheiten an den einzelnen Standorten darzulegen. Diese kompakten Übersichten dienen am Ende des dritten Kapitels auch dazu, auf einige grundsätzliche Einsichten zu wichtigen Einflussfaktoren auf die regionale wirtschaftliche Resilienz und die Rolle politischer Steuerung in den Regionen einzugehen.

3.1 Leuchtturmindustrien als Stütze oder Last in Krisen? – Erfahrungen in Stuttgart und Dresden

3.1.1 Ausgangsüberlegungen

Als ein Geheimnis des wirtschaftlichen Erfolgs in Deutschland trotz weltweiter Finanz- und Wirtschaftskrise wird der im EU-Vergleich hohe Anteil industrieller Produktion und das Ausbleiben einer starken Absenkung des Anteils industrieller Produktion im Zuge der Internationalisierung der Produktion und der Verlagerung von Produktionsaktivitäten, insbesondere nach Mittel- und Osteuropa, China und Südostasien, angesehen (European Commission 2013). So ist Deutschland das einzige Land in Westeuropa, in dem zwischen 2000 und 2012 der Anteil der Industrie an der Bruttowertschöpfung nicht nur nicht abnahm, sondern sogar um 0,1 % stieg (vgl. auch Heymann und Vetter 2013). Regionale Standortförderung nicht nur in Deutschland zielt daher in besonderem Maße darauf ab, industrielle Investoren zu gewinnen, industrielle Kerne zu formen und zu erhalten und industrielle „Leuchttürme" aufzubauen, die positive Ausstrahlungseffekte auf andere Branchen in der Region und in den Nachbarregionen ausüben, indem sie branchenübergreifende Aufträge vergeben, im Bereich der Forschung und Entwicklung aktiv sind, die Attraktivität der Region für qualifizierte Arbeitskräfte erhöhen, durch Einkommenszahlungen die Kaufkraft erhöhen und durch Steuerleistungen auch die Verbesserung der regionalen Infrastruktur ermöglichen (vgl. zur Diskussion über die Bedeutung so genannter „anchor investors" Devereux et al. 2007; Niosi und Zhegu 2010, und zur Förderung von „Leuchttürmen" in Deutschland Helmedag 2003).

Zugleich schaffen solche Leuchtturmindustrien jedoch Abhängigkeiten der Region von Entwicklungen in den Leuchtturmbranchen und den wesentlichen Märkten der industriellen Arbeitgeber. Die Finanz- und Wirtschaftskrise war aus deutscher Sicht in besonderem

© Springer Fachmedien Wiesbaden 2016
R. Wink et al., *Wirtschaftliche Resilienz in deutschsprachigen Regionen*,
DOI 10.1007/978-3-658-09823-0_3

Maße dadurch geprägt, dass der Schock überwiegend die wichtigsten Exportindustrien und damit die Leuchtturmindustrien betraf und somit die erhöhte Ansteckungsgefahr durch wachsende Exportaktivitäten verdeutlichte (Arndt und Krumm 2011). Ausgehend vom Konzept der „sektoralen Resilienz" ergibt sich zudem das Risiko, dass die Unternehmen eine Krise zum Anlass nehmen, im Zuge einer Optimierung ihrer Wertschöpfungsketten Produktionskapazitäten an Standorten mit höheren Faktorkosten einzuschränken (Fromhold-Eisebith 2015). Daneben birgt eine Konzentration auf etablierte industrielle Branchen für Regionen das Risiko der Pfadabhängigkeit entlang langjährig eingeführter Strategien im Bereich der Qualifizierung, Infrastrukturen oder Innovationsförderung (Hassink 2009). Eine solche Pfadabhängigkeit droht die Fähigkeiten in der Region, im Fall struktureller Veränderungen in den Leuchtturmbranchen Anpassungen und Verlagerungen auf andere Branchen und Märkte vornehmen zu können, verkümmern zu lassen und stellt daher eine Gefährdung der regionalen Resilienz dar (Boschma 2014).

Unsere zwei Fallstudienregionen, die in diesem Abschnitt vorgestellt werden, stehen stellvertretend für Städte, in denen es erfolgreich gelang, sich als führender Standort in bestimmten exportorientierten Leuchtturmbranchen zu etablieren. Zugleich sind beide Städte die Hauptstädte der jeweiligen Bundesländer, was auch zu engeren Verknüpfungen zwischen Landespolitik und lokaler Politik führt.

Stuttgart hat eine lange Tradition als Standort der Automobilindustrie. Die Daimler-Motoren-Gesellschaft (DMG) wurde bereits 1890 in Cannstatt gegründet. Insbesondere nach dem zweiten Weltkrieg formte sich in Baden-Württemberg eine europaweit einzigartige Industriestruktur mit einer hohen Dichte an Unternehmen der Automobil- und Maschinenbauindustrie (Braczyk et al. 1996; Cooke und Morgan 1993). Zur Versorgung dieser Unternehmen mit qualifizierten Fachkräften und Partnern in der industriellen Forschung entstanden spezifische Einrichtungen, die auf die Bedürfnisse der Industrien abgestimmt waren, und eine hohe Dichte an institutionellen Verbindungen zwischen Unternehmen, Forschungseinrichtungen, Hochschulen, Organisationen zum Wissensaustausch, Politik und Gewerkschaften (Karl et al. 2003). Hierzu zählte auch die Einrichtung zahlreicher Institute der Fraunhofer-Gesellschaft, zu denen mittlerweile sechs Einrichtungen in Stuttgart gehören. Diese in der Wirtschaftsgeografie zunächst als vorbildhaft hervorgehobene Dichte der Verbindungen wurde in den vergangenen fünfzehn Jahren in immer mehr Publikationen als Hindernis zur Veränderung und als Synonym für Pfadabhängigkeiten und fehlende Dynamik der regionalen Entwicklung angesehen (Heidenreich und Krauss 2004; Fuchs 2010). Stuttgart – sowohl als Stadt als auch als Region[1] – belegt immer noch Spitzenplätze in europäischen Ranglisten zu Innovationsaktivitäten und Patent-Output (European Commission 2014; BAK Basel Economics 2011; Statistisches Landesamt Baden-Württemberg 2012). Zugleich wird bei diesen Ranglisten aber auf die im Vergleich zu Regionen mit schwächeren Ergebnissen geringere Dynamik hingewiesen. Mit zunehmender Intensität der Auseinandersetzungen um das Großprojekt „Stuttgart 21" wurde auch

---

[1] Zur Region gehören neben der Stadt Stuttgart die fünf Landkreise Böblingen, Esslingen, Göppingen, Ludwigsburg und der Rems-Murr-Kreis.

die Unzufriedenheit einer Bevölkerungsgruppe mit politischen Entscheidungsprozessen deutlich, bei der zuvor davon ausgegangen wurde, dass sie sich aufgrund ihrer Beteiligung am zunehmenden wirtschaftlichen Wohlstand in der Stadt und den umliegenden Städten mit der Region identifiziert.

Dresden ist demgegenüber das markanteste Beispiel für die Schaffung neuer „Leuchtturmindustrien" in Ostdeutschland durch Anknüpfung an und Ausbau von bestehenden Strukturen und Kenntnissen. Bereits in der DDR war Dresden ein Zentrum der Forschung im Bereich der Mikroelektronik. Nach der deutschen Vereinigung zählte die Ansiedlung der Produktionsstätten von Siemens und AMD zur Herstellung von Halbleitern zu den größten Erfolgen der Strategie, in Ostdeutschland industrielle „Leuchttürme" mit positiver Ausstrahlung entstehen zu lassen. Es entstand der neben Grenoble wichtigste Produktionsstandort für Halbleiter in Europa (Matuschewski 2005; Broll und Roldan-Ponce 2011). Dresden wurde zugleich zu einer „Fraunhofer-Hauptstadt" mit mittlerweile zehn Instituten, Einrichtungen und Institutsteilen. Im Unterschied zu den Leitindustrien in Stuttgart beschränkten sich die privaten Großinvestitionen auf die Errichtung von Produktionsstätten, während die Unternehmenszentralen außerhalb der Region verblieben. Die Halbleiterindustrie gilt aufgrund ihrer Vorleistungen für nahezu alle industriellen Produktionssegmente und des hohen Internationalisierungsgrads der Absatzmärkte als besonders anfällig für konjunkturelle Schwankungen (Tan und Mathews 2010). Zugleich führt die hohe Kapitalintensität der Produktion zu starken Preisausschlägen im Markt, da die Unternehmen auch bei rückläufiger Nachfrage aufgrund ihrer bestehenden Kapazitäten mit hohen Fixkosten konfrontiert sind, ihre Produktionsmengen kurzfristig nur bedingt verringern können und geringere Preise akzeptieren müssen. „Preiskämpfe" sind daher die Konsequenz. Wie Stuttgart erlangte auch Dresden zusätzliche Aufmerksamkeit durch Demonstrationen. Hier fanden seit dem Herbst 2014 regelmäßige Demonstrationen unter dem Schlagwort PEGIDA („Patriotische Europäer gegen die Islamisierung des Abendlandes") statt, die auch zu Gegenveranstaltungen in Dresden führten.[2]

Im folgenden Abschnitt betrachten wir die Erfahrungen in den beiden Städten vor, während und nach der Finanz- und Wirtschaftskrise und insbesondere die Rolle politischer Strategien und Instrumente zur Krisenvermeidung und -überwindung.

3.1.2 Stuttgart: Ein „alter" Schock und seine Nachwirkungen

Baden-Württemberg gehörte mit einer Schrumpfung des realen BIP um 9,0 % im Jahr 2009 zu den Bundesländern, die am stärksten von der Krise betroffen waren (VGRdL 2014). Entsprechend schrumpfte auch das BIP in der Stadt Stuttgart in den Jahren 2008 und 2009 dramatisch, wie die Abb. 3.1 illustriert. Mit einer Schrumpfung des BIP zu

---

[2] Da die Demonstrationen nach Abschluss unserer Befragungen und Workshops mit Praktikern begannen, kann im Rahmen unserer Untersuchung keine Diskussion der Ursachen und Begleiterscheinungen dieser Ereignisse in Dresden erfolgen.

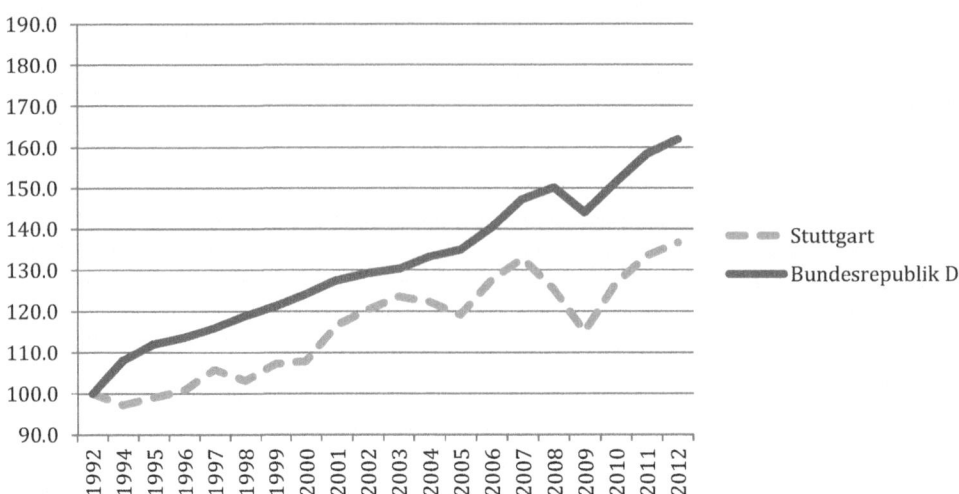

Abb. 3.1 BIP zu Marktpreisen, Stuttgart und Bundesdurchschnitt, 1992 = 100. (Quelle: VGRdL (2015))

Marktpreisen um 5,8 % im Jahr 2008 wurde die Krise in Stuttgart bereits frühzeitig sehr stark erfahrbar.

Abbildung 3.1 verdeutlicht zugleich die schnelle und überproportionale Erholung ab dem Jahr 2010, so dass das Vorkrisenniveau bereits im Jahr 2011 übertroffen wurde. Allerdings wird auch für den gesamten Zeitraum deutlich, dass das Wachstum des BIP unterhalb des Bundesdurchschnitts verbleibt. Seit Überwindung der Finanz- und Wirtschaftskrise im Jahr 2010 verläuft der Wachstumspfad des BIP zu Marktpreisen in Stuttgart nahezu parallel zum Bundesdurchschnitt.

Allerdings fällt beim Vergleich mit dem letzten Jahr vor der Finanz- und Wirtschaftskrise 2007 auf, dass sich seitdem die Differenz zwischen dem BIP-Wachstumstrend im Bundesdurchschnitt und dem entsprechenden Trend in Stuttgart ausgeweitet hat. Dies legt den Schluss nahe, dass sich die Krisenfolgen in Stuttgart nachhaltiger negativ auf das BIP-Wachstum ausgewirkt haben als im Bundesdurchschnitt. Man könnte in diesem Zusammenhang zumindest von Anzeichen einer leichten Hysterese sprechen (vgl. zum Konzept der Hysterese und ihrer Bedeutung für regionale Resilienz Cross et al. 2009; Martin 2012), wobei sich erst im Zeitverlauf erweisen muss, ob diese Abschwächung gegenüber dem Bundesdurchschnitt dauerhaft bleibt und strukturelle Veränderungen auslöst.

Besonders aufschlussreich für die Besonderheiten der Krisenreaktionen in Stuttgart während der Finanz- und Wirtschaftskrise ist der Vergleich der BIP-Entwicklung mit der Entwicklung der Erwerbstätigkeit, die in Abb. 3.2 dargestellt ist. Es wird deutlich, dass die Finanz- und Wirtschaftskrise für den lokalen Arbeitsmarkt längst nicht die Bedeutung hatte, die ein konjunktureller Einbruch in den Jahren 1993 und 1994 parallel zur damaligen Rezession in Deutschland hatte, obwohl bei dem damaligen Einbruch die Schrumpfung des BIP weniger auffällig war. Auch unsere Gesprächspartner bestätigten, dass die Krise in den Jahren 1993 und 1994 als einschneidender Schock empfunden wurde, der eine

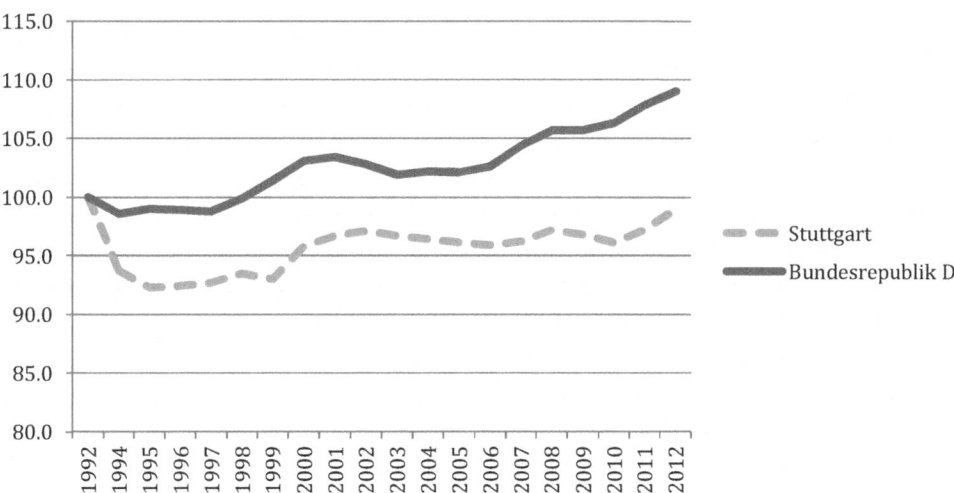

Abb. 3.2 Zahl der Erwerbstätigen in Stuttgart und im Bundesdurchschnitt, 1992 = 100. (Quelle: VGRdL (2015))

Vielzahl an Maßnahmen und Anpassungsprozesse in Gang setzte, die sich nun auch bei der Bewältigung der Finanz- und Wirtschaftskrise als hilfreich erwiesen. Daher betrachten wir zunächst die Krise in den Jahren 1993 und 1994 und die daraus abgeleiteten Schlussfolgerungen.

Die Krise in den Jahren 1993 und 1994 wurde als gravierende Offenbarung struktureller Schwächen empfunden. Die Automobilindustrie als Leuchtturmindustrie in Stuttgart verlor auf internationalen Märkten insbesondere Marktanteile an japanische Konkurrenten, die ihre Produktionsprozesse und Zulieferketten effizienter organisierten.[3] Kurzfristig reagierten die Unternehmen auf diese Herausforderung durch umfangreiche Programme zur Kostenreduktion, die zum Verlust zahlreicher Arbeitsplätze führten. Hierbei verloren nicht nur formell gering qualifizierte Arbeitskräfte ihren Arbeitsplatz, sondern auch Ingenieure, die oftmals durch Vorruhestandsregelungen zum vollständigen Verlassen des Arbeitsmarktes veranlasst wurden. Die ursprünglichen Stärken in der industriellen Produktion – Fähigkeiten zur kontinuierlichen inkrementellen Fortentwicklung der Technologien entlang bestehender Innovationspfade, vielfältige institutionelle Verknüpfungen zwischen Unternehmen, Gewerkschaften und sonstigen Organisationen oder auch das hohe Maß an Loyalität der Mitarbeiter, die auch ohne höhere formelle Qualifikation wertvolle unternehmensspezifische Kenntnisse entwickeln – wurden von Beobachtern als Ursache von Verkrustungen und Unfähigkeit zur Veränderung und Flexibilität angesehen. Die fehlende Dynamik schien den Ausgangspunkt eines allmählichen Niedergangs des Industriestandorts zu bilden (Braczyk 1996). Bereits in den 1980er Jahren wurden

---

[3] Fischer et al. (2009) wiesen allerdings auch auf makroökonomische Faktoren (hohes Zinsniveau und Aufwertung der deutschen Währung) hin, die zu besonderen Einbußen im Export führten und daher die Krise gerade für Industrieregionen mit starken Exportsektoren verschärften.

durch den damaligen baden-württembergischen Ministerpräsidenten Lothar Späth vielfältige Kommissionen und Programme angestoßen, um entwickelte Strukturen zu verändern (zur Diskussion des damaligen Politikverständnisses beispielsweise Erdmenger
und Fach 1986; Schmid 1990). Ein Beispiel für solche Ansätze zur Schaffung neuer Pfade
war die Gründung des Zentrums für Solarenergie und Wasserstoffforschung (ZSW) mit
Standorten in Stuttgart und Ulm, die auch zu Veränderungen der Forschungsschwerpunkte in Baden-Württemberg beitragen sollte. Die Wirtschaftskrise 1993/1994 verdeutlichte
jedoch, dass die ergriffenen Initiativen und Programme nicht genügen konnten, um die
Wettbewerbsfähigkeit zu erhalten.

Tabelle 3.1 fasst mit einer Zeitleiste einzelner Entscheidungen und Gründung neuer Organisationen die im weiteren Verlauf des Kapitels erläuterten Anpassungsprozesse zusammen. Die Zusammenstellung folgt einer subjektiven Wahrnehmung relevanter Ereignisse
und erhebt wie auch die Zeitleisten in den Folgekapiteln keinen Anspruch auf Vollständigkeit, sondern dient der zeitlichen Einordnung der einzelnen Maßnahmen.

Tab. 3.1 Zeitleiste für die Entwicklung in Stuttgart

1988
Gründung des *Zentrums für Sonnenenergie und Wasserstoffforschung* (ZSW)
1992
Umbenennung des Regionalverbands von Region Mittlerer Neckar in Regionalverband Stuttgart (ab 1994: VRS – *Verband Region Stuttgart*)
1993
Durchführung der Internationalen Gartenbau-Ausstellung = Vollendung eines u-förmigen Grüngürtels um das Stadtzentrum („*Grünes U*")
1994
Einrichtung der Regionalversammlung als einem direkt gewählten Regionalparlament Vorstellung des Projekts „Stuttgart 21" gegenüber der Öffentlichkeit
1995
Gründung der *Wirtschaftsförderung Region Stuttgart* (WRS) Gründung der *MFG Innovationsagentur Medien- und Kreativwirtschaft* Abkehr der Daimler Benz AG von ihrer Strategie eines „integrierten Technologiekonzerns"
1997
Gründung der *bwcon* als einer „Wirtschaftsinitiative zur Förderung des Innovations- und Hightech-Standorts Baden-Württemberg"
1998
Zusammenschluss der Daimler Benz AG mit der Chrysler Corporation
1999
Gründung der *Landesbank Baden-Württemberg* (LBBW) Einrichtung eines Handelssegments für verbriefte Derivate an der Börse Stuttgart Erste Anlegermesse INVEST an der Messe Stuttgart
2000
Beginn des „*Standortdialog(s) Fahrzeugbau*"
2002
Inbetriebnahme des *Virtual Dimension Centers*

Tab. 3.1 (Fortsetzung)

2004 Erweiterung des Flughafens Stuttgart
2005 Gründung des *Fachverbands Mikrosystemtechnik Baden-Württemberg MST BW* Beginn eines Kostensenkungsprogramms der DaimlerChrysler AG Beginn eines europaweiten Programms zum „*Bench learning in cluster management for the automotive sector in Europe (BeLCAR)*" unter Mitwirkung der WRS Eröffnung des *Kunstmuseums Stuttgart*
2006 Eröffnung des Mercedes Benz Museums (*Mercedes Benz Welt*)
2007 Verkauf des Mehrheitsanteils an der Chrysler Corporation durch die Daimler Chrysler AG und Umbenennung in Daimler AG Umzug der Messe Stuttgart
2008 Eröffnung des *Automotive Simulation Center Stuttgart* (ASCS) Beginn der „Innovationsoffensive" der baden-württembergischen Landesregierung Einführung des Instruments „Innovationsgutscheine" in Baden-Württemberg
2009 Auswahl als Modellregion Elektromobilität Region Stuttgart durch das Bundesministerium für Verkehr, Bau und Stadtentwicklung (BMWBS) Gründung der *Dualen Hochschule Baden-Württemberg* Eröffnung des Museumsneubaus des *Porsche-Museums* Umzug der Deutschland-Zentrale der IBM nach Ehningen
2010 Beginn der Bauarbeiten zu „Stuttgart 21"; Gegendemonstrationen und Auseinandersetzungen mit der Polizei
2011 Landtagswahl in Baden-Württemberg mit der Wahl einer ersten „grün-roten" Landesregierung unter Führung eines Ministerpräsidenten von Bündnis 90/Die Grünen Volksabstimmung zur Landesfinanzierung von „Stuttgart 21"
2012 Wahl von Fritz Kuhn (Bündnis 90/Die Grünen) zum Oberbürgermeister von Stuttgart WRS und VRS starten das Programm „Modellregion für nachhaltige Mobilität". Gründung von drei Projektgruppen mit der Perspektive zukünftiger Institute der Fraunhofer-Gesellschaft in Baden-Württemberg (eine Gruppe in Stuttgart)
2013 Gründung der Landesagentur Leichtbau Baden-Württemberg

Anpassung als Weg aus der Krise

Zwanzig Jahre nach der Konjunktur- und Strukturkrise sind Automobilproduktion und Maschinenbau mehr denn je die wesentlichen Leuchtturmbranchen in Stuttgart und den umliegenden Städten, und die institutionelle Dichte und Zusammenarbeit zwischen Unternehmen, Gewerkschaften, öffentlichen Einrichtungen und anderen Organisationen haben sogar noch zugenommen (Fuchs 2010). Trotzdem haben sich unter dieser Oberfläche gravierende Veränderungen insbesondere auf drei Ebenen vollzogen.

1. *Neuausrichtung der Unternehmens- und Innovationsstrategien*

Drei wesentliche Elemente charakterisieren die strategischen Anpassungen der Industrieunternehmen in Stuttgart nach der Krise 1993/1994 (vgl. zu Veränderungen der strategischen Ausrichtung baden-württembergischer Unternehmen auch Bechtle 1998). Erstens erfolgte bei den Automobilproduzenten eine Anpassung der Produktionsorganisation mit einer zunehmenden Verlagerung von Fertigungsaufgaben auf (System-) Zulieferer und mit einer Erhöhung des Anteils der Fertigungsaktivitäten in Ländern mit geringeren Lohnkosten. Zweitens wurden neue Strukturen im Bereich der Entwicklung geschaffen (Strambach und Klement 2013). Vielfältige Verbindungen mit Partnern aus anderen Branchen, unterschiedlichen Forschungseinrichtungen und unterschiedlichen Regionen und Ländern wurden aufgebaut, um die Entwicklungsoptionen zu erweitern. Ein typisches Beispiel ist das Automotive Simulation Center Stuttgart. Dieses im Jahr 2008 eröffnete Zentrum wurde als Gemeinschaftsprojekt von zwei Original Equipment Manufacturers (OEM) der Automobilindustrie aus Baden-Württemberg, einem weiteren OEM und einem Zulieferer aus Deutschland, internationalen IT Hard- und Software Unternehmen, Ingenieursdienstleistern, der Universität Stuttgart und weiteren Forschungseinrichtungen gegründet. Zielsetzung ist es, Kenntnisse aus der Computer- und der Automobilindustrie zu Fragestellungen der Fahrzeugsicherheit, Reduktion von Kohlendioxidemissionen und Energieeffizienz zu bündeln. Drittens ermöglichte die Modernisierung der Produktionsstrukturen und erhöhte Attraktivität der Produktpalette eine Erhöhung der Exportaktivitäten. So konnten die Unternehmen der Region Stuttgart im Bereich des Fahrzeugbaus den Anteil der Auslandsumsätze an den Gesamtumsätzen von 48 % im Jahr 1996 auf 65 % im Jahr 2000 steigern (Caspar et al. 2003). Der Anstieg in diesem Zeitraum verdeutlicht zugleich, dass das Exportwachstum bereits vor den veränderten Rahmenbedingungen durch die Entstehung der Europäischen Währungsunion und die EU-Osterweiterung zu einsetzte. Im Jahr 2011 betrug der Anteil des Auslandsumsatzes im Fahrzeugbau schließlich 73 % (Dispan et al. 2012). Auch in den anderen Industriesektoren der Region Stuttgart waren Steigerungen der Exportquoten zu beobachten. Folgerichtig wuchs der Auslandsumsatz in der Region Stuttgart zwischen 1995 und 2002 um 39 %, während das Wachstum in Baden-Württemberg lediglich 37 % und auf Bundesebene 33 % betrug (Caspar et al. 2003). Ein typisches Beispiel für die Fokussierung der Automobilunternehmen auf internationale Märkte ist anhand der Daimler AG erkennbar, die ab 1995 begann, die Internationalisierung zu forcieren und diese internationale Orientierung durch den Zusammenschluss mit der Chrysler Corporation zusätzlich dokumentierte.

2. *Anpassung der Qualifikationsstrukturen*

Der schnelle Anstieg der Nachfrage nach Industrieprodukten aus Stuttgart führte kurzfristig zur Knappheit entsprechend qualifizierter Fachkräfte. Zugleich verursachten die

Anpassungen in der industriellen Produktion einen Anstieg der Anforderungen an formelle Qualifikationen und eine zunehmende Bedeutung von Dienstleistungsberufen in der Industrie (Dispan et al. 2013). Zahlreiche Ingenieure waren im Zuge der Kostensenkungsprogramme aus dem Arbeitsmarkt gedrängt worden. Kurzfristig erfolgte eine Erweiterung des Angebots durch Zuwanderung. Stuttgart zählt zwar zu den deutschen Großstädten mit dem höchsten Anteil an ausländischer Bevölkerung und Bevölkerung mit Migrationshintergrund (Zensus 2011). Seit 1990 speist sich die Zuwanderung jedoch überwiegend aus Ostdeutschland. So betrug der Nettowanderungssaldo zwischen Sachsen und Baden-Württemberg zwischen 1991 und 2011 mehr als 88.000 Personen (Statistisches Landesamt Baden-Württemberg 2012a). Stuttgart konnte von dieser Zuwanderung allerdings im Vergleich zu den Landkreisen in der Region nur unterproportional profitieren (Buch et al. 2010). Für die Unternehmen in Stuttgart ermöglichte der vermehrte Zuzug in die umliegenden Landkreise einen Anstieg der Einpendler von über 188.000 im Jahr 1998 auf mehr als 226.000 im Jahr 2012 (Statistisches Landesamt Baden-Württemberg 2014). Allerdings änderte sich der Netto-Pendler-Saldo nicht, da parallel auch mehr Bewohner aus Stuttgart in die umliegenden Landkreise pendelten, was auch an der Verlagerung von Produktionsstätten aufgrund von Flächenengpässen im Stadtgebiet lag. Wir werden auf die Flächenengpässe in den Analysen zur Situation nach der Finanz- und Wirtschaftskrise in Stuttgart zurückkommen.

Mittelfristige Maßnahmen zur Verbesserung der Verfügbarkeit von Fachkräften zielten hingegen auf die Aus- und Weiterbildung ab (Dispan et al. 2013). Ein Beitrag zur Erhöhung des Anteils von Arbeitskräften mit akademischem Abschluss in Baden-Württemberg wurde durch die Anerkennung des Abschlusses an Berufsakademien im Jahr 1995 erreicht. Auch Stuttgart ist ein Standort mit Berufsakademie. Die Kapazitäten der Berufsakademien wurden seit 1990 (12.140 Studierende) auf über 20.000 Studierende im Jahr 2012 erweitert. Im Jahr 2009 wurden die acht Berufsakademien zudem als Duale Hochschule Baden-Württemberg zusammengeführt. Neben der Aktivierung der Berufsakademien wurden seitens der Landesregierung auch Kapazitäten an den anderen Hochschulen ausgebaut und Kooperationen bei der Gestaltung von Studienprogrammen unterstützt. Zwischen den Jahren 2000 und 2011 nahm der Anteil gering qualifizierter Erwerbstätiger an der Gesamtzahl der Erwerbstätigen in der Region Stuttgart von 20,0 auf 12,9 % ab, während der Anteil der Erwerbstätigen mit akademischem Abschluss von 11,6 auf 16,2 % stieg (Caspar et al. 2003; Dispan et al. 2013). Wir werden in Kap. 3.3 mit der Abb. 3.16 auf den besonders bemerkenswerten Anstieg des Qualifikationsniveaus der Arbeitskräfte in Stuttgart im Vergleich zu allen anderen Untersuchungsregionen zurückkommen.

3. *Maßnahmen zur Erhöhung der Branchenvielfalt*

Zeitgleich mit der Wirtschaftskrise in den Jahren 1993 und 1994 wurde mit dem Verband Region Stuttgart (VRS) eine neue Organisation geschaffen, die neben der Fortführung bisheriger Funktionen der Raumplanung auch eine engere Koordination zwischen der Kernstadt Stuttgart und den umliegenden Landkreisen, unter anderem durch die Einrichtung eines direkt gewählten Parlaments, der Regionalversammlung, ermöglichen sollte.

Im Jahr 1995 wurde durch den Verband die Gründung einer Wirtschaftsförderungsgesell-
schaft für die Region (*Wirtschaftsförderung Region Stuttgart; WRS*) initiiert. Der Verband ist Hauptgesellschafter. Weitere Gesellschafter sind ein Pool der Städte und Kreise
in der Region, die Kammern, die Landesbank und ihre Gesellschaft für das Immobilien-
management, die IG Metall und der Landesbauernverband. Ein zentrales Anliegen der
Wirtschaftsförderung war seit Beginn ihrer Tätigkeit die Förderung der Branchenvielfalt.
So wurden unter anderem Initiativen zur Förderung der Clusterbildung im Bereich der
Biotechnologie oder auch der Medien- und Kreativwirtschaft eingeführt. Daneben wurden
kleine und mittelständische Unternehmen über Möglichkeiten einer Diversifizierung ihrer
Absatzmärkte, beispielsweise in sektoraler Hinsicht in Richtung der Umweltwirtschaft
oder in regionaler Hinsicht durch Beteiligung an Auslandsmessen in Asien, beraten. Zugleich entwickelten sich an der regionalen Börse neue Marktsegmente, um Unternehmen
den Zugang zum Kapitalmarkt zu erleichtern. Ein typisches Beispiel ist die Verbriefung
von Derivaten an der Börse Stuttgart. Der Finanzplatz Stuttgart wurde außerdem durch
die Gründung der Landesbank Baden-Württemberg und ihren nachfolgenden Wachstumsprozess beeinflusst. Insgesamt nahm die Zahl der Erwerbstätigen in den Sektoren des
Produzierenden Gewerbes in der Stadt Stuttgart zwischen 1996 und 2012 um 16,6 % ab,
während der Anteil der Erwerbstätigen in Dienstleistungsbranchen im gleichen Zeitraum
auch im Zuge der vielfältigen Maßnahmen zur Diversifizierung um 14,8 % stieg. Hierbei bildete der Finanzsektor in der Region Stuttgart die Ausnahme unter den Dienstleistungsbranchen, da die Beschäftigung in dieser Branche zwischen 1998 und 2008 sank
(Klee et al. 2011). Es zeigt sich insgesamt somit ein bemerkenswerter Strukturwandel
auf dem lokalen Arbeitsmarkt. Allerdings ist hierbei zu berücksichtigen, dass zahlreiche
Unternehmen in den Dienstleistungsbranchen von Aufträgen der Unternehmen aus den
Leuchtturmindustrien Automobilindustrie und Maschinenbau abhängen und diese Leuchtturmindustrien daher die Funktionsfähigkeit der regionalen Arbeitsmärkte entscheidend
beeinflussen. Darüber hinaus sind auch direkte Auslagerungen von Dienstleistungen aus
den Industrieunternehmen zu berücksichtigen, so dass industrielle Zyklen weiterhin prägend für den lokalen Arbeitsmarkt sind.

Erfahrungen in der Finanz- und Wirtschaftskrise
Die Anpassungsmaßnahmen hatten eine ambivalente Wirkung auf die Betroffenheit Stuttgarts in der Finanz- und Wirtschaftskrise. Einerseits führte der erhöhte Exportanteil der
lokalen Industrie zu einer erhöhten Anfälligkeit für Schocks, die durch Auslandsmärkte
in die Region eingebracht wurden (Bohachova und Krumm 2011). Andererseits ermöglichten die zuvor vollzogenen Anpassungen eine erhöhte Wettbewerbsfähigkeit, die eine
schnelle Erholung durch strategische Ausrichtung an neuen Auslandsmärkten erleichterte.
    Da die USA für die Unternehmen der Automobilindustrie den größten nationalen Ein-
zelmarkt darstellten (Caspar et al. 2003), wirkten sich die ersten Einschränkungen der
Automobilnachfrage in den USA bereits vergleichsweise frühzeitig in Form sinkender
Auftragseingänge in der Region Stuttgart aus. Folgerichtig war Stuttgart eine der Städte
mit einem vergleichsweise starken Rückgang des BIP bereits im Jahr 2008. Sehr kurzfristig brachen Aufträge weg, Kapazitäten und Beschäftigte konnten nicht mehr ausgelastet

werden, und die Problematik einer Finanzkrise hatte zwangsläufig einen erschwerten Zugang zu Liquidität zur Folge. Hierbei ist zusätzlich zu berücksichtigen, dass die Landesbank Baden-Württemberg (LBBW), auch durch die im Jahr 2007 erfolgte Übernahme der Landesbank Sachsen, in besonderer Weise von der Finanzkrise betroffen war und in den Jahren 2008 und 2009 jeweils ca. 2,1 Mrd. € Verlust machte. Schließlich musste die LBBW eine Umstrukturierung und Konzentration auf das Kerngeschäft der Organisation von Transaktionen für den Sparkassensektor vollziehen, um zusätzliches Kapital in Höhe von 5 Mrd. € zu erhalten und unsichere strukturierte Wertpapiere durch Garantien im Umfang von 12,7 Mrd. € abzusichern (Europäische Kommission 2009).

Im Unterschied zur Situation im Jahr 1993/1994 wurde jedoch in dieser Krise kaum Beschäftigung abgebaut. In den Unternehmen wurden vielfältige Möglichkeiten zur Anpassung der Arbeitszeiten genutzt, um Entlassungen zu vermeiden (ausführlicher hierzu Bohachova und Krumm 2011; Lichtblau et al. 2010). Am häufigsten wurden dabei Arbeitszeitkonten eingesetzt. Hinzu kam ein besonders intensiver Einsatz der ausgedehnten Kurzarbeiterregelung. So stieg die Anzahl der für Kurzarbeit angemeldeten Beschäftigten in Stuttgart von 806 im Januar 2009[4] auf 18.250 im Mai 2009 (Bundesagentur für Arbeit 2013; vgl. auch zur nach Pforzheim höchsten Relevanz der Kurzarbeit in unseren Untersuchungsregionen Abb. 3.27 in Kap. 3.4). Auch wenn die Konditionen der Kurzarbeiterregelung durch die hälftige Übernahme der Arbeitgeberbeiträge[5] und die letztendliche Ausdehnung auf 24 Monate signifikant verbessert wurden, lohnte sich für die Unternehmen die Anmeldung von Kurzarbeit nur, wenn tatsächlich davon ausgegangen wurde, dass es sich nur um eine zeitweilige Krise und keine dauerhafte Senkung der Nachfrage handelt (Bach und Spitznagel 2009).[6] Die Bereitschaft zur Vermeidung von Entlassungen wurde nach Meinung unserer Interviewpartner durch verschiedene Ursachen hervorgerufen. Für die Unternehmen waren zum einen noch die Erfahrung aus der Krise 1993/1994 und ihre Nachwirkungen in Erinnerung. Damals hatten die Vereinbarungen zum Beschäftigungsabbau zwar zu einer kurzfristigen Kostenentlastung, jedoch auch zu einer Knappheit an qualifizierten und erfahrenen Fachkräften in der Erholungsphase geführt. Zum anderen hatte der demografische Wandel bereits die Wahrnehmung bestehender oder absehbarer Knappheit an Fachkräften hervorgerufen, so dass ein Beschäftigungsabbau um so riskanter erschien. Schließlich waren die Unternehmen im Unterschied zur Krise 1993/1994 nicht in einer Situation geschwächter Wettbewerbsfähigkeit (Lichtblau et al. 2010). Die Unternehmen konnten daher davon ausgehen, bei anspringender Nachfrage auch wieder ihre Kapazitäten auslasten zu können, und mussten hierzu „lediglich" die Durststrecke der konjunkturellen Krise überstehen. Aufgrund der günstigen Konditionen für die Kurzarbeit

---

[4] Im Januar 2009 einigte sich die Bundesregierung auf die hälftige Übernahme der Arbeitgeberbeiträge zum Kurzarbeitergeld.

[5] Die Bundesagentur für Arbeit übernahm auch die andere Hälfte der Arbeitgeberbeiträge, wenn die Kurzarbeit dazu genutzt wurde, die Beschäftigten in der nicht eingesetzten Zeit weiterzubilden. Diese Möglichkeit wurde nur in wenigen Fällen genutzt.

[6] Hierbei sind die so genannten Remanenzkosten zu berücksichtigen, also die Lohnkosten, die über Tarifverträge hinausgehen, sowie zusätzliche Kosten zur Vorhaltung der Beschäftigung.

und der Zusammenarbeit mit den Arbeitnehmervertretern gelang die Überwindung dieser Phase ohne größere Beschäftigungsverluste.

Die Erholung wurde nicht zuletzt durch zunehmende Nachfrage aus China ermöglicht. Während der Anteil der Exporte in die USA an den Gesamtexporten sank, nahm der Anteil der Exporte nach China ab 2010 nochmals deutlich zu (Statistisches Landesamt 2012b; Neugebauer und Spies 2011; Dispan et al. 2013). Die zuvor vollzogenen Maßnahmen zur Erhöhung der Innovationsfähigkeit und der Effizienz der Produktionsorganisation schufen die Voraussetzungen, um die strategische Chance der zunehmenden Nachfrage aus China wahrzunehmen. Zudem hatten die Unternehmen – auch vor dem Hintergrund der Erfahrungen nach der Krise 1993/1994 – ihre Eigenkapitalquoten erhöht und waren in der Lage, in der Krise ungenutzte Kapazitäten zu finanzieren und ihre Forschungsaktivitäten fortzuführen. Unternehmen, die sich in Liquiditätskrisen befanden, jedoch wichtig für die Funktionalität des Zuliefersystems waren, erhielten Überbrückungshilfen von Kunden oder Lieferanten (durch Stundung der Forderungen oder gezielte Vorfinanzierungen). Die gute Liquiditätsausstattung einzelner Familienunternehmen kombiniert mit geringen Renditeangeboten durch kriselnde Banken und geschwächte Kapitalmärkte veranlassten einzelne Familienunternehmer zum Einstieg in liquiditätsschwächere kleine und mittelständische Unternehmen in der Region, da die vielfältigen sozialen und institutionellen Verknüpfungen zwischen den Unternehmen die Risikobeurteilung anderer Unternehmen über Branchengrenzen hinweg erleichterten. Die vergleichsweise und ursprünglich nicht erwartete schnelle Erholung schwächte zugleich die Bestrebungen der kleinen und mittelständischen Unternehmen, bislang branchenfremde Märkte zu erschließen. Zu einer kurzfristigen Verlagerung in branchenfremde Märkte gemäß der These der „verbundenen Vielfalt" kam es daher nur in wenigen Einzelfällen.

Weitere politische Maßnahmen auf Bundes- und Landesebene unterstützten die strategischen Prozesse der Unternehmen in der Krise. Auf der Bundesebene bot das Konjunkturpaket II im Rahmen des Zukunftsinvestitionsgesetzes zusätzliche Mittel für die Finanzierung öffentlicher Infrastruktur auf Länder- und kommunaler Ebene. In Baden-Württemberg wurden diese Mittel auch zur Finanzierung von Maßnahmen zur Modernisierung der Infrastruktur in den Instituten der Fraunhofer-Gesellschaft und in den Universitäten verwendet (Rechnungshof Baden-Württemberg 2011; Krumm und Boockmann 2012). Daneben wurde auf Bundesebene das 2008 begonnene „Zentrale Innovationsprogramm Mittelstand" mit zusätzlichen Mitteln ausgestattet. Unternehmen aus Baden-Württemberg gelang es, im Zeitraum 2008–2014 mit mehr als 519 Mio. € mehr als Bewerber aus anderen Bundesländern zu erhalten (BMWE 2014). Demgegenüber wirkte sich die „Umweltprämie" (Abwrackprämie) als Subventionierung der Verschrottung älterer Kfz und Kauf von Neuwagen kaum für die Unternehmen der Automobilindustrie in der Region Stuttgart aus, da sich die subventionierte Nachfrage weitgehend auf subventionierte Kleinwagen konzentrierte, während die regionalen Anbieter Fahrzeuge im Premium-Bereich produzieren. Wichtiger waren in diesem Zusammenhang Förderungen technologischer Entwicklungen, beispielsweise zur Unterstützung des Auf- und Ausbaus der Elektromobilität, im Rahmen der Konjunkturpakete. Unsere Gesprächspartner in den Interviews und während des

Workshops betonten insgesamt die besondere Wirksamkeit der kurzfristigen Unterstützung durch die expansive Fiskal- und Geldpolitik als Instrument, um die Krise durchzustehen.

Auf der Landesebene wurde ein zusätzliches Investitionsprogramm für die öffentliche Infrastruktur aufgelegt, dessen positive Wirkung vornehmlich Unternehmen der Bauwirtschaft spürten (Krumm und Boockmann 2012). Zudem hatte die Landesregierung bereits im Jahr 2007 unmittelbar vor der Finanz- und Wirtschaftskrise ein gemeinsames Programm mit der Fraunhofer-Gesellschaft ("Innovations-Offensive") vereinbart, das eine Modernisierung der Kapazitäten in den bestehenden Instituten und die Förderung von drei neuen Projektgruppen als Vorstufen zu möglichen neuen Instituten (darunter eine Gruppe in Stuttgart) vorsah. Für kleine und mittelständische Unternehmen führte Baden-Württemberg als erstes Bundesland das Instrument der Innovationsgutscheine ein, die Unternehmen bis zu 5000 € Förderung für Projekte zur Entwicklung neuer Produkte und Prozesse bieten. Die baden-württembergische Landesbank bot zusätzliche Landesbürgschaften und Darlehensprogramme für kleine und mittelständische Unternehmen an, um Liquiditätskrisen zu verhindern. Die Nachfrage nach solchen Instrumenten zur Liquiditätsstützung blieb jedoch deutlich hinter den ursprünglichen Erwartungen zurück. Unsere Interviewpartner verwiesen allerdings auf eine hohe Bedeutung der psychologischen Wirkung dieser Instrumente.

Kollaborativer Rahmen als Voraussetzung für Anpassungen

Die Maßnahmen zur Erleichterung des kurzfristigen Durchhaltens während der Finanz- und Wirtschaftskrise wurden auf Bundes- und Landesebene eingeführt und finanziert. Dieses Durchhalten konnte jedoch nur deshalb zu einer schnellen Erholung führen, weil die Akteure in der Stadt und der Region Stuttgart nach der Krise 1993/1994 strategische Anpassungen vorgenommen hatten, die zur Erhöhung der Flexibilität sowie zur Verbesserung der Liquiditätsausstattung und Innovationsfähigkeit in den Unternehmen führte (vgl. auch ausführlicher Wink et al. 2015). Hierbei erwies sich das dichte Netz institutioneller Verknüpfungen, das häufig als Hemmnis auf dem Weg zum Strukturwandel dargestellt wurde, als notwendige Voraussetzung für einen Wandel innerhalb der Strukturen. Die vielfältigen Verbindungen zwischen Unternehmen, Arbeitnehmervertretungen, Forschungseinrichtungen, Hochschulen, öffentlicher Verwaltung und sonstigen Organisationen schufen die Basis für gegenseitige Abhängigkeiten und kommunikative Prozesse, die ein Klima der Kollaboration entstehen ließen. Ein solches Klima der Kollaboration sieht vor, dass nicht zunächst konfrontativ von Partnern Vorleistungen eingefordert werden, bevor selbst Veränderungen vorgenommen werden, sondern eine Bereitschaft zur Identifizierung von Möglichkeiten gemeinsamer Problemlösung und zur Schaffung von Vereinbarungen zum Aufbau gegenseitigen Vertrauens besteht. In Abgrenzung zum Begriff der Kooperation steht Kollaboration weniger für die Vereinbarung einzelner gemeinsamer Projekte zur Zusammenarbeit als vielmehr für die Existenz von Vertrauen, Erfahrungen und positiven Einstellungen zur gemeinsamen Zusammenarbeit als Voraussetzungen für eine umfassende Bereitschaft zur Identifizierung gemeinsam vorteilhafter Lösungen und gegenseitiger Unterstützung.

Ein typisches Beispiel ist in diesem Zusammenhang die Zusammenarbeit zwischen Gewerkschaften und Unternehmen bzw. Arbeitgebervertretungen. Nach der Krise 1993/1994 waren die Gewerkschaften zu Zugeständnissen im Bereich der Lohnentwicklung im Gegenzug zu Maßnahmen zum Beschäftigungserhalt bereit. Ebenso waren beide Seiten – Gewerkschaften und Kammern als Vertreter der Unternehmen – an der Entstehung der regionalen Wirtschaftsförderung beteiligt. Durch den Aufbau einer regelmäßigen Berichterstattung zum strukturellen Wandel in der Region verfügten beide Seiten über eine gemeinsame Datenbasis, was zumindest das Risiko fortwährender Konflikte über Datenerfassungen und Eignung der Daten minderte (vgl. beispielhaft Caspar et al. 2003). Dieses Klima der Kollaboration erleichterte auch die Vereinbarung kurzfristiger Lösungen zur Verhinderung des Beschäftigungsabbaus in der Finanz- und Wirtschaftskrise. Die Zusammenarbeit geht über einzelne persönliche Kontakte und Abschlüsse einzelner Tarifverträge hinaus und ermöglicht auch das Erproben neuer Instrumente im Rahmen und entlang bestehender Vereinbarungen.

Das Klima der Kollaboration bezieht sich nicht nur auf Beziehungen zwischen den Unternehmen, soweit sie nicht im direkten Wettbewerb stehen, oder Vereinbarungen zwischen Sozialpartnern. Ein weiteres Beispiel ist die Zusammenarbeit zwischen Kernstadt und Landkreisen im Rahmen der regionalen Wirtschaftsförderung, die auch aufgrund des regionalen Parlaments in Baden-Württemberg einzigartig ist und „Kirchturmdenken" weitgehend ausschließt. Hilfreich für die Kollaboration zwischen den kommunalen Akteuren ist die relativ hohe Wirtschaftskraft aller Städte und Gemeinden. Die Wirtschaftskraft erleichtert auch die Finanzierung lokaler Infrastrukturangebote. So kam Stuttgart beispielsweise in einem Ranking der bundesdeutschen Großstädte auf die besten Werte bezogen sowohl auf die Kulturproduktion als auch auf die Kulturrezeption (HWWI und Berenberg 2012). Hervorgehoben wurden in dieser Studie besonders hohe Werte für Stuttgart in den Bereichen Ausgaben und Nutzung der Bibliotheken, Nachfrage nach Opern- und Theaterveranstaltungen und Anteil der Beschäftigten aus der Kulturwirtschaft.

Innerhalb der Wirtschaftsgeografie hat sich für diese Art der Anpassung im Rahmen und entlang bestehender Erfahrungen der Kollaboration und strategischen Entwicklung der Begriff der „*Plastizität*" etabliert (Strambach 2010; Strambach und Halkier 2013; Wink et al. 2015). Der Begriff suggeriert, dass es nicht zu abrupten Brüchen in der Entwicklung kommt, sondern zu allmählichen Anpassungsschritten entlang gegebener Strukturen, die jedoch bei ausreichender Kontinuität der Veränderung auch zur Entstehung neuer Strukturen führen können.

Grenzen der Anpassungsfähigkeit?
Unsere Gesprächspartner in Stuttgart betonten, dass die Finanz- und Wirtschaftskrise aufgrund der begünstigenden Umstände der kurzfristigen Hilfen durch Fiskal- und Geldpolitik und des schnellen Wachstums der Nachfrage aus China und anderen Schwellenländern keine eigentliche Herausforderung darstellte. Wesentlicher für das Funktionieren der bislang praktizierten Vorgehensweise, „plastische" Änderungen entlang bestehender Pfade durch Kollaboration zu entwickeln, wird hingegen auch nach Meinung der Befragten die Bewältigung von drei mittelfristigen Herausforderungen sein.

Erstens werden Veränderungen der technologischen Möglichkeiten und Marktgegebenheiten weitere Entwicklungen in der Struktur der „Leuchtturmindustrien" erfordern. In der Automobilwirtschaft verbleiben offene Fragen nach zukünftig dominanten Designs der Antriebssysteme, die zwangsläufig umfangreiche Veränderungen der in Stuttgart entstandenen Strukturen rund um Verbrennungsmotoren einfordern, nach den Folgen des weiteren Verschmelzens mit elektronischen Systemen und der weiteren Integration der Informationstechnik im Rahmen cyber-physischer Systeme der Fertigung. Ebenso werden beispielsweise die Unternehmen des Maschinenbaus mit Anpassungen durch das Stichwort „Industrie 4.0" konfrontiert (vgl. allgemein zu Herausforderungen bei der Steuerung von Veränderungsprozessen in sozio-technischen Systemen Borrás und Edler 2014). Die Veränderbarkeit des Innovationssystems und die weiterhin in Europa führenden Werte im Bereich des Innovationsoutputs der Region Stuttgart lassen auf sehr gute Voraussetzungen für entsprechende Veränderungen schließen. Aktivitäten auf dem Weg zu einem solchen Wandel sind beispielsweise in der Etablierung der Region Stuttgart als einer Modellregion für nachhaltige Mobilität durch die WRS zu erkennen. Bis zum Jahr 2015 wurden im Rahmen dieses Programms 29 Projekte mit insgesamt vier Millionen Euro gefördert. Für den weiteren Verlauf des Programms stehen noch drei Millionen Euro Förderbudget zur Verfügung (WRS 2015). Ein weiteres Beispiel auf Landesebene ist die Gründung eines Leichtbauzentrums mit zahlreichen Mitgliedern aus Stuttgart im Jahr 2013. Auffällig bei den Innovationsindikatoren zur Region Stuttgart ist allerdings die weiterhin zunehmende Konzentration der Innovationsergebnisse auf immer weniger und gleiche Unternehmen und Organisationen. Unsere Gesprächspartner verwiesen beispielsweise auf den geringeren Patentoutput kleiner und mittelständischer Unternehmen, während er bei den großen Unternehmen und Instituten anstieg. Außerdem sind die Gründungsraten im Vergleich zu anderen Regionen Deutschlands – auch vor dem Hintergrund einer vergleichsweise hohen Beschäftigungssicherheit und daher geringeren Gründungsanreizen – in der Region und Kernstadt gering.[7] Für die kollaborative Struktur in der Region bleibt es daher wichtig, die Motivation zur Veränderung auch in wirtschaftlich relativ guten Zeiten hoch zu halten, da ansonsten der Anschluss an veränderte Rahmenbedingungen versäumt und somit wiederum die Verletzlichkeit bei zukünftigen Schocks erhöht wird, da die Abhängigkeit von den Großunternehmen zunimmt.

Zweitens werden demografische Veränderungen zunehmend als Engpassfaktoren wahrgenommen. Vielfältige Aktivitäten im Rahmen von Fachkräfte-Allianzen – wiederum getragen von der Kollaboration zwischen den üblichen Organisationen in der Kernstadt und der Region – setzen sowohl an der Erweiterung des verfügbaren Fachkräftepools in der Region als auch an der Zuwanderung an. Innerhalb der Region sollen durch Zusammen-

---

[7] In einem Vergleich von 402 bundesdeutschen Städten und Kreisen hinsichtlich der Anzahl der Gewerbeanmeldungen in Relation zur Anzahl der Erwerbstätigen kam das Institut für Mittelstandsforschung immerhin zum Ergebnis, dass sich die Position Stuttgarts innerhalb des Rankings von Position 193 im ersten Jahr der Finanzkrise 2008 über Position 223 im Jahr der wirtschaftlichen Erholung 2011 auf Position 142 im Jahr 2013 verbesserte (IfM 2014; zur Methodik May-Strobel 2009).

arbeit mit Schulen Qualifikationsperspektiven auch außerhalb akademischer Abschlüsse aufgezeigt werden. In der Kernstadt Stuttgart gelang es in den vergangenen Jahren (seit 2003), den Anteil der Schulabgänger ohne Abschluss zu senken (Statistisches Landesamt Baden-Württemberg 2014). Aufgrund der rückläufigen Schülerzahlen wird jedoch ein Ersatz ausscheidender Fachkräfte aus der eigenen Wohnbevölkerung nicht genügen. Seit 2003 nahm außerdem die Zuwanderung aus Ostdeutschland ab (Buch et al. 2010). Während Großunternehmen ihre Anwerbung qualifizierter Fachkräfte zumeist selbst international organisieren können, stehen kleine Unternehmen vor zusätzlichen Herausforderungen. Trotz des vergleichsweise hohen Anteils ausländischer Bürger und des langen Erfahrungszeitraums mit der Integration von Zuwanderern und Folgegenerationen in Stuttgart zeigen sich bislang Grenzen der Attraktivität der Stadt und Region für Zuwanderer. Bei Abwanderungen wurde beobachtet, dass in Baden-Württemberg und Stuttgart die Zahl der hochqualifizierten Abgewanderten im bundesdeutschen Vergleich unterdurchschnittlich hoch ist, während der Anteil gering und durchschnittlich qualifizierter Abgewanderter höher als im bundesdeutschen Durchschnitt ist und insgesamt überdurchschnittlich viele Abwanderungen zu verzeichnen sind (Buch et al. 2010; Arndt et al. 2010). Abbildung 3.3 zeigt in diesem Zusammenhang die Entwicklung der Bevölkerungszahlen in den baden-württembergischen Fallstudienstädten (Daten des Statistischen Landesamtes Baden-Württemberg 2015). Bei diesem Vergleich war die Entwicklung in Stuttgart am schwächsten, was vorrangig an einem Rückgang zwischen 1992 und 1999 lag. Im Jahr 2007 wurde das Niveau aus dem Jahr 1992 wieder erreicht, und seit dem Jahr 2005 konnte zumindest ein kontinuierlicher Anstieg der Bevölkerungszahl und ein „Aufholen" gegenüber dem Landesdurchschnitt und der Entwicklung in Pforzheim verzeichnet werden.

Untersuchungen zur Attraktivität Stuttgarts als Wohnort weisen Schwächen des Standorts aufgrund vergleichsweise hoher Kosten für Wohnen und Lebensführung sowie

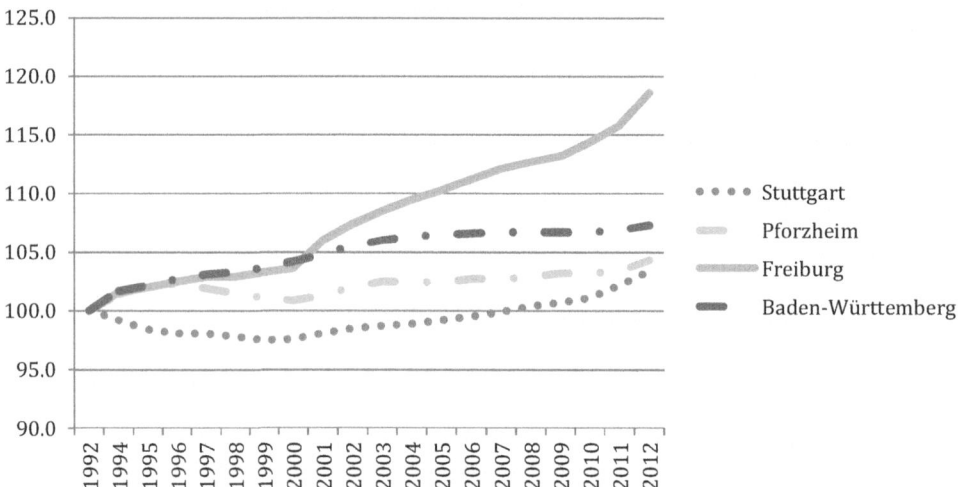

Abb. 3.3 Bevölkerungszahl in den baden-württembergischen Fallstudienstädten, 1992 = 100

Rückständen im Bereich Freizeitwert, Natur und Klima gegenüber anderen deutschen Metropolen aus (vgl. zu entsprechenden Übersichten Krumm und Neugebauer 2012). Zu den Maßnahmen zur Erhöhung der Attraktivität zählt auch die Fortführung der langfristigen Strategien zur Sicherung eines attraktiven Landschaftsbilds – beispielsweise durch einen geschlossenen Grüngürtel – und eines ausgebauten Kulturangebots. Im Zuge der Wirtschaftskrise wurden zudem im Land und der Region einzelne Programme zur Anwerbung von Auszubildenden und Fachkräften aus südlichen EU-Ländern durchgeführt, die jedoch auch aus Sicht der Befragten quantitativ in keinem Verhältnis zum erwarteten Fachkräftebedarf stehen. Für die Zukunft bedarf es daher zusätzlicher Maßnahmen zur Steigerung der Attraktivität der Stadt für qualifizierte Zuwanderer, insbesondere auch durch erkennbare soziale Integrationsangebote durch Stadt und Zivilgesellschaft.

Drittens werden zunehmend geografische Grenzen für weiteres Wachstum spürbar. Die Konflikte um das Projekt „Stuttgart 21" illustrieren zwei Elemente eines mittelfristigen Veränderungsbedarfs (vgl. zur Entwicklung und Diskussion um das Projekt „Stuttgart 21" Krüger 2012, mit weiteren Verweisen). Der Großraum Stuttgart zählt zu den am dichtesten besiedelten Räumen Deutschlands. Die topographische Lage der Stadt in einem Tal bedingt weitere Einschränkungen für eine mögliche Expansion. So verlagerte beispielsweise IBM seine Deutschlandzentrale im Jahr 2009 von Stuttgart ins benachbarte Ehningen. Die geografische Lage Stuttgarts mit seinen Flächenengpässen erhöht daher zwangsläufig die Wahrscheinlichkeit von Nutzungskonflikten zwischen einer Wohnbevölkerung, deren Ansprüche an Flächennutzungen auch mit steigender Kaufkraft wachsen und bei der auch angesichts des gewachsenen Wohlstands von wachsenden Präferenzen für Freiflächen auszugehen ist, und Flächenbedürfnissen expandierender oder neu anzusiedelnder Unternehmen sowie entsprechender Infrastrukturprojekte. Daneben beschränkt sich das Klima der Kollaboration in der Region zumeist auf Unternehmen und korporatistische Akteure (Sozialpartner, öffentliche Verwaltung, sonstige Organisationen), während die Möglichkeiten zur Bürgerbeteiligung gerade an großen Infrastrukturprojekten als zu schwach wahrgenommen werden (Wagschal 2013). Die Beteiligung älterer und konservativer Bürger an den Protesten gegen „Stuttgart 21" schuf den Begriff des „Wutbürgers"[8], der zum „Wort des Jahres 2010" erklärt wurde.

Eine Interviewpartnerin von einer Naturschutzorganisation berichtete von Gegensätzen zwischen eher kollaborativen Ansätzen in der Auseinandersetzung mit privaten Unternehmen, die durch Kollaboration frühzeitig Konflikte auszuräumen versuchen, und eher konfrontativen Erfahrungen mit Planungen der öffentlichen Verwaltung. So zog auch die Daimler AG aus dem Scheitern ihrer Pläne für eine Teststrecke in Boxberg (Main-Tauber-Kreis) im Jahr 1987 die Lehre einer notwendigen frühzeitigen Kommunikation und Zusammenarbeit mit der betroffenen Bevölkerung an einem geplanten Standort und konnte im Jahr 2015 mit dem Bau einer Teststrecke in Immendingen (Kreis Tuttlingen) beginnen

---

[8] Der Duden führt den Begriff „Wutbürger" in der Bedeutung eines „aus der Enttäuschung über bestimmte öffentliche Entscheidungen sehr heftig öffentlich protestierenden und demonstrierenden Bürger(s)" (Duden 2015).

(vgl. beispielsweise Schütze 2014; o. V. 2015). Mit dem Regierungswechsel in Baden-Württemberg wurde mit der Etablierung einer Staatsrätin für die Zivilgesellschaft und Bürgerbeteiligung als einer neuen Position in der Regierung der Versuch einer expliziten Stärkung entsprechender Elemente in politischen und administrativen Entscheidungsverfahren unternommen. Entsprechende Veränderungen setzen allerdings einen Strukturwandel in der Kommunikation zwischen Politik, Verwaltung und Bevölkerung voraus, der erst durch die Einführung und Umsetzung umfangreicher neuer Routinen in der öffentlichen Verwaltung und bei den Bürgern zu erreichen sein wird. Es bleibt daher offen, inwieweit es gelingt, entsprechende Konflikte bereits im Vorfeld durch neue Formen einer Kollaboration zu entschärfen.

Insgesamt zeigt sich daher in der Fallstudie Stuttgarts die Bedeutung der Lehren aus vorangegangenen Krisen und des Aufbaus zusätzlicher Anpassungsfähigkeiten für die Krisenbewältigung in den Jahren 2008 und 2009. Allerdings deuten die Herausforderungen auch auf den Bedarf an weiteren Veränderungen in der Region.

3.1.3 Dresden: Ende des Industrialisierungstrends?

Wie in Stuttgart sind auch in Dresden deutliche Unterschiede in der Entwicklung von Bruttoinlandsprodukt und Erwerbstätigkeit zu beobachten, wie die Abb. 3.4 und 3.5 illustrieren (Daten der VGRdL 2015). Im Falle Dresdens ist insbesondere in den Zeiträumen zwischen den Jahren 1992 und 1996 sowie zwischen 2000 und 2004 ein beschleunigtes Wachstum zu beobachten. Im Jahr 2007 erreicht das BIP zu Marktpreisen in Dresden seinen höchsten Wert. Aufgrund des im bundesweiten Vergleichs geringeren Ausgangsniveaus war das überdurchschnittliche Wachstum des BIP in Dresden wie auch in allen

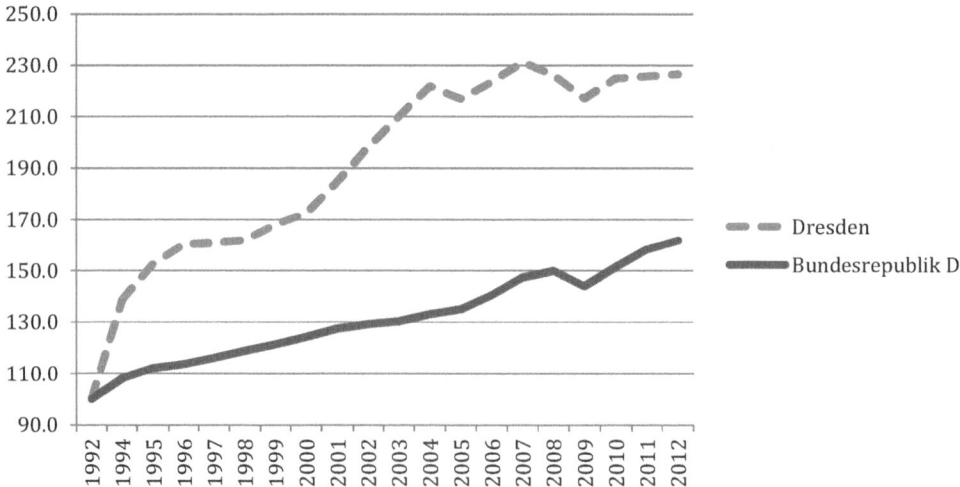

Abb. 3.4 BIP zu Marktpreisen in Dresden und im Bundesdurchschnitt, 1992 = 100

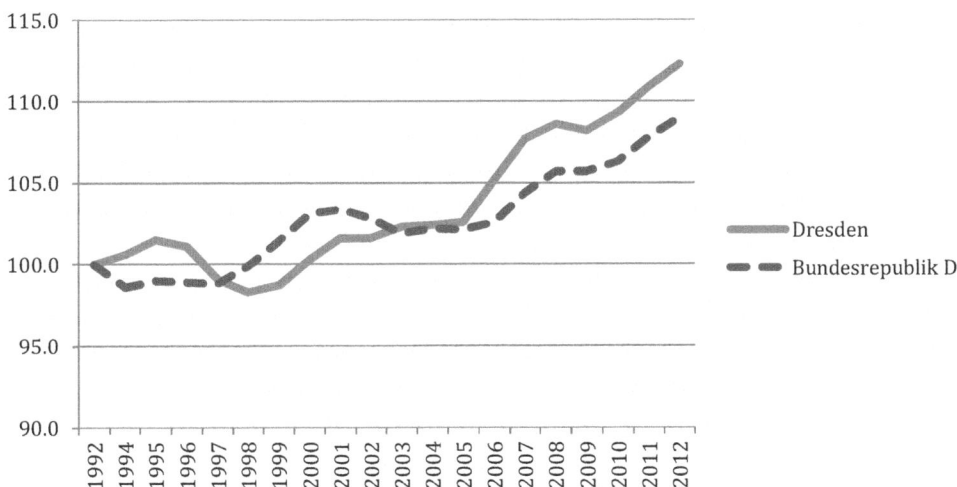

Abb. 3.5 Zahl der Erwerbstätigen in Dresden und im Bundesdurchschnitt, 1992 = 100

ostdeutschen Regionen ein explizites politisches Ziel, das, wie in Abb. 3.4 erkennbar, bis zum Jahr 2007 sehr gut erreicht wurde. Wie in Stuttgart beginnt der Rückgang des BIP relativ frühzeitig. In Dresden gelang es nach der Krise bis zum Jahr 2012 nicht mehr, an den Spitzenwert des Jahres 2007 anzuschließen. Der Rückgang des BIP in der Finanz- und Wirtschaftskrise war somit wie im Fall Stuttgarts früher und stärker als auf der Ebene des jeweiligen Bundeslandes. Während jedoch das BIP in Stuttgart im Erholungsjahr 2010 stärker wuchs als in Baden-Württemberg, verblieb die Erholung in Dresden schwächer als im Landesdurchschnitt. Die Erwerbstätigkeit, wie Abb. 3.5 zeigt, nahm hingegen erst seit dem Jahr 2005 stärker als im Bundesdurchschnitt zu, und die Finanz- und Wirtschaftskrise hinterließ im Jahr 2009 nur vergleichsweise schwache negative Spuren.

Eine Ursache für das Auseinanderfallen zwischen BIP und Erwerbstätigkeit ist bei einem Blick auf die großen Wirtschaftssektoren erkennbar. Das starke Wachstum des BIP in Dresden wird durch eine Entwicklung der Bruttowertschöpfung im verarbeitenden Gewerbe gespiegelt, die im Zeitraum zwischen 1998 und 2004 auf das 3,4-fache wuchs (VGRdL 2015).

Der Wert für 2004 wurde danach nicht mehr erreicht. Innerhalb des verarbeitenden Gewerbes Dresdens ist die Mikroelektronik der dominierende Sektor (Kluge et al. 2012). Bei der Erwerbstätigkeit war hingegen ein deutlich langsamerer Anstieg im verarbeitenden Gewerbe zu beobachten, der bis 2008 anhielt. Zwischen dem Jahr 2000 und dem Jahr 2008 wuchs die Erwerbstätigkeit im verarbeitenden Gewerbe um 4900 Beschäftigte (16,7 %). Im Jahr 2012 lag die Erwerbstätigkeit im verarbeitenden Gewerbe noch um 1900 Beschäftigte unter dem Spitzenwert des Jahres 2008. Das starke Wachstum der Erwerbstätigkeit seit 2005 ging somit vorrangig vom privaten Dienstleistungssektor aus. So stieg die Zahl der Erwerbstätigen im Segment „Finanz-, Versicherungs- und Unternehmensdienstleister, Grundstücks- und Wohnungswesen" zwischen den Jahren 2004 und 2012 um 15.300.

Die Erfahrungen Stuttgarts in der Finanz- und Wirtschaftskrise waren nur vor dem Hintergrund der Krisenerfahrungen in den Jahren 1993/1994 zu verstehen. Für Dresden wie auch für die in späteren Abschnitten betrachteten Städte Leipzig und Chemnitz sowie für den Kreis Uckermark gilt die Bedeutung früherer Krisenerfahrungen in ungleich stärkerem Maße, da mit der deutschen Vereinigung und der vollständigen Öffnung der Märkte ein Transformationsschock einsetzte, der zu einem dramatischen Einbruch der industriellen Beschäftigung und Produktion führte.

So sank zwischen 1989 und 1992 die industrielle Wertschöpfung in Ostdeutschland um mehr als 60 %, während die Beschäftigung in diesem Zeitraum in der ostdeutschen Industrie um 35 % zurückging (Burda und Hunt 2001). Alle Gesprächspartner verwiesen daher auf einschneidende Erfahrungen im Transformationsprozess. Für zahlreiche Unternehmen war die Erfahrung des Überstehens dieser Transformationsphase eine wichtige psychologische Stärkung bei der Konfrontation mit Auftragseinbrüchen im Zuge der Finanz- und Wirtschaftskrise 2008 und den sehr düsteren Prognosen im Jahr 2008 zum Ausmaß und zur Dauer der Wirtschaftskrise. Im folgenden Abschnitt betrachten wir daher den Anpassungsprozess zwischen dem Transformationsschock und dem Beginn der Finanz- und Wirtschaftskrise in Dresden, um im Anschluss zu betrachten, inwieweit die ergriffenen Maßnahmen und strategischen Entwicklungen Einfluss auf Krisenverlauf und -bewältigung hatten. Zuvor stellen wir aber wiederum in einer Zeitleiste wichtige Ereignisse im Entwicklungsprozess Dresdens zusammen (Tab. 3.2).

Dresden als Musterbeispiel sächsischer Leuchtturmpolitik
Auch in Dresden kam es nach der Vereinigung zunächst zu einer Zerschlagung der ursprünglichen Kombinatsstrukturen und zu einem Verlust bestehender Absatzmärkte für Produkte aus der ostdeutschen Halbleiterproduktion (Matuschewski 2005). Symptomatisch war die Entwicklung des Zentrums Mikroelektronik Dresden (ZMD). ZMD hatte im Jahr 1988 den ersten 1-Megabit-Chip der DDR produziert und wurde zunächst ab 1990 mit allen anderen ostdeutschen Halbleiterwerken in eine gemeinsame Gesellschaft der Treuhandanstalt überführt. Die sächsische Landesregierung löste ZMD im Jahr 1993 aus diesem Verbund. Es kam zu einer formellen Privatisierung mit Beteiligungsgesellschaften deutscher Großbanken als treuhänderischen Verwaltern (Plattner 2001). Von 3280 Beschäftigten im Jahr 1990 blieben noch 1162 Beschäftigte im Jahr 1993. Dem Unternehmen fehlten jedoch weiterhin Partner in der Wertschöpfungskette und Absatzmärkte. Mit der Gründung von Fraunhofer-Instituten wurde zunächst ab 1992 die Möglichkeit geschaffen, zumindest Forschungskompetenzen am Standort zu erhalten (Broll und Roldan-Ponce 2011). Es blieb das Ziel, den Standort Dresden durch zusätzliche private Investitionen als Zentrum der Mikroelektronikindustrie zu etablieren. Zwar wurden frühzeitig private Investoren für die Fortführung der Flugzeugwerft und des Sächsischen Serumwerks gefunden. Der Fokus der Entwicklung des Industriestandorts lag jedoch auf der Mikroelektronik. Hilfreich aus Sicht der Unternehmen in Dresden waren hierbei bereits aus DDR-Zeiten bestehende Kontakte zu Elektronikunternehmen in Westdeutschland

Tab. 3.2 Zeitleiste für die Entwicklung in Dresden

1990

Ausgründung von vier Unternehmen aus dem Robotron Projekt Sachsen (als Teil des ehemaligen VEB Kombinat Robotron)

Eingliederung des *Zentrums Mikroelektronik Dresden* (ZMD) in die Mikroelektronik Technologiegesellschaft MTG mbH

1991

Aufnahme der Geschäftstätigkeit bei den *Elbe Flugzeugwerken GmbH*

Gründung des Fraunhofer-Instituts für Elektronenstrahl- und Plasmatechnik aus Arbeitsgruppen des Forschungsinstituts Manfred von Ardenne

1992

Verkauf der *Sächsischen Serumwerke* an SmithKline Beecham (seit 2008: GlaxoSmith Kline Biologicals Dresden)

Gründung des Institutsteils Dresden des Fraunhofer-Instituts für Fertigungstechnik und Angewandte Materialforschung

Gründung des Fraunhofer-Instituts für Keramische Technologien und Systeme

Gründung des Max-Planck-Instituts für die Physik komplexer Systeme

Integration der Arbeitsstelle für Regelungs- und Steuerungstechnik der Deutschen Akademie für Wissenschaft in die Fraunhofer-Gesellschaft

1993

Ausgliederung des ZMD aus der MTG und formelle Privatisierung des ZMD

Gründung einer Außenstelle des ifo-Instituts für Wirtschaftsforschung

1996

Beginn der Serienproduktion bei Siemens Microelectronics Dresden

Eröffnung der Niederlassung der Ortner Reinraumtechnik GmbH in Dresden

1998

Beginn der Produktion bei Advanced Micro Devices (AMD) Dresden

Ansiedlung der Mattson Technologies in Dresden

Gründung der Ortner cleanroom logistics system (c.l.s.) GmbH

1999

Gründung der Infineon AG als ehemalige Siemens Microelectronics

Verkauf des ZMD an Sachsenring Automobiltechnik AG

umfangreiche Eingemeindung um mehr als 25.000 Einwohner

2000

Gründung des Vereins Silicon Saxony e. V.

Gründung der TUDAG als privatrechtliche Transfergesellschaft der TU Dresden

Kauf des ZMD durch einen privaten Investorenkreis

2001

Gründung des Max-Planck-Instituts für molekulare Zellbiologie und Genetik

Errichtung des Memory Development Center durch Infineon

Beginn der Produktion im 300-mm-Wafer-Werk von Infineon

2002

Elbe-Hochwasser („Jahrhundert-Flut")

Inbetriebnahme der „Gläsernen Manufaktur" der Volkswagen AG

Gründung des Advanced Mask Technology Centers (AMTC)

Tab. 3.2 (Fortsetzung)

2003

Gründung der Leichtbau-Zentrum Sachsen GmbH

Gründung des Nanoelectronics Materials Labs

Gründung der Novaled

2004

Ausgründung der Speichersparte aus der Infineon AG $\Rightarrow$ ab 2006: Qimonda AG

Aufnahme der Kulturlandschaft Dresdner Elbtal in die Liste des UNESCO-Weltkulturerbes

2005

Gründung des „Fraunhofer Center Nanoelektronische Technologien (CNT)"

Errichtung einer neuen Produktionsstätte von AMD

Vollendung des Wiederaufbaus und Weihung der Frauenkirche

Bürgerentscheid zum Bau der Waldschlösschenbrücke

2006

Schuldenfreiheit des kommunalen Haushalts nach Verkauf der kommunalen Wohnungsbaugesellschaft WOBA Dresden an Fortress Investments LLC

Präsentation Dresdens als *„Stadt der Wissenschaft"*

Gründung des DFG-Zentrums für regenerative Therapien

Gründung der Heliathek GmbH

2007

Gründung des Deutschen Zentrums Textilbeton

2008

Auszeichnung des Clusters „Cool Silicon" als „Spitzencluster" im Rahmen der Hightech-Strate-
gie der Bundesregierung

Kreisreform in Sachsen mit der Gründung der Landesdirektion Dresden

2009

Insolvenz und Abwicklung der Qimonda AG

Globalfoundries übernimmt die AMD-Werke

Verkauf der Ortner c.l.s. GmbH mit der Niederlassung in Dresden an die Roth & Rau AG (heute
Teil der Meyer Burger Gruppe)

Gründung des Dresdner Innovationszentrums Energieeffizienz

Aberkennung des Status „UNESCO-Weltkulturerbe" für die Kulturlandschaft Dresdner Elbtal

2010

Ankündigung von Globalfoundries, eine dritte Produktionsstätte in Dresden zu errichten

Gründung des Vereins „Dresden Concept"

2011

Übernahme der Qimonda-Anlagen in Dresden durch Infineon

Deutscher Zukunftspreis an Forscher von Heliathek und Novaled

2012

TU Dresden erhält den Status einer „Exzellenz-Hochschule" durch die DFG und den
Wissenschaftsrat

2013

Integration des Fraunhofer CNT in das Fraunhofer-Institut für Photonische Mikrosysteme

Ankündigung von Globalfoundries, 185 Stellen vornehmlich im Bereich der Forschung am
Standort Dresden zu streichen und 130 neue Stellen im Bereich der Produktion zu schaffen

Fertigstellung des Baus der Waldschlösschenbrücke

und Westeuropa. Darüber hinaus führte auch die Beschäftigung ehemaliger Mitarbeiter aus der sächsischen Mikroelektronikindustrie in Stabs- und Beratungsfunktionen für die sächsische Landesregierung zu Anreizen und Expertise in der Anwerbung von Investoren (Matuschewski 2005).

Der entscheidende Schritt zum Aufbau eines Clusters der Mikroelektronik gelang 1996 mit der Investition und dem Produktionsbeginn von Siemens Microelectronics.[9] Kurz darauf folgte eine Großinvestition zur Fertigung von Halbleitern durch AMD. Die beiden Großinvestoren rekrutierten den überwiegenden Teil ihrer Mitarbeiter aus der Region Dresden und Umgebung.[10] Mit diesen beiden Großkunden ergaben sich nicht nur mögliche Verbindungen entlang der Wertschöpfungskette mit bereits bestehenden Unternehmen in Sachsen. Die Großinvestitionen veranlassten zudem internationale Spezialanbieter im Bereich des Maschinen- und Anlagenbaus, sich auch am Standort Dresden zumindest in Form von Servicebüros mit Materiallagern zur Gewährleistung einer kurzfristigen Wartung niederzulassen. Ein Beispiel hierfür ist die Niederlassung des österreichischen Spezialanbieters Ortner im Jahr 1996, der im Jahr 1998 eine zusätzliche Investition in eine Fertigungswerkstatt und ein Entwicklungslabor folgte (Püschel 2004).

Mehr als die Hälfte der Unternehmen in der Wertschöpfungskette der Halbleiterindustrie in Sachsen zur Jahrtausendwende hatten ihre Hauptniederlassung nicht in Ostdeutschland, sondern in Westdeutschland, Westeuropa, Asien oder den USA. Im Unterschied zur Entwicklung in Stuttgart erfolgte die Steuerung der Unternehmensstrategien in Dresden außerhalb des Standorts. Die privaten Investitionen umfassten auch den Aufbau von Forschungs- und Entwicklungsstandorten, beispielsweise das Memory Development Center durch Infineon zur Entwicklung neuer Speicherprodukte im Jahr 2001 oder die Gründung des Advanced Mask Technology Centers (AMTC) als Gemeinschaftsunternehmen von AMD, Infineon Technologies und DuPont Photomasks im Jahr 2002. Zugleich illustriert das AMTC die Abhängigkeit von standortexternen Konzernentscheidungen, da zunächst DuPont Photomasks im Jahr 2004 von Toppan Photomasks übernommen wurde, Infineon Technologies seine Halbleiterspeichersparte als Qimonda AG ausgliederte, diese Sparte im Jahr 2009 insolvent wurde und AMD seine Produktionsstätten in Dresden an Globalfoundries verkaufte. Im Jahr 2012 kündigten Toppan Photomasks und Globalfoundries an, das AMTC zumindest bis zum Jahr 2017 fortzuführen (AMTC 2012).

Im Jahr 2000 wurde die entstandene Expertise auch durch die formelle Gründung einer Clusterorganisation (Silicon Saxony e. V.) unterstrichen. Innerhalb des Clusters vollzog sich eine Zweiteilung der strategischen Schwerpunktsetzung mit den großen Halbleiterproduzenten (Infineon als Ausgründung der früheren Siemenssparte und AMD) als Treiber einer Entwicklung zu immer leistungsfähigeren Speicherchips, die wiederum die Errichtung neuer und leistungsfähigerer Fertigungsanlagen voraussetzten, und kleinen und

---

[9] Parallel erfolgten Investitionen westdeutscher Unternehmen im Bereich der Siliziumindustrie als Vorproduzenten der Mikroelektronik am Standort Freiberg (vgl. ausführlicher hierzu Plattner 2001).

[10] Im Jahr 1999 kamen 99 % der Mitarbeiter bei Siemens/Infineon und 75 % der AMD aus der Region (Plattner 2001).

mittelständischen Unternehmen in der Region als Anwender der Halbleiterelektronik in anderen Industrien, beispielsweise der Automobilindustrie oder der Energiewirtschaft. Im Jahr 2008 wurde die Clusterorganisation „Cool Silicon", deren Mitglieder sich innerhalb des Gesamtclusters „Silicon Saxony" vornehmlich auf Entwicklungen zur Steigerung der Energieeffizienz in der Informations- und Kommunikationsindustrie durch eine Vernetzung zwischen Mikroelektronik, Breitband-Funksystemen und vernetzter Sensorik spezialisiert hatten, im „Spitzencluster-Wettbewerb" der Bundesregierung als einer von fünf Gewinnern ausgezeichnet. Auch für ZMD ergab sich ab dem Jahr 2000 eine Verstetigung durch einen privaten Investorenkreis und eine Fokussierung auf Entwicklungsaufgaben mit besonderem Schwerpunkt auf Energieeffizienz. Nach einem Verkauf der unternehmenseigenen Fertigungsgesellschaft im Jahr 2007 verfügte ZMD im Jahr 2014 noch über mehr als 320 Beschäftigte, davon 150 Ingenieure an 19 weltweiten Standorten.

Mit dem Aufbau von Clusterstrukturen im Bereich der Mikroelektronik einher gingen Aktivitäten zur Verbreiterung der Wissensbasis entlang von Plattformstrukturen. Ein wesentlicher Baustein war die Gründung der TU Dresden Aktiengesellschaft (TUDAG) im Jahr 2000. Diese Gesellschaft bündelt die Transferaktivitäten der Hochschule und ermöglicht durch ihre Gesellschafterstruktur – alleiniger Gesellschafter ist die Gesellschaft von Freunden und Förderern der TU Dresden e. V. – die Rückführung etwaiger Überschüsse an die TU Dresden und ihre Einrichtungen. Die TUDAG fungiert als Gesellschafter in Ausgründungen aus der Hochschule und als Partner für private Forschungspartner. Die Konstruktion dieser rechtlichen Unabhängigkeit wurde vom Stifterverband für die deutsche Wissenschaft als beispielhaft vorgestellt (Frank et al. 2008). Die sich ergebende Vielfalt an Forschungsschwerpunkten wurde durch die Gründung von Forschungszentren – beispielsweise zur Nanoelektronik, zum Leichtbau oder auch zum Textilbeton – und Ausgründungen, beispielsweise aus dem Bereich organischer Leuchtdioden (Novaled) und organischer Solarzellen (Heliathek), unterstrichen.

Ungeachtet dieser Aktivität zur Erhöhung der Vielfalt blieb die Mikroelektronik der dominante Bereich im verarbeitenden Gewerbe Dresdens. So betrug der Anteil des Sektors „*Herstellung von Büromaschinen, Datenverarbeitungsgeräten und -einrichtungen; Elektrotechnik, Feinmechanik und Optik*" am Gesamtumsatz im verarbeitenden Gewerbe im Jahr 2004 50,9 % (Kluge et al. 2012). Ende 2007 lag dieser Anteil immer noch bei 49,9 % (Statistisches Landesamt des Freistaates Sachsen 2015). Ein Vergleich mit späteren Jahren ist aufgrund der Umstellung der Gliederung der Wirtschaftszahlen (Sektoren) durch die Statistischen Ämter nicht mehr möglich.

Im Jahr 2002 kam es im Zuge der Überschwemmungen der Elbe und ihren Nebenflüssen auch in Dresden und Umgebung zu gravierenden Schäden. Insgesamt entstanden in Sachsen Schäden in Höhe von bis zu 8,6 Mrd. € (Deutsche Rück 2004). Dresden war hierbei in besonderer Weise betroffen. Zugleich löste das Hochwasser eine starke Bereitschaft zur Solidarität auch zwischen West- und Ostdeutschland aus, und es wurden Instrumente der kurzfristigen Unterstützung aus Bundesmitteln eingeführt.[11] Wichtige Elemente dieser

---

[11] Hierzu zählte insbesondere auch ein Fonds zur kurzfristigen Unterstützung betroffener Haushalte und Unternehmen (Flutopfersolidaritätsgesetz 2002).

Maßnahmen, die auch in der Finanz- und Wirtschaftskrise bedeutsam wurden, betrafen Ausnahmeregelungen im Rahmen der Gemeinschaftsaufgabe „Verbesserung der regionalen Wirtschaftsstruktur". Diese Ausnahmeregelungen sahen für geförderte Unternehmen Lockerungen beim Nachweis zusätzlicher Arbeitsplätze als Rechtfertigung für Investitionsförderungen vor. Anstelle einer ursprünglich geforderten Erhöhung der Beschäftigung wurde auf den Erhalt der Arbeitsplätze Bezug genommen. Ein späteres Elbhochwasser im Jahr 2006 löste geringere Schäden aus. Die Erfahrungen mit dem Elbhochwasser 2002 wurden von zahlreichen Interviewpartnern in Sachsen als „Blaupause" für eine kurzfristige Reaktion der Politik auf Bundes-, Landes- und Gemeindeebene angesehen, die auch in der Finanz- und Wirtschaftskrise 2008/2009 gefordert war.

Für bundesweites Aufsehen sorgte im Jahr 2006 der Verkauf der kommunalen Wohnungsbaugesellschaft an einen privaten Investor. Als Folge dieses Verkaufs gelang es der Stadt Dresden, ihren Schuldenstand auf Null zu senken. Im Jahr 2007 wurde ein Verbot der Neuverschuldung in die Hauptsatzung aufgenommen. Vorfinanzierungen von Investitionen auf Kreditbasis sollen möglich sein, soweit Fördermittelzusagen vorliegen und die Fördermittel auch Zinsen abgeben (§ 7 der Hauptsatzung der Stadt Dresden 2014). Im Dienstleistungsbereich zählte Dresden mit seiner jahrhundertelangen Tradition als Residenz- und Hauptstadt Sachsens und seinen zahlreichen Kulturgütern bereits kurz nach der deutschen Vereinigung zu den führenden Zielorten für Städte- und Kulturtourismus. Daher wurde Dresden neben Leipzig auch Mitglied des bereits 1955 gegründeten Vereins „Magic Cities Germany e. V.", der als Werbegemeinschaft für elf deutsche Großstädte fungiert. Die Übernachtungszahlen in Dresden stiegen von mehr als 2,1 Mio. Übernachtungen im Jahr 1999 über 2,3 Mio. im Jahr 2003 und 3,3 Mio. im Jahr 2007 auf 4,1 Mio. Übernachtungen im Jahr 2013 (Statistisches Landesamt des Freistaates Sachsen 2015). Dieses Wachstum ist jedoch vor dem Hintergrund eines allgemeinen Trends zum Wachstum der Übernachtungszahlen in den deutschen Großstädten zu sehen. Ein Vergleich des Wachstums der Übernachtungszahlen für die elf Mitglieder der „Magic Cities Germany" im Zeitraum zwischen den Jahren 2001 und 2011 zeigt für Dresden ein leicht unterdurchschnittliches Wachstum der Übernachtungszahlen bei Gästen aus Deutschland[12] und insgesamt eher geringe Übernachtungszahlen bei Gästen aus den als Wachstumsregionen angesehenen Ländern China, Indien und Brasilien (Dresden Marketing 2012; Hamburg Tourismus 2014). Eine Maßnahme zur Steigerung der Attraktivität Dresdens für ausländische Touristen war die erfolgreiche Bewerbung der Kulturlandschaft Dresdner Elbtal für eine Aufnahme in die UNESCO-Liste der Weltkulturerbestätten im Jahr 2004. Von dieser Liste wurde das Elbtal jedoch im Jahr 2009 im Zuge der Errichtung der Waldschlösschenbrücke gestrichen (Deutsches UNESCO-Kommission e. V. 2009). Damit verfiel in der

---

[12] Insgesamt belegt Dresden den siebten Platz unter den elf Großstädten beim Vergleich der Übernachtungszahlen im Jahr 2011 und alle besser platzierten Großstädte haben mehr Einwohner. Ein im Vergleich zu Dresden und dem Bundesdurchschnitt deutlich unterdurchschnittliches Wachstum der Übernachtungszahlen bei Gästen aus Deutschland wurde in Stuttgart und Nürnberg erreicht (Dresden Marketing 2012).

Finanz- und Wirtschaftskrise der Anspruch auf Sonderfördermittel der Bundesregierung, die explizit den Weltkulturerbestätten in Deutschland gewidmet wurden.

Zusammenfassend war der Zeitraum zwischen 1992 und 2007 durch einen Auf- und Ausbau einer „Leuchtturmstrategie" geprägt. Dresden wurde durch gezielte Investitions-förderung für Großinvestoren und Investitionen in den Ausbau der Forschungseinrichtun-gen als Standort der Mikroelektronik etabliert. Diese Maßnahmen wurden vornehmlich aus Bundes- und EU-Mitteln finanziert. Die Landespolitik unterstützte durch unbürokrati-sche und politische Vereinbarungen. Städtische oder regionale Maßnahmen beschränkten sich auf Moderationen und Unterstützungen der Zusammenarbeit, während finanzielle Förderungen trotz des ab 2006 ausgeglichenen Haushalts nicht von der Stadt ausgingen.

Die Halbleiterindustrie als „Zyklusmacher"
Wie bereits in Abb. 3.4 verdeutlicht, begann die schwache Entwicklung des BIP in Dresden bereits vor der Finanz- und Wirtschaftskrise. Im Jahr 2005 kam es bereits zu einem Einbruch der weltweiten Nachfrage in der Elektronikindustrie. Die nachfolgen-de Erholungsphase bis zur Finanz- und Wirtschaftskrise führte nicht mehr zu ursprüng-lichen Wachstumsraten (Kluge et al. 2012). Die Finanz- und Wirtschaftskrise löste einen nochmaligen Nachfragerückgang aus, der die Halbleiterindustrie als einer umfassenden Vorleistungsindustrie massiv betraf. Daneben wurden aber auch lokale Zulieferer für die Automobil- und Energieindustrie betroffen. Der starke Nachfragerückgang in der Halb-leiterindustrie intensivierte den Preiskampf in der Speicherchipindustrie, die mit welt-weiten Überkapazitäten konfrontiert war. Das Unternehmen Qimonda, zur damaligen Zeit der zweitgrößte Speicherchip-Produzent, geriet in eine existenzielle Krise und musste im Jahr 2009 Insolvenz anmelden. In Dresden waren von dieser Insolvenz 3000 Mitarbeiter betroffen. Neben den unmittelbaren Folgen für die Mitarbeiter wurden auch die Partner in Industrie und Forschung negativ betroffen. So hatte die TU Dresden mit Qimonda bzw. der Vorgängerorganisation im Jahr 2003 das Nanoelectronics Materials Lab gegründet, das nun von der TU Dresden allein zu finanzieren war. Auch das Joint Venture „Advanced Mask Technology Center" verlor einen seiner drei industriellen Gesellschafter.

Vor diesem Hintergrund sind die vergleichsweise stabilen Entwicklungen auf den loka-len Arbeitsmärkten und in den Strukturen der lokalen Mikroelektronik als bemerkenswert zu bewerten. In den Jahren 2009 und 2010 sank die Zahl der Erwerbstätigen im produ-zierenden Gewerbe um insgesamt 3600 Beschäftigte, während im gleichen Zeitraum die Zahl der Erwerbstätigen im Sektor „Finanz-, Versicherungs- und Unternehmensdienst-leister, Grundstücks- und Wohnungswesen" um 5500 Beschäftigte anstieg. Als Gründe für die vergleichsweise positive Entwicklung im produzierenden Gewerbe wurden von unseren Gesprächspartnern gute Möglichkeiten für ehemalige Qimonda-Mitarbeiter ge-nannt, innerhalb der Region Arbeitsplätze in anderen Unternehmen der Mikroelektronik und insbesondere der zu diesem Zeitpunkt stark wachsenden Photovoltaik zu finden (vgl. hierzu auch die Ergebnisse bei Schneider 2015). Der an den Daten erkennbare eindeutige Übergang der Erwerbstätigkeit in Dresden vom produzierenden Gewerbe zu den Dienst-leistungssektoren ist insoweit zu relativieren, als sich hinter diesen Veränderungen auch

Prozesse der Auslagerung von Dienstleistungstätigkeiten aus Industrieunternehmen ver-
bergen können, die keine Änderung der faktischen Tätigkeiten bedeuten.

Die Anpassung in den lokalen Industrieunternehmen folgte weitgehend den Beobachtungen in Stuttgart. Der Schwerpunkt der Anpassungen lag auch hier bei Vereinbarungen
zur Verrechnung von Arbeitszeiten und anderen personalwirtschaftlichen Vereinbarungen,
um die Mitarbeiter im Unternehmen zu halten. Auch die Kurzarbeiterregelung wurde –
wenn auch in einem vergleichsweise geringeren Ausmaß als in Stuttgart – genutzt, da sich
eine Finanzierung für kleine und mittelständische Unternehmen als schwierig erwies. Die
Kurzarbeit war in Dresden vor allem für Unternehmen der Mikroelektronik in einem kurzfristigen Zeitfenster im Jahr 2009 bedeutsam. So lag der Anteil der in Kurzarbeit angemeldeten Beschäftigten in Unternehmen der Mikroelektronik an der Gesamtbeschäftigung in
der Mikroelektronik Dresdens im Juni 2009 bei ca. 44 %, fiel jedoch bis Jahresende auf
4 % (nach Angaben der Bundesagentur für Arbeit). Neben den personalwirtschaftlichen
Maßnahmen waren wie in Stuttgart Verlagerungen der Ressourcen in den Unternehmen
zugunsten der Förderung von Innovationsprozessen zu beobachten. Diese Ausrichtung an
Innovationsstrategien speiste sich aus einem Vertrauen in die eigene Wettbewerbsfähigkeit. Vertreter regionaler Unternehmen verwiesen auf ihre Erfahrungen mit einer erfolgreichen Krisenbewältigung in der Transformationsphase und späteren konjunkturellen
Krisen. Zudem ergaben sich aus dem Nachfragerückgang in kleinen und mittelständischen Unternehmen Möglichkeiten der Umwidmung frei gewordener Kapazitäten in neue
strategische Arbeitsfelder. Wie in Stuttgart setzte aber auch die vergleichsweise schnelle
Erholung ab dem Jahr 2010 der strategischen Re-Orientierung Grenzen.

Im Unterschied zu den Wertschöpfungsketten in der Automobilindustrie und dem Maschinenbau Stuttgarts erhielten wir im Kontext der Mikroelektronik-Industrie in Dresden
keine Aussagen zu direkten oder indirekten Hilfen von Unternehmen für andere Unternehmen in Liquiditätskrisen. Dies kann damit zusammenhängen, dass die Großunternehmen
mit Zentralen außerhalb der Region vornehmlich mit anderen internationalen Unternehmen in der Zulieferkette zusammenarbeiteten. Zugleich waren die meisten kleinen und
mittelständischen Unternehmen bereits vor der Finanz- und Wirtschaftskrise aufgrund
von Vorgaben ihrer Banken gezwungen, höhere Eigenkapitalquoten vorzuhalten, was den
Kreis liquiditätsschwacher Unternehmen einschränkte. Die geringe Unternehmensgröße
verhinderte in der Regel auch einen Zugang zum Kapitalmarkt über Unternehmensan-
leihen. Obwohl das Land Sachsen aufgrund der Einbindung der regionalen Landesbank
Sachsen LB in die US-Hypothekenkrise durchaus unmittelbar von der Finanzkrise betroffen war, konnte von einem wirksamen „credit crunch" für die regionalen Unternehmen
nicht die Rede sein. Wenn ein Liquiditätsbedarf gegeben gewesen wäre, hätten jedoch
die im Vergleich zu baden-württembergischen Familienunternehmen deutlich geringere
Unternehmensgröße und der eingeschränkte Vermögensaufbau in dem vergleichsweise
kurzen Zeitraum nach der deutschen Vereinigung einer solchen privaten Liquiditätshilfe
deutliche Grenzen gesetzt.

Die Krise änderte nichts an der dominanten Rolle der Mikroelektronik für die Entwicklung in der Dresdner Industrie. Abbildung 3.6 illustriert dies anhand der Umsätze

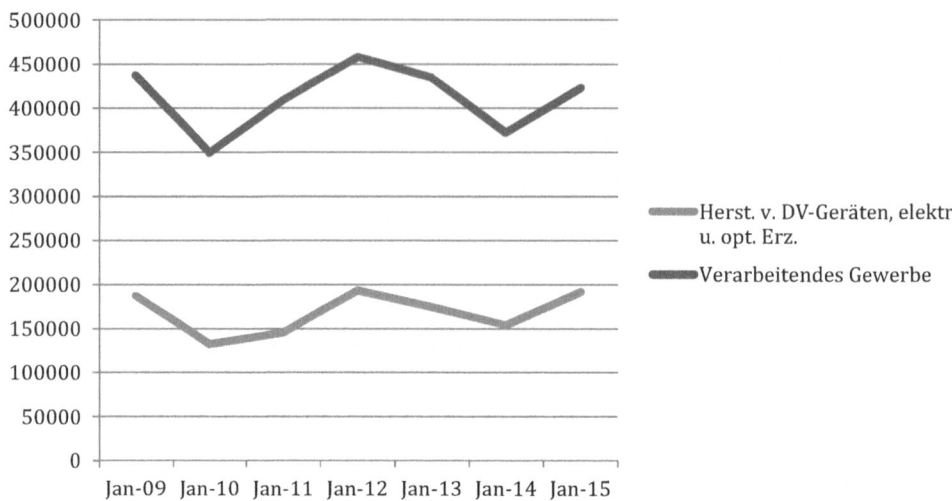

Abb. 3.6 Umsätze in Unternehmen >49 Beschäftigte in Dresden, in Euro, jeweils Januar eines Jahres

im verarbeitenden Gewerbe und im Sektor „Herstellung von DV-Geräten, elektronischen und optischen Erzeugnissen" im Zeitraum von 2009 bis 2015 (Quelle der Daten war das Statistische Landesamt Sachsen 2015). Die Verläufe sind weitgehend parallel mit etwas steileren Verläufen für das verarbeitende Gewerbe. Der Anteil des Sektors „Herstellung von DV-Geräten, elektronischen und optischen Erzeugnissen" an den Umsätzen im verarbeitenden Gewerbe sank zunächst zwischen 2009 und 2011 von 42,8 % auf 35,7 %, stieg aber dann wieder bis auf 45,3 % im Jahr 2015. Zyklen des lokalen BIP folgen daher weiterhin den wirtschaftlichen Bedingungen in der Mikroelektronik.

Für die sächsische Landesregierung war die Insolvenz der Qimonda AG der erste Fall, in dem ein Großunternehmen aus der Leuchtturmindustrie Mikroelektronik nicht am Standort Sachsen erhalten werden konnte. Daher sah sich die Landesregierung auch einem besonderen Druck ausgesetzt, Maßnahmen zur Erhaltung des Produktionsstandorts zu ergreifen (Goffart 2008). Trotz einer angekündigten Beteiligung des Freistaates Sachsen an einem gemeinsamen Darlehen mit Infineon Technologies und dem portugiesischen Staat (Balser und Kohl 2009) kam es aufgrund einer fehlenden Einigung zwischen Infineon und der Landesregierung über die Höhe der jeweiligen Anteile am Darlehen zur Insolvenz. Da die Beschäftigten von Qimonda relativ schnell Arbeitsplatzangebote anderer Unternehmen erhielten und das Mikroelektronik-/IT-Cluster in Dresden 11 % mehr Beschäftigte im Jahr 2011 im Vergleich zum Jahr 2006 vor der Qimonda-Krise aufwies,[13] konnte sich die

---

[13] Diese Zahlen wurden vom Clusterverein Silicon Saxony im Auftrag der Stadt Dresden erhoben (Amt für Wirtschaftsförderung 2011). Jedoch ist bei diesem Anstieg zu beachten, dass der Bereich Mikroelektronik im Jahr 2011 weniger Beschäftigung als im Jahr 2006 aufwies und der Anstieg vornehmlich in den Segmenten Softwareentwicklung und Elektronik/Gerätebau ausgewiesen wurde.

Landesregierung in ihrer Entscheidung, auf zusätzliche Hilfen zur Rettung von Qimonda zu verzichten, bestätigt sehen.

Wie in der Fallstudie Stuttgart wurden Bundesmittel im Rahmen des Zukunftsinvestitionsgesetzes zum Aufbau lokaler Bildungs- und Forschungsinfrastruktur eingesetzt. Kurzfristig profitierte insbesondere die lokale Bauindustrie von zusätzlichen Aufträgen. Die Strategie zahlreicher Unternehmen, in der Krise verstärkt auf Innovationen zu setzen, korrespondierte mit dem bereits im Vorkapitel erwähnten „Zentralen Investitionsprogramm Mittelstand (ZIM)". In einer Länderrangliste der bewilligten Fördermittel im ZIM-Programm zwischen den Jahren 2008 und 2014 lag Sachsen direkt hinter Baden-Württemberg an zweiter Stelle mit mehr als 629 Mio. € von insgesamt ausgezahlten 4 Mrd. € Bundesmitteln (BMWE 2014). Dies unterstreicht die Bedeutung dieser Förderung für die kleinen und mittelständischen Unternehmen Sachsens. Wie im Fall des Elbhochwassers im Jahr 2002 wurden auch während der Finanz- und Wirtschaftskrise im gemeinsamen Planungsausschuss mit Vertretern von Bund und Ländern kurzfristige Anpassungen im Rahmen der Investitionsförderung aus der Gemeinschaftsaufgabe „Verbesserung der regionalen Wirtschaftsstruktur" vereinbart. So wurde von geförderten Unternehmen wiederum ein Beschäftigungserhalt anstelle zusätzlicher Arbeitsplätze gefordert. Angesichts der großen Bedeutung der Investitionsförderung durch die Gemeinschaftsaufgabe für sächsische Unternehmen wurde diese Vereinbarung von unseren Gesprächspartnern als ein wichtiger Bestandteil der Krisenbewältigung angesehen.

Die Landesregierung in Sachsen führte im Jahr 2008 ein Stabilisierungsprogramm Mittelstand ein (Deutsche Handwerkszeitung 2008), um kleinen und mittelständischen Unternehmen in der Finanz- und Wirtschaftskrise kurzfristig Liquidität bereitzustellen und zugleich den Zugang zu weiteren Bankkrediten zu erleichtern. Die Landesregierung erwartete ursprünglich eine Nachfrage nach diesen Liquiditätshilfen im Umfang von 300 Mio. €. Nach zwei Jahren wurde das Programm beendet, und die Gesamtnachfrage blieb mit insgesamt 45 Mio. € weit hinter den Erwartungen zurück (Sächsische Aufbaubank 2010). Diese Erfahrung unterstreicht nochmals die vergleichsweise geringe Bedeutung einer befürchteten Kreditknappheit für die Unternehmen während der Finanzkrise.

Nach der Krise: Wie anpassungsfähig sind die Strukturen?
Zwei Parallelbewegungen prägen die wirtschaftliche Entwicklung Dresdens seit der Finanz- und Wirtschaftskrise. Auf der einen Seite erfolgt eine Fortsetzung des durch die Leuchtturmpolitik ausgelösten Entwicklungspfads. Im Jahr 2011 übernahm Infineon Technologies den Standort und die Anlagen der Qimonda AG und errichtete eine weitere Produktionsstätte. Durch eine Fokussierung auf spezialisierte Logistikchips für einzelne Anwendungsindustrien gelang es Infineon in den vergangenen Jahren, sich erfolgreicher im Weltmarkt zu positionieren und dem Kostenwettbewerb auszuweichen. Auch Globalfoundries als Nachfolger in der Entscheidung über die ursprünglichen AMD-Produktionsstätten entschied sich im Jahr 2010 für eine Erweiterung der Produktionskapazitäten in Dresden. Im Jahr 2013 wurde die Zahl der Arbeitsplätze in der Produktion bei Globalfoundries in Dresden nochmals aufgestockt. Allerdings fielen gleichzeitig Arbeitsplätze

im Bereich der Forschung und Entwicklung weg. Die kurze Periode des Booms und der folgende drastische Abbau im Bereich der Photovoltaik, die auf vereinfachten Technologien der Mikroelektronik aufbaut, betraf Dresden nur zu einem vergleichsweise geringeren Anteil, da die Fertigungsschwerpunkte dieser Industrie in Sachsen eher im Landkreis Mittelsachsen zu finden waren (vgl. zur Entstehung und Entwicklung der Photovoltaik in Ostdeutschland auch Brachert und Hornych 2009). Für Maschinenbau-Unternehmen in Dresden und Umgebung ergab sich durch die wachsende Nachfrage aus der Photovoltaik ein zusätzlicher Absatzmarkt, der nach dem Einbruch bis auf wenige Ausnahmen, bei denen sich Unternehmen zu ausgeprägt auf Zulieferungen an die Photovoltaik spezialisiert hatten, durch Verlagerungen in Richtung anderer Branchen kompensiert werden konnte (Schneider 2015).

Der Entwicklungspfad entlang der Leuchtturmpolitik erfuhr im Jahr 2012 einen zusätzlichen Schub durch die Aufnahme der TU Dresden in den Kreis der „Exzellenz-Universitäten" in Deutschland. Bereits zwei Jahre zuvor wurde „Dresden Concept" gegründet als organisatorische Einrichtung zur Bündelung der Forschungspotentiale aus Hochschule, lokalen Fraunhofer-Instituten und anderen Forschungseinrichtungen in Dresden. Als ein Schwerpunktbereich von „Dresden Concept" wurde eine Technologieplattform geschaffen, die es internen und externen Akteuren erleichtern soll, passende Forschungspartner zu finden. Damit sollen die Möglichkeiten branchenübergreifender Technologieentwicklungen erweitert werden, um langfristig die Forschungskenntnisse und die industrielle Basis vor Ort in Dresden zu erweitern und die Abhängigkeit von der Mikroelektronik zu verringern. Im Jahr 2015 entschied die Fraunhofer-Gesellschaft, ein weiteres Fraunhofer-Institut in Dresden zu verankern. Insgesamt wurde somit der Ruf Dresdens als führender Industrie- und Forschungsstandort in Ostdeutschland ausgebaut.

Allerdings konzentrieren sich die industriellen Beschäftigungseffekte bislang noch weitgehend auf die Mikroelektronik. Zudem verdeutlichte eine Auswertung von Daten zur Herkunft und Fluktuation von Arbeitskräften in der Mikroelektronik Dresdens (auf der Ebene der funktionalen Arbeitsmarktregion), dass die Unternehmen ihren Arbeitskräftebedarf seit Beginn der Finanz- und Wirtschaftskrise zum weit überwiegenden Teil außerhalb der Region rekrutieren (Schneider 2015). Im Gegensatz zur Ausgangssituation in den 1990er Jahren erweist sich daher die Verfügbarkeit passender Fachkräfte nicht mehr als Standortvorteil Dresdens in der Mikroelektronikindustrie. In unseren Befragungen wurde auch von Unternehmen aus anderen Branchen auf zunehmende Schwierigkeiten der Verfügbarkeit von Fachkräften hingewiesen. Diese Wahrnehmung der Knappheit ist vor dem Hintergrund zu sehen, dass das sächsische Schulsystem regelmäßig in bundesdeutschen Vergleichsstudien unter allen Bundesländern sehr gut abschneidet und die akademische Ausbildung in Sachsen in besonderer Weise auf technische Disziplinen fokussiert. Beispielsweise wiesen im Jahr 2011 21,1 % der Absolventen sächsischer Hochschulen, die in diesem Jahr ihr Studium beendeten, einen Abschluss in Ingenieurswissenschaften auf im Vergleich zu 13,8 % im Bundesdurchschnitt. Inwieweit diese Absolventen jedoch tatsächlich Unternehmen in Sachsen zur Verfügung stehen werden, ist ungewiss. Eine Studie zur Standortwahl von Absolventen ostdeutscher Hochschulen im Jahr 2005 zeigte, dass 40 %

der Absolventen aus ingenieurswissenschaftlichen Fächern sich bereits ein Jahr nach dem Studienabschluss nicht mehr in Ostdeutschland befanden (Leczensky et al. 2010).[14] Als ein zentraler Ursachenkomplex für diese Knappheit der Fachkräfte in Ostdeutschland wurde das weiterhin vergleichsweise geringe Gehaltsniveau in ostdeutschen Industrieunternehmen im Vergleich zu Unternehmen in Westdeutschland, Österreich oder der Schweiz genannt. Einer Anpassung der Gehälter steht allerdings die Stagnation im Verhältnis der Produktivität zwischen ost- und westdeutschen Unternehmen gegenüber. In unseren Gesprächen wurde dieser Rückstand bei der Gehaltshöhe mit Barrieren für mittelständische ostdeutsche Unternehmen beim Aufstieg in den Zuliefersystemen multinationaler Großkunden begründet. Wir werden darauf in Kap. 3.4 zurückkommen, da diese Beobachtung noch bedeutsamer für Chemnitz und die Region Südwestsachsen ist.

Diese Entwicklungen trugen zu einer sinkenden direkten Bedeutung industrieller Branchen für die Beschäftigung in Sachsen und zu einer Stagnation des BIP in Dresden in den vergangenen zehn Jahren bei. Es wird abzuwarten sein, inwieweit die Verbeiterung der Forschungsbasis gelingt und durch Vernetzungen zwischen IT- und Maschinenbauindustrie, beispielsweise im Kontext des Schlagworts „Industrie 4.0", langfristig weitere positive Beschäftigungseffekte ausgelöst werden können. Als positives Zeichen ist in diesem Kontext die Ankündigung des neben Infineon führenden Leitinvestors der Mikroelektronik Globalfoundries zu bewerten, bis zum Jahr 2017 am Standort Dresden US$250 Mio. in die Entwicklung neuer besonders leistungsfähiger und daher für einen Einsatz im Kontext der „Industrie 4.0" geeigneter Chips (22-Nanometer-Fully Depleted Silicon on Insulator bzw. 22-FDX) zu investieren (MDR 2015).

Ein potentieller Engpass bei der Verknüpfung industrieller und digitaler Entwicklung – insbesondere im Zuge einer Zusammenarbeit mit Unternehmen im Umland Dresdens – stellt die Breitbandverfügbarkeit für Internettechnologien dar (vgl. zum folgenden TÜV Rheinland 2014). Hier zeigt sich allgemein eine schlechtere Versorgung ostdeutscher Standorte im Vergleich zu Westdeutschland, wobei die Versorgung in städtischen Regionen (70 % der Anschlüsse mit mehr als 50 Mbit/s) noch nicht deutlich unterhalb der Versorgung städtischer Regionen westdeutscher Bundesländer liegt. Einen deutlichen Rückstand gegenüber westdeutschen Bundesländern weisen jedoch halbstädtische und ländliche Regionen Sachsens auf, was das wirtschaftliche Gefälle zwischen den Stadtregionen Sachsens und den sonstigen Regionen zusätzlich vergrößert. Die sich hieraus ergebende räumliche Konzentration industrieller Investitionen in den Städten kann zwar zu kurzfristigen Erweiterungen der Wirtschaftsbasis in Dresden führen, mittelfristig aber die

---

[14] Aus einer Befragung von Studierenden im Jahr 2013 nach ihren Plänen nach dem Studium wurde deutlich, dass für Sachsen von einem negativen Saldo der erwarteten Zu- und Abwanderung von 23 % der Absolventen auszugehen ist, ein Wert, der geringer ist als für die anderen ostdeutschen Bundesländer außer Berlin, aber einen Abfluss von potentiellem Humankapital erwarten lässt (Studitemps und Maastricht University 2013).

Verfügbarkeit geeigneter unternehmerischer Kooperationspartner in umliegenden Kreisen begrenzen.[15]

Parallel zu den Entwicklungen in den Leuchtturmindustrien kam es zu dynamischen Prozessen in Dienstleistungsbranchen. Aufgrund des Fehlens präziserer Daten zur Differenzierung des Wachstums im Dienstleistungssektor kann nur gemutmaßt werden, inwieweit die Leuchtturmindustrien wie im Fall Stuttgart einen entscheidenden Einfluss auf das Wachstum im Dienstleistungssektor ausübten. Das vergleichsweise schwache BIP- und Lohnsummenwachstum[16] legt allerdings nahe, dass es sich beim Wachstum in den Dienstleistungsbranchen nur zu einem geringeren Anteil um wertschöpfungsintensive unternehmensnahe Beratungs- und Forschungsleistungen im Umfeld der dominanten Industrien handelt. Das Wachstum im Dienstleistungssektor ist hingegen teilweise mit einer Re-Urbanisierung verbunden, die in Sachsen bis zum Jahr 2012 ausschließlich Dresden und Leipzig betraf. Treiber der Re-Urbanisierung ist seit einem Jahrzehnt ein starkes Bevölkerungswachstum durch Zuwanderungen vornehmlich jüngerer Personen. Bundesweit wurde dieses Phänomen unter dem Begriff „Schwarmstädte" populär (Braun 2014). Die Besonderheit der „Schwarmstädte" besteht darin, dass nicht – wie in konventionellen Urbanisierungsprozessen – die besseren Beschäftigungsmöglichkeiten und erwarteten höheren Einkommen das vornehmliche Motiv zur Zuwanderung darstellen, sondern eine erwartete Attraktivität durch „Event-Kulturen", Vereinbarungen in sozialen Netzwerken im Internet und selbst-verstärkende Prozesse wachsender Attraktivität durch räumliche und kognitive Nähe zwischen Akteuren mit Interessen an kreativen Austauschvorgängen, Spaß und Unterhaltung. „Schwarmstädte" sind daher nicht typischerweise die Metropolen und Oberzentren mit attraktiven Arbeitsmärkten in Deutschland, sondern in der Regel mittelgroße Universitätsstädte mit einem vergleichsweise „jungen" Image. Im Unterschied zu westdeutschen „Schwarmstädten", die sich aus einem geographisch relativ breiten Zuzugsraum speisen, konzentriert sich der Zuzug in Dresden stärker auf nicht-urbane Regionen in Ostdeutschland. Neben der Zuwanderung ist in Dresden aber auch das natürliche Bevölkerungswachstum durch Überschüsse der Geburten über Sterbefälle im vergangenen Jahrzehnt signifikant angestiegen.[17]

Das Bevölkerungswachstum bietet ein vergrößertes Reservoir an jungen Arbeitskräften in Dienstleistungssektoren, die relativ geringe Gehaltserwartungen gebildet haben und bei Möglichkeiten zum Einstieg in die Kreativwirtschaft die damit verbundene Hoffnung auf

---

[15] Die Sorge einer „Landflucht" der Betriebe aufgrund der schlechteren Versorgung mit Internet-Zugängen wurde insbesondere bei unserem Praktiker-Workshop geäußert.

[16] Die Bruttolöhne und -gehälter im produzierenden Gewerbe Dresdens stiegen in den Jahren 2010 und 2011 um 5,7 und 5,4 %, nachdem sie zuvor im Jahr 2009 um 12,5 % sanken, während sie insgesamt über alle Sektoren in den Jahren 2010 und 2011 lediglich um 3,6 und 3,8 % stiegen (VGRdL 2013). Dies legt nahe, dass im Dienstleistungssektor Dresdens weder bei der BWS (siehe Entwicklung des BIP Dresdens in Abb. 3.4) noch bei den Gehältern ein starkes Wachstum stattfand.

[17] Seit dem Jahr 2009 weist die Stadt Dresden in Pressemitteilungen auf ihren Status als „Geburtenhauptstadt" hin, da Dresden unter allen Großstädten die höchste Kennzahl der Lebendgeburten pro 10.000 Einwohner pro Jahr ausweist (Stadt Dresden 2013).

Selbstverwirklichung als Kompensation für geringe Einkommen und lange Arbeitszeiten einsetzen. Wir werden später in der Fallstudie zu Leipzig ausführlicher darauf zurückkommen. Zudem trägt das Bevölkerungswachstum zu einem wachsenden Absatzmarkt für vielfältige private Dienstleistungen in Kultur, sozialer Betreuung, Wohnungsversorgung oder Gastronomie bei. Folgerichtig wächst die Zahl der Erwerbstätigen in Dresden schneller als das Bruttoinlandsprodukt. Außerdem stieg der Anteil Dresdens an den Arbeitnehmereinkommen sowie Bruttolöhnen und Gehältern im Land zwischen den Jahren 2000 und 2006 deutlich an, seit Beginn der Finanz- und Wirtschaftskrise bis zum Jahr 2012 stagnierte er bzw. war leicht rückläufig (VGRdL 2013). Im Jahr 2012 war Dresden unter unseren Fallstudienregionen der Standort mit dem höchsten Anteil an „Aufstockern" (Erwerbstätigen mit Empfang von Arbeitslosengeld II zur Sicherung des Lebensunterhalts) unter den Empfängern von Arbeitslosengeld II (INKAR 2015).[18] Dies verdeutlicht einen Übergang der Wirtschaftsstruktur in Dresden, der den bis 2005/2006 andauernden Trend zu einer Re-Industrialisierung zumindest vorläufig unterbrach.

Zugleich löste das Bevölkerungswachstum einen Preisanstieg im Bereich des Wohneigentums aus. So kam eine Studie zum Verhältnis von Preisen für gebrauchte Eigenheime und dem mittleren Haushaltseinkommen zu dem Ergebnis, dass die Relation im Jahr 2013 mit 145 % des mittleren Haushaltseinkommens in Dresden am höchsten in Ostdeutschland war (LBS 2013). Zugleich führte der Verkauf der Wohnungen im Besitz der kommunalen Wohnungsbaugesellschaft zu Einschränkungen bei der Steuerung des lokalen Wohnungsmarktes, da gezielte zusätzliche Angebote für Geringverdiener oder Randgruppen nur begrenzt geschaffen werden konnten. Daher kam es auch im Jahr 2015 zu Plänen, erneut eine kommunale Wohnungsbaugesellschaft zu gründen (Gericke 2015), um zusätzliche Wohnungen anzubieten. Wir werden in Kap. 3.2 die entstehende Knappheit im Bereich des Wohnraums in Städten mit Bevölkerungswachstum und Diskussionen über Möglichkeiten der Städte, diese Knappheit zu verringern, ausführlicher betrachten.

Wie in den Jahren zuvor, werden die finanziellen Akzente im Bereich der Wirtschaftsförderung vornehmlich aus EU-Strukturfonds mit jeweiligem Landes- und Bundesanteil sowie Bundes- und Landesprogrammen gesetzt. Hierbei führt die Einstufung der NUTS-2-Region Dresden als einer „Übergangsregion" ab der Strukturfondsperiode 2014–2020 zu engeren Finanzierungsgrenzen. Dies betrifft insbesondere auch die Investitionsförderung, die für kapitalintensive Großprojekte der Mikroelektronikindustrie von besonderer Bedeutung ist (vgl. zur Diskussion im internationalen Kontext Grundig et al. 2008). Schwerpunkte der Förderungen werden daher zukünftig eher im Bereich der Forschung und Infrastruktur für Industrien angesiedelt sein, während die Potentiale für zusätzliche externe Großinvestoren im Bereich der Produktion durch die gesunkenen Förderanteile eingeschränkt wurden. Auffällig an der Wirtschaftsförderung ist der relativ geringe Anteil an grenzüberschreitenden Programmen mit Partnern aus Polen oder Tschechien. Hierbei spielen die sehr unterschiedlichen Wirtschaftsstrukturen in den Grenzregionen wie auch

---

[18] Der Anteil in Dresden lag bei 36,8 %. Der geringste Wert unter unseren Fallstudienregionen war für Gelsenkirchen zu finden (20,5 %).

sprachliche Barrieren eine entscheidende Rolle. Internationale Verbindungen der Wirtschaftsförderung werden häufiger in Richtung westlicher Partner, insbesondere auch mit Schwerpunkten in der Mikro- und Nanoelektronik, gesucht, ohne dass jedoch bereits konkrete Umsetzungserfahrungen vorliegen.

Stärker noch als im Fall Stuttgart stellt sich für Dresden insgesamt die Herausforderung einer Verbreiterung der industriellen Basis, um auch bei zukünftigen exogenen Schocks, insbesondere verbunden mit Nachfrageeinbrüchen in der Mikroelektronik, über Anpassungsmöglichkeiten zu verfügen. Der Ausbau der Forschungsinfrastruktur ist weit fortgeschritten. Aufgrund der fehlenden Unternehmenszentralen am Standort ist jedoch die Verbindlichkeit des Engagements multinationaler Unternehmen in Clustern in Dresden deutlich geringer als in Stuttgart. Demgegenüber nehmen Forschungseinrichtungen häufiger eine zentrale Rolle als regionaler Netzwerkpartner ein. Es wird sich in der nahen Zukunft zeigen, ob die hieraus entstehenden Ausgründungen und Verknüpfungen auch mit regionalen mittelständischen Unternehmen bereits ausreichend robust für weitere strukturelle Belastungstests sein werden. Die langjährige Tradition in der Bewältigung externer Schocks und der Pragmatismus und Findungsreichtum bieten jedoch gute zusätzliche Voraussetzungen.

3.1.4 Lektionen aus den Erfahrungen der Regionen mit Leuchtturmindustrien lernen

Zum Abschluss des Überblicks zu den zwei Fallstudien fassen wir die besonderen Stärken, Schwächen, Chancen und Risiken der beobachteten Instrumente und Maßnahmen im Hinblick auf regionale wirtschaftliche Resilienz innerhalb einer Tabelle zusammen (Tab. 3.3).

Insgesamt wird deutlich, dass die erfolgreiche Ansiedlung und Entwicklung von Leuchtturmindustrien „Last" und „Stütze" zugleich für die Resilienz von Regionen sein kann. Sie erhöhen die Anfälligkeit für wirtschaftliche Schocks und Abhängigkeit von den dominanten Industrien. Ihr Erfolg kann zu Pfadabhängigkeiten bei der strukturellen Entwicklung führen, aus denen sich die Regionen nur mühsam befreien können. Zugleich erhöhen die Leuchtturmindustrien jedoch die wirtschaftliche Leistungskraft und schaffen Potentiale zur schnellen Anpassung an strukturelle Veränderungen, die jedoch in Krisensituationen auch mobilisiert werden müssen. In beiden Fallstudienregionen entstanden sehr vielfältige Strukturen der Zusammenarbeit, wenn auch angesichts der unterschiedlichen Ausgangsbedingungen mit unterschiedlichen Schwerpunktakteuren und Schwerpunktthemen. Diese Kollaborationsstrukturen bilden den Schlüssel zur Resilienz in Krisensituationen durch die Öffnung der Entwicklungspfade im Sinne einer „Pfadplastizität", setzen aber auch voraus, dass die Strukturen offen genug für Veränderungen bleiben. Zivilgesellschaftliche Konflikte, wenn auch mit unterschiedlichem thematischen Bezug und Verlauf, deuten an beiden Standorten darauf hin, dass es bei den Kollaborationsstrukturen bislang noch nicht ausreichend gelang, eine umfassende Integration zu verwirklichen und Ängste vor Einbußen zu verhindern.

Tab. 3.3 Zusammenfassung der Ergebnisse zu den Fallstudien mit Leuchtturmindustrien

Stärken und Voraussetzungen	Schwächen und Grenzen
Stuttgart	*Stuttgart*
Investitionen in das Innovationssystem	Fortbestehen einer hohen Anfälligkeit (Verletzlichkeit) durch die Export- und Konjunkturabhängigkeit der Wirtschaftsstruktur
Einsatz von Innovationsgutscheinen zur besseren Einbindung kleiner und mittelständischer Unternehmen	Grenzen der Dynamisierung durch Neugründungen und Spin-offs
Nutzung einer gemeinsamen Strukturberichterstattung zur Schaffung einer gemeinsamen Basis	Unterschiede in den Innovationsprozessen zwischen Großunternehmen und KMUs
Vielfältige Formen der Zusammenarbeit zwischen allen Partnern in der gesamten Region	Ausbau der Beschäftigung in den Dienstleistungsbranchen ⇒ bisherige Stagnation bzw. leichter Rückgang der Beschäftigung verglichen mit Anfang der 1990er Jahre
Verbindlichkeit des Engagements der Großunternehmen am Standort	Sicherung der Fachkräfteverfügbarkeit
Verbindungen in andere Länder und Regionen durch Großunternehmen, Zulieferer und Forschungseinrichtungen	
Relativ erfolgreiche Integrationspolitik	
Dresden	*Dresden*
Ausbau der Forschungsinfrastruktur	Fortbestehen der Anfälligkeit (Verletzlichkeit) durch die konjunkturabhängige Mikroelektronik
Schaffung einer Technologieplattform	Fortbestehen der hohen Abhängigkeit von standortexternen Unternehmenszentralen der Mikroelektronik
TU und Fraunhofer-Institute als Nuclei für Gründungen und Innovationen	Stagnation in der Entwicklung des BIP
Tradition als Industriestandort und Unternehmensbestand mit Krisenerfahrungen	Abhängigkeit von öffentlicher Investitionsförderung aufgrund der besonders hohen Kapitalintensität
Clusterstrukturen mit zentralen (auch international vernetzten) Akteuren	
Ausbau des Tourismusstandorts	
Chancen und Potentiale	**Risiken und Gefahren**
Stuttgart	*Stuttgart*
Schaffung und Ausbau von Technologieplattformen	Zu geringe Veränderungsbereitschaft in der Region
Übergänge in neue Absatzmärkte, beispielsweise auf der Basis von Umwelttechnologien oder im Bereich der E-Mobilität	Beschäftigungseffekte neuer Technologien
Zusätzlicher Industrialisierungsschub durch Einbau cyber-physischer Systeme	Flächenengpässe und zunehmende Konflikte in der Zivilgesellschaft

Tab. 3.3 (Fortsetzung)

Chancen und Potentiale	Risiken und Gefahren
Erhöhung der Lebensqualität aufgrund relativ hoher privater Kaufkraft und relativ hoher Steuerbasis	Demografische Veränderungen und begrenzte Attraktivität für Zuwanderer
Fortentwicklung neuer Beschäftigungsformen auf der Basis der Kollaborationsstrukturen	
Dresden	*Dresden*
Übergänge zu neuen Schwerpunkten bei Technologien und Absatzmärkten	Abwanderung von Fachkräften aufgrund besserer Einkommenserwartungen in anderen Regionen
Verknüpfung der Übergänge mit strukturellen Veränderungen durch „smart mobility", „smart energy grids", „smart manufacturing"	Begrenztes Unternehmenswachstum der lokalen (regionalen) Unternehmen
Bevölkerungswachstum mit Schwerpunkten in jüngeren Altersgruppen	Wachsende Diskrepanz zwischen international ausgerichteten Industrien mit Bedarf an spezialisierten Fachkräften und Expertise aus aller Welt und lokaler Bevölkerung, die von mehrfachen Transformationen und politischen Veränderungen überfordert wurde
Wachstum der lokalen Dienstleistungsmärkte	Wegfall bzw. Verringerung der Förderung aus EU-Strukturfonds und Solidarpakten

3.2 Dienstleistungen und buntes Nebeneinander als Krisenprävention? – Erfahrungen in Freiburg und Leipzig

3.2.1 Ausgangsüberlegungen

Oberzentren mit einem großen privaten Dienstleistungsangebot verfügen über mehrere Faktoren, die die regionale wirtschaftliche Resilienz begünstigen. Dienstleistungsmärkte sind in der Regel weniger konjunkturanfällig, da sie teilweise Grundbedürfnisse abdecken, deren Nachfrage auch in wirtschaftlichen Krisen nur schwächer und verzögert verringert wird. Dies liegt auch an dem relativ hohen Anteil an Finanzierung der Nachfrage aus öffentlichen Haushalten, die in wirtschaftlichen Krisenzeiten eher ausgleichend eingesetzt werden. Zudem werden ihre Produkte in der Regel nicht exportiert, was die Anfälligkeit für konjunkturelle Schocks aus dem Ausland begrenzt (vgl. zur Diskussion der Resilienz von Dienstleistungssektoren beispielsweise Borchert und Mattoo 2010). Das große private Dienstleistungsangebot führt in der Regel auch zu einer größeren Branchenvielfalt als in anderen Regionen und zu geringeren Verbindungen zwischen den Branchen, was die Gefahr von Ansteckungseffekten zwischen den Branchen verringert (vgl. zur Bedeutung unverbundener Vielfalt Boschma 2014). Schließlich üben Oberzentren für ihre umliegenden Regionen eine wesentliche Funktion in der Versorgung notwendiger Infrastrukturleistungen im Bereich Bildung, Gesundheit, Handel, Kultur und öffentlicher Verwaltung aus (ARL 2013). Diese Funktionen werden in der Regel weniger von konjunkturellen Erwägungen als von politischen Entscheidungen beeinflusst. Daher ist bei diesen Städten eher von politischen als von konjunkturellen Schocks als Krisenauslösern auszugehen.

Unsere zwei Fallstudien in diesem Kapitel stehen stellvertretend für Dienstleistungs-zentren, die über ein sehr diversifiziertes lokales Angebot und ein spezifisches Standort-image verfügen, das in den vergangenen zwei Jahrzehnten geformt wurde. *Freiburg im Breisgau*, im Südwesten der Bundesrepublik und Baden-Württembergs gelegen, hat seine geografische Randlage im Grenzgebiet zur Schweiz und zu Frankreich zugleich als Chan-ce für eigene Schwerpunktsetzungen verstanden. Als „Öko-Hauptstadt" werden die Um-weltqualität und das Angebot an Forschungs- und Dienstleistungen mit Bezug zu Themen-stellungen des Klima- und Umweltschutzes als Kernaspekte des Standortimages verstan-den. Die geografische Randlage in Deutschland korrespondiert zudem mit einer zentralen Lage in Europa entlang eines wirtschaftlich dominanten Korridors („Blaue Banane") für die Entwicklung der Europäischen Union.[19] Die Bevölkerungszahl ist in den vergangenen zwei Jahrzehnten stark angewachsen, und auch die wirtschaftliche Leistungskraft ist in diesem Zeitraum relativ zu anderen Regionen Baden-Württembergs stärker gewachsen als zuvor.

Leipzig, innerhalb des Freistaates Sachsen in einer nordwestlichen Randlage im Grenz-gebiet zu Sachsen-Anhalt und zugleich in Deutschland und Europa mit einer zentralen geografischen Lage am Schnittpunkt von Ost-West und Nord-Süd-Achsen (Pasch 1983), hat eine lange Tradition als Musik-, Messe- und Verlagsstadt und zählte bis zum zwei-ten Weltkrieg zu den deutschen Wirtschaftsmetropolen mit einem vergleichsweise hohen Anteil an wohlhabenden Bürgern (Hocquél 1983; Baumgärtel et al. 2010). In der End-phase der DDR wurde Leipzig als Ort der „friedlichen Revolution" mit seinen Montags-Demonstrationen bekannt. Nach der deutschen Vereinigung wollte die kommunale Wirt-schaftsförderung an den Traditionen der Dienstleistungen anknüpfen und hierbei auch das Image als Ort der „friedlichen Revolution" nutzen. Heute ist Leipzig ein Ort des Neben-einanders von wachsenden privaten Investitionen in den Automobil- und Logistiksektor, einer sehr prominenten Positionierung als „Hypezig" und dem „neuen Berlin" in Medien und Kreativsektoren und der „Armutshauptstadt" mit einem relativ hohen Anteil an Be-wohnern, die bezogen auf den gesamtdeutschen Median als „arm" gelten.

Wir werden uns im folgenden die Erfahrungen in den beiden Standorten vor, während und nach der Finanz- und Wirtschaftskrise anschauen und beginnen mit Freiburg.

---

[19] Die Lage entlang der „blauen Banane" wurde in den Gesprächen am Standort mehrfach betont. Das Bild der „blauen Banane" als Band wirtschaftlich erfolgreicher Agglomerationsregionen, ver-bunden durch vielfältige Handelswege, geht auf eine Studie der französischen Forschungsgruppe RECLUS (1989) zurück.

3.2.2   Freiburg im Breisgau: Spurlose Finanz- und Wirtschaftskrise?

Die Abb. 3.7 und 3.8 bieten einen Überblick zu den Entwicklungen im Bereich der Erwerbstätigkeit und des BIP zu Marktpreisen in Freiburg im Zeitraum zwischen 1992 und
2012.

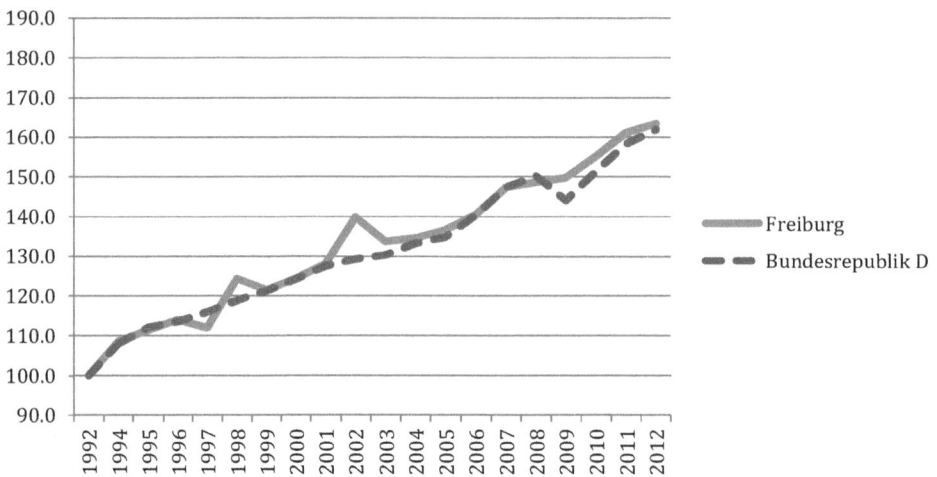

Abb. 3.7 BIP zu Marktpreisen in Freiburg im Breisgau und im Bundesdurchschnitt, 1992 = 100.
(Quelle: VGRdL (2015))

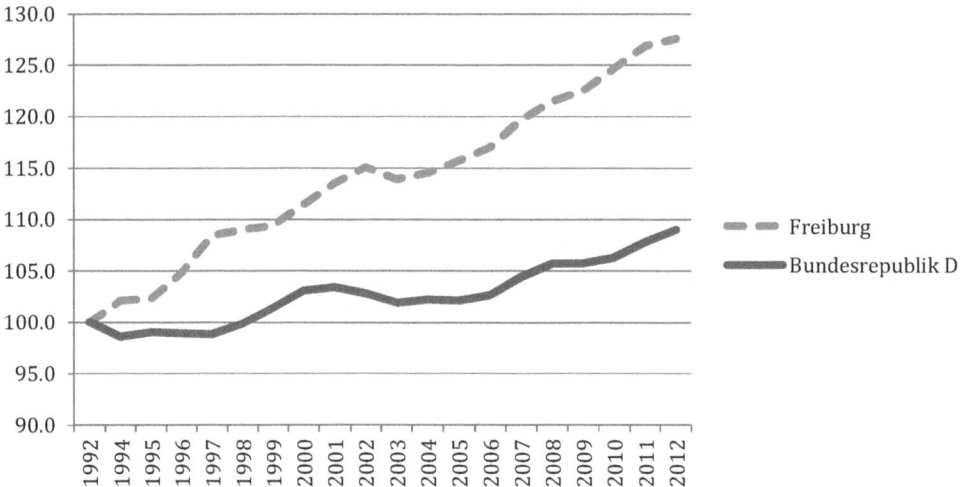

Abb. 3.8 Zahl der Erwerbstätigen in Freiburg im Breisgau und im Bundesdurchschnitt, 1992 = 100.
(Quelle: VGRdL (2015))

Die Finanz- und Wirtschaftskrise 2008/2009 hinterließ nahezu keine Spuren an den Trends für diese beiden typischen Indikatoren der quantitativen Messung regionaler wirtschaftlicher Resilienz. Das Wachstum der Erwerbstätigenzahl wie auch des BIP schwächte sich in den beiden Krisenjahren in Freiburg etwas ab. Es kam jedoch zu keinem Rückgang. Diese leichte Schwächung des Wachstums war ein viel geringfügiger Effekt als beispielsweise der Rückgang von BIP und Erwerbstätigenzahl im Jahr 2003, als es auch auf Bundesebene gemessen am realen BIP eine Rezession gab. Durch die Stabilität des BIP in den Krisenjahren wuchs das BIP der lokalen Volkswirtschaft in Freiburg insgesamt im Untersuchungszeitraum etwas stärker als der Bundesdurchschnitt. Deutlich stärker war jedoch das Wachstum der Erwerbstätigenzahl in Freiburg im Vergleich zum Bundesdurchschnitt, wobei es auch hier in Freiburg im Jahr 2003 den stärksten Rückgang zu verzeichnen gab. Als eine Ursache für die sehr geringen Folgen der Finanz- und Wirtschaftskrise ist die Wirtschaftsstruktur auszumachen. Zwar kam es in den Jahren 2008 und 2009 zu einem Rückgang der Umsätze und Beschäftigung im verarbeitenden Gewerbe. Ebenso sank auch der Auslandsumsatz des verarbeitenden Gewerbes in Freiburg (Statistisches Landesamt Baden-Württemberg 2015). Der Anteil dieser Branchen an der lokalen Wertschöpfung in Freiburg ist jedoch vergleichsweise gering, und die Dienstleistungsbranchen wuchsen weiter. Bemerkenswert an der Entwicklung der Umsätze im verarbeitenden Gewerbe ist zudem, dass der Auslandsumsatz zwar in der Krise einmalig für das Jahr 2009 sank, dieser Rückgang jedoch im Vergleich zu den Gesamtumsätzen im verarbeitenden Gewerbe unterproportional verblieb. Im Gegensatz zu den Stadtregionen mit hohem Industrieanteil betraf somit der negative Effekt nicht vornehmlich die exportstarken Unternehmen. Der Anteil der Auslandsumsätze an den Gesamtumsätzen der verarbeitenden Industrie in Freiburg stieg insgesamt zwischen den Jahren 2008 und 2012 von 46,7 % auf 58,8 % (Statistisches Landesamt Baden-Württemberg 2015).

Die Phase der Finanz- und Wirtschaftskrise war für Freiburg in einen Zeitraum zwischen 1992 und 2012 integriert, der durch ein starkes Beschäftigungswachstum (mit insgesamt 27,6 % das stärkste Wachstum unter den Fallstudien) und ein für westdeutsche Verhältnisse starkes Wachstum des BIP geprägt war. Die folgende Tabelle führt einige Ereignisse und Maßnahmen in Freiburg auf, die diesen Zeitraum charakterisieren und auf den folgenden Abschnitt einstimmen, in dem wir auf Anpassungsprozesse in Freiburg eingehen (Tab. 3.4).

Anpassungs- und Entwicklungspfade in Freiburg
Drei Entwicklungsprozesse kennzeichnen den wirtschaftlichen und gesellschaftlichen Übergang in Freiburg:

- Stadtentwicklung mit neuen Formen der Bürgerbeteiligung und umweltfreundlichen Siedlungsformen
- Clusterprozesse in Wirtschaft und Forschung im Bereich Umwelt, Gesundheit und Mikrosystemtechnik
- Intensivierung der Zusammenarbeit in der unmittelbaren und grenzüberschreitenden Region

Tab. 3.4 Zeitleiste für die Entwicklung in Freiburg im Breisgau

1981
Gründung des *Fraunhofer-Instituts für Solare Energiesysteme (ISE)*

1986
Landesgartenschau und Errichtung einer Ökostation

1990
Gründung der *Freiburg Wirtschaft und Touristik (FWT)* aus der Gesellschaft für Kultur, Tagungen und Ausstellungen ⇒ Eingliederung der städtischen Wirtschaftsförderung und des Technologiezentrums

1992
Städtebaulicher Wettbewerb Rieselfeld
Errichtung des ersten energieautarken Hauses in Deutschland

1993
Beginn des städtebaulichen Wettbewerbs Vauban

1994
Gründung der *Wirtschaftsförderung Region Freiburg (WRF)*
Erweiterte Bürgerbeteiligung im Rahmen des *Forums Vauban e. V.*
Baubeginn in Rieselfeld
Gründung des *Autonomen Zentrums KTS (Kulturtreff in Selbstverwaltung)*

1996
Gründung der *Solar AG*
Übernahme der PPP Hellige GmbH durch Marquette Medical Systems
Eröffnung des Konzerthauses Freiburg

1997
Gründung des *Bio Valley e. V.*
Übernahme des Halbleiter-Unternehmens Intermetall durch Micronas

1998
Gründung des BioTechParks Freiburg
Baubeginn in Vauban
Übernahme der Marquette Hellige GmbH durch General Electric ⇒ Integration in General Electric Medical Systems

2000
Einweihung des neuen Messe-Geländes
Eingliederung der Gödecke AG in die Pfizer-Gruppe Deutschland

2001
Neubau für das Fraunhofer ISE
Übernahme der LITEF durch Northrop Grumman
Fusion der regionalen Energieversorger zur *Badenova*

2002
Wahl von Dieter Salomon zum Oberbürgermeister (erster OB einer Großstadt aus der Partei Bündnis 90/Die Grünen)

2004
Eröffnung des Uniseums
Abwicklung des Forums Vauban e. V.
Scheitern des Projekts Drei5Viertel

2005
Fusion der FWT und der lokalen Messegesellschaft zur *FWTM*
Gründung des *Fachverbandes Mikrosystemtechnik Baden-Württemberg MST BW*

Tab. 3.4 (Fortsetzung)

2006
Einrichtung eines Nachhaltigkeitsrats
Einrichtung eines *Photovoltaik-Technologie-Evaluationscenters (PV-TEC)* am Fraunhofer ISE
Gründung des Instituts für Mikrosystemtechnik (IMTEK) an der Universität Freiburg
2007
Umzug der Messe „Intersolar" nach München
Auszeichnung der Albert-Ludwigs-Universität als „Exzellenz-Hochschule" durch den Wissenschaftsrat und die Deutsche Forschungsgemeinschaft
Erweiterung des Max-Planck-Instituts für Immunbiologie um eine Forschungsgruppe zur Epigenetik
2008
Ausweis von Vauban als eigenen Stadtteil von Freiburg (zuvor zugehörig zu Freiburg-St. Georgen-Süd)
2009
Gründung des „*Green City Clusters*"
Präsentation der Region als „*Upper Rhine Valley*"
2010
Gründung der „*Trinationalen Metropolregion Oberrhein*"
Vereinigung der drei Produktionsstandorte der Solar AG in Freiburg-Hochdorf
Förderung des Clusters „*MicroTEC Südwest*" als Spitzencluster im Rahmen der High-Tech-Strategie der Bundesregierung
Präsentation der „*Green City Freiburg*" auf der EXPO in Shanghai
2011
Gründung der Auslandsmesse „Intersolar" in China
2012
Gründung der „*HealthRegion Freiburg*"
Beendigung des Status einer „Exzellenz-Hochschule" für die Albert-Ludwigs-Universität

Bereits vor 1980 wurden Freiburg und die umgebende Region mit einer aktiven Zivilgesellschaft und einem starken Interesse an Umweltbelangen in Verbindung gebracht. Typische Beispiele waren der deutschlandweit erste und erfolgreiche Widerstand gegen ein Atomkraftwerk am Kaiserstuhl in den 1970er Jahren und die Gründung des Öko-Instituts im Jahr 1977. Für die weitere Entwicklung der Expertise in Freiburg zu Fragestellungen urbanen Umweltschutzes und der „Energiewende" hin zur verstärkten Nutzung erneuerbarer Energien erwies sich die Ansiedlung des Fraunhofer-Instituts für solare Energiesysteme (ISE) im Jahr 1981 als wichtige Weichenstellung. In den Folgejahren entwickelte sich das Institut zur größten europäischen Forschungseinrichtung (2014: 1277 Mitarbeiter) im Bereich der Solarforschung mit Forschungsschwerpunkten bei der Entwicklung von Solarzellen, Gebäudetechnik, Photovoltaik, Solarthermie und Wasserstoffforschung (Fraunhofer ISE 2015). Die Nähe zu dieser Forschungseinrichtung veranlasste Unternehmen der Photovoltaik-Industrie wie die Solar AG oder spezialisierte Dienstleistungsunternehmen zu Standortentscheidungen in Freiburg. Mit der Landesgartenschau im Jahr 1986 wurde eine erste Ökostation errichtet, die im weiteren Verlauf als Bildungszentrum vielfache Auszeichnungen der UNESCO erhielt.

Eine große Chance zur Verwirklichung von Umweltschutzzielen in der Stadtentwicklung ergab sich zu Beginn der 1990er Jahre mit der Freigabe der ehemaligen Rieselfelder
im Westen Freiburgs zur Bebauung und dem Abzug der französischen Militärtruppen aus
der Vauban-Kaserne im Süden Freiburgs. Die Rieselfelder dienten zwischen 1891 und
1985 der Verrieselung zumeist unbehandelter Abwassermengen. Nach einer Aufbereitung
der Böden erfolgte im Jahr 1992 ein städtebaulicher Wettbewerb zur Gestaltung des neuen
Stadtteils. Die Besonderheiten der Planung lagen insbesondere im Fokus auf die Ansiedlung jüngerer Familien, unter anderem durch eine entsprechende Schulplanung, und auf
die räumliche Verknüpfung von Wohnen und Arbeit für die Bewohner, die zu einem weit
überwiegenden Teil aus Freiburg und Umgebung stammten und ihre Arbeitsplätze insbesondere in den Bereichen Bildung, Gesundheit und sonstige Dienstleistungen in unmittelbarer Nähe zum Wohnort haben sollten (Planungsgemeinschaft Rieselfeld 1997). Diese
räumliche Nähe sollte zugleich die Umweltbelastungen aus dem Verkehr begrenzen.[20] Die
Planung wurde so flexibel angelegt, dass kontinuierliche Lernprozesse verarbeitet werden
konnten (Siegl und Kaiser 1997). Durch eine Begrenzung der verfügbaren Wohneinheiten
für einzelne Investoren sollte die Heterogenität in der Baustruktur gewährleistet werden.
Alle Wohneinheiten entsprechen den Standards für Niedrigenergie-Häuser. Überwiegend
erfolgt die Energieversorgung aus regenerativen Energiequellen. Der neue Stadtteil grenzt
unmittelbar an ein neu geschaffenes Naturschutzgebiet, das aus den verbleibenden Flächen der Rieselfelder gebildet wurde.

In noch stärkerem Ausmaß als beim Stadtteil Rieselfeld wurden Ansätze der Bürgerbeteiligung sowie die Beachtung von Umweltschutz- und Integrationsaspekten bei der
Planung und Entwicklung des neuen Stadtteils Vauban berücksichtigt. Im Rahmen einer
erweiterten Bürgerbeteiligung erfolgte eine Mitwirkung des eigens gegründeten Vereins
Forum Vauban e. V. Schwerpunkte dieses Projekts eines „Öko-Stadtteils" waren ein nachhaltiges Verkehrskonzept, die Begrenzung des Energieverbrauchs, innovative Elemente
bei der Stadtentwässerung sowie die Verringerung des Flächenverbrauchs durch eine hohe
Verdichtung. Aufmerksamkeit erhielt insbesondere das Verkehrskonzept, das beispielsweise alternativ auto- oder stellplatzfreies Wohnen, ausschließlich verkehrsberuhigte
Zonen, hohe Kosten für Stellplatz- und Parkhausnutzung und enge Vorgaben zum Ab-
stellen von Fahrzeugen vorsieht.[21] Insgesamt liegt die private Pkw-Nutzung in Freiburg
deutlich unter dem baden-württembergischen und bundesdeutschen Durchschnitt. Die
Häuser entsprechen alle dem Niedrigenergie-Standard und werden durch ein Nahwärme-
system mit Energie von einem Hackschnitzel-Blockheizkraftwerk versorgt. In der so genannten „Solarsiedlung" mit ca. 100 Wohneinheiten werden Energieüberschüsse erzielt.

---

[20] Bereits bei diesem Erweiterungsprojekt wurde ein Ansatz zum „autofreien Wohnen" verfolgt
(Planungsgemeinschaft Rieselfeld 1997), der allerdings im Vergleich zum späteren Projekt in Vauban weniger im Zentrum stand.

[21] So kostet ein Stellplatz im Parkhaus am Rand des Stadtteils 18.000 € im Jahr. Allerdings bleibt
umstritten, inwieweit das Konzept tatsächlich umgesetzt werden konnte (vgl. auch RWTH Aachen
2013, zu ersten Erfahrungen).

Zahlreiche Wohneinheiten wurden von Kooperativen und Baugruppen mit einem hohen Anteil an Eigenleistungen errichtet. Während in der Planungsphase zahlreiche autonome Gruppen und Projekte beispielsweise durch Hausbesetzungen auf ihre Anliegen aufmerksam machten, blieb schließlich nur die selbstverwaltete unabhängige Siedlungsinitiative S.U.S.I. in Vauban übrig. Diese Initiative wurde zur Verhinderung eines Abrisses von Kasernengebäuden gegründet und bietet nach einer Umnutzung der Gebäude 260 Bewohnern Wohnraum, zumeist als Studierenden- oder Sozialwohnungen. Das Forum Vauban wurde nach einem Rechtsstreit über die Rückzahlung von EU-Fördermitteln abgewickelt. Ein weiteres integratives Projekt („Drei5Viertel"), das drei von fünf ehemaligen Kasernengebäuden erhalten und für preiswerten Wohnraum umbauen wollte, scheiterte an der Finanzierung. Der Stadtteil Vauban wurde im Jahr 2009 als „urban best practise" auf der Expo in Shanghai vorgestellt. Die öffentliche Aufmerksamkeit für die Rolle des Umweltschutzes in Freiburg wurde auch durch Presseartikel im europäischen Ausland unterstrichen (beispielsweise Purvis 2008, mit durchaus kritischen Anmerkungen).

Die Verfahren der Bürgerbeteiligung wurden in den vergangenen drei Jahrzehnten in Freiburg ausgebaut. Die Bürgerbeteiligung betrifft nicht nur einzelne städtebauliche Projekte oder Planungen, sondern auch längerfristige Entwicklungsentscheidungen im Bereich der Finanzen, Flächennutzung oder Verkehr. So fand zwischen 2002 und 2005 ein Prozess der erweiterten Bürgerbeteiligung bei der Entwicklung des Flächennutzungsplans 2020 mit allgemeinen Veranstaltungen zur Information der Bürger, aber auch interaktiven Dialogen in dezentralen Arbeitsgruppen mit ehrenamtlichen Bürgern statt (Stadt Freiburg im Breisgau 2005). Daneben kam es zwischen 1988 und 2015 zu fünf Bürgerentscheiden. In der Stadtverwaltung wurde eine „Koordinierungsstelle Bürgerschaftliches Engagement" geschaffen, die auch zur Würdigung, Bündelung und Initiierung zivilgesellschaftlichen Engagements beitragen soll.

Rieselfeld und Vauban haben heute jeweils mehr als 5000 Bewohner, wobei jeweils ein Drittel der Bewohner Kinder sind. Die Grundstückspreise sind stark gestiegen, und ein Großteil der ursprünglichen Zielsetzungen wurde erfüllt. In Vauban zeigten sich jedoch auch die Grenzen der sozialen Heterogenität und wohnraumnahen Arbeitsplatzgestaltung. Es wird ein dominanter Anteil an Akademikern und einkommensstarken Bewohnern beobachtet, und der Anteil an Gewerbeflächen lag unter den Erwartungen (RWTH Aachen 2013). Die Fokussierung auf Umweltbelange, Bürgerbeteiligung und Wohnqualität erhöhte noch zusätzlich die Attraktivität der Stadt für Zuwanderer mit hoher Ausbildung, was sich nicht zuletzt in einem Anstieg der Bevölkerungszahl von 191.000 im Jahr 1990 auf 218.000 Bewohner im Jahr 2012 ausdrückt (Statistisches Landesamt Baden-Württemberg 2015; vgl. auch Abb. 3.3 in Kap. 3.1). Seitens der Vertreter der regionalen Kammern wurde die Betonung der Umweltschutzvorgaben jedoch auch als Risiko für wirtschaftliche Entwicklungen bezeichnet, da lokale Industrieunternehmen Schwierigkeiten bei Expansionsvorhaben befürchteten und eher in das Umland zogen. Auch das Ziel einer räumlichen Verknüpfung von Wohnen und Arbeit werde nach Angaben von Vertretern der Kammern gerade für Handwerksunternehmen durch Vorgaben im Bereich des Lärmschutzes oder anderer Segmente des Nachbarschaftsschutzes verfehlt.

Der zweite Schwerpunkt neben Umweltschutzaktivitäten entwickelte sich im Bereich der Gesundheit. Hier existierten bereits seit Jahrzehnten Unternehmen der Medizintechnik wie Hellige oder Arzneimittelunternehmen wie Gödecke, die in den vergangenen zwei Jahrzehnten von US-amerikanischen Unternehmen übernommen wurden. Daneben entstanden Forschungsschwerpunkte in der Biotechnologie, insbesondere aufgrund des Standortes für das Max-Planck-Institut für Immunbiologie und der Forschung an der Albert-Ludwigs-Universität. Im Jahr 1997 wurde die Clusterorganisation Bio Valley e. V. als Netzwerk für die gesamte Oberrheinregion gegründet. Im Jahr 1998 folgte die Gründung des BioTechParks Freiburg, der von der Technologiestiftung BioMed getragen wird. Diese Stiftung fungiert als lokaler Koordinator für die BioRegio Freiburg und vereinigt die Universität, die Stadt, die regionale Industrie- und Handelskammer und Handwerkskammer sowie den Wirtschaftsverband der industriellen Unternehmen Baden und die regionale Sparkasse. Der „Exzellenzstatus" der Albert-Ludwigs-Universität ab dem Jahr 2007 ermöglichte die Einrichtung eines Instituts für Machine-Brain Interfacing Technologies, eines Centers for Biological Signalling Studies, der Spemann Graduate School for Biology and Medicine und des Freiburg Institutes for Advanced Studies und damit den Ausbau der Gesundheitsforschung am Standort Freiburg. Neben Forschung und industrieller Produktion bildet schließlich der Dienstleistungssektor der Gesundheitswirtschaft (beispielsweise Ärzte, Pflegefachkräfte, Kliniken und Beratungseinrichtungen) den dritten Pfeiler des Gesundheitssektors in Freiburg. Eine Untersuchung des Statistischen Landesamtes Baden-Württemberg wies das Gesundheitswesen im Jahr 2010 mit weitem Abstand als die beschäftigungsintensivste Branche im Stadtkreis Freiburg aus (15.200 Beschäftigte, gefolgt vom Einzelhandel mit 9000 und dem Erziehungssektor mit 7000 Beschäftigten; Statistisches Landesamt Baden-Württemberg 2011).

Der dritte Schwerpunkt im Bereich der Anpassungsprozesse betrifft die Intensivierung regionaler und grenzüberschreitender Zusammenarbeit. Mit der Gründung der Wirtschaftsförderung Region Freiburg e. V. (WRF) im Jahr 1994 wurde die Zusammenarbeit mit den umliegenden Kreisen intensiviert. Zugleich dient die regionale Wirtschaftsförderung der Begleitung und Moderation des Clusterprozesses und weist enge personelle Verflechtungen mit der lokalen Wirtschaftsförderung auf.[22] Die erste Clustervereinbarung erfolgte mit der BioRegio Freiburg, der dann Vereinbarungen zur Green City und Health-Region folgten.

Eine weitere Clusterentwicklung wurde im Jahr 1995 durch die Entscheidung der Universität Freiburg angestoßen, im Rahmen der Gründung einer Technischen Fakultät auf die zwei Schwerpunktbereiche Mikrosystemtechnik und Informatik zu setzen. Forschung und Lehre in der Mikrosystemtechnik wurden am Institut für Mikrosystemtechnik (IM-TEK) angesiedelt. In den vergangenen Jahren kam es zu einem deutlichen Anstieg der Drittmitteleinnahmen und zu zahlreichen Ausgründungen an diesem Institut (IMTEK 2015). Im Jahr 2005 wurde der Fachverband Mikrosystemtechnik Baden-Württemberg

---

[22] Der Geschäftsführer der FWTM ist zugleich auch Hauptgeschäftsführer der Wirtschaftsförderung Region Freiburg e.V.

gegründet. Dieser Verband mit Sitz und einer Geschäftsstelle in Freiburg fungiert als Managementorganisation für das überregionale (landesweite) Cluster MicroTEC Südwest mit Zentren in Karlsruhe, Stuttgart, Freiburg und Villingen-Schwenningen, das im Jahr 2010 als „Spitzencluster" in einem Wettbewerb des Bundesministeriums für Bildung und Forschung ausgezeichnet wurde.

Neben der regionalen und regionsübergreifenden Zusammenarbeit in Baden-Württemberg wurden in den vergangenen zwei Jahrzehnten auch zahlreiche Projekte im Rahmen der EU-Interreg-Förderung zwischen Partnern aus den Regierungsbezirken Freiburg und Karlsruhe sowie der Südpfalz aus dem benachbarten Bundesland Rheinland-Pfalz, der Region Basel (Schweiz) und der Region Alsace (Frankreich) durchgeführt, die in der Gründung der tri-nationalen Metropolregion Oberrhein im Jahr 2010 gipfelten. Mehrere Gesprächspartner wiesen darauf hin, dass die grenzüberschreitende Zusammenarbeit bis in die 1990er Jahre vornehmlich als emotionale Herzensangelegenheit von Vertreterinnen und Vertretern der Kriegsgeneration angesehen wurde, während in den vergangenen zwei Jahrzehnten eher nüchterne Vorteilserwägungen und eine pragmatische Fokussierung auf die operative Projektebene dominierten. Die Kooperationen erstrecken sich sowohl auf kulturelle und infrastrukturelle Projekte als auch auf die gemeinsame Vermarktung als Standort für Tourismus. Im Regierungspräsidium Freiburg wurde für die tri-nationalen Maßnahmen eine spezielle Stabsstelle eingerichtet. Für Freiburg bietet sich in diesem Kontext auch geographisch die Chance, die Randlage im Südwesten Deutschlands durch eine gute Anbindung an das Fernstraßen- und Schienennetz in Deutschland und an die grenzüberschreitenden Verbindungen zu einer zentralen Lage in Europa gemäß des Konzepts der „blauen Banane" zu machen.

Insgesamt zeigt sich die Rolle kommunaler und regionaler Politik in diesem Fallbeispiel insbesondere in der Schaffung von Rahmenbedingungen zur Mitwirkung und Integration unterschiedlicher Akteure. Im Prozess der Stadtentwicklung mit neuen Stadtteilen wurden neue Formen der Beteiligung eingesetzt und bestehende Präferenzen an einer besseren Beachtung von Umweltbelangen berücksichtigt. Im Bereich der Innovations- und Wirtschaftsförderung erwiesen sich die Hochschule und Fraunhofer-Institute als wichtige Akteure zur strategischen Vernetzung, während die kommunale und regionale Wirtschaftsförderung auch in der Schaffung von Brücken zu anderen Regionen in Baden-Württemberg und den Nachbarländern aktiv war.

Auf der Suche nach Spuren der Finanz- und Wirtschaftskrise in Freiburg
Wie bereits anhand der allgemeinen ökonomischen Daten erläutert, führte die Finanz- und Wirtschaftskrise in Freiburg zu keinem Einbruch bei Wirtschaftswachstum und Beschäftigung. Der hohe Anteil privater und öffentlicher Dienstleistungen aus den Bereich Gesundheits- und Sozialwesen, Bildung und Erziehung sowie Forschung verhinderte einen kurzfristigen Nachfrageeinbruch. Nur wenige Unternehmen, beispielsweise aus der Mikroelektronik, wurden unmittelbar mit negativen Folgen im Export konfrontiert. Die schnelle Reaktion der Fiskalpolitik auf Bundesebene mit zwei Konjunkturpaketen und der Schwerpunktsetzung im Bereich erneuerbarer Energien und Klimaschutz löste zusätzliche

positive Effekte für die lokale Bauindustrie und Forschungseinrichtungen wie dem Fraunhofer ISE aus. Unsere Gesprächspartner konnten trotz der Finanz- und Wirtschaftskrise
von keiner angespannten Liquiditätslage oder Kreditknappheit berichten.

Eine indirekte Folge der Finanz- und Wirtschaftskrise war bei der tri-nationalen Zusammenarbeit zu erkennen. Die Nachbarregionen in der Schweiz und Frankreich wurden
in unterschiedlicher Intensität von der Finanz- und Wirtschaftskrise betroffen. Bei den
Schweizer Partnern mit einer positiveren wirtschaftlichen Entwicklung sank das Interesse
an gemeinsamen Projekten. Dieses Interesse war ohnehin durch den fehlenden direkten
Zugang zu EU-Fördermitteln im INTERREG-Programm begrenzt. In den angrenzenden
französischen Regionen stieg hingegen die Arbeitslosigkeit. Da zugleich in Freiburg zahlreiche Lehrstellen unbesetzt blieben, wurde ein Projekt zur beruflichen Ausbildung junger
französischer Arbeitskräfte in Baden-Württemberg vereinbart. Allerdings erwiesen sich
die strukturellen Unterschiede in der Organisation der Ausbildung (in Deutschland der
Ansatz dualer Ausbildung mit staatlicher Finanzierung der Berufsschulen, in Frankreich
schulische Ausbildungskonzepte mit der Zahlung direkter Beiträge der Unternehmen an
die Berufsschulen) als großes Hemmnis bei der Umsetzung der Zusammenarbeit. Trotz
allem wurde die Finanz- und Wirtschaftskrise mit ihren Folgen für französische Regionen
von unseren Gesprächspartnern als Ausgangspunkt zur Belebung der Zusammenarbeit angesehen.

Freiburg als Vorbild regionaler Resilienz?
Die bisherige Darstellung zeigte, dass in Freiburg einige Elemente zusammengeführt wurden, die in Studien zur regionalen wirtschaftlichen Resilienz als förderlich genannt bzw.
erkannt wurden:

- Aufgrund seiner geographischen Lage gehörte Freiburg zu einem Gebiet, in dem nach
  den beiden Weltkriegen jeweils insbesondere auf Drängen Frankreichs Auflagen zur
  Begrenzung der industriellen Entwicklung eingeführt wurden. Freiburg verfügt daher
  bereits seit relativ langer Zeit über einen ausgebauten Dienstleistungssektor mit geringeren Verknüpfungen und einer geringeren Exportabhängigkeit.
- Die historische Entwicklung von den ersten Protesten gegen ein Kernkraftwerk am
  Kaiserstuhl bis zu ausgebauten Verfahren der erweiterten Bürgerbeteiligung, Mitwirkung an der kommunalen Haushaltsplanung und Durchführung von Referenden zeigt
  ein relativ hohes Maß zivilgesellschaftlicher Einbindung, was zu einer höheren Akzeptanz der Planungsprozesse und zu einer Stärkung regionaler Identität beitragen kann.
- Die frühzeitige Fokussierung auf Maßnahmen zur Stärkung von Umweltschutzbelangen erleichterte die Anpassung an bundesweite Vorgaben, beispielsweise zur Energiewende, und erhöhte die Attraktivität des Standortes für gut qualifizierte Arbeitskräfte
  und junge Familien. Insbesondere gelang es, Zuwanderer aus Studiengründen auch
  nach dem Hochschulabschluss am Standort zu halten. Nach Aussagen eines unserer
  Gesprächspartner wurde lediglich ein Viertel der Bewohner Freiburgs auch dort geboren.

- Der Ausbau der lokalen Forschungskapazitäten, beispielsweise durch die Ansässigkeit von fünf Fraunhofer-Instituten und die Auszeichnung der Universität als „Exzellenz-Hochschule", schuf Potentiale zur Veränderung und Entwicklung industrieller Expertise am Standort. Als Beispiel für eine solche Entwicklung wurde uns in den Gesprächen der Übergang von Kenntnissen im Bereich der Feinmechanik (beispielsweise in der Uhrenindustrie) zur Mikrosystemtechnik mit ihren Möglichkeiten zur Entwicklung kleinster Bauteile digitalisierter Industriestrukturen genannt.

Die Fortsetzung des wirtschaftlichen und demografischen Wachstumstrends während der Finanz- und Wirtschaftskrise kann vor diesem Hintergrund als Bestätigung der strategischen Prozesse in Freiburg angesehen werden. Ungeachtet dieser positiven Entwicklung verbleiben jedoch zumindest zwei Risikofaktoren, deren Bedeutung sich in naher Zukunft erweisen wird.

Erstens führte das Bevölkerungswachstum in den vergangenen Jahren zu einem schnellen Anstieg von Mieten und Immobilienpreisen in Freiburg, da eine zunehmende Knappheit von Wohnraum deutlich wurde. Beispielsweise stieg der Preis für den Kauf von Eigentumswohnungen zwischen den Jahren 2009 und 2013 in Freiburg um 59 % (zum Vergleich: in München um 48 % und in Stuttgart um 28 %; Empirica 2015).[23] In einer weiteren Studie wurden die Preise für gebrauchte Einfamilienhäuser mit dem jeweils verfügbaren mittleren Haushaltseinkommen verglichen. Während in Freiburg 194 % des mittleren Haushaltseinkommens erforderlich waren, betrug der Wert in Stuttgart 137 % und in Pforzheim lediglich 95 % (LBS 2013).[24] Zugleich blieb das Einkommensniveau in Freiburg im Vergleich zu anderen baden-württembergischen Städten auf einem geringen Niveau. Abbildung 3.9 illustriert dies anhand der Entwicklung der Bruttogehaltssumme pro Arbeitnehmer im Zeitraum von 2000 bis 2012 in unseren Untersuchungsstädten Baden-Württembergs. Freiburg blieb in dieser Gruppe die Stadt mit der geringsten Bruttogehaltssumme pro Arbeitnehmer, und der Anstieg war insbesondere seit der Erholung von der Finanz- und Wirtschaftskrise im Jahr 2009 schwächer als in den anderen Städten.[25] Das vergleichsweise geringe Einkommensniveau liegt wiederum in der Wirtschaftsstruktur Freiburgs mit seinem hohen Beschäftigungsanteil im Bereich sozialer und erzieherischer Dienstleistungen begründet, deren Einkommensniveau zumeist deutlich unterhalb des Niveaus in Industriebranchen und unternehmensnahen Dienstleistungen liegt.

---

[23] In Freiburg stieg der Kaufpreis für Eigentumswohnungen von 2721 €/m² im Jahr 2009 auf 4318 €/m² im Jahr 2013, in München von 3463 €/m² auf 5126 €/m² und in Stuttgart von 2626 €/m² auf 3364 €/m² im gleichen Zeitraum (Empirica 2015).

[24] Der höchste Wert unter den ostdeutschen Städten und Kreisen wurde mit 145 % in Dresden erreicht (LBS 2013).

[25] Das Bruttolohnniveau in Freiburg bleibt auch deutlich unter dem Niveau anderer baden-württembergischer Städte (VGRdL 2013).

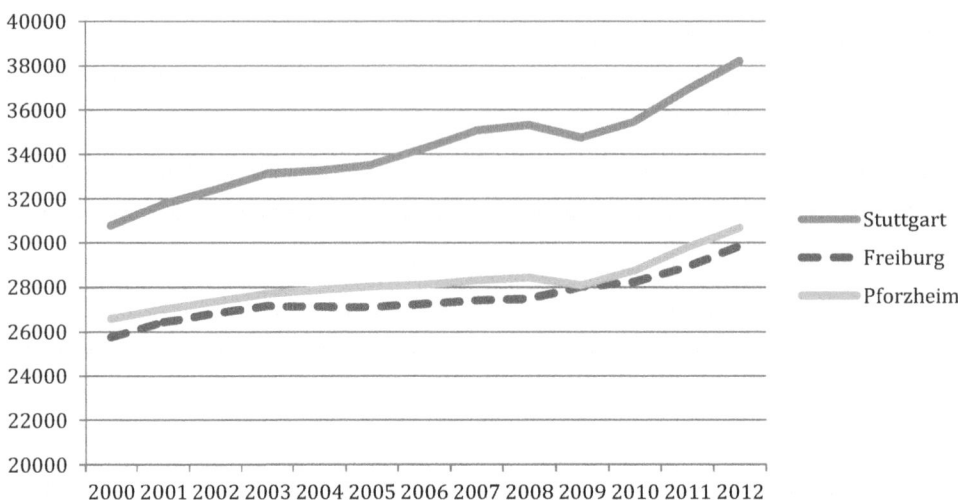

Abb. 3.9 Bruttolohn- und -gehaltssumme je Arbeitnehmer in baden-württembergischen Städten, in €. (Quelle: VGRdL (2013))

Angesichts der Preisentwicklung im Bereich der Wohnungen und Immobilien und eines prognostizierten weiteren Wachstums der Bevölkerung in Freiburg[26] wird ein weiteres Großprojekt zur Schaffung von Wohnraum diskutiert. Im Mai 2015 entschied die Stadtverwaltung, dass bis zum Jahr 2023 ein neuer Stadtteil mit Wohnraum für 11.500 zusätzliche Bewohner im Gebiet Dietenbach entstehen soll (Röderer 2015). Da jedoch hierzu voraussichtlich umfangreiche Enteignungen und daher rechtliche Auseinandersetzungen erforderlich sein werden, hatten zuvor ehemalige Stadtplaner sogar die Umwidmung eines bei der Entstehung des Stadtteils Rieselfeld ausgewiesenen Naturschutzgebiets zur Sicherung des Wohnraums in die Diskussion eingeführt (Zurbonsen 2015). An der kurzfristigen Knappheit des Wohnraums werden die Planungsentscheidungen jedoch nichts ändern können. Im Jahr 2013 beschloss der Gemeinderat, sieben Bebauungspläne zur Schaffung zusätzlichen Wohnraums zu realisieren. Bis März 2015 war jedoch noch nicht ein Bebauungsplan eingeleitet worden, was die Schwierigkeit der Schaffung von Akzeptanz für weitere Verdichtungen verdeutlicht (Mauch 2015). Zur Überwindung dieser Barrieren wurde von der Stadt Freiburg im Jahr 2014 ein Programm zur Entwicklung eines Perspektivplans gestartet, das ein „Leitbild für die städtebauliche und freiraumstrukturelle Entwicklung" (Stadt Freiburg 2015) definieren soll. Hierzu wurden mehrere Schritte der Interaktion und Dialogführung initiiert. Es bleibt abzuwarten, inwieweit es gelingen wird, Knappheit in der Wohnraumversorgung zu reduzieren, ohne Abstriche an Umweltschutzbelangen und

---

[26] Das Amt für Bürgerservice und Informationsauswertung der Stadt Freiburg prognostizierte einen weiteren Anstieg der Bevölkerungszahlen zwischen den Jahren 2014 und 2030 um mehr als 26.000 Personen (Amt für Bürgerservice und Informationsauswertung 2014).

Lebensqualität machen zu müssen, und inwieweit eine weitere Segmentierung in gut verdienende und hoch qualifizierte Bewohnergruppen in ökologische Anliegen berücksichtigenden Stadtteilen und gering verdienende Bewohnergruppen außerhalb der attraktiven Stadtgebiete verhindert werden kann.

Zweitens wird sich in den nächsten Jahren auch zeigen müssen, inwieweit die in den vergangenen zwei Jahrzehnten begonnenen wirtschaftlichen Transformationsprozesse in technologisch anspruchsvollen neuen Branchen auch dauerhaft zur Beschäftigungssicherheit beitragen. Ausgehend von der starken Entwicklung in Umwelt- und Forschungssektoren wurde in unseren Gesprächen ein in der Stadt kursierender Spruch zitiert, dass hier „die Köpfe rauchen, nicht die Schlote". Ob aber eine solche Konzentration auf „saubere Arbeitsplätze" dauerhaft gelingen kann, kann erst in Zukunft beurteilt werden. Im Bereich der Solarindustrie profitierte Freiburg davon, dass sich die lokalen Einrichtungen und Unternehmen vorrangig auf Forschung und Dienstleistungen konzentrierten und daher weniger als beispielsweise ostdeutsche Regionen von einem intensivierten Kostenwettbewerb durch Überkapazitäten und chinesische Konkurrenz betroffen waren (vgl. zu ursprünglichen Vernetzungsstrukturen und ihren Motiven auch Hornych und Brachert 2010). Die Clusterprozesse in der Biotechnologie führten nach Aussagen unserer Gesprächspartner bislang zu eher moderaten Entwicklungen, die noch keine kritische Masse zur Schaffung eines selbst tragenden Clusterprozesses erreichten. Auch in der Mikrosystemtechnik existieren bislang vornehmlich Ausgründungen aus den beteiligten Instituten und Hochschulen, während die Umsetzung durch Kooperationen mit großen und mittelständischen Industrieunternehmen an anderen Standorten realisiert wird. Ob sich eine räumliche Trennung zwischen der Forschung und Entwicklung in Freiburg und Umsetzung an anderen Standorten dauerhaft als effizient erweist (vgl. zur Bedeutung räumlicher Nähe in unterschiedlichen Entwicklungsstufen von Cluster- und Netzwerkstrukturen Balland et al. 2015), wird auch über die Zukunftsfähigkeit der Freiburger Wirtschaftsstruktur entscheiden.

Insgesamt ist daher zu erkennen, dass ein hohes Maß an wirtschaftlicher Resilienz in Freiburg erreicht wurde, die Anpassungsfähigkeit jedoch weiterhin durch Prozesse des Bevölkerungswachstums, eine drohende Segmentierung der urbanen Gesellschaft und Anforderungen an innovative Lösungen der Spitzenforschungssektoren zur Überwindung struktureller Größennachteile herausgefordert bleibt. Darüber hinaus sind wesentliche Dienstleistungssektoren (Gesundheit, Umweltschutz und Erziehung) von politischen Entscheidungen abhängig. Dementsprechend würden politische Schocks eine gefährlichere Herausforderung für die wirtschaftliche Resilienz bedeuten als ein konjunktureller Schock wie in der Finanz- und Wirtschaftskrise.

3.2.3 Leipzig: Boom statt Krise?

Ähnlich wie im Fall Freiburgs, zeigen die Daten der üblichen Indikatoren BIP und Erwerbstätigkeit auch für Leipzig nahezu keine negativen Folgen der Finanz- und Wirt-

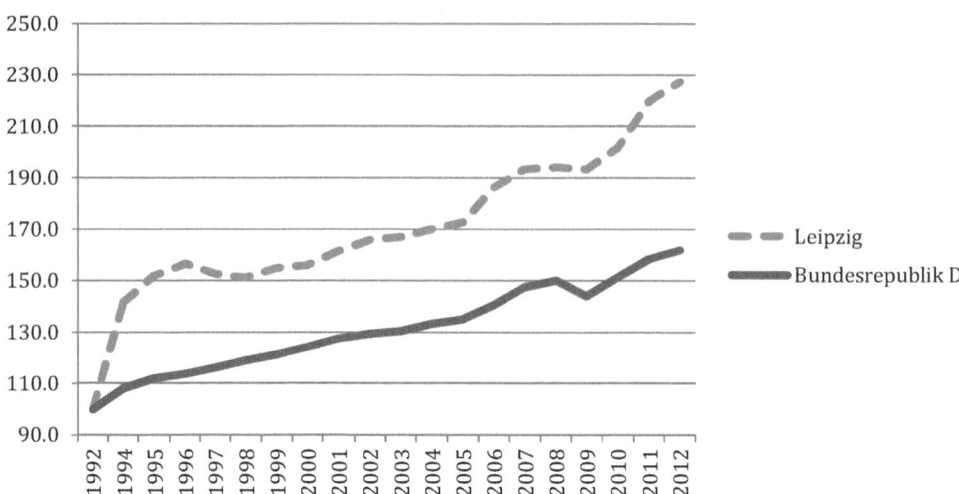

Abb. 3.10 BIP zu Marktpreisen in Leipzig und im Bundesdurchschnitt, 1992 = 100. (Quelle: VGRdL (2015))

schaftskrise (Abb. 3.10 und 3.11). Es kam zwar im Jahr 2009 zu einer leichten Senkung des BIP zu Marktpreisen, jedoch stieg das BIP im Anschluss an dieses Krisenjahr noch stärker als im Wachstumstrend seit dem Jahr 2005. Auch bei der Beschäftigung ist ein durchgängiger Wachstumstrend von 2005 bis 2012 mit einer leichten Schwächung des Wachstums im Jahr 2009 festzustellen. Im Gegensatz zur Entwicklung in Freiburg hat dieser Wachstumstrend erst im Jahr 2005 eingesetzt und dafür jedoch seither eine besonders starke Dynamik erfahren.

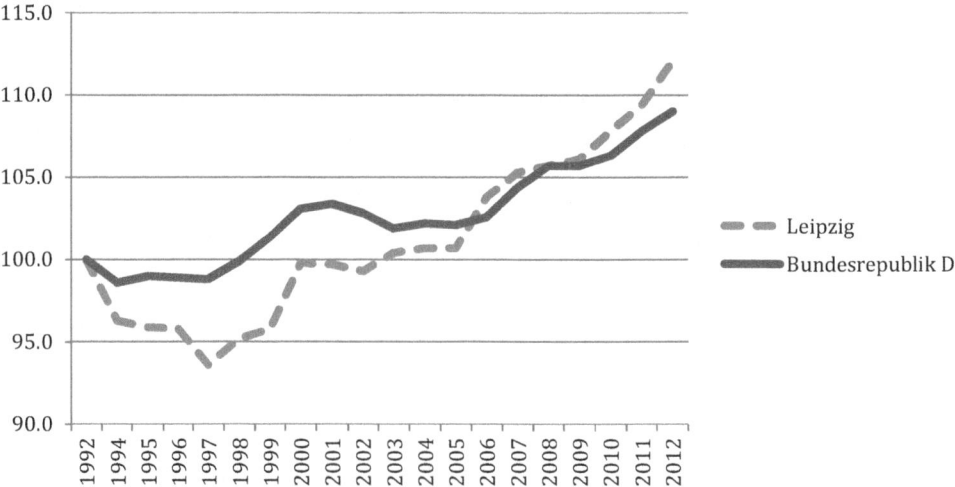

Abb. 3.11 Zahl der Erwerbstätigen in Leipzig und im Bundesdurchschnitt, 1992 = 100. (Quelle: VGRdL (2015))

So lag das BIP zu Marktpreisen in Dresden, der Fallstudie mit dem stärksten BIP-Wachstum in unserem Untersuchungszeitraum 1992–2012 unter den sonstigen Fallstudien, bereits im Jahr 2004 um mehr als 121 % oberhalb des Wertes für 1992, während Leipzig nur einen Wert von knapp 70 % aufwies. Zum Ende des Untersuchungszeitraums im Jahr 2012 war das Gesamtwachstum für Dresden bei 126,6 %, während es für Leipzig mittlerweile bei 127,4 % angekommen war. Auch der Beschäftigungsanstieg setzte erst ab dem Jahr 2005 ein und lag schließlich auf einem vergleichbaren Niveau mit Dresden.

Bereits nach der deutschen Vereinigung galt Leipzig als „Boomtown", als Hoffnungsträger unter den ostdeutschen Städten dafür, durch auswärtiges Kapital eine schnelle wirtschaftliche Entwicklung zu erreichen (Heinker 2004). Diese Erwartungen wurden nicht zuletzt durch die bedeutsame Rolle der Leipziger Bürger während der „friedlichen Revolution" 1989 und den wahrgenommenen Veränderungswillen in der Stadt genährt. Die erste Phase der Euphorie kulminierte jedoch in einer kurzfristigen Immobilienblase Mitte der 1990er Jahre, die dazu beitrug, dass Leipzig lange Zeit der Arbeitsagenturbezirk in Sachsen mit der höchsten Arbeitslosenquote war. Leipzig schien ein Musterbeispiel einer „schrumpfenden Stadt" zu werden, die lediglich durch zusätzliche Eingemeindungen ihre Einwohnerzahl konsolidieren konnte (Glock 2006; Plöger und Lang 2013). Erst einige Großinvestitionen nach der Jahrtausendwende, insbesondere im Automobil- und Logistiksektor, ermöglichten die Entstehung neuer Branchenschwerpunkte. Seit 2010 wird Leipzig verstärkt als *„Schwarmstadt"* (Braun 2014) und Trendphänomen der Zuwanderung jüngerer und „kreativen Milieus" zugeneigter Gruppen wahrgenommen, das es als *„neues Berlin"* oder *„Hypezig"* bis in die New York Times schaffte (Engelhart 2014; kritisch hierzu auch Bischof 2015). In der folgenden Tabelle werden einige Ereignisse und Maßnahmen entlang dieses Zeitraums in Leipzig aufgeführt, und im folgenden Abschnitt betrachten wir die Veränderungs- und Anpassungsprozesse in Leipzig bis zur Entstehung der Finanz- und Wirtschaftskrise (Tab. 3.5).

Tab. 3.5 Zeitleiste für die Entwicklung in Leipzig

1989
Beginn der Montagsdemonstrationen im September 1989
1990
Einweihung des Quelle-Versandzentrums
Gründung von PC-Ware
Gründung der VNG – Verbundnetz Gas AG
Volksbaukonferenz
1991
Gründung der Leipziger Messe GmbH (50 % Stadt Leipzig; 50 % Freistaat Sachsen)
Gründung der Siemens-Niederlassung
Neustart der Buchmesse mit Lesefestival „Leipzig liest"
Gründung des Helmholtz-Zentrums für Umweltforschung (UFZ)
Jürgen Schneider erwirbt Mädler-Passage und Barthels Hof
erstmalige Durchführung der euro scene Leipzig

Tab. 3.5 (Fortsetzung)

1992

Erstmalige Durchführung des „Wave Gothic Treffens" (ab 1996: Wave Gotik Treffen – WGT)

Gründung der Hochschule für Technik, Wirtschaft und Kultur (HTWK)

Gründung des Leibniz-Instituts für Oberflächenmodifizierung

Gründung des Instituts für Angewandte Trainingswissenschaft

1993

Beginn der Errichtung neuer Terminals am Flughafen Leipzig/Halle

Eröffnung des Leibniz-Instituts für Troposphärenforschung

1994

Insolvenz des Immobilienunternehmers Jürgen Schneider

Gründung des Max-Planck-Instituts für neuropsychologische Forschung

Verkauf der TAKRAF Lauchhammer GmbH Leipzig an die MAN Gutehoffnungshütte AG durch die Treuhandanstalt

1995

Großinvestition durch Siemens in Leipzig

Privatisierung der Kirow Leipzig AG (heute: Kirow Ardelt GmbH)

1996

Eröffnung des neuen Messegeländes

erstmalige Durchführung der Messe Auto Mobil International (AMI)

Gründung des Max-Planck-Instituts für Mathematik in den Naturwissenschaften

Einschreibung der ersten Studierenden an der wiedergegründeten Handelshochschule (HHL)

1997

Gründung des Max-Planck-Instituts für evolutionäre Anthropologie

Eröffnung der sanierten Mädler-Passage

1999

Eingemeindung zahlreicher umliegender Gemeinden (bis zu 50.000 zusätzliche Einwohner)

2000

Einweihung der Media City Leipzig

Gründung der Leipziger Stiftung für Innovations- und Technologietransfer

Gründung der Regionsmarketing Mitteldeutschland (später: Wirtschaftsinitiative für Mitteldeutschland) GmbH

2001

Erste Filmkunstmesse Leipzig

2002

Erste Game Convention auf dem Leipziger Messe-Gelände

Einführung der European Energy Exchange

Einweihung der Produktionsstätte der Porsche AG

Eröffnung der Arena Leipzig

Gründung von Unister

Verlegung des Sitzes des Bundesverwaltungsgerichts nach Leipzig

2003

Bewerbung als deutscher Standort für die Olympischen Sommerspiele 2012

Eröffnung der Bio City Leipzig auf dem ehemaligen Messegelände

Tab. 3.5 (Fortsetzung)

2004

Gründung des Max-Planck-Instituts für Kognitions- und Neurowissenschaften

Gründung der Leoliner Fahrzeugbau Leipzig GmbH (LFB) durch LVB und Siemens

Neubau des Museums der bildenden Künste

Baubeginn des City-Tunnels

Zusammenschluss der Interessengemeinschaft „Freie Szene Leipzig"

Beginn der operativen Tätigkeit des Vereins „HausHalten e.V."

2005

Beginn der Produktion im BMW-Werk

Eröffnung des Galeriezentrums auf dem Gelände einer ehemaligen Baumwoll-Spinnerei

Entstehung der Leipziger Notenspur-Initiative

2006

Verkauf des Mehrheitsanteils der LFB (heute: HeiterBlick GmbH) an die Kirow Ardelt GmbH

Großinvestition durch Amazon

Verkauf der MAN TAKRAF Fördertechnik GmbH an die VTC Industrieholding GmbH

Gründung des Fraunhofer Instituts für Zelltherapie und Immunologie (IZI) und des Fraunhofer-Zentrums für Mittel- und Osteuropa (MOEZ)

Gründung des Translationszentrums für Regenerative Medizin

2007

Verkauf der TAKRAF GmbH an Tenova (heute: Tenova TAKRAF) GmbH

2008

Einrichtung des europäischen Drehflugkreuzes von DHL am Flughafen Leipzig/Halle

Gründung des Deutschen Biomasse-Forschungszentrums

Umzug der Messe „Games Convention" nach Köln

Erweiterung des Porsche-Werks

Gründung der Leipzig Tourismus und Marketing GmbH

Gründung des Netzwerks Logistik Leipzig-Halle

Gründung des Notenspur Fördervereins e. V.

2009

Schließung des Quelle-Versandzentrums

erstmalige Durchführung des Lichtfests Leipzig

Eröffnung des Presswerks bei BMW

Stadtentwicklungskonzept Leipzig 2020

2011

Baubeginn für zwei neue Produktionshallen bei Porsche (Fertigstellung 2014)

Gründung des Netzwerks Energie & Umwelt

2012

Baubeginn für ein Pharma-Logistikzentrum von Kühne + Nagel

Gründung des Deutschen Zentrums für integrative Biodiversitätsforschung Halle-Jena-Leipzig

Beginn eines Projekts („Leipzig weiter denken") zu innovativen Formen der Bürgerbeteiligung im Rahmen des BMBF-Programms ZukunftsWerkStadt

---

2013

Beginn der Produktion des BMW i3, Inbetriebnahme von vier Windkraftanlagen auf dem Werksgelände

Gründung des Innovationszentrums für Bioenergie

Gründung der Invest Region Leipzig

Inbetriebnahme des DB City Tunnels

Beginn eines kommunalen Programms zur Unterstützung des Mittelstands

Anpassungsprozesse in Leipzig nach der deutschen Vereinigung

Anders als in Dresden gelang es in Leipzig nicht, an bereits bestehenden Branchenschwerpunkten anzuknüpfen und eine kontinuierliche Entwicklung zu initiieren (Heinker 2004). Vor dem zweiten Weltkrieg war Leipzig eine der wohlhabendsten deutschen Großstädte mit Schwerpunkten im Handels- und Messegeschäft wie auch im Finanzwesen und Verlagsgeschäft sowie in diversifizierten Segmenten der Maschinenbau- und Textilindustrie (Schröder 2013). Nach dem zweiten Weltkrieg verloren die Schwerpunkte im Finanz- und Verlagswesen auch systembedingt an Bedeutung, während die zentrale Planung zusätzliche Kapazitäten im Bereich der Energie- und Chemieindustrie aufbauen ließ, um eine Verknüpfung zum benachbarten Gebiet für den Abbau von Braunkohle und zu den Produktionsstätten der Chemischen Industrie in Bitterfeld-Wolfen und Merseburg-Halle zu verstärken (vgl. beispielsweise Sleifer 2006; Plöger und Lange 2013). In den letzten Jahren der DDR mehrten sich die Beiträge, die angesichts der verfallenen Bausubstanz und schlechten Umweltbedingungen die Frage stellten, ob „Leipzig noch zu retten" sei (Bartetzky 2015; Wendt 2014, jeweils unter Bezugnahme auf einen Film des DDR-Fernsehens). Anlässlich der 1. Volksbaukonferenz im Jahr 1990 in Leipzig sagte die Architektin Angela Wandelt (zitiert nach Steinführer et al. 2009):

> So wie sich die gesellschaftlichen Strukturen unseres Landes verkrustet und rückwärts entwickelt haben, sind spiegelbildlich auch die baulichen Strukturen unserer Stadt dem Verfall preisgegeben worden. (…) Das Auslöschen gewachsener Strukturen und der damit verbundene substanzielle Verlust hat Ausmaße erreicht, die den Charakter Leipzigs bereits erheblich beeinträchtigt haben.

Nach der deutschen Vereinigung investierten einige nunmehr westdeutsche, aber zum Teil ursprünglich in Leipzig ansässige private Geschäftsbanken und Verlage in neue Standorte in Leipzig (vgl. zur Entwicklung im Verlagsgeschäft in Leipzig Schröder 2013). Parallel kam es zu Investitionen in den Immobilienbestand, da die traditionellen Passagen und Handelshäuser in der Innenstadt sowie der vergleichsweise hohe Bestand an Wohnhäusern aus der Gründerzeit ein hohes Renditepotential für Sanierungen an einem schnell wachsenden Standort versprachen. EU- und Bundesmittel wurden zudem für Investitionen in die Infrastruktur eingesetzt, um die großräumige Erreichbarkeit für Auto- und Flugverkehr schnell zu verbessern. Zusätzlich sorgten vergleichsweise hohe Abschreibungsmöglichkeiten und eine steuerliche Bevorzugung von Neubauvorhaben für eine Ausweitung des Wohnungsbestands in Leipzigs, die in keinem Verhältnis zur tatsächlichen Nachfrage stand (vgl. zusammenfassend Steinführer et al. 2009). Schließlich wurden mit dem Kauf der Messegesellschaft durch Stadt und Freistaat und der ersten Neuauflage der Buchmesse mit angefügtem Lesefestival Voraussetzungen für eine Fortführung der Reputation als führender Messestandort in Deutschland geschaffen. Durch die Vielzahl an Investitionen und Bauprojekten wuchs der Anteil der Bauindustrie am lokalen BIP und an der lokalen Beschäftigung bis 1995 deutlich an.

Die Insolvenz des Bauunternehmers Jürgen Schneider im Jahr 1994 war das öffentlichkeitswirksamste Signal der zerplatzenden „Immobilienblase" am Standort Leipzig.

Schneider war als Investor mit aufwändigen Restaurierungsprojekten für zwei historische Handelsorte in der Leipziger Innenstadt bekannt geworden. Die Projekte wurden zwar von den Gläubigerbanken fortgeführt und realisiert. Die Beendigung der ersten Investitionsphase im Bereich der öffentlichen Infrastruktur und das ausgebliebene Bevölkerungswachstum in Leipzig führten jedoch insgesamt zu einem starken Einbruch in der lokalen Bauindustrie. Insgesamt verringerte sich die Bevölkerungszahl Leipzigs in den 1990er Jahren um ca. 100.000 Einwohner (entsprechend 20 % der Bevölkerung im Jahr 1990) durch Abwanderung vorwiegend gut ausgebildeter junger Personen nach Westdeutschland, Suburbanisierung in umliegende Kreise und die allgemein in Ostdeutschland beobachtete abrupte Verringerung der Geburtenrate (Rink 2015). Zugleich zogen sich zahlreiche westdeutsche Verlage bereits relativ frühzeitig wieder aus Leipzig zurück (vgl. zu den Gründen, die vorrangig in ineffizienten Parallelstrukturen zu Hauptsitzen in Westdeutschland und Berlin lagen, Schröder 2013), und nur wenige der ursprünglichen Kombinatssegmente aus dem Maschinenbau wurden erfolgreich privatisiert und fortgeführt. Zwischen den Jahren 1989 und 2004 sank die Zahl der Industriebeschäftigten in Leipzig von 101.000 auf 14.000 Beschäftigte (Plöger und Lang 2013, mit weiteren Verweisen). Im Gegensatz zur Entwicklung in Dresden entstanden zunächst keine miteinander verbundenen Strukturen. Selbst in den vergleichsweise dichter besetzten Branchen – beispielsweise in der gewachsenen Medienindustrie aufgrund der Entscheidung des Mitteldeutschen Rundfunks, dort einen größeren Standort aufzubauen – wurde trotz räumlicher Nähe nur eine sehr schwach ausgeprägte Bereitschaft zur lokalen Zusammenarbeit beobachtet (Bathelt 2005). Zur Jahrtausendwende hatte sich daher die Erwartung einer „Boomtown" in die Wirklichkeit einer „schrumpfenden Stadt" mit unklaren wirtschaftlichen Perspektiven verwandelt (Lütke Daldrup 2002). Steinführer et al. (2009) ordneten die Erfahrungen in Leipzig als typisches Beispiel des „ostdeutschen Stadtentwicklungsparadoxons" als eine Gegenläufigkeit von ökonomischer Situation und städtebaulicher Erneuerung ein. Am Ende der 1990er Jahre verfügte Leipzig über „ein quantitativ gewachsenes, qualitativ höherwertiges und zugleich stärker differenziertes Wohnungsangebot" bei zugleich stark gesunkener Nachfrage. Als Ausdruck der strukturellen Schwäche in der lokalen Wirtschaft stieg die Arbeitslosenquote kontinuierlich an und erreichte ihren Spitzenwert im Jahresvergleich im Jahr 2005 mit 20,8 % (INKAR 2015).

Zwei Veränderungen prägten den Umschwung mit dem Beginn des neuen Jahrtausends. *Erstens* kam es zur Entstehung neuer Branchenschwerpunkte am Standort Leipzig durch externe Investitionen. Großinvestitionen von Porsche und BMW machten Leipzig zu einem Standort der Automobilindustrie. Bemerkenswert an diesen Entscheidungen war die völlige Abkehr von sonstigen Standortentscheidungen der Automobilproduzenten in Ostdeutschland und Mittel- und Osteuropa, die sich vorrangig an bestehenden Erfahrungen am jeweiligen Standort orientierten. In Leipzig gab es zuvor keine Produktion der Automobilindustrie, und eine Studie des Instituts für Arbeitsmarkt- und Berufsforschung zeigte, dass die Fachkräfte vorrangig aus anderen ost- und westdeutschen Automobilregionen rekrutiert wurden (Otto und Weyh 2014). Für den Leipziger Arbeitsmarkt ergaben sich nach Aussagen eines Vertreters der lokalen Arbeitsagentur allmähliche Kaskadeneffekte, da sich die Rekrutierung lokaler Arbeitskräfte zumeist auf vorherige Beschäftigte in Handwerks- und kleinen Metallunternehmen fokussierte, die wiederum ihren Arbeitskräftebedarf auch teilweise aus bislang arbeitslosen Personen deckten. Während zu Beginn der Automobilproduktion in Leipzig nur ein geringer Anteil der Wertschöpfung im Rahmen der Endmontage erfolgte, stieg der industrielle Wertschöpfungsanteil mit zusätzlichen Investitionen am Standort an. So werden die Vorarbeiten in Bratislava für das Modell des Porsche Macan seit dem Jahr 2014 auf Pressteile beschränkt, die dann in Leipzig in eine Karosserie verwandelt werden (Pretzlaff 2014). Auch bei BMW erfolgte durch die Produktion des ersten Elektrofahrzeugs in Leipzig ab dem Jahr 2013 eine deutliche Aufwertung des Standorts.

Ab dem Jahr 2006 kam es zu vermehrten Investitionen im Logistiksektor. Leitinvestoren waren hierbei Amazon im Jahr 2006 und das Unternehmen DHL mit seiner Entscheidung, am Flughafen Leipzig-Halle sein europäisches Luftdrehkreuz einzurichten. Diese Entscheidung erfolgte vorrangig auf der Grundlage der Erwartung, Starts und Landungen der Frachtflugzeuge an diesem Flughafen nachts ohne Einschränkungen durchführen zu können. In der Folge siedelten sich zahlreiche weitere spezialisierte Logistikunternehmen in Leipzig an. Das Luftfrachtaufkommen am Flughafen Leipzig-Halle stieg von 29.330 t im Jahr 2006 über 524.084 t im Jahr 2009 auf 910.708 t im Jahr 2014 (Flughafen Leipzig-Halle 2015). Damit war der Flughafen im Jahr 2013 der zweitgrößte deutsche Frachtflughafen hinter dem Frankfurter Flughafen und rangierte in Europa hinter Frankfurt, Paris-CDG, Amsterdam-Schiphol und London-Heathrow an fünfter Stelle (ACI 2015).

Da sich die Entwicklung zu spezialisierten Logistikunternehmen mit umfangreichen Dienstleistungsangeboten allgemein erst in den vergangenen Jahrzehnten im Zuge der zunehmenden Auslagerung von Dienstleistungstätigkeiten vollzog, hat auch diese Branche keine unmittelbaren historischen Wurzeln am Standort Leipzig. Somit bestanden auch hier keine Voraussetzungen für eine verbundene Vielfalt, wie sie beispielsweise an den Standorten Dresden und Stuttgart mit ihren Leuchtturmindustrien zu beobachten waren. Statt dessen konnte der Standort Leipzig die Vorteile seiner relativ zentralen geografischen Lage in Deutschland und Europa und seiner seit 1990 ausgebauten Fernverkehrsinfrastruktur, im Fall des Flughafens verbunden mit umfangreichen Nachtflugmöglichkeiten, zur Geltung bringen.

Seitens der kommunalen Wirtschaftsförderung wurden die Entwicklungen in einem Clusteransatz gebündelt, der fünf, miteinander kaum verbundene Branchenschwerpunkte benannte: Automobil- und Zulieferindustrie, Logistik, Gesundheitswirtschaft und Biotechnologie, Energie- und Umwelttechnik sowie Medien- und Kreativwirtschaft. Während die ersten beiden Schwerpunkte auf privaten, standortexternen Investitionsentscheidungen aufbauend entstanden, wurden die Schwerpunkte in der Gesundheits- und Energiewirtschaft vorrangig durch kleine Unternehmen und Ausgründungen aus Forschungseinrichtungen bestimmt. Die Ausnahme bildete in der Energiewirtschaft das Unternehmen VNG – Verbundnetz Gas AG, das als einziges börsennotiertes Unternehmen seinen Sitz in Ostdeutschland (Leipzig) hat, jedoch nur begrenzte Verknüpfungen zu den jungen Unternehmen aufwies. Die Medien- und Kreativwirtschaft besteht hingegen aus einer vielfältigen

Mischung, die durch Investitionen des Mitteldeutschen Rundfunks, bereits existierende und wachsende Strukturen in der Kulturwirtschaft sowie das Dienstleistungsangebot aus Verlagen, Werbeagenturen und Unternehmensberatungen entstand (vgl. zu einer Übersicht beispielsweise Stadt Leipzig 2013). Beispiele für eine kurzfristige Mobilisierung spezifizierter Potentiale im Bereich der Kreativwirtschaft und angrenzender Bereiche sind das starke Wachstum des seit mehr als zwanzig Jahren stattfindenden Wave-Gotik-Treffens am Pfingstwochenende, dessen Teilnehmerzahlen seit dem Jahr 2010 bei über 20.000 liegen (Stadt Leipzig 2015), sowie das schnelle Wachstum der Messe „Games Convention" zwischen den Jahren 2002 und 2008. Der Bundesverband Interaktive Unterhaltungselektronik (BIU) entschied jedoch, die Messe unter anderem angesichts begrenzter Hotelkapazitäten, aber auch in der Erwartung eines schnelleren Ausstellerwachstums nach Köln zu verlegen. Durch den Verkauf von Anteilen kommunaler Beteiligungen kam es im Jahr 2000 zur Gründung der Stiftung für Innovations- und Technologietransfer (Leipziger Stiftung 2015). Im Zeitraum zwischen 2001 und 2014 wurden durch die Stiftung Projekte im Umfang von 8 Mio. € unterstützt.[27]

Zweitens verknüpften sich unterschiedliche Einflussfaktoren zu einem Prozess sich verstärkenden Bevölkerungswachstums und städtebaulicher Fortentwicklung. Ein Faktor in dieser Entwicklung war die zunächst in Deutschland erfolgreiche Bewerbung Leipzigs als Standort für die Olympischen Sommerspiele 2012 (Weigel und Heinig 2007). Die Wahl Leipzigs gegen etablierte westdeutsche Großstädte rückte nochmals den Standort Leipzig als Ort der „friedlichen Revolution" in die deutschland- und europaweite Wahrnehmung. Darüber hinaus stärkte es die Eigenwahrnehmung der Stadt in der Bevölkerung (Heinker 2004). Zudem wurde zeitgleich mit dem „City-Tunnel" – einer Schienenverbindung für den Regionalverkehr unterhalb der Innenstadt – ein weiteres Infrastrukturprojekt initiiert.

Mittlerweile hatte auch in Leipzig eine Entwicklung eingesetzt, die zuweilen als „Landflucht" der jüngeren Generation bezeichnet wird und beispielsweise zeitgleich in Dresden zu beobachten war (Braun 2014). Es erfolgte eine Zuwanderung zumeist jüngerer Personen aus anderen ostdeutschen Regionen, da Leipzig mit seiner Urbanität, seinen Hochschulen und Unterhaltungsangeboten eine hohe Attraktivität aufwies. Diese jungen Zuwanderer studierten nicht nur an den lokalen Hochschulen in Leipzig, sondern wurden auch Teil einer wachsenden „freien Kulturszene". Ähnlich wie in anderen „Schwarmstädten" kam es zu einem sich selbst verstärkenden Prozess der Zuwanderung von Personen gleicher Altersgruppen, der durch soziale Netzwerke und die Wahrnehmung eines wachsenden Kulturangebots für junge Personen gespeist wurde. Zwei Aspekte weisen über die Entwicklung in anderen „Schwarmstädten" hinaus. Im Vergleich zu Dresden und zu westdeutschen Städten mit ähnlichem Bevölkerungswachstum waren die Lebenshaltungs- und Wohnkosten – auch als Folge der Immobilienblase in den 1990er Jahren und der hierdurch verursachten hohen Leerstandsquoten – besonders günstig, was die Zuwanderung und den Verbleib auch in einem relativ schwachen Arbeitsmarkt mit geringen Einkommensniveaus

---

[27] Die größte Einzelförderung betraf die Anschubfinanzierung des Fraunhofer Instituts für Immun- und Zelltherapie mit 4 Mio. € (Leipziger Stiftung 2015).

ermöglichte. Darüber hinaus verfügte Leipzig aufgrund seiner Tradition im Bereich Male-
rei („Neue Leipziger Malerschule" mit Ateliers in ehemaligen Industriegebäuden), Musik,
Literatur und Theater und seiner „freien Szene" über eine Reputation für Künstler und andere Vertreter der Kreativwirtschaft, die auch angesichts der steigenden Lebenshaltungs-
und Wohnkosten in Berlin das geografisch vergleichsweise nahe und günstigere Leipzig
als Standort für sich entdeckten (vgl. hierzu auch Ryall 2015, die den westlichen Leipziger
Stadtteil Plagwitz als weltweite Attraktion für „young urban creatives" einstuft). Als ein
Ergebnis dieses Prozesses entstand eine erhöhte Medienaufmerksamkeit für das „neue
Berlin" (Bischof 2015). Diese Aufmerksamkeit schlägt sich auch im Bereich des Tourismus nieder. Traditionell ist auch Leipzig wie Dresden ein Ziel des Kultur- und Städte-
tourismus, wenn auch mit geringeren Übernachtungszahlen.[28] Hierbei wurden zahlreiche
Festivals und Initiativen, insbesondere durch privates Engagement, eingeführt (beispielsweise „Leipziger Notenspur", Bachfest, Schumann-Festwoche, Mendelssohn-Festtage),
um die Bedeutung Leipzigs für die klassische Musik zu betonen. Daneben wurde in den
vergangenen Jahren auch das „Nacht- und Szeneleben" zu einem Thema der Standortwer-
bung durch die Leipzig Tourismus und Marketing GmbH.

Als weiterer Faktor sind Anpassungen in den Prozessen der Stadtentwicklung zu beobachten (vgl. ausführlich hierzu Steinführer et al. 2009; Pollmanns 2015; Weigel und Heinig 2007). Die Wahrnehmung der Schrumpfung in den Bevölkerungszahlen verdeutlichte
die Notwendigkeit einer intensiveren Einbindung der lokalen Bevölkerung, um die Wohnbedingungen für junge Familien in der Stadt zu verbessern. Zugleich gelang es der Stadt
Leipzig, zwei vergleichsweise umfangreiche Projekte, insbesondere zur Stadtentwicklung
im Westen der Stadt (Plagwitz und Lindenau), durch umfangreiche Mittel aus dem EU-
Projekt URBAN II sowie aus Bundes- und Landesmitteln zu verwirklichen (beispielsweise aus dem Bund-Länder-Programm „Stadtumbau Ost", vgl. auch Kilper 2012). Die
Umsetzung der Projekte und die Entwicklung eines Integrierten Stadtentwicklungskon-
zepts für das Jahr 2020 (Stadt Leipzig 2009) profitierten von einer Tradition zivilgesellschaftlichen Engagements mit einer hohen Bereitschaft zur Teilnahme an gemeinsamen
Planungsprozessen und Maßnahmen zur Verbesserung der Wohnbedingungen (Pollmanns
2015, auf der Basis eigener Befragungen; Weigel und Heinig 2007). Im Leipziger Westen
kam es zu Vereinbarungen über Zwischennutzungen leer stehender Häuser im Sinne so
genannter „Wächterhäuser", die eine zeitweilige Nutzung der leer stehenden Häuser ermöglicht. Wendt (2014) verweist in diesem Zusammenhang auf eine wichtige Rolle des
Vereins HausHalten e. V., der als Zwischenvertragspartner bei so genannten „Wächterhäusern" auftritt. Die Eigentümer eines Hauses schließen eine Gestattungsvereinbarung, in
der eine zeitweilige Überlassung der Nutzungsrechte vorgesehen ist, mit dem Verein. Der
Verein gibt diese Rechte an Einzelnutzer oder Gemeinschaften weiter (vgl. HausHalten
e. V. 2015). Insgesamt wurden bis zum Jahr 2015 16 Wächterhausprojekte realisiert, von

---

[28] Die Zahl der Übernachtungen stieg in Dresden zwischen 2001 und 2014 von 2,15 Mio. auf
4,44 Mio., während sie in Leipzig im gleichen Zeitraum von 1,26 Mio. auf 2,7 Mio. anstieg (nach
Angaben des Statistischen Landesamts Sachsen).

denen acht bereits entlassen wurden.[29] Als weiterer positiver Faktor zur Unterstützung der Entwicklungsprozesse wurde neben dem zivilgesellschaftlichen Engagement das „Leipziger Modell" eines parteiübergreifenden Konsenses im Bereich der Stadtplanung genannt (Plöger und Lang 2013).

Vor Beginn der Finanz- und Wirtschaftskrise war die Bevölkerungszahl in Leipzig bereits wieder auf 510.000 Einwohner im Jahr 2007 gestiegen (zum Vergleich im Jahr 2000 nach den Eingemeindungen: 493.000). Parallel stieg auch die Zahl der Erwerbstätigen zwischen den Jahren 2000 und 2007 von 276.000 auf 290.000 (VGRdL 2015). Die NUTS-2-Region Leipzig wurde neben den Regionen „Brandenburg-Südwest" und Halle ab dem Jahr 2007 als erste ostdeutsche Regionen in der EU-Kohäsionspolitik als „statistische Phasing-out-Region" (mit einem BIP pro Kopf zwischen 75 und 90 % des EU-Durchschnitts) geführt, was eine Verringerung der zulässigen Mittel zur Förderung privater Investitionen zur Folge hatte. Im Umland Leipzigs war die wirtschaftliche Entwicklung schwächer als im Stadtgebiet, wobei der Kreis Nordsachsen im Norden Leipzigs vom Wachstum entlang des Flughafens und der dortigen Ansiedlungen im Automobil- und Logistikbereich profitierte, während der Kreis Leipzig-Land im Süden Leipzigs einen höheren Anteil im Bereich der (fossilen) Energiewirtschaft und des verarbeitenden Gewerbes aufweist. Beide Gebiete sind von Abwanderungen jüngerer Personen in die benachbarten Städte stark betroffen. Erst im Jahr 2013 kam es zur Gründung einer gemeinsamen Gesellschaft der Stadt Leipzig, der IHK zu Leipzig sowie der Landkreise Nordsachsen und Leipzig zur Akquisition von Direktinvestitionen und Fachkräften. Aufgrund seiner geografischen Lage in geringer Entfernung zu den benachbarten Bundesländern Sachsen-Anhalt und Thüringen bietet sich für Leipzig ein Potential zur Schaffung einer „kritischen Größe" durch intensivere Kooperationen über die Grenzen des Bundeslandes. Entsprechend wurde auf Initiative privater Unternehmen im Jahr 2000 der Verein „Regionenmarketing Mitteldeutschland e.V." gegründet, der später in die „Wirtschaftsinitiative Mitteldeutschland e.V." und schließlich in die „Europäische Metropolregion Mitteldeutschland e.V." überging. Neben Unternehmen und Forschungseinrichtungen sind auch Städte und Landkreise Mitglied des Vereins. Die Schwerpunkte der Initiative liegen in der Unterstützung von Clusterprozessen, Förderung der Vernetzung mit jungen Unternehmen auch durch die Ausschreibung des Innovationspreises IQ Mitteldeutschland sowie in der Koordination von Maßnahmen zur Verbesserung der Verfügbarkeit von Fachkräften (vgl. beispielsweise Regionenmarketing Mitteldeutschland 2004).[30] Nach Aussagen unserer Gesprächspartner führt allerdings die Zugehörigkeit zu unterschiedlichen Bundesländern mit verschiedenen strategischen Schwerpunkten zwangsläufig zu Einschränkungen der Koordination gemeinsamer Maßnahmen.

---

[29] Daneben wurden in den 1990er Jahren analog zur Entwicklung in westdeutschen Großstädten ehemals besetzte Häuser in eine legalisierte Nutzung durch alternative Wohngenossenschaften überführt (Wendt 2014).

[30] Die Stadt Leipzig schreibt – gemeinsam mit der Leipziger Stiftung für Innovations- und Technologietransfer – ebenso wie die Städte Halle und Magdeburg im Rahmen dieser Maßnahmen einen eigenen IQ Innovationspreis aus.

Insgesamt hatte Leipzig daher vor Beginn der Finanz- und Wirtschaftskrise einen wirt-schaftlichen und demografischen Wachstumsprozess eingeschlagen, der sich vornehmlich aus der Entstehung neuer Branchenschwerpunkte in der Automobilwirtschaft und im Lo-gistiksektor und einer „Landflucht" junger Personen aus ostdeutschen Landkreisen speis-te. Jedoch waren die Arbeitslosenquote und der Anteil der Langzeitarbeitslosigkeit noch deutlich über dem Landesdurchschnitt.

Auswirkungen der Finanz- und Wirtschaftskrise in Leipzig
Zu Beginn der Finanz- und Wirtschaftskrise führten negative Prognosen und erste Auf-tragskündigungen bei Industrieunternehmen in der Region zur Wahrnehmung dringenden Handlungsbedarfs. In diesem Kontext wurden von unseren Gesprächspartnern die bereits angesprochenen Maßnahmen der Fiskalpolitik auf Bundes- und sächsischer Landesebene als bedeutsam erachtet. Darüber hinaus wurde in unseren Gesprächen auf den Einsatz öffentlicher Beschäftigungsprogramme im Rahmen des „Kommunal-Kombi"-Instruments hingewiesen. Dieses Instrument wurde auf Regionen mit besonders hoher und verfestigter Langzeitarbeitslosigkeit beschränkt. Sozialversicherungspflichtige Beschäftigungsver-hältnisse für Langzeitarbeitslose konnten bis zu drei Jahre gefördert werden, wenn die erstmalige Stellenbesetzung im Zeitraum zwischen Anfang 2009 und Ende 2009 lag. Der Bund bot einen Zuschuss in Höhe der Hälfte des Bruttoarbeitsentgelts der Arbeitnehmer bis zu 500 € monatlich, der durch eine kommunale Ko-Finanzierung bzw. Landesmittel aus Programmen des Europäischen Sozialfonds aufgestockt wurde (vgl. IAW und ISG 2013, zur Funktionsweise und allgemeinen Bewertung des Instruments). In Leipzig wur-den mit diesem Programm bis Februar 2010 insgesamt 1157 Stellen geschaffen (Stadt Leipzig 2011). Zusätzlich wurde in Leipzig eine „Task Force zur Krisenreaktion" mit dem Leiter der kommunalen Wirtschaftsförderung und Vertretern von Gewerkschaften und Kammern geschaffen. In dieser Task Force konnte an vorhergehende Erfahrungen mit gemeinsamen Abstimmungen zur Überwindung von Krisen, beispielsweise während des Hochwassers im Jahr 2002, angeknüpft werden. Anlässlich eines Praktiker-Workshops wurde aber auch kritisch angemerkt, dass die schnelle und konsensorientierte Zusammen-arbeit vorrangig in Krisenzeiten funktioniert, während nach überstandenen Krisen wieder gegensätzliche Interessen überwiegen.

Wie auch in unseren anderen Fallstudien ostdeutscher Städte und Kreise, beschränkte sich die Wirtschaftsförderung auch in Leipzig vorrangig auf nicht-monetäre Unterstüt-zungsleistungen für Investoren und Bestandsunternehmen. Im Gegensatz zu Dresden konnte der kommunale Schuldenhöchststand von 911 Mio. € (Jahr 2004) nur in geringem Maße abgebaut werden, was den Spielraum für finanzielle Fördermaßnahmen in Krisen-zeiten zusätzlich einschränkte. Trotzdem wurde nach Aussagen unserer Gesprächspartner während der Finanz- und Wirtschaftskrise der Grundstein dafür gelegt, erstmals ein eige-nes kommunales Förderprogramm zugunsten lokaler mittelständischer Unternehmen auf-zulegen. Dieses dreijährige Förderprogramm, das dazu dienen sollte, die Verringerung der Fördermittel aus dem EU-Strukturfonds ab dem Jahr 2014 aufzufangen, wurde schließlich mit einem jährlichen Fördervolumen von 500.000 € im Jahr 2013 eingeführt (Stadt Leip-zig 2013a).

Wie bereits an der Entwicklung von Erwerbstätigkeit und BIP in Leipzig erkennbar, hielten sich die negativen Folgen der Finanz- und Wirtschaftskrise trotz der Befürchtungen in einem überschaubaren Rahmen. Im Gegenteil setzte mit dem Ende der Krise ein noch stärkeres Bevölkerungs- und Wirtschaftswachstum ein, das durch zusätzliche Investitionsprojekte der Großinvestoren aus der Automobilindustrie und durch eine Intensivierung der Zuwanderung befeuert wurde. Die Arbeitslosenquote sank von 19,2 % im Jahr 2005 über 14,6 % im Jahr 2008 und 13,6 % im Jahr 2009 auf 10,8 % im Jahr 2012 (Bundesagentur für Arbeit 2015). Neben der Zuwanderung stiegen auch die Geburtenzahlen in Leipzig. Im Jahr 2014 wurde erstmals nach der Vereinigung ein Überschuss der Geburten über die Sterbefälle in Leipzig erzielt. Die Krisenwahrnehmung war daher in Leipzig ein kurzfristiges Phänomen.

Leipzig: Hype, Boom und „Armutshauptstadt"?
Wie im Fall Freiburgs sind auch bei der Fallstudie Leipzig typische Vorteile attraktiver urbaner Systeme zu beobachten:

- Der hohe Dienstleistungsanteil verringert das Risiko einer unmittelbaren Betroffenheit durch eine sinkende Exportnachfrage in anderen Ländern.
- Die geringe Verbundenheit zwischen den Branchen senkt das Risiko einer Ansteckung zwischen unterschiedlich betroffenen Branchen.
- Die hohe Attraktivität insbesondere für jüngere Erwerbspersonen aus ländlichen Regionen sichert die Verfügbarkeit flexibler und relativ günstiger Arbeitskräfte in den Dienstleistungssektoren. Zugleich trägt die Zuwanderung zur Nachfrage innerhalb der Stadt bei und kann auch die Entstehung neuer Segmente, beispielsweise im Bereich der „sharing economy", fördern.
- Durch eine hohe Bereitschaft der Bürger zum Engagement in zivilgesellschaftlichen Entwicklungsprozessen können Wohn- und Lebensbedingungen auch in Stadtteilen verbessert werden, die nicht aufgrund ihrer Innenstadtnähe im Fokus externer Investoren stehen.

Eine weitere Parallele zur Entwicklung in Freiburg im Breisgau ist das im landesweiten Vergleich eher schwächere Wachstum der Einkommen. Abbildung 3.12 illustriert dies anhand einer Betrachtung der Bruttoarbeitsentgelte in vier sächsischen Städten.

Die Einkommen stiegen in Leipzig zwar nach dem Jahr 2000. Aber gerade in der Phase, in der Bevölkerungs- und Wirtschaftswachstum in Leipzig stärker als in anderen Teilen Sachsens zunahmen, stieg das Einkommen in den kleineren sächsischen Städten Chemnitz und Zwickau stärker. Mit einer von vielen Medien aufgegriffenen Veröffentlichung einer Studie des Hans-Böckler-Instituts (Seils und Meyer 2012) erhielt Leipzig ab dem Jahr 2012 den Titel einer „Armutshauptstadt". In dieser Studie wurden auf der Basis von Angaben aus dem Mikrozensus die Armutsgefährdungsquoten, gemessen als Anteil der Personen mit einem Einkommen unterhalb von 60 % des bedarfsgewichteten Median-einkommens des Bundesgebietes, von 15 Großstädten im Zeitraum von 2005 bis 2011 verglichen.

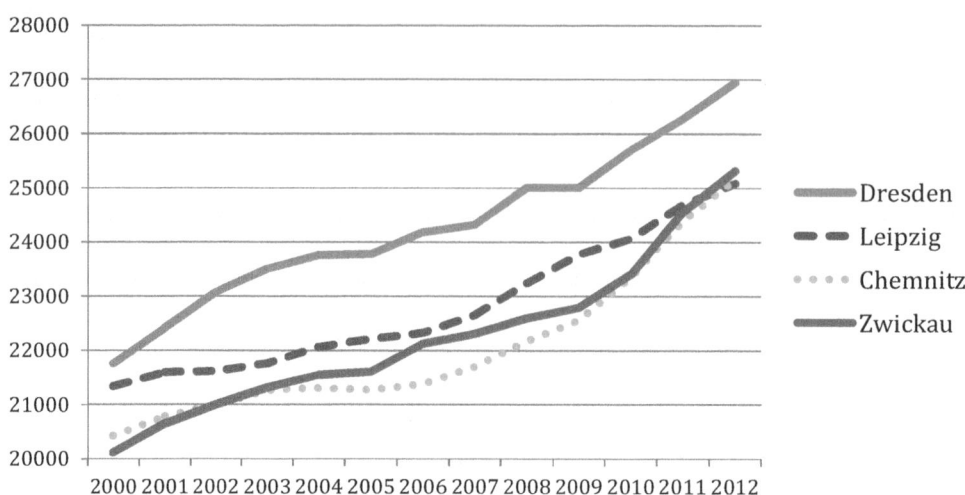

Abb. 3.12 Bruttolohn- und -gehaltssumme je Arbeitnehmer in sächsischen Städten, in €. (Quelle: VGRdL (2013))

Leipzig wies hierbei im Jahr 2011 mit 24,5 % die höchste Armutsgefährdungsquote auf. Es wurde jedoch auch darauf hingewiesen, dass diese Quote seit dem Jahr 2009 rückläufig war (Seils und Meyer 2012). In den Jahren 2012 und 2013 lag die Quote bei 25,4 % (2012) und 25,1 % (2013), in Dresden beispielsweise bei 19,4 % (2011), 19,8 % (2012) und 18,6 % (2013; zu allen Angaben vgl. Sozialberichterstattung 2015). Entsprechend lagen auch der Anteil der Bezieher von Leistungen aus SGB II (Arbeitslosengeld II und Sozialgeld) und die Schuldnerquote (Anteil der privaten Schuldner, die die Summe ihrer Zahlungsverpflichtungen nicht mehr begleichen können, an der Gesamtbevölkerung, die älter als 18 Jahre ist) im Jahr 2012 oberhalb der Werte für die sächsischen Vergleichsstädte Dresden und Chemnitz. Während die SGB II-Quote in Leipzig zumindest zwischen 2010 und 2012 rückläufig war, stieg die Schuldnerquote in diesem Zeitraum an (INKAR 2015).

Eine Bürgerumfrage der Stadt Leipzig zum Ende des Jahres 2014 kam zu dem Ergebnis, dass die Einkommensentwicklung in Leipzig große Unterschiede aufweist (Nößler 2015). Während die Durchschnittseinkommen im Jahr 2014 leicht anstiegen, stiegen die Einkommen der einkommensstärksten 20 % der Leipziger Haushalte überproportional und sanken die Durchschnittseinkommen Selbständiger. Zudem gab es kaum Veränderungen der Einkommen in der vorrangigen Zuwanderergruppe der 18–34-jährigen, was nochmals den „Schwarmstadt"-Aspekt unterstreicht, dass das zentrale Motiv der Zuwanderung nicht in der Erwartung höherer und steigender Einkommen zu sehen ist. Mit 1267 € lag das Nettoäquivalenzeinkommen (unter Beachtung der jeweiligen Haushaltsgrößen) im Jahr 2013 noch deutlich unter dem Bundesdurchschnitt von 1487 €.

Die Beobachtung der vergleichsweise schwächeren Einkommensentwicklung bei zugleich starkem Bevölkerungswachstum und allmählich steigenden Wohnkosten führte in den vergangenen zwei Jahren auch zu einer intensiveren Debatte über Gentrifizierung

in Leipzig (vgl. zu einer Systematisierung der Effekte Rink 2015). Die Einwohnerzahl
Leipzigs stieg bis zum Ende Juni 2015 auf mehr als 556,000, während sich der Wohnungsleerstand zwischen 2011 und 2014 halbierte (Stadt Leipzig 2015a). Nachdem die
Zuwanderung sich bis zum Jahr 2010 vorwiegend aus einer „Landflucht", insbesondere
aus benachbarten Regionen und anderen ostdeutschen Bundesländern, speiste (Simons
2014), nahm seit dem Jahr 2010 der Anteil der Zuwanderung aus Großstädten mit mehr
als 100.000 Bewohnern deutlich zu (Schultz 2015).[31] Diese Anpassung unterstreicht die
wachsende großräumige Attraktivität der Stadt, in der somit von einem weiteren Anstieg
der Wohnnachfrage auszugehen ist. Als weitere Dimension eines wachsenden Risikos der
Gentrifizierung sind Disparitäten in Einkommen und Arbeitsmarktchancen zu beachten.
Die Einkommen sind in Leipzig im Vergleich zu anderen Großstädten in Deutschland
weniger ungleich verteilt (vgl. zu den folgenden Zahlen Sozialberichterstattung 2015). So
ist der Anteil der Bürger, deren Einkommen unterhalb von 60 % des Medianeinkommens
der Leipziger Bürger liegt, zunächst kontinuierlich zwischen den Jahren 2005 und 2009
von 16,7 auf 19,1 % gestiegen, dann auf 15,8 % im Jahr 2011 gesunken, um schließlich auf
16,8 % im Jahr 2013 zu steigen. Damit lag der Wert jedoch deutlich unter dem Spitzenwert
der deutschen Großstädte im Jahr 2013 (Stuttgart: 20,4 %), wenn auch erstmals seit 2009
wieder oberhalb des Anteils in Dresden (2013: 16,0 %).

Vor diesem Hintergrund einer wachsenden Knappheit des Wohnraums und ansteigen-
der Wohnkosten stellt sich auch für das Modell der „Wächterhäuser" die Herausforderung
eines Übergangs von günstigen Zwischennutzungen in dauerhafte Nutzungsbedingungen.
Ein seit dem Jahr 2009 zunehmend praktiziertes Modell stellen so genannte „Kollektiv-
häuser" dar (Wendt 2014). Im Unterschied zu Baugemeinschaften, bei denen individuelles
Eigentum an individuellen Wohneinheiten erworben wird, wird bei diesem Modell die
Immobilie von einem Kollektiv (beispielsweise in Form einer Genossenschaft oder eines
Vereins) erworben. Deutschlandweit hat sich in diesem Kontext ein Solidarverbund von
Kollektivhäusern mit 96 Projekten entwickelt (Mietshäuser Syndikat 2015), der einerseits
zur gegenseitigen Unterstützung in der Startphase bei noch geringen Finanzierungsmitteln
dient und andererseits der Schaffung externer Kontrollen, um spekulative Weiterkäufe
bei Einzelprojekten zu verhindern. Dieser Verbund ging aus den Erfahrungen einer Bau-
Kooperative in Freiburg hervor und wurde bereits im Jahr 1993 in Freiburg gegründet.[32]
Schwerpunkte des Verbunds sind Berlin (16 Projekte), Freiburg (13 Projekte) und Leipzig (7 Projekte; Mietshäuser Syndikat 2015). Versuche im Rahmen der Stadtentwicklung,
durch vermehrte Bürgerbeteiligung zu einem relativ frühen Zeitpunkt vor abschließenden
Planungsentscheidungen zu einer besseren Berücksichtigung der stadtteiltypischen Anforderungen zu gelangen, wurden beispielsweise in einem Pilotprojekt („Leipzig weiter
denken") erprobt, jedoch noch nicht systematisch eingebunden. Hierbei ist jedoch auch

---

[31] Zwischen 2010 und 2014 wurde eine Verfünffachung des Wanderungssaldos auf 3422 Personen
festgestellt (Schultz 2015).

[32] Auch das bereits im Zusammenhang mit dem Freiburger Entwicklungsprojekt Vauban beschriebene Projekt S.U.S.I. ist seit 1997 Mitglied des Verbunds.

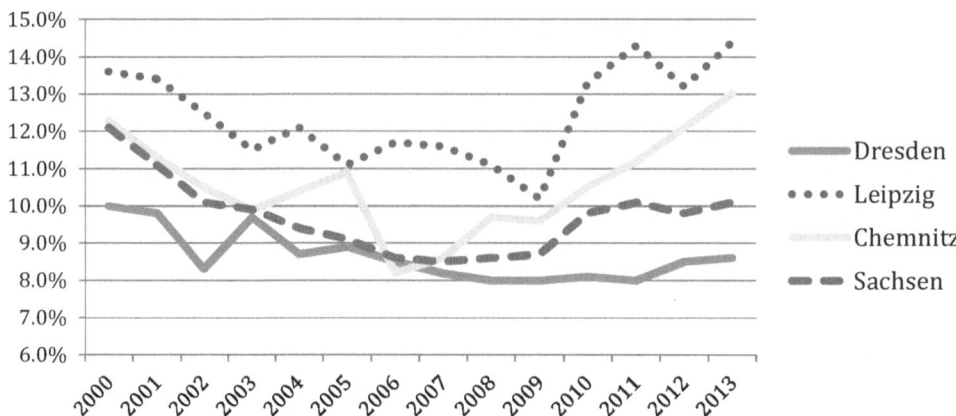

Abb. 3.13 Anteil der Absolventen der allgemeinbildenden Schulen ohne Hauptschulabschluss an der Gesamtzahl der Absolventen, in %. (Quelle: Statistisches Landesamt Sachsen (2015))

zu berücksichtigen, dass gerade die Entwicklung in Leipzig in den vergangenen 25 Jahren von vielfältigen Überraschungen und Wendungen (von „ist Leipzig noch zu retten" zur „Boomtown" über „schrumpfende Stadt" zu „Hypezig" ebenso wie von angestrebten Schwerpunkten im Verlags- und Mediensektor bis zur Logistikmetropole) geprägt war, die Planungen im Moment ihrer Umsetzung bereits aufgrund veränderter Umfeldbedingungen obsolet werden ließ (vgl. auch Steinführer et al. 2009).

Ein großes Problem stellt jedoch auch aus Sicht unserer Gesprächspartner die Segmentierung im lokalen Arbeitsmarkt dar. Zwar nahm die Zahl der Erwerbstätigen auch durch die industriellen Investitionen zu, und die Arbeitslosenquote sank. Zugleich werden jedoch die Vermittlungschancen für die verbleibenden Langzeitarbeitslosen als gering eingeschätzt, da der Anteil formal gering qualifizierter Erwerbspersonen in dieser Gruppe relativ hoch ist. Dazu passt, dass Leipzig seit Jahren in Sachsen die Stadt mit dem höchsten Anteil an Schulabgängern ohne Hauptschulabschluss ist (vgl. zu Ursachen und Maßnahmen zur Überwindung in Leipzig auch Torreiter 2015). Abbildung 3.13 illustriert diese Entwicklung, die auch zeigt, dass der positive Trend einer Verringerung dieses Anteils sich zuletzt wieder ins Gegenteil veränderte. Die Gefahr besteht daher, dass ein Teil der Bevölkerung nicht an der positiven Wirtschaftsentwicklung partizipieren kann.

Deutliche Unterschiede zwischen Freiburg und Leipzig zeigen sich in der Branchenstruktur und beim Aufbau des lokalen Innovationssystems. Die industrielle Struktur Leipzigs wurde im vergangenen Jahrzehnt stark durch externe Investitionen geprägt. Daraufhin stieg im Gegensatz zur Situation in Freiburg zunächst der Anteil des produzierenden Gewerbes an der lokalen Wertschöpfung an. Für die Automobilindustrie, die völlig neu an den Standort kam, entstand die Chance neuartiger Verknüpfungen zu Dienstleistungs- und Forschungsbereichen (Weyh und Otto 2014). Die Beteiligung an Programmen der Bundesregierung im Bereich der Elektromobilität und die Investitionen von BMW zur Produktion der neuen Elektrofahrzeuge in Leipzig zeugen von einer entsprechenden Entwicklung. Im Gegensatz zu Freiburg verbleibt das lokale Innovationssystem in Leipzig bislang jedoch noch wenig verbunden. Während in Freiburg die Universität und die Fraunhofer-Institute als zentrale Akteure der Forschungsschwerpunkte agieren und durch Spin-offs zum weiteren Wachstum beitragen, weisen auch Plöger und Lang in ihrer Studie zur Entwicklung in Leipzig auf der Basis einer qualitativen Studie auf die vergleichsweise wenig zentrale Rolle der lokalen Universität hin (Plöger und Lang 2013). Als Begründung wird auf das Fehlen technischer Schwerpunkte in der Universität verwiesen, während Dresden und Chemnitz über technische Universitäten verfügen und Leipziger Unternehmen daher häufiger mit Forschungspartnern in diesen beiden Städten kooperieren als umgekehrt (vgl. auch Heimpold 2010).[33] Auch in Freiburg setzte die zentrale Rolle der Hochschule für Clusterentwicklungen in besonderer Weise mit der Gründung eines technischen Fachbereichs ein. Die lokale Forschungsinfrastruktur deckt vielfältige Bereiche ab, was jedoch angesichts des weitgehenden Fehlens größerer Privatunternehmen mit Forschungsabteilungen in Leipzig die Entstehung einer „kritischen Größe" durch Spezialisierung in einem bestimmten Segment erschwert. Hier zeigt sich möglicherweise wiederum der bereits im zweiten Kapitel angesprochene Zielkonflikt zwischen der Effizienz durch Größenvorteile und Konzentration auf der einen Seite und Resilienz durch Vielfalt und Begrenzung von Ansteckungseffekten auf der anderen Seite. Daher ist auch in der nahen Zukunft Leipzigs von einem selektiven Wachstum der Branchen in Abhängigkeit privater – an den jeweiligen Hauptsitzen der Unternehmen außerhalb der Region gesteuerter – Investitionsprojekte auszugehen, was das Risiko plötzlicher Schocks und damit verbundener Anforderungen an die wirtschaftliche Resilienz beibehält.

3.2.4   Lektionen aus den Erfahrungen in urbanen Dienstleistungsregionen

Zu Beginn dieses Kapitels verwiesen wir auf die Hypothesen in der wissenschaftlichen Literatur, die von guten Chancen zur Verhinderung und/oder Bewältigung von Krisen für urbane Regionen mit einem hohen Anteil an Dienstleistungsbranchen und einer vielfältigen und zugleich unverbundenen Branchenstruktur ausgehen. Die Fallstudien in Freiburg und Leipzig zeigen dementsprechend auch eine vergleichsweise geringe Betroffenheit in der Finanz- und Wirtschaftskrise. Zugleich wurden jedoch in den Fallstudien auch die Voraussetzungen und Risiken einer solchen Struktur beobachtet. Beide Städte profitieren von einem hohen Engagement ihrer Bürger, verfügen aufgrund ihrer geografischen Lage und historischen Prozesse über eine Attraktivität für (jüngere) Zuwanderer und eine größere Akzeptanz geringerer Einkommen als in vergleichbaren Städten. Die starke Zuwanderung im Zuge einer „Schwarmentwicklung" erhöht das Potential gut qualifizierter und junger

---

[33] Hierzu passen auch Ergebnisse einer Analyse der Patentanmeldungen bei der Europäischen Patentbehörde, die Co-Patentierungen vornehmlich von Partnern in Chemnitz und Dresden beobachtete, während Verknüpfungen mit Partnern in Leipzig aufgrund unterschiedlicher Schwerpunkte und Strukturen seltener zu beobachten sind (VDI und ZEW 2015).

Erwerbspersonen, birgt jedoch auch das Risiko einer wachsenden Segmentierung aufgrund steigender Wohn- und Lebenshaltungskosten und einsetzender Gentrifizierung, die wiederum die Attraktivität für weitere Zuwanderer mindern kann. In beiden Fällen konnte die besondere Bedeutung der kommunalen Stadtentwicklungspolitik auch für mittelfristige wirtschaftliche Prozesse betont werden, was die Notwendigkeit einer Koordination von Wirtschaftsförderung und Stadtentwicklung aufzeigt. Im Gegensatz zu den Regionen mit „Leuchtturmindustrien" sind Verbundenheit der Branchen untereinander und Spezialisierung geringer, was einerseits das Risiko starker Ansteckungseffekte in Krisensituation mindert, andererseits aber auch Anpassungsmöglichkeiten durch Verlagerung in benachbarte Branchen erschwert. Zugleich mindert das Fehlen kritischer Mindestgrößen in jungen Industrien das Wachstum der Produktivität und Einkommen. Es kommt daher zu einem „bunten Nebeneinander" an Branchen, die aber jede für sich aufgrund der fehlenden Größe und Verbundenheit keine spezifischen regionsübergreifenden Alleinstellungsmerkmale entwickeln können. Analog zur Darstellung für die Städte mit „Leuchtturmindustrien" werden auch in diesem Abschnitt zum Abschluss Chancen und Risiken dieser Fallstudien in einer Tabelle zusammengefasst (Tab. 3.6).

Die Darstellung der spezifischen Voraussetzungen in den beiden Fallstudienregionen und die verbleibenden Herausforderungen verdeutlichen nochmals die Notwendigkeit einer Beachtung der jeweiligen regionalen Ausgangsbedingungen, um Aussagen über mögliche Wege zur Erhöhung der regionalen wirtschaftlichen Resilienz vornehmen zu können. Diese Beobachtung prägt auch die Darstellung des folgenden Kapitels, das sich mit Erfahrungen beim Aufbau von Anpassungsfähigkeiten in altindustriellen Regionen des Ruhrgebiets anhand zweier Beispielstädte beschäftigt.

Tab. 3.6 Zusammenfassung der Ergebnisse zu den Fallstudien in urbanen Dienstleistungsregionen mit hoher unverbundener Branchenvielfalt

Stärken und Voraussetzungen	Schwächen und Grenzen
Freiburg	*Freiburg*
Hohe Attraktivität der Wohn- und Lebensbedingungen durch gezielte Stadtentwicklung	Vorrangig kleine und junge Industrieunternehmen; standortexterne Steuerung langjähriger mittelständischer Industrieunternehmen
Hohe Bedeutung der Universität und Fraunhofer-Institute als zentrale Akteure im lokalen Innovationssystem	Vergleichsweise geringere private Investitionen; höhere Bedeutung öffentlicher Forschungsinvestitionen
Frühzeitige Investitionen in innovative Forschungsfelder wie Solarforschung und Mikrosystemtechnik	Vergleichsweise schwächeres Wachstum der Einkommen
Erweiterung der Bürgerbeteiligung und Interaktion in Prozessen mittelfristiger Stadtentwicklung	Unterschiedliche Strukturen und Anreize in den benachbarten Regionen in der Schweiz und Frankreich
Gute Erschließung durch Fernverkehrsinfrastrukturen	
Vielfältige regions- und grenzübergreifende Ansätze zur Koordination	

Tab. 3.6 (Fortsetzung)

Stärken und Voraussetzungen	Schwächen und Grenzen
Leipzig	*Leipzig*
Zentrale Lage und ausgebaute Fernverkehrsinfrastruktur	Fehlen einer „kritischen Größe" in der Entwicklung lokaler Unternehmens- und Clusterstrukturen ⇒ hohe Bedeutung standortexterner privater Investoren
Starke Bereitschaft zu zivilgesellschaftlichem Engagement in Stadtentwicklungsprozessen und Reputation als „Ort der friedlichen Revolution"	Vergleichsweise wenig fokussierte und integrierte Forschungsinfrastruktur
Sehr große Branchenvielfalt und Branchenflexibilität	Schwach ausgebaute formale Kooperation mit benachbarten Regionen
Außenwirkung durch Leitmessen und Standort der Künste (Malerei; Literatur, Musik)	Vergleichsweise hohe Arbeitslosenquote und schwächere Einkommensentwicklung
Hohe Attraktivität der Wohn- und Lebensbedingungen bei vergleichsweise geringen Kosten	
Chancen und Potentiale	**Risiken und Gefahren**
Freiburg	*Freiburg*
Schaffung und Ausbau von Technologieplattformen auf der Basis von Forschungskompetenzen	Wachsende Segmentierung aufgrund steigender Wohnkosten
Räumliche Integration von Wohnen und Arbeiten	Gentrifizierung und Konzentration attraktiver Wohnbedingungen auf Bevölkerungsgruppen mit höheren Einkommen
Hoher Anteil formal hoch qualifizierter Erwerbspersonen	Begrenzte Vereinbarkeit wachsender Einwohnerzahlen mit hoher Umweltqualität
Verjüngung der Altersstruktur durch Zuwanderung; Verbleibsquote der Zuwanderung aus Studiengründen	Abschreckungswirkung der Reputation als „Öko-Hauptstadt" gegenüber Industrieunternehmen
Wachsende Nachfrage nach Expertise im Bereich des Klimaschutzes	
Leipzig	*Leipzig*
Selbst verstärkender Prozess der Zuwanderung formal hoch qualifizierter Erwerbspersonen und des Bevölkerungswachstums	Kurzfristigkeit der Zuwanderung im Rahmen von „Schwarmprozessen"
Verknüpfung zwischen neuen Industrieschwerpunkten in der Automobilindustrie und Dienstleistungsbranchen	Gentrifizierung und Verstärkung der Segmentierung zwischen unterschiedlichen Einkommens- und Qualifikationsgruppen
Verknüpfung mit benachbarten Regionen in Mitteldeutschland	Abhängigkeit von standortexternen Investitionsentscheidungen
Erzielung einer „kritischen Größe" durch Verknüpfung der Forschungsinfrastruktur mit Branchenentwicklungen	Wegfall bzw. deutliche Verringerung der Förderung durch EU-Strukturfonds und Solidarpakt

3.3 Absprung aus den alten Industrien? Erfahrungen in Dortmund und Gelsenkirchen

3.3.1 Ausgangsüberlegungen

Altindustrielle Regionen werden in wissenschaftlichen Aufsätzen zur wirtschaftlichen Resilienz als Prototypen nicht resilienter Regionen genannt, da in ihnen zumeist zwei Negativfaktoren zusammenkommen (beispielsweise Groot et al. 2011; Martin 2012; Jakubowski et al. 2013; vgl. demgegenüber zur Resilienz der Stahlindustrie in Pittsburgh Treado 2010). Einerseits sind altindustrielle Regionen zumeist Opfer interner, allmählich entstehender Strukturkrisen, die in den dominanten Branchen der Regionen entstehen. Geraten diese dominanten Branchen durch externe Einflüsse unter einen zusätzlichen Anpassungsdruck, verändern sich die „slow-burning changes" zu akuten Krisen, die aufgrund mangelnder Branchenvielfalt und Abhängigkeit von der dominanten Branche die gesamte Region heimsuchen (vgl. bereits Klemmer 1992). Andererseits löst die Dominanz ursprünglich stark wachsender Branchen Veränderungsbarrieren im Bereich der Politik, Ausbildung, Karriereplanung und Marktstrategien aus, die zu einer erhöhten Anfälligkeit für negative Schocks führen und die Reaktionsfähigkeit begrenzen (Grabher 1993; Hassink 2009). Die Regionen verpassen daraufhin strukturelle Veränderungen, und mit jedem erneuten konjunkturellen Schock steigen Arbeitslosigkeit und Abwanderungsdruck, die nach dem Schock nicht mehr abgebaut werden können (vgl. zu diesem so genannten „Hysterese-Effekt" auch Martin 2012). Als Folge entsteht eine Negativspirale, aus der sich die Regionen bestenfalls nur mittelfristig durch eine Verknüpfung von eigenen Kräften und externer Unterstützung befreien können (vgl. zu entsprechenden Erfahrungen beispielsweise Trippl und Otto 2009).

Das Ruhrgebiet wiederum gilt als ein Prototyp altindustrieller Regionen, da sich in diesem geografischen Raum zahlreiche typische Faktoren altindustrieller Regionen und ein vergleichsweise langer Zeitraum angestrebten Strukturwandels bündeln (vgl. zusammenfassend Wink 2015). Bis in die 1960er Jahre war das Ruhrgebiet eine wirtschaftliche Wohlstandsregion, die von der starken Nachfrage nach Kohle und Stahl profitierte. Mit der wachsenden Bedeutung des Rohöls als zentraler fossiler Energieressource und geringeren Kosten für den Import von Kohle kam es ab Mitte der 1960er Jahre zu einer Reduktion der Steinkohleproduktion im Ruhrgebiet, der ab Mitte der 1970er Jahre eine Verringerung der Stahlproduktion als Reaktion auf sinkende Weltmarktpreise folgte. Daher ergab sich seit den 1960er Jahren die Notwendigkeit eines Übergangs von den dominanten Branchen der Schwerindustrie zu neuen wettbewerbsfähigen Wirtschaftsstrukturen. Die nachfolgende Liste der Probleme auf dem Weg zu neuen Strukturen erhebt keinen Anspruch auf Vollständigkeit, soll aber die Vielgestaltigkeit der Anpassungsbarrieren aufzeigen (vgl. zu den Anpassungsproblemen u. v. a. Hospers 2004; Goch 2002; Heinze et al. 2004; Grabher 1993; Hamm und Wienert 1989):

- fehlende Hochschulen und Forschungseinrichtungen[34]
- fehlende Vielseitigkeit der Qualifikationen
- Ausrichtung der Infrastruktur an den Bedürfnissen der Schwerindustrie
- fehlende Dienstleistungsmärkte
- geringe Bereitschaft der Arbeiter aus der Schwerindustrie zum Wechsel, da das Einkommensniveau in anderen Branchen geringer war
- fehlende Verfügbarkeit geeigneter Flächen, da diese einerseits schadstoffbelastet und andererseits im Besitz der Unternehmen aus der Schwerindustrie waren
- enge Verknüpfungen zwischen regional- und lokalpolitischen Akteuren mit den Vertretern der Schwerindustrie und hieraus folgend Eintrittsbarrieren für neue Investoren
- schwache Koordination zwischen den benachbarten Städten
- Zugehörigkeit der Ruhrgebietsstädte zu drei verschiedenen Regierungsbezirken

In der Folge zählten die Ruhrgebietsstädte seit den 1970er Jahren zu den Orten in der Bundesrepublik mit den höchsten Arbeitslosenquoten und zugleich – solange die Schwerindustrie mit ihrer hohen Konjunkturanfälligkeit die Regionalwirtschaft prägte – zu den Orten mit besonders starken Konjunkturschwankungen. Jede Rezession löste einen weiteren Anstieg der Arbeitslosenquoten aus, der in nachfolgenden konjunkturellen Erholungszeiten nicht mehr abgebaut werden konnte (Hamm und Wienert 1989). Die wenig attraktiven regionalen Arbeitsmärkte führten zu einer Abwanderung jüngerer und gut qualifizierter Fachkräfte, was neben Engpässen im Bereich des Humankapitals auch eine im bundesdeutschen Vergleich besonders schnelle Alterung der Bevölkerung zur Folge hatte (Neumann 2005).

Nach mehr als drei Jahrzehnten der Förderung des Strukturwandels gilt das Ruhrgebiet jedoch seit der Jahrtausendwende zunehmend als Beispiel überwundener Abhängigkeiten von der Schwerindustrie (vgl. zu einem Überblick über die nordrhein-westfälische Strukturpolitik Goch 2004 sowie zu Einschätzungen über den Stand des Strukturwandels im Ruhrgebiet Lageman et al. 2005; Bogumil et al. 2012). Großprojekte wie die Internationale Bauausstellung IBA Emscher-Park und die Wahl Essens und des Ruhrgebiets als Europäische Kultur-Hauptstadt 2010 dienten der Verdeutlichung eines Übergangs der Industriestätten zu Standorten für Kultur- und Kreativbranchen (Cooke und Rehfeld 2011; Jacuniak 2012). Zugleich veränderte sich ab 1987 die Organisation der regionalen Strukturpolitik in NRW. Die Städte und Kreise wurden zu Regionen zusammengefasst, die sich ihrerseits mit gemeinsamen Entwicklungskonzepten zur Stärkung der eigenen Potentiale um Fördermittel bewerben konnten (Heinze et al. 2004; Goch 2004).

In diesem Abschnitt wollen wir anhand von zwei Standorten untersuchen, inwieweit dieser Wandel auch zu regionaler wirtschaftlicher Resilienz in der Finanz- und Wirtschaftskrise führte. Als Beispielstädte wurden Dortmund und Gelsenkirchen ausgewählt. Diese Wahl folgte weniger der etablierten und fortwährenden Rivalität der beiden Standorte erfolgreicher Fußballvereine im Ruhrgebiet, sondern der Betrachtung von zwei Standorten

---

[34] Die erste Universität im Ruhrgebiet wurde erst 1965 in Bochum eröffnet.

mit unterschiedlichen Ausgangsbedingungen. *Dortmund* als Standort entlang des historischen Hellwegs, der als Handelsweg das Ruhrgebiet von Ost nach West durchzog, gehörte
zu den Städten, die vergleichsweise frühzeitig im 19. Jahrhundert mit der Schwerindustrie
wuchsen. Zugleich wurde der Strukturwandel frühzeitiger als im Norden des Ruhrgebiets
begonnen (vgl. hierzu ausführlicher Wink 1996). Dienstleistungsunternehmen und Unternehmenszentralen wurden daher vorrangig entlang des Hellwegs angesiedelt. *Gelsenkirchen* steht stellvertretend für Städte im Norden des Ruhrgebiets. Hier wurde die Kohle-
produktion auch nach dem zweiten Weltkrieg noch ausgebaut, und – da die Stahlstandorte
bereits weitgehend entlang Rhein und Ruhr auf- und ausgebaut waren – erste Ansätze
einer Industrialisierung in benachbarten Feldern vollzogen. Der Strukturwandel betraf den
Ruhrgebietsnorden verzögert, aber dafür mit besonderer Härte, da erste Schritte der Akquisition von Direktinvestitionen und Entwicklung neuer Industriestandorte ebenso wie
Hochschulgründungen und Stärkungen lokaler Dienstleistungsmärkte bereits in anderen
Teilen des Ruhrgebiets vollzogen worden waren. In den beiden Fallstudien wird es daher
auch darum gehen, inwieweit diese Unterschiede den Aufbau von Anpassungsfähigkeiten
und Reaktionen während und nach der Finanz- und Wirtschaftskrise prägten.

3.3.2 Aufbau neuer Strukturen als „Projekt"? Erfahrungen in Dortmund

Ähnlich wie bei den durch Dienstleistungen geprägten Städten des vergangenen Abschnitts Leipzig und Freiburg hinterließ die Finanz- und Wirtschaftskrise im Fall Dortmunds kaum Spuren bei den Indikatoren BIP und Erwerbstätigkeit, wie die Abb. 3.14 und
3.15 illustrieren.

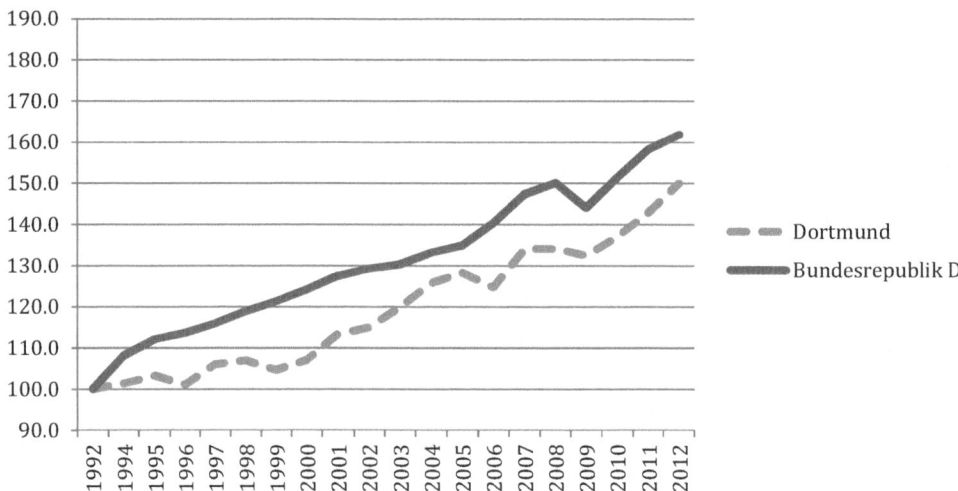

Abb. 3.14 BIP zu Marktpreisen in Dortmund und im Bundesdurchschnitt, 1992 = 100. (Quelle:
VGRdL (2015))

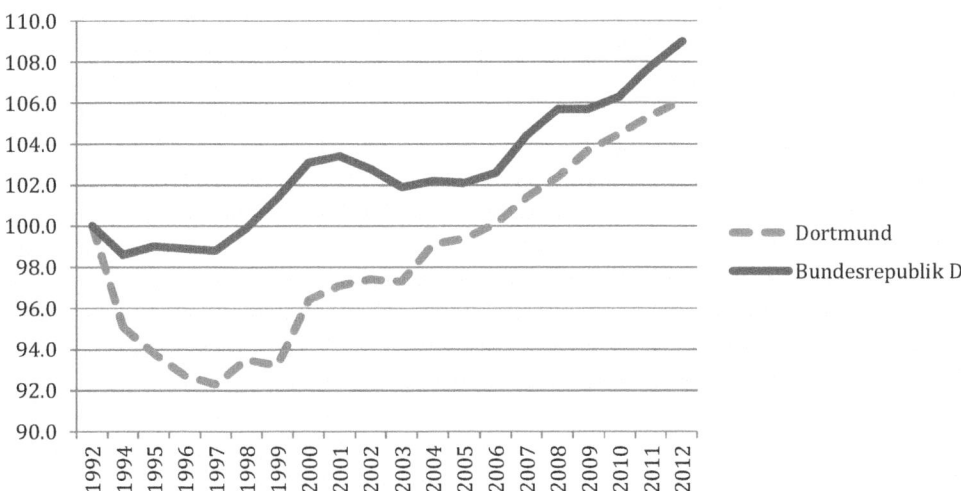

Abb. 3.15 Zahl der Erwerbstätigen in Dortmund und im Bundesdurchschnitt, 1992 = 100. (Quelle: VGRdL (2015))

Das Dortmunder BIP stieg schwächer im Jahr 2008 als im Jahr zuvor und sank leicht im Jahr 2009, aber verglichen mit den Jahren 1996 und 2006 hielt sich der Rückgang in Grenzen. Insgesamt zählt das Krisenjahr 2009 neben den „Aufholjahren" zwischen 2003 und 2005 und dem Jahr 2012 zu den Jahren, in denen das lokale BIP-Wachstum den bundesdeutschen Wert überstieg. Damit war die Entwicklung des BIP in Dortmund auch positiver als auf Landesebene, da das reale BIP in NRW im Jahr 2009 nur geringfügig unterhalb des bundesweiten Wertes schrumpfte ($-5,3\%$ gegenüber $-5,6\%$ auf Bundesebene; siehe VGRdL 2015, mit Angaben auf der Basis der WZ 2008).

Die Erwerbstätigkeit in Dortmund stieg sogar unverändert zwischen den Jahren 2003 und 2012 an, und die Finanz- und Wirtschaftskrise sorgte hier für keine Abschwächung. Allerdings vollzog sich bei den Quellen des Wachstums der Erwerbstätigkeit eine Verschiebung (vgl. zu den Daten VGRdL 2015). Bis zum Ausbruch der Finanz- und Wirtschaftskrise im Jahr 2008 wuchs die Beschäftigung im Segment „*Finanz-, Versicherungs- und Unternehmensdienstleister, Grundstücks- und Wohnungswesen*", während der Spitzenwert des Jahres 2008 bis zum Jahr 2012 nicht mehr erreicht werden konnte. Demgegenüber wuchsen ab dem Jahr 2009 die Segmente „*öffentliche und sonstige Dienstleistungen, Erziehung und Gesundheit, Private Haushalte mit Hauspersonal*" und insbesondere „*Handel, Verkehr und Lagerei, Gastgewerbe, Information und Kommunikation*", deren Beschäftigungswachstum bis dahin eher schwach war. Im produzierenden Gewerbe, dessen Anteil an der Gesamtbeschäftigung in Dortmund allerdings auch nur um die 10 % beträgt, kam es während der Krise zu einem leichten Beschäftigungsrückgang, der bis 2012 wieder ausgeglichen werden konnte.

Zugleich verdeutlicht Abb. 3.15 auch den vergleichsweise starken Rückgang der Erwerbstätigkeit in Dortmund in den 1990er Jahren, der im Zusammenhang mit den letzten Phasen einer fortschreitenden De-Industrialisierung zu sehen ist. Zwischen 1960 und

1994 sank die Zahl der Industriebeschäftigten in Dortmund von 127.000 auf 37.000 (Irle und Röllinghoff 2008). Der zusätzliche Einbruch in den 1990er Jahren schuf zugleich die Basis für eine Initiative zum Vollzug eines vollständigen Bruchs mit der industriellen Vergangenheit zugunsten eines neuen Entwicklungspfads, dessen Ausgangspunkt das so genannte „dortmund project" bildete (Küpper 2005). Vor einer Erläuterung dieser strategischen Maßnahmen erfolgt wiederum ein chronologischer Überblick über Ereignisse und Entscheidungen in Dortmund, der angesichts der Langfristigkeit des Wandlungsprozesses in Dortmund ähnlich wie in Freiburg mit ersten Entwicklungen in den 1980er Jahren beginnt. In dieser Fallstudie wie auch in der Fallstudie zu Gelsenkirchen werden zudem auch Ereignisse und Entscheidungen auf der Ebene des Ruhrgebiets aufgeführt, soweit diese Auswirkungen auf Entwicklungen in Dortmund und Gelsenkirchen ausübten (Tab. 3.7).

Tab. 3.7 Zeitleiste für die Entwicklung in Dortmund

1981
Gründung des Fraunhofer-Instituts für Materialfluss und Logistik IML
1987
Schließung der letzten Kohlezeche in Dortmund („Minister Stein")
1988
Gründung des Technologieparks am Technologiezentrum der Universität Dortmund (Gründung des Technologiezentrums im Jahr 1985)
1989
Beginn der Internationalen Bauausstellung IBA Emscher-Park Gründung des Initiativkreises Ruhrgebiet (später: Initiativkreis Ruhr)
1991
Übernahme der Hoesch AG durch Krupp (heute: ThyssenKrupp AG)
1992
Gründung des Fraunhofer-Instituts für Software- und Systemtechnik ISST
1993
Eröffnung der DASA – Arbeitswelt Ausstellung Aufnahme des Stadtteils Dortmund-Nordstadt in das Landesaktionsprogramm NRW für Stadtteile mit besonderem Sanierungsbedarf
1994
Gründung des Zentrums für innovative Energiekonversion und -speicherung (heute: EUS GmbH)
1997
Zusammenschluss der zwei größten bundesdeutschen Stahlunternehmen Krupp-Hoesch und Thyssen Stahl AG
1998
Gründung der Kultur Ruhr AG Aufnahme der Kokerei Hansa in die Route Industriekultur
1999
Beendigung der Internationalen Bau-Ausstellung IBA Emscher-Park Verlust der absoluten Mehrheit der SPD in Dortmund bei den Kommunalwahlen

Tab. 3.7 (Fortsetzung)

2000
Beginn des „dortmund projects"
Gründung der Dortmunder Stiftung zur Förderung von Projekten in Wissenschaft und For-
schung, Bildung, Erziehung und Kultur
Gründung der Projekt Ruhr GmbH (Vorgänger der wirtschaftsförderung metropoleruhr GmbH)
Beginn des Projekts „Städteregion Ruhr 2030"
Abschluss des Ausbaus am Flughafen Dortmund-Wickede; erstmals mehr als 1 Mio. Fluggäste

2001
Schließung der letzten Stahlhütte Phönix-Ost
Erste Ruhr-Triennale

2002
Erste operative Aktivitäten an der MST.factory
Initiierung des Nachbarschaftsmanagements in Dortmund-Nordstadt
Eröffnung des Konzerthauses

2003
Eröffnung der „Phönix-Halle" als Veranstaltungs- und Ausstellungsort

2004
Umbenennung des Kommunalverbands Ruhr (KVR) in Regionalverband Ruhr (RVR)
Beginn des Flugangebots von „Billigflug-Airlines" am Flughafen Dortmund-Wickede

2005
Eröffnung der MST.factory auf dem Phönix-Gelände
Integration des „dortmund projects" in die kommunale Wirtschaftsförderung

2006
Architektenwettbewerb für die Landschaftsgestaltung auf dem Phönix-Gelände

2007
Umbenennung der Universität in Technische Universität Dortmund
Gründung der wirtschaftsförderung metropoleruhr GmbH (wmr)

2008
Präsentation der Studie „Ruhr 2030" durch den Initiativkreis Ruhrgebiet
Neue Strategieziele durch die kommunale Wirtschaftsförderung im Rahmen des Projekts „Dort-
mund 2018"
Eröffnung des Zentrums für Produktionstechnologien

2009
Fertigstellung der ersten privaten Investitionsprojekte auf dem „Phönix-Gelände"
Ansiedlung des Raith Head Office im Bereich der Nanotechnologie
Beginn der Erschließung des Geländes „Westfalenhütte" für einen Logistikpark
Ansiedlung des Orchesterzentrums NRW in Dortmund
Übertragung zusätzlicher Planungskompetenzen an den RVR

2010
Essen und das Ruhrgebiet als „Europäische Kulturhauptstadt" („Ruhr 2010")
Eröffnung des „Dortmunder U" als Zentrum für Kunst und Kreativität
Abschluss der Flutung des „Phönix-Sees"
Auswahl des „EffizienzClusters LogistikRuhr" als Spitzencluster im Rahmen der Hightech-Stra-
tegie der Bundesregierung

2011
Eröffnung des Phönix-Parks und Phönix-Sees für die Öffentlichkeit
Übertragung des Nachbarschaftsmanagements in der Nordstadt an die Stadtentwicklung Nord

Strukturwandel entlang von Projekten

Der von uns vorrangig betrachtete Zeitraum zwischen 1990 und der Finanz- und Wirtschaftskrise markiert für Dortmund den endgültigen Abschied von seiner Tradition in der
Schwerindustrie und die Entwicklung neuer Schwerpunktaktivitäten auf der Basis von
Projekten, die „das neue Dortmund" (so das Leitbild des „dortmund projects") ermöglichen sollten (vgl. zur kritischen Diskussion dieser Bemühungen um das „radikal Neue"
beispielsweise Frank und Greiwe 2012). Nachdem 1987 die letzte Zeche in Dortmund
geschlossen wurde, führte in den 1990er Jahren der Konsolidierungsprozess in der Stahlindustrie zum allmählichen Zusammenschluss der drei dominanten deutschen Stahlunter-
nehmen, deren Wurzeln jeweils im Ruhrgebiet lagen. Nach Vollzug der Zusammenschlüsse zum neuen Unternehmen ThyssenKrupp AG entschied die Unternehmensleitung, die
Produktionsaktivitäten in Dortmund nahezu vollständig aufzugeben. Für die Stadt Dortmund ergab sich hieraus die Herausforderung, den Verlust an Arbeitsplätzen auszugleichen. Zugleich verband sich mit dieser Herausforderung jedoch auch eine große Chance, da mit der Schließung, dem Verkauf und der Demontage des Stahlwerks nach China
eine sehr große Fläche (200 ha) in Innenstadtnähe verfügbar wurde und das Unternehmen
ThyssenKrupp sich an der Finanzierung eines Übergangsprojekts beteiligte (vgl. auch Irle
und Röllinghoff 2008; Kohlhaas-Weber und Plöger 2013). Dieses Projekt („dortmund
project") wurde von der Unternehmensberatung McKinsey entwickelt und zielte auf die
Entstehung neuer Clusterstrukturen am Standort Dortmund in zukunftsfähigen Segmenten
(siehe auch ausführlicher zu Umständen und Vorgehen Kiese 2012).

Als neue Führungsindustrien wurden Software bzw. elektronischer Handel, Mikrosystemtechnik mit Schnittstellen zur Biomedizin und Logistik definiert. Bei der Auswahl
der Führungsindustrien wurde an Kompetenzen und Potentialen am Standort Dortmund
angesetzt. Die Bereiche Software und Mikrosystemtechnik ergaben sich aus bereits exis-
tierenden Schwerpunkten der Unternehmensgründungen am Technologiepark und Technologiezentrum Dortmund. Die Universität Dortmund wurde erst 1969 gegründet, und im
Jahr 1985 wurde in direkter Nachbarschaft zur Universität das Technologiezentrum eröffnet. Dieses Zentrum entstand durch eine gemeinsame Initiative der Stadt Dortmund, der
örtlichen Industrie- und Handelskammer sowie Unternehmen der örtlichen Sparkasse und
Volksbank (Kohlhaas-Weber und Plöger 2013). Technologiezentrum und Technologiepark
zählen zu den größten und erfolgreichsten Einrichtungen ihrer Art in Deutschland, und
bereits Ende der 1990er Jahre hatten sich im Technologiepark und seinem Umfeld zahlreiche IT-Unternehmen mit insgesamt ca. 12.000 Beschäftigten angesiedelt (vgl. auch Kiese
2012). Darüber hinaus wurde im Jahr 1992 das Fraunhofer-Institut für Software- und Sys-
temtechnik (ISST) in Dortmund gegründet. Der Logistiksektor wurde – insbesondere auf
Betreiben der kommunalen Wirtschaftsförderung – als Hoffnungsträger in den Kreis der
Führungsindustrien aufgenommen, da die Größe und Lage der vorhandenen Flächen eine
besondere Eignung für den Logistiksektor nahelegten, und Zahl und Qualifikationsprofil
der erwarteten Arbeitsplätze in diesem Sektor eher dem vorhandenen Arbeitskräftepool
aus der Stahlindustrie entsprachen als das erwartete Angebot aus den jungen Unternehmen
in den IT-Industrien. Zudem verfügte Dortmund bereits seit 1981 mit dem Fraunhofer

Institut für Materialfluss und Logistik (IML) über ein international anerkanntes und vernetztes Forschungsinstitut für diese Branche.

Das „dortmund project" wurde im Jahr 2000 mit einem Budget von 67 Mio. € bis zum Jahr 2010 durch den Rat der Stadt Dortmund beschlossen (Küpper 2005). Durch die Verbindung von Mitarbeitern der kommunalen Wirtschaftsförderung, ThyssenKrupp und McKinsey galt das Projekt zunächst als Beispiel für eine „public private partnership", wurde jedoch bereits im Jahr 2005 als dauerhafte Einrichtung in die kommunale Wirtschaftsförderung integriert. Die Planung, Entwicklung und Umsetzung des Projekts wurde in enger Abstimmung mit Vertretern von Unternehmen, Kammern und Gewerkschaften vollzogen. Beispielhaft in diesem Kontext ist auch die Zusammenarbeit mit einer zeitgleich gegründeten Stiftung privater Unternehmen, die wiederum Teilprojekte des Gesamtprojekts unterstützte. Diese Konstruktion wird auch als Ausprägung eines „Dortmunder Konsensmodells" bezeichnet, das seit den 1980er Jahren eher pragmatisch-konstruktive Prozesse der Problemlösung zwischen den gesellschaftlichen Gruppen als antagonistische Konflikte über Erhaltungs- und Anpassungsstrategien kennt (Kiese 2012).

Auch wenn die ursprünglichen Prognosen über einen Anstieg der Erwerbstätigkeit bis zum Jahr 2010 nicht erreicht wurden, lassen sich zumindest eine Verbesserung des Gründungsklimas, eine Verknüpfung des Standorts mit den neuen Führungsindustrien und eine „Stimmung des Aufbruchs" nach dem Niedergang der Schwerindustrien beobachten (Irle und Röllinghoff 2008). Der im Rahmen des „dortmund projects" eingeführte Wettbewerb „start2grow" für Unternehmensgründer steht stellvertretend für eine stärkere Hinwendung zur Bedeutung junger Unternehmen und Dynamik des Unternehmensbestands. In einem Ranking der 439 Kreise und Städte in Deutschland nach der Zahl der Gewerbeanmeldungen pro 10.000 erwerbsfähige Einwohner verbesserte sich Dortmund zwischen 1999 und 2007 vom letzten Platz unter den Ruhrgebietskommunen auf den ersten Platz und in Deutschland auf Rang 57 (Kiese 2012). Mit der MST.factory für den Bereich Mikrosystemtechnik und weiteren Kompetenzzentren wurde eine Forschungs- und Transferinfrastruktur geschaffen, die zumindest die Entstehung neuer Unternehmen in den relevanten Technologiefeldern forcierte.[35] Nicht erfüllt hatten sich allerdings Hoffnungen in die dauerhafte Ansiedlung internationaler Unternehmen, um eine geschlossene Wertschöpfungskette für die Führungsindustrien am Standort zu schaffen. Hier hatte sich die geografische Nähe in den neu entstandenen Wertschöpfungsketten der Internetindustrien als weniger relevant als erwartet und die Größe und Dichte des Dortmunder IT-Cluster als zu gering erwiesen (vgl. auch Kiese 2012).

Das zweite große Projekt neben dem „dortmund project" entstand durch die Verfügbarkeit umfangreicher innenstadtnaher Flächen nach der weitgehenden Schließung der Produktionsstätten durch die ThyssenKrupp AG. Drei Schwerpunkte wurden bei der Flächenentwicklung des „Phönix"-Geländes verfolgt. Bereits frühzeitig wurde eine Halle auf dem ursprünglichen Gelände als Ausstellungs- und Veranstaltungshalle aufbereitet.

---

[35] Bereits mit der Gründung des Technologiezentrums in den 1980er Jahren wurde in Dortmund ein eigener Wagniskapitalfonds mit 10 Mio. DM gegründet (Kohlhaas-Weber und Plöger 2013).

In dieser Halle fanden von 2003 bis 2010 regelmäßige Kunstausstellungen durch einen privaten Kunst- und Kulturverein statt. Als zweiter Schwerpunkt wurde die Aufbereitung und Ausweisung der Flächen für gewerbliche Nutzungen vorangetrieben (Kohlhaas-Weber 2013; Frank und Greiwe 2012). Ein Leitprojekt in diesem Kontext war die Ansiedlung der MST.factory als Kompetenzzentrum für die Mikrosystemtechnik. Daneben wurden insbesondere Investoren aus der Logistikbranche für die Flächennutzung gesucht. Der dritte und spektakulärste Schwerpunkt zielte auf eine neue städtebauliche Akzentuierung durch die Flutung eines Geländebereichs. Der hierdurch entstehende „Phönix-See" mit 24 ha Fläche und sein Angebot für Wassersport, Gastronomie und weitere Freizeitmöglichkeiten sollen als Bestandteil attraktiver Flächen für Wohn- und Büroimmobilien sowie als Naherholungsziel mit verbundenem Park zu einer Aufwertung des Stadtgebiets führen. Mit dem Projekt des „Phönix-Parks" sollte ein durchgängiges Netz grüner Landschaft geschaffen werden, das einerseits den Freizeitwert der Stadt erhöhte und hierbei ehemalige Industriegebäude und Deponien als „landmarks" nutzte und andererseits Lebensräume für seltene Tier- und Pflanzenarten entstehen ließ.

Die Aktivitäten um das „Phönix"-Gelände sind auch vor dem Hintergrund von zwei Leitentwicklungen und -projekten des Strukturwandels im Ruhrgebiet zu verstehen. Erstens diente die Internationale Bauausstellung IBA Emscher-Park im Zeitraum von 1989 bis 1997 mit einem Gesamtumfang von 120 Einzelprojekten und einem Budget von 4 Mrd. € (zu zwei Drittel durch öffentliche Haushalte finanziert) unter Mitwirkung von 17 Städten und Kreisen dazu, die Konversion ehemaliger Gebäude, Flächen und des Flusses Emscher zu neuen wirtschaftlichen, sozialen, kulturellen oder ökologischen Funktionen zu fördern (Shaw 2002; Reicher et al. 2011). Der Fluss Emscher im Norden des Ruhrgebiets wurde ursprünglich während der Industrialisierung begradigt, kanalisiert und vornehmlich zur Abfuhr der Abwasser verwendet (Wink 1996). Mit der Renaturierung des Flusses und der Zuführung neuer Funktionen zahlreicher Gebäude und Flächen entlang des Flusses sollte der Übergang des Ruhrgebiets auch verstärkt national und international kommuniziert werden, um die Attraktivität als Investitions-, Arbeits- und Tourismusstandort zu betonen. Anknüpfend an diesen Konversions- und Kommunikationsgedanken führte die nordrhein-westfälische Landesregierung im Jahr 2001 die Ruhr-Triennale als kulturelles Leitprojekt ein, das Veranstaltungen aus Musik, Theater, Tanz, Literatur und Kunst mit überregionaler Ausstrahlung in umgewidmeten Industriegebäuden ausrichtet. Die Ruhr-Triennale wurde von der Kultur Ruhr GmbH verantwortet, die gemeinschaftlich von der nordrhein-westfälischen Landesregierung, dem Regionalverband Ruhr und dem Verein „Pro Ruhrgebiet", einem Zusammenschluss von insgesamt 350 Unternehmensvertretern, im Jahr 1998 gegründet wurde. Das Engagement der Unternehmen im Verein „Pro Ruhrgebiet", aber auch innerhalb des 1989 gegründeten „Initiativkreises Ruhrgebiet", trug erheblich zur Finanzierung größerer Veranstaltungen im Bereich der Kulturwirtschaft bei. Im Initiativkreis Ruhrgebiet versammelten sich zunächst regionale Großunternehmen, insbesondere aus der Schwerindustrie und Energiewirtschaft. Mit zunehmender Entwicklung des Strukturwandels erweiterte sich der Mitgliederkreis, was sich auch in der Erweiterung des thematischen Spektrums der Projekte, beispielsweise in Richtung Logistik, niederschlug

(Initiativkreis Ruhr 2015). Für den gezielten Aufbau eines neuen Entwicklungspfades im Bereich der Kulturwirtschaft lassen sich somit zumeist Parallel- und Komplementärprojekte der Strukturpolitik des Landes und privater Unternehmen beobachten (Cooke und Rehfeld 2011).

Schließlich mündeten die Aktivitäten zum Aufbau der Kultur- und Kreativwirtschaft im Jahr 2006 in die erfolgreiche – stellvertretend für das Ruhrgebiet durchgeführte – Bewerbung Essens als Europäische Kulturhauptstadt 2010 (Hollmann 2011). Insgesamt 53 Städte wirkten bei dieser Bewerbung mit, und jede Stadt hatte während des Jahres 2010 eine eigene Woche als „local hero" zur Verfügung, um besonders auf sich aufmerksam zu machen. Das Gesamtbudget des Projekts betrug 63 Mio. €, wobei 17 Mio. € Bundesmittel, 12 Mio. € Landesmittel, 12 Mio. € vom Regionalverband Ruhr, 6 Mio. € von der Stadt Essen und 1,5 Mio. EU-Mittel eingesetzt werden konnten. Der Rest wurde aus privaten Mitteln finanziert. Die Stadt Dortmund war an diesem Leitprojekt mit zahlreichen Einzelprojekten beteiligt. So entstand beispielsweise im Rahmen des Kulturhauptstadtjahres ein neues Zentrum für Kunst und Kreativität in einem ehemaligen Brauerei-Gebäude in der Innenstadt.

Während die beiden Großprojekte „dortmund project" und „Phönix-Gelände" einen besonderen Schwerpunkt auf die Entstehung neuer Strukturen legten, ging es bei dem dritten hier betrachteten Großprojekt um die Stadtentwicklung in einem Stadtteil mit besonderen wirtschaftlichen und sozialen Problemen. Aufbauend auf Ausschreibungen der NRW-Landesregierung im Jahr 1994 und fortgesetzt durch eine Förderung aus Bundesmitteln ab 1999 wurde ein Quartiermanagement in Dortmund-Nordstadt entwickelt. Dieser Stadtteil hat einen besonders hohen Anteil an Bevölkerung mit Migrationshintergrund und an Empfängern staatlicher Sozialleistungen. Drei Schwerpunkte charakterisierten die Maßnahmen:

- eine Verbesserung der Wohnbedingungen und des Images des Stadtteils
- eine Unterstützung von Unternehmensgründungen und intensiverer Zusammenarbeit zwischen Schulen und Unternehmen im Stadtteil
- Beiträge zur stärkeren ethnischen und sozialen Integration

Die Maßnahmen sollten somit nicht nur die Qualifikationen und Perspektiven der Bewohner auf den Arbeitsmärkten verbessern, sondern auch umfassend das Selbst- und Fremdbild der Bewohner des Stadtteils verändern. An die Stelle einer Wahrnehmung des Stadtteils als „sozialer Brennpunkt" mit hoher Kriminalitätsrate sollte durch eine Unterstützung von Unternehmensgründungen, beispielsweise in der gehobenen Gastronomie, die Perspektive auch der Bewohner anderer Dortmunder Stadtteile auf Potentiale multikultureller Bereicherung und damit auf die Attraktivität der Nordstadt für Besucher gelenkt werden (Stadt Dortmund 2014).

Weitere Veränderungen im untersuchten Zeitraum zwischen 1990 und 2008 betreffen die Zusammenarbeit der Städte und Kreise im Ruhrgebiet. Traditionell war das Verhältnis der Kommunen im Ruhrgebiet untereinander durch Konkurrenz um Direktinvestitionen,

Kaufkraft, Steuereinnahmen und Arbeitsplätze und Fokussierung auf den eigenen „Kirchturm" geprägt (Hamm und Wienert 1989). Hierzu trug auch die Zugehörigkeit zu drei verschiedenen Regierungsbezirken (Düsseldorf, Münster und Arnsberg) bei, die eine administrativ verordnete Kooperation ausschloss. Der Regionalverband Ruhr, bereits 1920 als Siedlungsverband Ruhrkohlenbezirk gegründet, wirkte vorrangig durch nationale und internationale Kampagnen im Standortmarketing, verfügte jedoch über keine direkten planerischen Durchgriffsrechte (Wink 1996). Erst im Jahr 2009 wurden ihm Kompetenzen im Bereich der Entwicklungsplanung übertragen. Als Entscheidungsgremium des RVR fungiert ein „Ruhr-Parlament", das sich aus gewählten Vertretern der Stadträte und Kreisversammlungen zusammensetzt. Bereits im Jahr 2000 schlossen sich acht Städte des Ruhrgebiets (Bochum, Dortmund, Duisburg, Essen, Gelsenkirchen, Herne, Mülheim und Oberhausen) im Rahmen eines vom Bundesministerium für Bildung und Forschung geförderten Forschungsvorhabens zu einer „Städteregion Ruhr 2030" zusammen. Diese Zusammenarbeit wurde im Zeitverlauf um die Städte Bottrop, Hagen und Hamm erweitert und dient der Abstimmung gemeinsamer Flächennutzungspläne, der gemeinsamen Wohnungsmarktbeobachtung und der Fortentwicklung eines gemeinsamen Masterplans (Städteregion Ruhr 2030, 2015; vgl. zu einem Überblick über bisherige Kooperationsprojekte ILS 2009 und zu einer Analyse möglicher Fortentwicklungen RWI 2011). Die Gestaltung der Bewerbungskampagne für das Europäische Kulturhauptstadtjahr und seine Umsetzung galten als Symbol für die gewachsene Bereitschaft zu einer intensiveren Zusammenarbeit der Städte und Kreise im Ruhrgebiet. Weitergehende Vorschläge zu einem Zusammenschluss zu einer Ruhr-Metropolis mit gemeinsamem Oberbürgermeister, wie beispielsweise im Jahr 2008 auf Initiative des damaligen Dortmunder Oberbürgermeisters von einigen Bürgermeistern und Oberbürgermeistern initiiert (Laurin 2008), fanden jedoch keine Akzeptanz in der Region.

Der Initiativkreis Ruhr stellte im Jahr 2008 seine Vision einer „Metropolregion Ruhr 2030" vor, die auch bewusst als eigener, von Abstimmungen mit der Politik getrennter Beitrag zum Vollzug des Strukturwandels verstanden wurde. Auf der Basis dieser Vision wurden im Auftrag des Initiativkreises bis zum Jahr 2011 regelmäßige Berichte zum Stand der Umsetzung vorgelegt (iw consult 2011). Seitdem sind keine Berichte erschienen, und der Initiativkreis Ruhr führt den „Ruhr 2030 Index" nur noch im Projektarchiv.

Trotz der dargestellten Projekte zur Steigerung der Anpassungsfähigkeit waren jedoch bereits vor Beginn der Finanz- und Wirtschaftskrise verbleibende Herausforderungen zu erkennen. So zählte Dortmund im Jahr 2008 zu den fünf Großstädten mit dem höchsten Anteil armutsgefährdeter Bewohner (nach Leipzig, Hannover, Bremen und Dresden, jedoch seit 2005 mit steigender Tendenz, siehe zur Methodik die Ausführungen in Kap. 3.2.3 und Sozialberichterstattung 2015). Zudem sank die Arbeitslosenquote zwar zwischen 2005 und 2008 von 18,1 auf 13,6 % (INKAR 2015), zählte aber immer noch zu den höchsten Werten in westdeutschen Städten. Der Anteil langzeitarbeitsloser Personen an den Arbeitslosenzahlen lag im gesamten Zeitraum von 1996 bis 2008 über 40 % (Bruhn-Tripp 2013). Die kommunale Gesamtverschuldung der Stadt Dortmund stieg zwischen den Jahren 1995 und 2008 von 782 Mio. € auf 1,19 Mrd. € (Landesdatenbank NRW

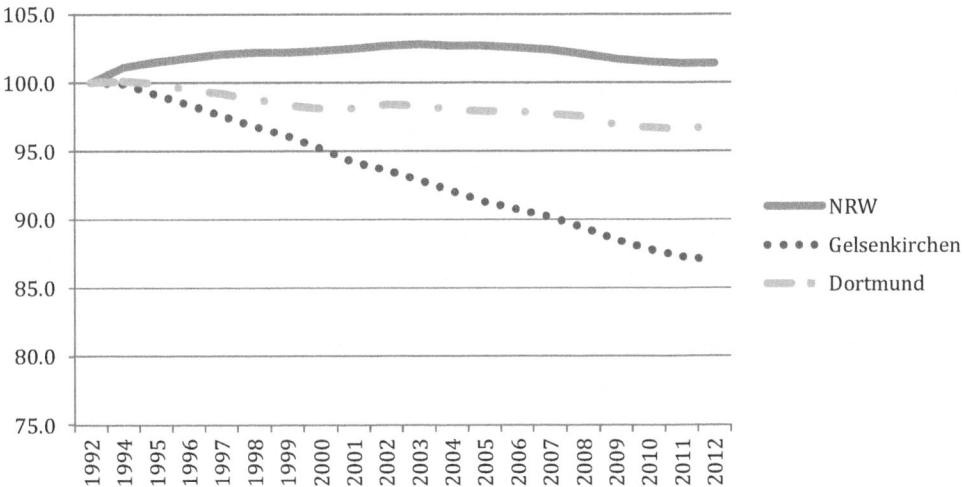

Abb. 3.16 Bevölkerungszahl in NRW, Dortmund und Gelsenkirchen, 1992 = 100

2015). In diesem Kontext wurde seitens der kommunalen Vertreter in Westdeutschland auf die Zusatzbelastungen, beispielsweise im Solidarpakt I zwischen 1995 und 2004, hingewiesen, die vorsahen, dass die westdeutschen Kommunen 40 % der finanziellen Belastungen der alten Bundesländer zugunsten der neuen Bundesländer aus einer Erhöhung der Gewerbesteuerumlage und einer Absenkung des kommunalen Finanzausgleichs finanzierten.[36] Zugleich verringerte sich die Bevölkerungszahl in Dortmund im Zeitraum von 1995 und 2008 von 598.000 auf 581.000 Bewohner, was die Spielräume der Kommune zur Krisenvermeidung und Krisenbekämpfung zusätzlich einschränkte. Abbildung 3.16 zeigt die Bevölkerungsentwicklung in Nordrhein-Westfalen, Dortmund und Gelsenkirchen im Untersuchungszeitraum. Während die Bevölkerungszahl auf der Landesebene anstieg, sank die Bevölkerungszahl in Dortmund insbesondere zwischen 1995 und 2000, stagnierte dann für einige Jahre und hatte ab dem Jahr 2006 wieder einen negativen Trend. In Gelsenkirchen kam es zu einer fortwährenden Verringerung der Bevölkerungszahl im Untersuchungszeitraum.

Erfahrungen in der Finanz- und Wirtschaftskrise
Allgemein war NRW leicht unterdurchschnittlich im Vergleich zum Bundesdurchschnitt vom Einbruch des realen BIP im Jahr 2009 betroffen (vgl. auch Döhrn et al. 2009). Besondere Probleme entstanden in NRW durch die starke Einbindung der Westdeutschen Landesbank in die Finanzkrise. Die Sparkassen als Eigentümer mussten zusätzliche Mittel zur Risikoabsicherung aufbringen, und das Land NRW bot umfangreiche Garantien

---

[36] Im Jahr 2012 folgte ein Aufruf der Oberbürgermeister aus Ruhrgebietsstädten, die Mittel des Solidarpaktes nicht mehr ausschließlich in Ostdeutschland einzusetzen, sondern nach Bedürftigkeit zu verteilen (Dörries 2012).

(Europäische Kommission 2011). Dieses Engagement, verbunden mit vergleichsweise hohen Schuldenständen der Kommunen, schränkten unmittelbare Unterstützungen betroffener Unternehmen in der Finanz- und Wirtschaftskrise durch Landesregierung oder Kommunen zusätzlich ein. Die NRW.Bank als landeseigene Förderbank bot zusätzliche Haftungsfreistellungen für Investitions- und Betriebsmittelkredite privater Banken an kleine und mittelständische Unternehmen (NRW.Bank 2010). Darüber hinaus wurden wie im Fall der beiden anderen betrachteten Bundesländer Baden-Württemberg und Sachsen Mittel der Konjunkturpakete des Bundes, insbesondere zur Finanzierung von Investitionen in die kommunale Infrastruktur, umgesetzt. Die „Umweltprämie" unterstützte Automobilproduzenten in NRW, da Firmen wie Ford (Köln) und Opel (Bochum) vorrangig im Segment der Kleinwagen tätig waren.

Im Vergleich zur Entwicklung von BIP und Erwerbstätigkeit auf Landesebene war Dortmund, wie bereits die Abb. 3.14 und 3.15 zeigten, deutlich weniger betroffen (vgl. auch Wink 2015). Auch die Arbeitslosenquote in Dortmund sank weiter auf 13,1 % im Jahr 2009 und 13,0 % im Jahr 2010 (INKAR 2015 auf der Basis von Angaben der Bundesagentur für Arbeit). Aufgrund des vergleichsweise geringen Anteils des produzierenden und verarbeitenden Gewerbes an der Beschäftigung und Wirtschaftsleistung machte sich die verringerte Nachfrage aus dem Ausland vergleichsweise wenig bemerkbar. Indirekte Folgen für die Dienstleistungsmärkte zeigten sich beispielsweise an den Einzelhandelsumsätzen und der einzelhandelsrelevanten Kaufkraft in der Stadt Dortmund, die im Jahr 2009 leicht unter den Bundesdurchschnitt sank, nachdem sie zuvor leicht überdurchschnittlich war (IHK zu Dortmund 2009). Den stärksten absoluten Beschäftigungsrückgang gab es im Jahr 2009 im Bereich der „*Finanzierung, Vermietung und Unternehmensdienstleistungen*" (−4500), während im Bereich „*Produzierendes Gewerbe ohne Baugewerbe*" nur ein Rückgang um 100 Erwerbstätige eintrat. Der Rückgang in diesen beiden Segmenten wurde im Jahr 2009 durch zusätzliche Beschäftigung in den Bereichen „*öffentliche und sonstige Dienstleistungen*" sowie „*Handel, Gastgewerbe und Verkehr*" mehr als ausgeglichen, so dass der Trend wachsender Erwerbstätigkeit fortgesetzt werden konnte (IHK zu Dortmund 2011).

Auffallend an der Entwicklung in Dortmund ist, dass sich diese Verschiebungen zwischen den Sektoren auch nach Überwindung der Rezession fortsetzten. Ebenso erhöhte sich die Armutsgefährdungsquote bis zum Jahr 2012 kontinuierlich (Sozialberichterstattung 2014). Zu dieser Beobachtung gehört, dass die Armutsgefährdung vor allem auch Kinder und Jugendliche in Dortmund betrifft. 29,3 % der Kinder und Jugendlichen unter 15 Jahren lebten im Jahr 2012 in Dortmund in Haushalten, die auf Sozialgeld oder Arbeitslosengeld II angewiesen waren (INKAR 2015 auf der Basis von Daten der Bundesagentur für Arbeit; Bundesdurchschnitt: 15,4 %). Dieser Wert wurde unter unseren bundesdeutschen Fallstudienregionen nur von Gelsenkirchen (35,3 %) und dem Kreis Uckermark (31,7 %) übertroffen. Zudem waren die beiden Ruhrgebietsstädte die einzigen Untersuchungsregionen, in denen dieser Anteil zwischen den Jahren 2010 und 2012 anstieg.

Die Positionen Dortmunds im Ranking des Instituts für Mittelstandsforschung zum Vergleich des Anteils der Gewerbeanmeldungen an der erwerbsfähigen Bevölkerung

(„NUI-Ranking"), im Jahr 2007 noch auf Position 57, verschlechterten sich fortwährend über Position 134 im Jahr 2009 bis zur Position 164 im Jahr 2013, jeweils unter 439 Regionen. Auch im Jahr 2012 lag die Arbeitslosenquote noch bei 13,0 %. Im folgenden Abschnitt wird daher diskutiert, wie die entwickelten Anpassungsfähigkeiten in Dortmund als Voraussetzung für wirtschaftliche Resilienz einzuordnen sind.

Aufbau von Anpassungsfähigkeiten als Projekt und kurzfristiges Phänomen?
Die Entwicklung Dortmunds im Zeitraum von 2000 bis 2007 wurde mit großer bundesweiter Aufmerksamkeit beachtet (Kiese 2012; Küpper 2005). Auch wenn die Erwartungen hinsichtlich des Beschäftigungswachstums zunächst zu optimistisch waren, beeindruckten die Dynamik und die starke Veränderung im Bereich der Gründungsaktivitäten. Die geringe Betroffenheit in der Finanz- und Wirtschaftskrise unterstreicht die vollzogene Strukturänderung mit einer starken Fokussierung auf wenig verbundene Dienstleistungsbranchen.[37] Das Beschäftigungswachstum im Logistiksektor seit 2009, auch verbunden mit der Wahl des gemeinsamen „EffizienzClusters LogistikRuhr" als „Spitzencluster" im entsprechenden Wettbewerb des Bundesministeriums für Bildung und Forschung, bestätigte die Strategie, diese Branche auch als neuen Branchenschwerpunkt in der Wirtschaftsförderung zu berücksichtigen.

Allerdings zeigten Daten und Gespräche eine Parallelentwicklung entlang einzelner Entwicklungspfade, die im folgenden an drei Prozessen erläutert wird. Der erste Prozess ergab sich aus dem Auf- und Ausbau eines lokalen Innovationssystems um die Leittechnologien Mikrosystemtechnik und Software-/IT-Entwicklung. Die Fähigkeiten zur Entwicklung dieser Technologien waren durch längerfristige Prozesse zum Aufbau geeigneter Ausbildungs- und Forschungsstrukturen generiert worden (Kohlhaas-Weber und Plöger 2013). So verfügte die TU Dortmund über den höchsten Output an Informatik-Studierenden in Deutschland (Kiese 2012), und das Technologiezentrum mit Technologiepark gewann in den vergangenen drei Jahrzehnten vielfältige Expertise bei der Ansiedlung und Unterstützung akademischer Ausgründungen. Beispielsweise betreibt das Technologiezentrum Dortmund neben der MST.factory noch acht weitere Kompetenzzentren mit spezifischer technologischer Ausrichtung in Dortmund.[38] Somit bilden auch hier – ähnlich wie in Freiburg – Hochschule, Forschungs- und Transfereinrichtungen das Zentrum des lokalen Innovationssystems, während sich keine großen privatwirtschaftlichen Investoren mit ihren Forschungszentren in Dortmund befinden. Die jungen Unternehmen sind

---

[37] Wie in Freiburg, stellt auch in Dortmund der Bereich „Gesundheit und Soziales" den wichtigsten Sektor, gemessen an der Erwerbstätigkeit, dar.

[38] Es handelt sich um das BioMedizinZentrum, die B1st-Software-Factory, das Kompetenzzentrum für elektromagnetische Verträglichkeit, der e-port-dortmund (Logistikbranche), das Zentrum für Aufbau- und Verbindungstechnik, das Zentrum für Mikrostrukturtechnik, das Zentrum für Produktionstechnologie sowie um einen gemeinsam mit den anderen Technologiezentren in der Region Dortmund – Unna – Hamm betriebenen „Regional Preincubator" für gründungswillige Wissenschaftler (Technologiezentrum Dortmund 2015).

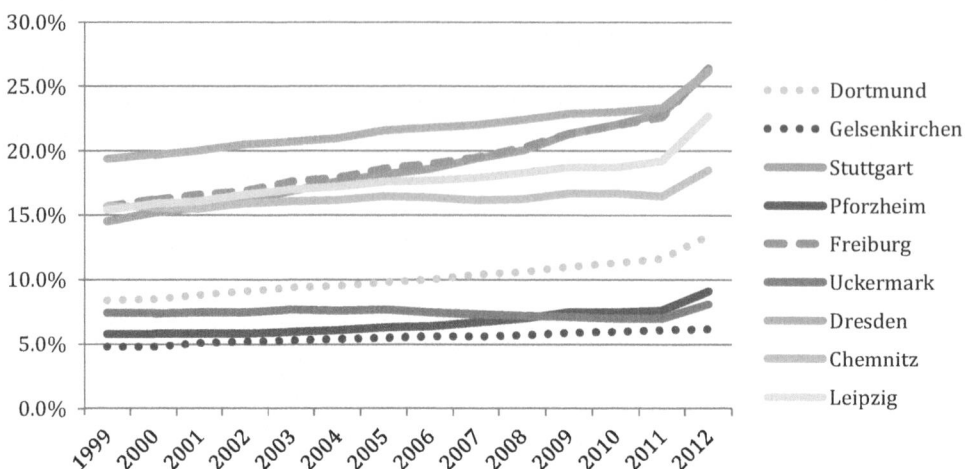

Abb. 3.17 Anteil der SVB am Wohnort mit Hochschul- oder Fachhochschulabschluss an der Gesamtzahl der SVB am Wohnort, in %. (Quelle: INKAR (2015))

zumeist noch relativ klein, und es verbleibt das Risiko, dass die „kritische Größe" für eine internationale Spitzenstellung der jeweiligen Technologiecluster nicht erreicht wird.

Zudem ist trotz der positiven Entwicklung in den vergangenen Jahrzehnten der Anteil der Beschäftigten mit akademischem Abschluss insgesamt noch immer deutlich unter den Werten anderer Großstädte. Abbildung 3.17 illustriert dies anhand unserer deutschen Fallstudienregionen. Der Anteil der sozialversicherungspflichtig Beschäftigten (SVB) mit akademischer Ausbildung stieg in Dortmund von 8,4 % im Jahr 1999 auf 13,4 % im Jahr 2012, jedoch beispielsweise in Stuttgart im gleichen Zeitraum von 14,5 auf 26,2 % und in Dresden von 19,4 auf 26,2 %. Ein Aufholen in der Qualifikationsstruktur blieb somit aus.

Diese Beobachtung korrespondiert auch mit den besonderen Barrieren in Dortmund (und Gelsenkirchen, wie im Folgeabschnitt erläutert wird), die Langzeitarbeitslosigkeit zu verringern. Diese Barrieren sind insbesondere in einem vergleichsweise hohen Anteil an Personen ohne Ausbildung an der Gesamtzahl der Arbeitslosen begründet, der im Jahr 2012 bei 60,9 % lag und unter unseren deutschen Fallstudienregionen nur von Gelsenkirchen (63,5 %) übertroffen wurde. Wir können daher parallel einen Prozess des Ausbaus von Forschungsexpertise und des Verbleibs von Qualifikationsdefiziten auf den lokalen Arbeitsmärkten beobachten. In diesem Zusammenhang ist auch ein Vergleich der Entwicklung des Anteils von Schulabgängern ohne Schulabschluss in Dortmund mit unseren baden-württembergischen Fallstudienregionen bemerkenswert. In Dortmund lag der Anteil im Jahr 1995 bei 6,7 %, stieg danach zumeist auf Werte zwischen 8 und 9 % und betrug im Jahr 2012 7,4 %. In allen drei baden-württembergischen Fallstudienregionen kam es im gleichen Zeitraum zu deutlichen Verringerungen des Anteils (in Stuttgart von 10,1 auf 4,9 %; in Pforzheim von 13,7 auf 6,1 % und in Freiburg im Breisgau von 9,4 auf 4,4 %; vgl. zum Vergleich auch die sächsischen Fallstudienregionen in Abb. 3.13).

Der zweite Prozess einer Parallelentwicklung bezieht sich auf die Erschließung neuer Flächen für Wohn- und Freizeitzwecke. Das Projekt „Phönix" mit seinen unterschiedlichen

Teilelementen (See, Wohn- und Bürogebäude, Veranstaltungshalle, Park) wird auch als Symbol für Versuche in Dortmund wahrgenommen, durch einen völligen Bruch mit vorherigen Nutzungen neuartige Strukturen zu entwickeln. Der Phönix-See wird als Ort bezeichnet, der „Arbeiten, Wohnen, Kultur und Naherholung integriert, dabei moderne anspruchsvolle und auch luxuriöse Architektur bietet und ästhetisch wie ökologisch höchsten Gestaltungsansprüchen genügt" (Frank und Greiwe 2012). Es wurden ca. 2000 Wohneinheiten geplant, und durch Büro- und Gewerbeansiedlungen sollen auf dem Gelände bis zu 5000 Arbeitsplätze geschaffen werden. Als Zielgruppen für die neu geschaffenen Wohneinheiten werden eher gut verdienende, hoch qualifizierte Erwerbspersonen erwartet. Bemerkenswert in diesem Zusammenhang ist die unmittelbare Nähe zu einem bzw. Integration des Projekts in einen Stadtteil (Dortmund-Hörde) mit hohem Anteil an Empfängern von Sozialleistungen, was auch zu dem durch einen Bericht des Wirtschaftsmagazins Capital geprägten Satz führte: *„Es sieht danach aus, als stünden in Hörde bald Maseratis neben Mantas"* (zitiert nach Frank und Greiwe 2012).[39]

Dieser Stadtteil war – ähnlich wie im beschriebenen Beispiel der Projekte für Dortmund-Nordstadt – Adressat von Projekten zur Verbesserung der sozialen und technischen Infrastruktur. So wurde der Stadtteil im Jahr 2009 in den „Aktionsplan Soziale Stadt" aufgenommen, zuvor waren bereits Maßnahmen im Bereich eines Stadtbezirksmarketing und einer Vernetzung vorhandener zivilgesellschaftlicher Initiativen vorgenommen worden. Ähnlich wie in Dortmund-Nordstadt sollen endogene Potentiale mobilisiert werden, um eine allmähliche Aufwertung des Stadtteils zu erreichen (vgl. auch zum gewachsenen Sozialkapital in Stadtbezirken des Ruhrgebiets mit einem hohen Anteil an privaten Haushalten mit geringen Einkommen Strohmeier 2009). Inwieweit diese beiden Prozesse – Schaffung völlig neuartiger Wohnstrukturen und Zuzug neuer Bewohner einerseits und allmähliche Aufwertung vorhandener Wohnstrukturen und Einbindung bisheriger Bewohner andererseits – in räumlicher Nähe zu verwirklichen sind, ist umstritten (Frank und Greiwe 2012). Da Nutzungskonzept und Fördermittel eine Zugänglichkeit des Sees für die Allgemeinheit vorsehen,[40] ist eine stärkere Abgrenzung der Teilräume ausgeschlossen. Zwei kritische Aspekte werden betont. Erstens kommt es im angrenzenden Stadtteil Dortmund-Hörde zu Prozessen der Gentrifizierung, da sich bereits in Erwartung der neuen Bewohner eine Aufwertung des lokalen Einzelhandels und der Wohnsubstanz in Hörde vollzieht. Aufgrund der steigenden Mieten und Grundstückspreise sehen sich etablierte Bewohner verdrängt. Zweitens wurden in den Jahren 2011 und 2012 erste Nutzungskonflikte beobachtet, die vermehrte Störungen der neuen Bewohner durch Vandalismus, Vermüllung und Alkoholkonsum betrafen. Um das Projekt stärker mit den ursprünglichen

---

[39] So wurde darauf hingewiesen, dass in einer Großwohnsiedlung auf der dem Projekt gegenüberliegenden Seeseite mit 25 vier- bis siebzehngeschossigen Wohnhäusern im Jahr 2011 die Arbeitslosenquote bei 27,9 % und der Anteil der Empfänger von Sozialgeld und Arbeitslosengeld II bei 48,8 % lag (Frank und Greiwe 2012).

[40] Das Projekt mit einem Finanzierungsumfang von bis zu 200 Mio. € wurde mit ca. 70 Mio. € durch das Land NRW und EU-Strukturfondsmittel gefördert.

Bewohnern zu verbinden, wurde im Jahr 2013 entschieden, zumindest ein Grundstück explizit für Mietwohnungen zu einem begrenzten Preis auszuweisen (Volmerich 2013; Volmerich und Thiel 2014). Insgesamt verdeutlicht die bisherige Erfahrung jedoch die Schwierigkeit, Projekte mit unterschiedlichen Zielgruppen und Maßnahmenkontexten in unmittelbarer räumlicher Nähe zu verwirklichen.

Bei aller Kritik ist jedoch auch zu berücksichtigen, dass in anderen Städten an die Stelle einer räumlichen Nähe und damit verbundener Nutzungskonflikte eine stärkere Segregation mit der Folge räumlicher Eingrenzung gering verdienender und von Sozialleistungen abhängiger Bevölkerungsgruppen trat. Eine Studie des Instituts für Arbeitsmarkt- und Berufsforschung untersuchte auf der Basis von Daten des Jahres 2009 die räumliche Ungleichverteilung von Beziehern von Niedrigeinkommen in deutschen Großstädten und kam hierbei zu dem Ergebnis, dass sich Dortmund sowohl hinsichtlich des Anteils von Niedriglohnbeziehern als auch der räumlichen Segregation eher im Mittelfeld befand. Als Stadt mit der höchsten räumlichen Segregation trotz geringem Anteil an Niedriglohnbeziehern wurde Frankfurt am Main ermittelt, während Leipzig den zweithöchsten Wert an räumlicher Segregation und den höchsten Wert bei dem Anteil der Niedriglohnbezieher unter den untersuchten Großstädten aufwies (vom Berge et al. 2014).

Der dritte Parallelprozess ist beim Aufbau der Kreativ- und Kulturwirtschaft zu beobachten. Mit kulturellen Großprojekten und nicht zuletzt schließlich mit dem Europäischen Kulturhauptstadtjahr nahm die überregionale Aufmerksamkeit auf Kulturangebote im Ruhrgebiet deutlich zu. Dies schlug sich auch in der Zahl der Übernachtungen nieder, die zwischen den Jahren 2000 und 2012 in Dortmund von 597.020 auf 1.028.940 stiegen (Landesdatenbank NRW 2014). Dieser Anstieg ist auf verschiedene Gründe zurückzuführen, da die Übernachtungen nicht nach Zwecken unterschieden wurden. Jedoch zeigen Auswertungen der Besucherbefragungen bei kulturellen Großprojekten im Ruhrgebiet, dass ein hoher Anteil der Besucher außerhalb der Region wohnt (vgl. auch zum Potential des Kulturtourismus im Ruhrgebiet Neumann et al. 2012). Die bereits im Abschn. 3.1.2 zitierte Studie zu einem Ranking der Kulturstädte in Deutschland zumeist auf der Basis von Daten aus dem Jahr 2010 wies jedoch für Dortmund deutlich unterdurchschnittliche Werte insbesondere im Bereich der Beschäftigten der Kulturindustrie und Künstlerdichte sowie bei den Übernachtungen und Besuchern von Oper- und Theatervorstellungen auf.[41] Insgesamt wurde Dortmund unter 30 Großstädten sowohl beim Kulturangebot als auch bei der Kulturrezeption unter den letzten fünf Städten eingeordnet (HWWI und Berenberg 2012). Diese Beobachtung unterstreicht, dass der Aufbau der Kulturindustrie und das Angebot von Großveranstaltungen zwar einen überregionalen Symbolwert schaffen, der jedoch in der Wirtschaftsstruktur und im Freizeitverhalten noch keine strukturellen Änderungen auslöst und eher als Parallelstruktur zu den Gegebenheiten in Dortmund anzusehen ist.

---

[41] So lag der Anteil der sozialversicherungspflichtig Beschäftigten in der Kulturindustrie an der Gesamtzahl der Beschäftigten in Dortmund im Jahr 2011 bei 2,8 % (Spitzenwerte für Stuttgart: 6,3 % und Leipzig und München: jeweils 5,7 %) und die Künstlerdichte pro 1000 Einwohner im Jahr 2012 bei 1,9 (Spitzenwerte für Berlin: 9,6 und Köln, 8,9; siehe HWWI und Berenberg 2012).

Insgesamt ist für die Fallstudie Dortmund festzustellen, dass mit der Schließung des letzten großen Stahlwerks endgültig ein Strukturbruch vollzogen wurde. Die Ausrichtung an Großprojekten („dortmund project"; „Phönix-See") löste im Zeitraum zwischen den Jahren 2000 und 2007 durchaus eine zusätzliche Dynamik aus, die auch auf ohnehin am Standort gegebenen Stärken – Technologiezentrum, IT-Unternehmen, Kooperationsbereitschaft, „Dortmunder Modell" – aufbauen konnte. Die Erfahrungen in der Finanz- und Wirtschaftskrise ähneln daher den Erfahrungen in den urbanen Dienstleistungsstädten in Kap. 3.2, in denen ein „buntes Nebeneinander" die konjunkturellen Risiken eingrenzte. Zugleich stellt sich allerdings für die längerfristige Entwicklung die Herausforderung, eine Integration zwischen bestehenden Strukturen und Herausforderungen aufgrund eines hohen Anteils armutsgefährdeter Bevölkerung, gering qualifizierter Erwerbsbevölkerung und hoher kommunaler Verschuldung und den neu entstehenden oder bereits entstandenen Strukturen zu vollziehen.

3.3.3 Gelsenkirchen: Von der „Stadt der 1000 Feuer" zur „Stadt der 1000 Sonnen" und dann?

Die Geschichte Gelsenkirchens ist eng und unmittelbar mit der Industrialisierung des Ruhrgebiets verbunden. Am Beginn des 19. Jahrhunderts noch ein Ort mit ca. 500 Einwohnern, erhielt Gelsenkirchen aufgrund des starken Bevölkerungs- und Wirtschaftswachstums mit einer Bevölkerungszahl von 11.000 Bewohnern im Jahr 1875 die Stadtrechte. Das Bevölkerungswachstum folgte der weiteren Industrialisierung mit einem Höchstwert von 389.000 Einwohnern im Jahr 1959. Bis zum Jahr 1989 sank die Bevölkerungszahl auf 289.000 Einwohner und im Jahr 2012 wurden 257.000 Einwohner in Gelsenkirchen gezählt (Landesdatenbank NRW 2015; vgl. auch die Darstellung des kontinuierlichen Rückgangs der Bevölkerungszahl in Abb. 3.16). Die enge Verknüpfung mit der Industrialisierung und das Eigenverständnis als Industriestadt wurden durch die Stadt Gelsenkirchen mit dem Slogan der „Stadt der 1000 Feuer" hervorgehoben. Da die Solarindustrie ab den 1990er Jahren als neuer Hoffnungsträger einer Re-Industrialisierung galt, veränderte die Stadt Gelsenkirchen den Slogan in „Stadt der 1000 Sonnen" (Stadt Gelsenkirchen 2015a).

Die Abb. 3.18 und 3.19 zeigen die Entwicklung des BIP zu Marktpreisen und der Erwerbstätigkeit im Vergleich zum Bundesdurchschnitt. Die Entwicklung des BIP zu Marktpreisen entspricht dem typischen Verlauf von Orten mit höherem Anteil an industrieller Produktion, die aufgrund ihrer Absatzmärkte konjunkturellen Zyklen ausgesetzt ist. Im Jahr 2007 stammte 36,7 % der Bruttowertschöpfung in Gelsenkirchen aus dem Produzierenden Gewerbe ohne Baugewerbe (zum Vergleich: Dortmund mit 19,5 % im Jahr 2007; alle Angaben von VGRdL 2015). Es kam im Jahr 2009 zu einem etwas über dem Bundesdurchschnitt liegenden Einbruch, aber auch zu einer stärkeren Erholung ab dem Jahr 2010. Die Zahl der Erwerbstätigen stieg selbst während der Finanz- und Wirtschaftskrise. Hier ist der Anteil des Produzierenden Gewerbes (ohne Baugewerbe) mit 14,8 % deutlich geringer als beim BIP. Jedoch stieg die Erwerbstätigkeit in diesem Sektor wie auch in den

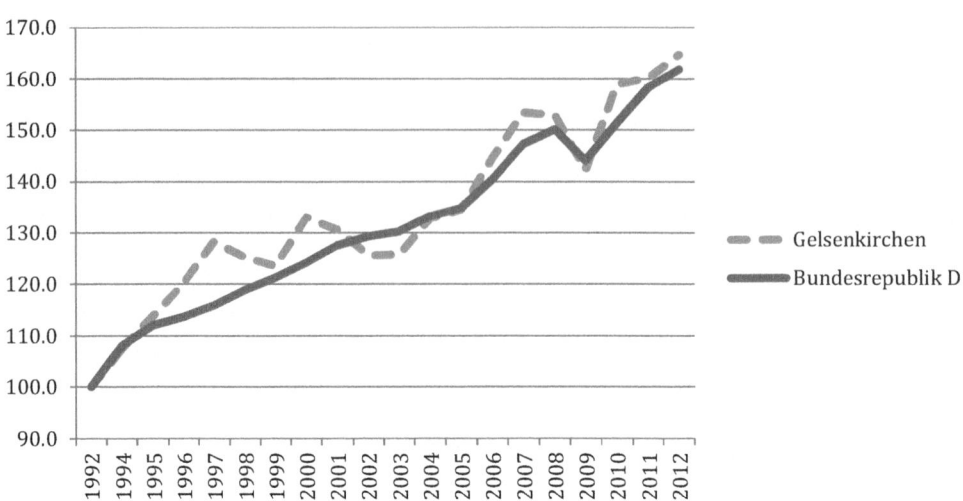

Abb. 3.18 BIP zu Marktpreisen in Gelsenkirchen und im Bundesdurchschnitt, 1992 = 100. (Quelle: VGRdL (2015))

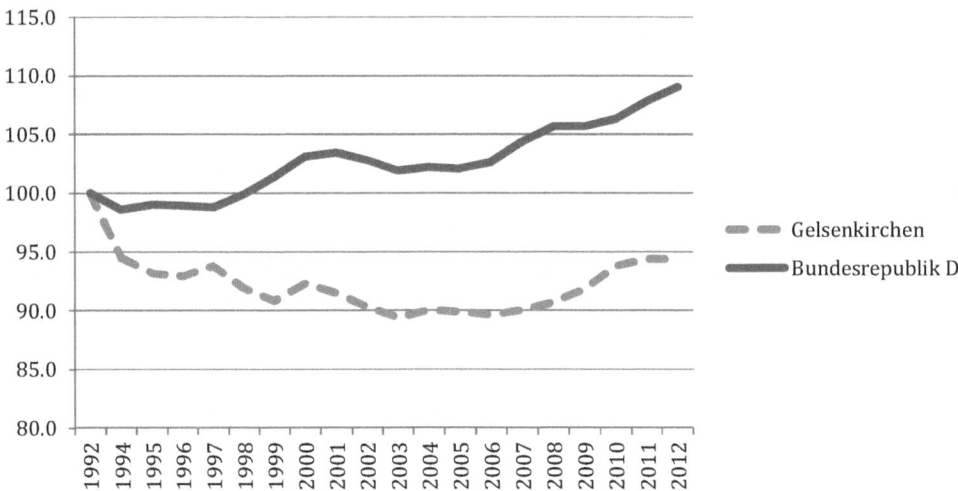

Abb. 3.19 Zahl der Erwerbstätigen in Gelsenkirchen und im Bundesdurchschnitt, 1992 = 100

Dienstleistungsbranchen zwischen den Jahren 2006 und 2009 an. Diesem allgemeinen Wachstumstrend der Erwerbstätigenzahl in Gelsenkirchen ab dem Jahr 2006 ging eine vergleichsweise starke Verringerung der Zahl der Erwerbstätigen in den 1990er Jahren voraus (vgl. auch zu den Problemen einer statistischen Erklärung der Entwicklung von Beschäftigung und Produktionswachstum im Fall Gelsenkirchens Siebe 2012). In den 1990er Jahren zeigte sich für Gelsenkirchen eine völlig gegenläufige Entwicklung des BIP und der Erwerbstätigkeit. Während das BIP im Vergleich zum Bundesdurchschnitt bis 1997 stark anstieg, sank die Zahl der Erwerbstätigen nahezu kontinuierlich bis zum Jahr 1999.

Der erste Blick auf die Indikatoren weist somit darauf hin, dass die industrielle Produktion in Gelsenkirchen noch eine größere Rolle einnahm als im Fall Dortmunds. Wir werden Gründe und Strategien hinter dieser Entwicklung im folgenden Abschnitt betrachten. Zunächst fasst Tab. 3.8 einige Ereignisse und Entscheidungen im Untersuchungszeitraum in Gelsenkirchen und im Ruhrgebiet zusammen.

Tab. 3.8 Zeitleiste für die Entwicklung in Gelsenkirchen

1988
Gründung des Instituts Arbeit und Technik (seit 2007 zugehörig zur Westfälischen Hochschule)

1989
Beginn der Internationalen Bau-Ausstellung IBA Emscher-Park
Gründung des Initiativkreises Ruhrgebiet (später: Initiativkreis Ruhr)

1992
Eröffnung der Fachhochschule Gelsenkirchen (seit 2012: Westfälische Hochschule)

1993
Gründung des Instituts für Angewandte Photovoltaik durch die Stadtwerke Gelsenkirchen und Betriebsgesellschaft des Wissenschaftsparks
Aufnahme der Stadtteile Schalke/Bismarck-Nord in das Landesaktionsprogramm für Stadtteile mit besonderem Erneuerungsbedarf

1994
Gründung des Forschungsinstituts für Unterirdische Infrastruktur IKT

1995
Eröffnung einer Solarfabrik durch Flachglas Solartechnik GmbH
Eröffnung des Wissenschaftsparks Rheinelbe mit Solarkraftwerk
Eröffnung des Kulturraums „die flora" im ehemaligen Gebäude der Landeszentralbank

1996
Stilllegung und Verfüllung aller Schächte der Zeche Consolidation
Eröffnung der Galerie Architektur und Arbeit Gelsenkirchen (GAAG) auf dem Gelände der ehemaligen Zeche Consolidation (Schacht Oberschuir)

1997
Bundesgartenschau auf einem stillgelegten Zechengelände (Zeche Nordstern)
Gründung des Initiativkreises Bergwerk Consolidation e. V. (IBC)

1998
Gründung der Kultur Ruhr GmbH
erstmaliges Weiterbildungsangebot für arbeitslose Facharbeiter zum Solarteur

1999
Schließung der letzten Kokerei in Gelsenkirchen
Shell Solar beginnt mit der Produktion von Photovoltaikanlagen
Errichtung der ersten Reihenhäuser der ersten Solarsiedlung „Sonnenhof" in Gelsenkirchen-Bismarck
erstmals Wahl eines Oberbürgermeisters der CDU in Gelsenkirchen
Beendigung der IBA Emscher-Park

Tab. 3.8 (Fortsetzung)

2000

Schließung der letzten Zeche in Gelsenkirchen

Eröffnung des Labor- und Service-Zentrums des Fraunhofer Instituts für Solare Energiesysteme (ISE)

Gründung der Projekt Ruhr GmbH (Vorgänger der wirtschaftsförderung metropoleruhr GmbH)

Beginn des Projekts „Städteregion Ruhr 2030"

2001

Gelsenkirchen wird Mitglied im weltweiten Netzwerk der „Solar Cities".

Eröffnung der „Arena Auf Schalke" (Multifunktionsstadion)

erstmalige Durchführung der Ruhr-Triennale

Eröffnung des Consol-Theaters als erstem Bestandteil des „kultur.gebiets consol"

2002

Beginn der Nutzung des Schachts Oberschuir auf dem Gelände der ehemaligen Zeche Consolidation als „Stadtbauraum"

Fertigstellung der ersten Häuser der Siedlung Lindenhof, der größten Altbausolarsiedlung in NRW

Gründung des „SOL Fördervereins für solare Energie und Lebensqualität der Sonnensiedlung Gelsenkirchen-Bismarck e.V."

Definition neuer „Kompetenzsegmente" für das Ruhrgebiet durch den Kommunalverband Ruhrgebiet

2003

Entwicklung eines neuen Konzepts für den städtischen Einzelhandel durch die Stadt Gelsenkirchen (Ratsbeschluss: 2005; Fortschreibungen: 2007 und 2009)

2004

Umbenennung des Kommunalverbands Ruhrgebiet (KVR) in Regionalverband Ruhr

Gründung der „Solarstadt Gelsenkirchen e.V."

Übernahme der Flachglas Solartechnik GmbH durch Scheuten Glas Groep

Wahl eines Oberbürgermeisters der SPD in Gelsenkirchen

2005

Eröffnung des Forschungsinstituts für Internetsicherheit

Eröffnung des komplett erneuerten Zoos (Zoom Erlebniswelt Gelsenkirchen)

2006

Eröffnung der Kunstinstallation „Sammlung Werner Thiel" auf dem Gelände der ehemaligen Zeche Consolidation

Übernahme der Shell Solar Deutschland durch SolarWorld AG ⇒ SolarWorld Industries Schalke GmbH

Aufnahme der Wärmepumpenproduktion bei Vaillant am Standort Gelsenkirchen

2007

Übernahme der Solarzellenproduktion der SolarWorld in Gelsenkirchen durch Scheuten Solar Cells GmbH

Gründung der wirtschaftsförderung metropoleruhr GmbH (wmr)

2008

Aufnahme der Sonnenkollektorproduktion bei Vaillant am Standort Gelsenkirchen

Bestimmung eines Klimaschutz- und Solarbeauftragten der Stadt Gelsenkirchen

Präsentation einer Studie des Initiativkreises Ruhrgebiet zum Ruhrgebiet im Jahr 2030

Tab. 3.8 (Fortsetzung)

2009
Verabschiedung der „Zukunftsinitiative Gelsenkirchen 2020" durch den Rat der Stadt
Baustart des europaweit ersten Biomassekraftwerks auf einer Industriebrache
Fertigstellung eines Photovoltaik-Katasters für Gelsenkirchen
Verkauf der Solarzellenfabrik in Gelsenkirchen-Rotthausen von Scheuten Solar an das kanadische Photovoltaik-Unternehmen Arise
Übertragung der Kompetenzen für die Landesentwicklung an den RVR
2010
Substantielle Erweiterung des Labor- und Servicezentrums für das Fraunhofer ISE
Richtfest für die erste Klimaschutzsiedlung NRW in Nachbarschaft zum Wissenschaftspark
Ausbau der Produktion bei Scheuten Solar Cells GmbH
2011
Erweiterung der Produktpalette bei Vaillant Gelsenkirchen um Mini- und Mikro-Block-Heizkraftwerke zur gleichzeitigen Produktion von Strom und Wärme
Beginn der Tätigkeit eines „Talentscouts" an der Westfälischen Hochschule
2012
Insolvenz des größten lokalen Produzenten von Solarmodulen Scheuten Solar Cells GmbH
Übernahme eines Teils der Produktionsanlagen durch Aiko Solar
Teilnahme am Programm „Kein Kind zurücklassen"
Beginn des „Stärkungspakts Stadtfinanzen"
2013
Insolvenz des von Aiko Solar übernommenen Produktionsbetriebs

Ansätze zur industriellen Transformation in Gelsenkirchen vor Beginn der Finanz- und Wirtschaftskrise

Gelsenkirchen als Mittelzentrum des nördlichen Ruhrgebiets zählt zu den Orten im Ruhrgebiet, in denen erst vergleichsweise spät Investitionen in Einrichtungen außerhalb der etablierten Industrien vorgenommen wurden. Drei Entwicklungslinien kennzeichnen daher den Anpassungsprozess in Gelsenkirchen bis zur Finanz- und Wirtschaftskrise:

1. *der Aufbau von Strukturen zur wissenschaftlichen Ausbildung*

Während die größeren Städte entlang der traditionellen Ost-West-Linie des Ruhrgebiets, des Hellwegs, bereits Ende der 1960er und Anfang der 1970er Jahre Hochschulstandorte zumeist sowohl mit Universitäten als auch mit Fachhochschulen wurden, wurde die Fachhochschule Gelsenkirchen mit zusätzlichen Standorten in Recklinghausen und Bocholt erst 1992 gegründet.[42] Diese verzögerte Entwicklung der Hochschulausbildung zeigt sich auch auf den lokalen Arbeitsmärkten. Der Vergleich des Anteils der sozialversicherungspflichtig Beschäftigten (SVB) mit Hochschulabschluss an der Gesamtzahl der SVB in

---

[42] Als Vorläufer waren im Jahr 1962 eine staatliche Ingenieurschule und hieraus im Jahr 1971 eine Abteilung der Fachhochschule Bochum an dieser Stelle gegründet worden (Westfälische Hochschule 2015).

Abb. 3.16 wies den Rückstand Gelsenkirchens unter allen untersuchten deutschen Fallstudien aus. Ein wesentlicher Bestandteil zum Ausbau akademisch-wissenschaftlicher Strukturen in Gelsenkirchen war die Eröffnung des Wissenschaftsparks im Jahr 1995, der auf einem ehemaligen Stahlwerk errichtet und mit Grünflächen und See als Projekt der IBA Emscher-Park auch überregionale Aufmerksamkeit erzielte.[43] Die Errichtung des damals weltweit größten auf dem Dach des Zentrums installierten Solarkraftwerks markierte zudem den Einstieg Gelsenkirchens in ein „solares Zeitalter", auf das wir im weiteren Verlauf des Abschnitts zurückkommen werden. Der Wissenschaftspark ist Standort für zahlreiche Unternehmen, Forschungs- und Beratungseinrichtungen mit sehr unterschiedlichen Schwerpunkten. Als vergleichsweise großes Forschungsinstitut wurde das bereits 1988 als Teil des Wissenschaftszentrums NRW gegründete Institut für Arbeit und Technik an diesem Standort angesiedelt.

Ein weiterer Schritt zur Entwicklung des Wissenschaftsstandorts wurde im Jahr 2000 mit der Eröffnung des Labor- und Servicezentrums als Außenstelle des Fraunhofer ISE vollzogen. Dieses Zentrum, die erste Einrichtung der Fraunhofer-Gesellschaft bzw. einer der vier großen bundesweiten Gesellschaften der Wissenschaftszentren in Gelsenkirchen, erhielt im Jahr 2010 zusätzliche Mittel für den Ausbau (Solarstadt Gelsenkirchen 2012). Mit dieser Forschungseinrichtung wurde zudem der angestrebte neue Schwerpunkt der lokalen Energiewirtschaft im Bereich der Solarenergie unterstützt. Wie in Freiburg, dem Sitz des Fraunhofer ISE, sollten enge Verknüpfungen mit der entstehenden Solarindustrie am Standort zur schnellen Diffusion neuer Erkenntnisse in die Märkte aufgebaut werden.

Wie in Abb. 3.17 erkennbar, schlugen sich die Investitionen nicht unmittelbar in einer Erhöhung des Anteils der Arbeitnehmer mit akademischem Abschluss nieder. Auch andere Indikatoren zeigten, dass der Aufbau neuer Strukturen im Bereich von Forschung und Entwicklung sowie akademischer Ausbildung längere Zeiträume erfordert, um quantitative Effekte zu erzielen (vgl. auch RWI und Stifterverband 2009).

2. *der Ausbau des Dienstleistungsstandorts*

Nachdem der lokale Arbeitsmarkt in Gelsenkirchen über Jahrzehnte vornehmlich durch Beschäftigung in traditionellen (Schwer-)Industriesektoren geprägt war, rückte der dramatische Rückgang der Beschäftigtenzahlen in der Industrie – zwischen 1996 und 1999 sank die Zahl der Erwerbstätigen im produzierenden Gewerbe nochmals von 37.900 (34,7 % aller Erwerbstätigen) auf 26.300 (24,6 % aller Erwerbstätigen; alle Daten von VGRdL 2015) – die Bedeutung von Dienstleistungsbranchen in den Fokus der Wirtschaftsförderung. Der Einzelhandel stellte hierbei einen besonderen Schwerpunkt stadtteilbezogener Einzelprojekte dar, um durch gemeinsame Projekte zugleich die Attraktivität der Innenstädte zu erhöhen. Seit dem Jahr 2003 existiert ein Gesamtkonzept für die Entwicklung des Einzelhandels, das fortlaufend angepasst wurde. Besondere Herausforderungen bestanden hierbei in der hohen Verschuldung der Stadt, auf die wir später noch eingehen werden und die Investitionen in die kommunale Infrastruktur und Steigerung der Attraktivität der Stadt

---

[43] Vgl. zu den Architekturpreisen für den Park auch Wissenschaftspark Gelsenkirchen (2015).

einschränkte, sowie die räumliche Lage innerhalb eines Ballungsraums mit zahlreichen konkurrierenden Innenstädten und großen Einkaufszentren in räumlicher Nähe (vgl. zu den Grenzen einer solchen Aufwertungsstrategie in strukturschwachen Stadtteilen des Ruhrgebiets auch Neumann et al. 2007). So entstand beispielsweise im Zeitraum von 1994 bis 1996 im nahe gelegenen Oberhausen (weniger als 20 km von der Gelsenkirchener Stadtmitte entfernt) auf dem Gelände eines ehemaligen Stahlwerks Deutschlands größtes Einkaufszentrum mit einer Gesamt-Nettoverkaufsfläche von 72.000 m^2 (Centro 2010), das seit dem Jahr 2010 zu einer Nettoverkaufsfläche von 116.000 m^2 erweitert wurde (Centro 2015). Als weitere Herausforderung für den Einzelhandel ist die im bundesweiten Vergleich geringe und zwischen den Jahren 2006 und 2012 weiterhin rückläufige private Kaufkraft in Gelsenkirchen und benachbarten Ruhrgebietsstädten zu beachten (vgl. beispielsweise Institut der deutschen Wirtschaft 2014).

Ein anderer Schwerpunkt zur Förderung der Dienstleistungsbranchen verbindet sich mit der Erhöhung des Freizeit- und Kulturwerts entlang bisheriger Industriestätten. Diese Umwidmung und Neudefinition der Industriestätten wurde bereits als zentrales Anliegen der IBA Emscher-Park kommuniziert (vgl. beispielsweise Jacuniak 2012; Goch 2011). In Gelsenkirchen entstanden im Zuge dieser Entwicklung unter anderem ein neues Freizeitgelände auf der Fläche einer ehemaligen Zeche, das im Rahmen einer Bundesgartenschau entwickelt wurde, sowie neue Spielstätten für die „freie" Kulturszene und Galerien in umgebauten Räumen ehemaliger Zechen. Auch die komplette Erneuerung des Zoos mit modernem, auf Erlebniswerte für Besucher und bessere Unterbringungsbedingungen für Tiere ausgerichtetem Konzept sowie die Errichtung einer Multifunktionsarena dienten der Steigerung der Reputation Gelsenkirchens als Freizeitstandort. Ebenso wie Dortmund war Gelsenkirchen Mitglied der erfolgreichen Bewerbung von Essen für das Ruhrgebiet als Europäischer Kulturhauptstadt im Jahr 2010. Auch Gelsenkirchen konnte daher eine Woche des Kulturhauptstadtjahres als „local hero" gestalten und war Ort einzelner Großveranstaltungen des Programms. Die Erhöhung der Übernachtungszahlen von 131.000 im Jahr 1989 über 146.000 im Jahr 2000 und 261.000 im Jahr 2005 auf 280.000 im Kulturhauptstadtjahr 2010 und 308.000 im Jahr 2014 ist auch mit dieser Orientierung an zusätzlichem Freizeitwert in Verbindung zu bringen.[44] Relativierend zu dieser Entwicklung muss wie in der Betrachtung zur Fallstudie Dortmund der Vergleich der dreißig größten Städte in Deutschland zu Angebots- und Nachfragestrukturen im Kulturbereich angeführt werden (HWWI und Berenberg 2012). Gelsenkirchen wurde hierbei hinter Dortmund an Position 27 unter 30 Städten im Bereich der Kulturproduktion und an Position 30 im Bereich der Kulturrezeption geführt.

Die Zielsetzung, den Aufbau lokaler Dienstleistungsmärkte zu unterstützen, findet sich auch im Rahmen der Schwerpunkte Gelsenkirchens innerhalb der Förderprogramme für Stadtteile mit besonderem Erneuerungsbedarf („Integriertes Handlungsprogramm Soziale Stadt NRW"). Die Stadt Gelsenkirchen fokussierte in ihren Fördergebieten Gelsenkirchen-Bismarck/Schalke-Nord und Gelsenkirchen-Südost vorrangig auf Maßnahmen zur

---

[44] Alle Zahlenangaben zu den Übernachtungen stammen von der Landesdatenbank des Statistischen Landesamtes Nordrhein-Westfalen.

Aktivierung der lokalen Ökonomie, zur Entstehung junger Unternehmen und Kleingewerbe sowie auf zunehmende Kooperationen in den Stadtteilen (Weck 2005). Hierzu wurde neben einem Stadtteilbüro und einem „Büro für Sozialarbeit" ein „Büro für Wirtschaftsentwicklung" eingerichtet, das die Maßnahmen koordinieren sollte. Bestandteile dieser Aufgaben bezogen sich auf die Vermittlung von Beratungsleistungen für Gründungswillige, die Unterstützung eines „Jung-Unternehmer-Stammtisches" oder auch die Organisation von Informationsveranstaltungen. Eine Evaluation der Maßnahmen wies auf starke Impulse für die Initiierung von Unternehmensgründungen am Standort hin (Neumann et al. 2007). So verbesserte sich auch Gelsenkirchen im bereits angesprochenen NUI-Regionenranking auf der Basis von Gewerbeanmeldungen unter 439 Regionen von Position 394 im Jahr 1999 auf Position 223 im Jahr 2006. Auch in den Folgejahren verbesserte sich Gelsenkirchen innerhalb des Rankings bis auf Position 97 im Jahr 2012 (IfM 2014).

Allerdings stieg zwischen 2000 und 2007 die Erwerbstätigkeit im Dienstleistungsbereich lediglich in der Branchengruppe der „Finanz-, Versicherungs- und Unternehmensdienstleister, Grundstücks- und Wohnungswesen" um fast 6000 Beschäftigte, während sie im Bereich der sozialen und erzieherischen Dienstleistungen leicht rückläufig war und in der Gruppe von Branchen aus Handel, Logistik, Gastgewerbe, Information und Kommunikation lediglich konstant blieb. Dies verdeutlicht die Grenzen des Aufbaus starker neuer Beschäftigungssegmente in Gelsenkirchen im untersuchten Zeitraum.

3. *der Übergang zur „Solarstadt"*

Durch seine Vergangenheit als Standort zahlreicher Zechen war Gelsenkirchen seit dem Ende des 19. Jahrhunderts eng mit der Produktion und Verwendung fossiler Energieressourcen verbunden.[45] Ähnlich wie bei den beiden zuvor genannten Anpassungsprozessen, stand die IBA Emscher-Park auch für die Schaffung eines neuen industriellen Pfades anstelle der etablierten fossilen Energiewirtschaft Pate (vgl. ausführlich zur Entwicklung Jung et al. 2010). Das im Rahmen dieser Ausstellung geplante Projekt des Wissenschaftsparks lenkte durch die geplante – zum damaligen Zeitpunkt weltweit größte – Photovoltaik-Anlage auf dem Dach des Zentrums die Aufmerksamkeit auf diese Technologie. Die Stadtwerke Gelsenkirchen und die Betriebsgesellschaft des geplanten Wissenschaftszentrums gründeten im Jahr 1993 ein gemeinsames Institut zur Entwicklung einer entsprechenden Farbstoffsolarzelle für diese Anlage. Eine der ersten Fabriken zur Produktion von Solarmodulen wurde im Jahr 1995 durch die Flachglas Solartechnik GmbH in Gelsenkirchen errichtet. Vier Jahre später folgte durch Shell Solar Deutschland eine weitere Großanlage zur Modulproduktion.

Parallel hierzu erfolgten weitere Anwendungsprojekte und der Aufbau wissenschaftlich-industrieller Expertise (zum Überblick Solarstadt Gelsenkirchen 2012; Jung et al. 2010). Als wissenschaftliches Zentrum diente das im Jahr 2000 eröffnete Labor- und Servicezentrum des Fraunhofer ISE, das sich auf produktionsnahe Prozessentwicklung zur

---

[45] Hierzu zählt beispielsweise auch die Funktion Gelsenkirchens als Standort für zwei Raffinerien.

Herstellung von Silicium-Dünnschichtsolarzellen, Silicium-Heterosolarzellen und multi-kristallinen Siliciumsolarzellen spezialisierte (Fraunhofer ISE 2015a). Der Fokus dieser Einrichtung lag auf der schnellen Übertragung von der Forschung in industrielle Produktionsprozesse der Zell- und Modulfertigung. Anwendungsprojekte wurden insbesondere in Wohnsiedlungen verwirklicht. Bereits im Jahr 1997 hatten drei NRW-Landesministerien gemeinsam ein Programm ausgeschrieben, das die Förderung von fünfzig Solarsiedlungen im Bundesland vorsah. Als eine der ersten Solarsiedlungen entstand die Siedlung „Sonnenhof" in Gelsenkirchen-Bismarck (ausführlicher hierzu Jung et al. 2010). Dieser Stadtteil, geprägt durch die ehemalige Zeche „Consolidation", die bis zum Jahr 1995 schrittweise aufgegeben und deren Anlagen anschließend teilweise in Kulturräume umgewandelt wurden, wurde zugleich seit 1993 in einigen Förderprogrammen für Stadtteile mit besonderem Erneuerungsbedarf durch das Land unterstützt. Insgesamt entstanden in dieser Siedlung 71 Reihenhäuser auf einer ehemals landwirtschaftlich genutzten Fläche. Bemerkenswert an der Entwicklung dieser Siedlung ist die Gründung eines Fördervereins im Jahr 2002 als einer privaten Initiative zur Information über praktische Erfahrungen mit der Verwendung von Solarthermie für Wohngebiete und mit einem besonderen Schwerpunkt in der Unterstützung von Bildungsprojekten mit Schülern zu Fragestellungen regenerativer Energien (Solarsiedlung Gelsenkirchen-Bismarck 2015). Ein weiteres Projekt dieses NRW-Programms wurde im Gelsenkirchener Stadtteil Erle verwirklicht (Energie-Agentur NRW 2008). Die dortige Siedlung „Lindenhof" wurde in den Jahren 1951 und 1952 mit insgesamt 274 Wohnungen gebaut. Teil der Modernisierung dieser Altbau-Siedlung in den Jahren 2002 und 2003 war die Nutzung von Solarenergie für die Warmwasserbereitung und Heizenergie.

Im Bereich der Modulproduktion fand bis zum Jahr 2007 eine Konzentration der Fertigung durch das niederländische Unternehmen Scheuten Solar statt, das zunächst die Produktionsanlagen der Flachglas Solar und später von Shell Solar übernahm. Prestigeträchtige Projekte der Modulproduktion in Gelsenkirchen waren die Anfertigung der Photovoltaikanlagen auf den Dächern des Berliner Hauptbahnhofs und des Reichstagsgebäudes (Solarstadt Gelsenkirchen 2012). Die lokale Wirtschaftsförderung unterstützte den Auf- und Ausbau der Solarindustrie nicht nur durch Maßnahmen des Standortmarketings – beispielsweise durch die Umwidmung des Slogans „Stadt der tausend Feuer" in „Stadt der tausend Sonnen" -, sondern auch durch Informationsmittel wie die Erstellung eines Katasters zur Verdeutlichung des Potentials der Sonnenenergie innerhalb des Stadtgebiets, Veranlassung von Pilotanwendungen durch die städtische Wohnungsbaugesellschaft und Stadtwerke sowie im Jahr 2004 die Zusammenführung der lokal relevanten Akteure innerhalb eines Fördervereins (Förderverein Solarstadt Gelsenkirchen e. V.). Im Jahr 2008 wurde zudem das Amt des städtischen Beauftragten für Klimaschutz und Solarenergie geschaffen. Relativ früh wurden Hoffnungen auf zusätzliche Beschäftigungsmöglichkeiten gerade für Berufsgruppen, die ihre Arbeitsplätze im Prozess der De-Industrialisierung verloren hatten, in konkrete Weiterbildungsprojekte umgesetzt. So begannen im Jahr 1998 Weiterbildungen zum Solarteur, einer Spezialisierung im Handwerk zur Verknüpfung von Kenntnissen aus der Photovoltaikanwendung mit Erfahrungen aus dem Installationshand-

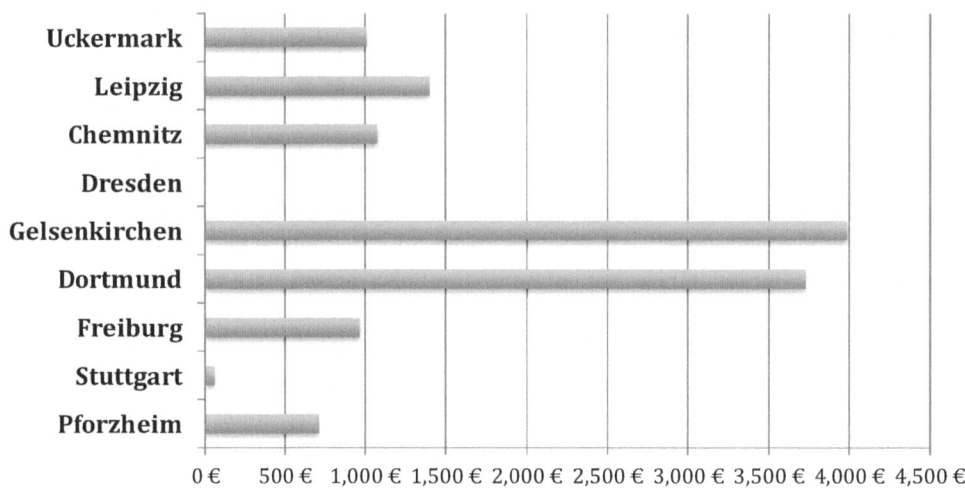

Abb. 3.20 Schuldenstand der kommunalen Kernhaushalte, pro Einwohner, in €, 2012. (Quelle: INKAR (2015))

werk.[46] Da die Modulproduktion vorrangig kapitalintensiv erfolgte und somit die Zahl der dort geschaffenen Arbeitsplätze deutlich geringer war als in den ursprünglich in Gelsenkirchen angesiedelten Industrien – Scheuten Solar hatte beispielsweise in Spitzenzeiten 450 Beschäftigte und im Jahr 2011 noch 235 Beschäftigte (Der Westen 2012; Sorge 2012) –, sank die Zahl der Erwerbstätigen im produzierenden Gewerbe in Gelsenkirchen zwischen 2000 und 2007 trotz der genannten Aktivitäten nochmals um ca. 4000 Personen.

Die Möglichkeiten zur Unterstützung der Anpassungsmaßnahmen durch die Stadt Gelsenkirchen sind vor dem Hintergrund deutlicher finanzieller Einschränkungen als Folge der De-Industrialisierung zu sehen. Bereits seit 1995 war die Stadt Gelsenkirchen gezwungen, Haushaltssicherungskonzepte für den kommunalen Haushalt vorzulegen. Hier machten sich verschiedene strukturelle Einflussfaktoren – rückläufige Bevölkerungszahlen, hohe Arbeitslosenquote bzw. Empfängerquote von ALG II und Sozialgeld, geringere Gewerbesteuereinnahmen und schwache Entwicklung der verfügbaren Einkommen der privaten Haushalte – unmittelbar bemerkbar (RWI 2014). Abb. 3.20 illustriert die besondere Ausgangssituation der beiden Ruhrgebietskommunen Gelsenkirchen und Dortmund anhand eines Vergleichs der Verschuldung der Kernhaushalte in den bundesdeutschen Untersuchungsregionen im Jahr 2012. Zusätzlich sind noch Schulden der Eigenbetriebe zu berücksichtigen, und auch hierbei zeigt sich, dass der Schuldenstand Dortmunds und Gelsenkirchens pro Einwohner deutlich oberhalb der anderen Untersuchungsregionen lag.[47]

---

[46] Eine ähnliche Weiterbildung für das lokale Handwerk wurde zu diesem Zeitpunkt auch im Burgenland, unserer Fallstudie im Kap. 3.5, eingeführt.

[47] Der entsprechende Schuldenstand lag für Gelsenkirchen im Jahr 2012 bei 6230 € pro Einwohner, für Dortmund bei 6197 € pro Einwohner (Statistische Ämter des Bundes und der Länder 2012).

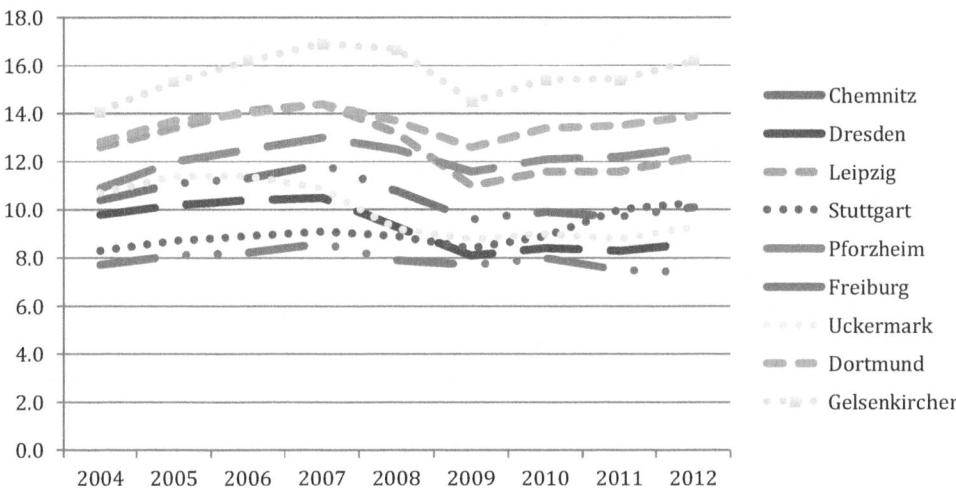

Abb. 3.21 Private Schuldnerquote, in % der Bevölkerung über 18 Jahre. (Quelle: INKAR (2015))

Abbildung 3.21 zeigt zudem die Entwicklung der privaten Schuldnerquote in den untersuchten bundesdeutschen Regionen.[48] Wiederum war der Anteil in Gelsenkirchen mit Abstand am höchsten. In allen Untersuchungsregionen war die private Schuldnerquote im Jahr 2009, dem Jahr der tiefen Rezession, rückläufig, bevor sie in den meisten Regionen wieder anstieg. Inwieweit dieser Anstieg mit der Finanz- und Wirtschaftskrise und ihren Folgen zusammenhing, lässt sich nicht aus den Daten isolieren. Auffallend an dieser Abbildung sind auch der sukzessive Anstieg der Schuldnerquote in Stuttgart seit 2009 und die relativ guten Entwicklungen in Freiburg und in der Uckermark.

Insgesamt waren in Gelsenkirchen somit vielfältige Projekte zur Beschleunigung des Strukturwandels und zum Aufbau neuer Anpassungsfähigkeiten im Zeitraum bis 2007 zu beobachten. Zugleich wurde jedoch auch deutlich, dass – gerade im Vergleich zu den anderen untersuchten Regionen – besondere strukturelle Probleme verblieben.

Erfahrungen in der Finanz- und Wirtschaftskrise
Wie bereits bei anderen Stadtregionen mit höherem Anteil industrieller Produktion, begann der Rückgang des lokalen BIP bereits mit den ersten Anzeichen der internationalen Finanz- und Wirtschaftskrise im Jahr 2008. Hier machte sich bemerkbar, dass relativ große industrielle Produzenten in Gelsenkirchen in konjunkturabhängigen Sektoren tätig waren, beispielsweise an zwei Öl-Raffineriestandorten, Produktionseinrichtungen für

---

Leider lagen keine entsprechenden Vergleichszahlen für baden-württembergische Kommunen sowie Dresden und Leipzig vor.

[48] Die Schuldnerquote beschreibt den Anteil der privaten Personen, die die Summe ihrer Zahlungsverpflichtungen nicht mehr begleichen können bzw. die ihren Lebensunterhalt nicht mehr aus Vermögen oder weiteren Krediten bestreiten können, pro 100 Einwohner (INKAR 2015).

Industrieglas und vereinzelte Automobilzulieferer. Das lokale BIP zu Marktpreisen sank im Jahr 2008 um 0,3 % und im Jahr 2009 um 7 % (zum Vergleich: Deutschland: + 1,9 % im Jahr 2008 und − 4 % im Jahr 2009; NRW: + 2,4 % im Jahr 2008; − 4 % im Jahr 2009; Dortmund: + 0,1 % im Jahr 2008; − 1,1 % im Jahr 2009; alle Daten von VGRdL 2015). Die Exportquote des verarbeitenden Gewerbes in Gelsenkirchen lag im Vergleich zu Dortmund und anderen Gemeinden des Kammerbezirks Nordwestfalen eher im unteren Bereich. Der Auftragseinbruch zu Beginn der Finanz- und Wirtschaftskrise führte zu einem deutlichen Rückgang der Exportquote zwischen 2008 (30,7 %) und 2009 (25,6 %).[49] Der Auslandsumsatz des verarbeitenden Gewerbes in Gelsenkirchen aus dem Jahr 2008 wurde im Gegensatz zu den Erfahrungen in den anderen Untersuchungsregionen bis zum Jahr 2014 nicht mehr erreicht (nach Datenangaben des Statistischen Landesamtes Nordrhein-Westfalen; IT.NRW 2015).

Die Reaktion der Unternehmen entsprach den bereits in den Fallstudien zu Stuttgart und Dresden erläuterten Erfahrungen: Die Unternehmen versuchten, ihre Beschäftigung trotz dramatischer Rückgänge des Auftragsvolumens und einer sehr hohen Anzahl an Auftragskündigungen zu erhalten, nutzten hierzu flexible Vereinbarungen zu Arbeitszeitkonten und Anpassungen der Arbeitszeit sowie – wenn auch im geringeren Umfang als in Baden-Württemberg – Möglichkeiten der Kurzarbeit (vgl. zu den Erfahrungen beim Glashersteller Pilkington in Gelsenkirchen auch Meinert 2011).[50] Wie bereits zuvor bei der Fallstudie Dortmund erläutert, konzentrierte sich die nordrhein-westfälische Landesregierung vorrangig auf die Umsetzung der konjunkturpolitischen Maßnahmen auf Bundesebene, ohne eigene Zusatzprogramme einzuführen. Für die Stadt Gelsenkirchen erwiesen sich die Bundesmittel des Konjunkturprogramms II zur Finanzierung von „Zukunftsinvestitionen" als besonders bedeutsam, da aus diesem Programmbestandteil Mittel in den Ausbau des Labor- und Servicecenters des Fraunhofer ISE flossen (Fraunhofer ISE 2015a). Aufgrund der relativ hohen Arbeitslosenquoten konnte auch die Stadt Gelsenkirchen wie bereits Dortmund und Leipzig Mittel aus dem Programm „Kommunal-Kombi" einsetzen, das eine Förderung öffentlicher Beschäftigung vorsah. Insgesamt fällt an der Struktur der Erwerbstätigkeit in Gelsenkirchen auf, dass die Erwerbstätigkeit im Bausektor zwischen den Jahren 2000 und 2008 stagnierte und in der Folge bis zum Jahr 2012 um mehr als 20 % anstieg. Dies trug auch entscheidend zum trotz Finanz- und Wirtschaftskrise kontinuierlichen Anstieg der Erwerbstätigkeit in Gelsenkirchen zwischen den Jahren 2007 und 2011 bei.

---

[49] Aufgrund der Umstellung der Branchenabgrenzung mit Beginn des Jahres 2008 (WZ 2008 anstelle WZ 2003) sind Vergleiche mit Exportquoten vor dem Jahr 2008 nur beschränkt aussagefähig.

[50] Mit 14,2 % war der Anteil der Kurzarbeiter an der Gesamtzahl der sozialversicherungspflichtig Beschäftigten in Gelsenkirchen im Jahr 2009 am niedrigsten unter allen bundesdeutschen Fallstudienregionen unserer Untersuchung (vgl. Abb. 3.25 in Kap. 3.3.4 gemäß der Daten von INKAR 2015, auf der Basis von Angaben der Bundesagentur für Arbeit).

Einen stabilisierenden Einfluss in der Finanz- und Wirtschaftskrise übten nach Aussage aller Beteiligten auch die gewachsenen Strukturen von Produktion und Dienstleistungen im Kontext erneuerbarer Energien aus. Durch die fortlaufende Förderung im Rahmen des Erneuerbare-Energien-Gesetzes stieg die Nachfrage nach Photovoltaikanlagen auch während der Finanz- und Wirtschaftskrise an. Noch im Jahr 2010 kündigte der größte Produzent von Solarmodulen in Gelsenkirchen an, seine Produktion am Standort auszubauen (Solarstadt Gelsenkirchen 2012). Der Ausbau der Expertise im Bereich erneuerbarer Energien bildete daher auch einen Schwerpunkt des Entwicklungskonzepts „Gelsenkirchen 2020", das der Rat der Stadt im Jahr 2009 verabschiedete. Mit dem Bau des europaweit ersten Biomassekraftwerks auf einer Industriebrache erfolgte im Jahr 2009 eine Diversifizierung der Aktivierung in den neuen Feldern der Energiewirtschaft. Ziel des Entwicklungskonzepts war es, die erworbene Reputation als „Solarstadt" zu erweitern und alle Maßnahmen im Bereich der Energiewirtschaft auf einer gemeinsamen Plattform zu bündeln. Die positive Entwicklung in der Solarindustrie wurde jedoch ab dem Jahr 2012 mit zunehmender Konkurrenz durch Solarmodulanbieter aus China und einer Kürzung der Förderung der Produktion von Strom aus Photovoltaik durch das EEG einem weiteren externen Schock ausgesetzt.

Weiter auf der Suche nach neuen Entwicklungspfaden
Für die lokalen Arbeitsmärkte lieferte die Insolvenz des größten lokalen Produzenten von Solarmodulen Scheuten Solar Cells AG das markanteste Beispiel für die negativen Folgen des externen Schocks für den Solarstandort Gelsenkirchen. Das Unternehmen meldete zunächst im Jahr 2012 Insolvenz an, wurde dann mittels eines chinesischen Investors zunächst weitergeführt, bevor dann im Jahr 2013 die Produktion endgültig aufgegeben wurde. Insgesamt waren 235 Arbeitsplätze direkt von dieser Insolvenz betroffen. Kleinere Unternehmen, die sich stärker auf das Auslandsgeschäft und Dienstleistungselemente fokussiert hatten, überstanden die Krise und sind auch im Jahr 2015 noch in Gelsenkirchen aktiv. Angesichts der Industrietradition in Gelsenkirchen und der vergleichsweise geringen formalen Qualifikationen der Arbeitslosen stellte jedoch vor allem die industrielle Produktion in der Solarindustrie einen Hoffnungsträger für die Stadt dar, der nach dem Schock nicht mehr existierte. Entsprechend der gewandelten Bedeutung wurde der Förderverein „Solarstadt Gelsenkirchen e.V." im Jahr 2014 in „Klimabündnis Gelsenkirchen-Herten" umbenannt (Solarstadt Gelsenkirchen 2014). Damit sollte der zunehmenden Diversifizierung der Projekte im Bereich erneuerbarer Energien Rechnung getragen werden.

Aufgrund der strukturellen Herausforderungen in Gelsenkirchen machte sich der Schock für die Solarindustrie an diesem Standort ungleich stärker bemerkbar als an den beiden anderen bereits beschriebenen Fallstudien Freiburg und Dresden. In Dresden konnten Beschäftigte aus der Photovoltaik-Industrie in benachbarte Industriebranchen wechseln, und waren Zulieferunternehmen und Forschungseinrichtungen vergleichsweise flexibel in ihren Anpassungsmöglichkeiten. Auch in Freiburg waren die Folgen der gekürzten Förderung und internationalen Konkurrenz aufgrund des Schwerpunkts auf die

Forschung vergleichsweise begrenzt. In Gelsenkirchen waren die Segmente in der Solarindustrie, die sich auf Forschung, Planung und Installationen konzentrierten, wenig betroffen. Für die Beschäftigten in der Modulproduktion bot der lokale Arbeitsmarkt jedoch
vergleichsweise wenig Alternativen.

Die regionale Wirtschaftsförderungseinrichtung wmr verglich in ihrem Wirtschaftsbericht 2014 die Standortkoeffizienten der Beschäftigung in bestimmten regional definierten
Leitmärkten in den regionalen Städten und Kreisen des Ruhrgebiets mit dem Bundesdurchschnitt (wmr 2014). Für Gelsenkirchen wurden bei dieser Untersuchung ausgeprägte
Schwerpunkte in den Bereichen „Ressourceneffizienz" (insbesondere Energie- und Was-
serwirtschaft), „Gesundheit" und „Urbanes Bauen und Wohnen" identifiziert. Vergleichsweise geringere Beschäftigungsanteile fanden sich hingegen für Gelsenkirchen im Bereich unternehmensnaher Dienstleistungen, der Freizeitindustrie und der digitalen Kommunikation. Angesichts des fortgeschrittenen demografischen Wandels in Gelsenkirchen
mit einem relativ hohen Anteil älterer Bevölkerung und eines gewachsenen Sozialkapitals
in den Stadtteilen wurde eine Entwicklungschance für den Standort im Ausbau entsprechender Strukturen im Bereich der Gesundheits- und Pflegeinfrastruktur gesehen.[51]

Ungeachtet des Versuchs, neue Entwicklungspfade entlang der identifizierten Schwerpunkte zu unterstützen, verschärften sich nach Beginn der Finanz- und Wirtschaftskrise
die bereits angesprochenen strukturellen Herausforderungen in Gelsenkirchen. Die kommunale Verschuldung stieg auch aufgrund krisenbedingt gesunkener Einnahmen durch
Gewerbesteuern und gesunkener Einwohnerzahlen weiter an. Im Jahr 2011 führte das
Land Nordrhein-Westfalen den so genannten „Stärkungspakt Stadtfinanzen" ein (MIK
2014).[52] In einem ersten Schritt wurden 34 Kommunen mit unmittelbar drohender oder
eingetretener Überschuldung zur Teilnahme, die ihnen Zugang zu insgesamt 3,5 Mrd. €
bis zum Jahr 2020 verschaffen soll, gezwungen. Gelsenkirchen gehört zu einer zweiten
Gruppe von insgesamt 27 Kommunen, bei denen die Haushaltsdaten 2010 eine Überschuldung bis zum Jahr 2016 erwarten ließen und die sich „freiwillig" dem Programm
anschlossen. Gelsenkirchen verpflichtete sich durch seine Teilnahme, den kommunalen
Haushalt bis zum Jahr 2018 auszugleichen, und erhält hierfür jährliche Hilfen bis zum
Jahr 2020 (im Jahr 2014 beispielsweise 11,6 Mio. €; vgl. auch RWI 2014). Da Möglichkeiten zur Verringerung der Ausgaben aus Sicht der Stadt weitgehend ausgeschöpft sind,
erfolgt der erforderliche Haushaltsausgleich zunehmend durch Erhöhung lokaler Steuern
(beispielsweise Grund-, Vergnügungs- und Hundesteuern). Die Ausgabenstruktur ist im
Bundesdurchschnitt insbesondere aufgrund der vergleichsweise hohen Anteile von Leis-
tungsempfängern im Rahmen des Arbeitslosengelds II bzw. des Sozialgelds vergleichs-

---

[51] So wurde beispielsweise ein Projekt aus Gelsenkirchen („QuartiersNETZ – Ältere als (Ko-)Pro-
duzenten von Quartiersnetzwerken im Ruhrgebiet") als Siegerprojekt in einem Wettbewerb des
Bundesministeriums für Bildung und Forschung ausgewählt (wmr 2014).

[52] Die Finanzierung erfolgt zu fast 70 % aus dem Landeshaushalt, ca. 17 % werden aus dem Gemein-
definanzierungsgesetz finanziert und ca. 13,5 % aus einer Solidaritätsumlage der anderen Kommunen (MIK 2014).

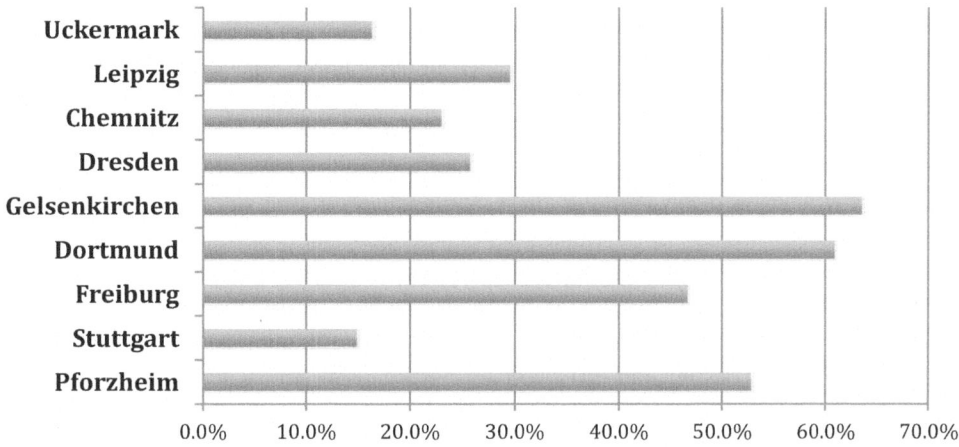

Abb. 3.22 Anteil der Arbeitslosen ohne formalen Ausbildungsabschluss an der Gesamtzahl der Arbeitslosen, in %, 2012. (Quelle: INKAR (2015))

weise ungünstig. Bis zum Jahr 2017 sollen daher Erhöhungen lokaler Steuern zu mehr als der Hälfte des Ausgleichs beitragen (RWI 2014). Bereits zuvor wurde jedoch seitens der Kammer der vergleichsweise hohe Gewerbesteuerhebesatz als Problem bezeichnet (IHK Nordwestfalen 2007). Ebenso werden die hohen lokalen Steuersätze als mögliche zusätzliche Verstärker der Abwanderung angesehen (RWI 2014).

Die dramatische kommunale Finanzlage in Gelsenkirchen geht mit einer weiterhin verschärften Gefahr sozialer Ausgrenzung einher. Für einige Stadtteile wurde in Gelsenkirchen eine gegenseitige Verstärkung negativer Folgen fortgesetzter Arbeitslosigkeit, Armut, geringem Bildungsstatus und schwacher Gesundheit beobachtet (Dahlbeck und Neu 2014). So stieg zwischen den Jahren 2010 und 2012 der Anteil der Langzeitarbeitslosen (Arbeitslose, die länger als ein Jahr arbeitslos gemeldet waren) an der Gesamtzahl der Arbeitslosen wieder an, nachdem er zuvor zwischen 2005 und 2010 kontinuierlich gesunken war (Bundesagentur für Arbeit 2015). Im Jahr 2012 betrug der Anteil der Langzeitarbeitslosen an der Gesamtzahl der Arbeitslosen in Gelsenkirchen 46,8 % und war damit am höchsten unter den bundesdeutschen Fallstudienregionen unserer Untersuchungen (INKAR 2015).[53] Besonders problematisch an der Struktur der Arbeitslosigkeit in Gelsenkirchen ist der vergleichsweise geringe formale Ausbildungsstand der Arbeitslosen. Abbildung 3.22 vergleicht den Anteil der Arbeitslosen ohne formalen Ausbildungsabschluss an der Gesamtzahl der Arbeitslosen in den bundesdeutschen Fallstudienregionen. Wiederum ist der Anteil in Gelsenkirchen mit 63,5 % am höchsten unter den verglichenen Regionen.

Aus diesem vergleichsweise hohen Anteil an Arbeitslosen mit nur geringen Aussichten auf eine Integration im Arbeitsmarkt und an Personen, deren Einkommen von staatlichen

---

[53] Allerdings war der Anteil in Dortmund mit 46,1 % und im Kreis Uckermark mit 45,9 % nur geringfügig geringer (INKAR 2015, auf der Basis von Angaben der Bundesagentur für Arbeit).

Transferleistungen abhängt, ergibt sich zugleich auch ein vergleichsweise hoher Anteil an Kindern, die aufgrund geringer Einkommen in der Familie von Sozialgeldleistungen abhängen. Im Jahr 2007 betrug der Anteil der Kinder unter 3 Jahren in Gelsenkirchen, für die Sozialgeldleistungen gezahlt wurden, 42 %. Er sank bis zum Jahr 2012 auf 38,1 %, war aber immer noch am höchsten im Ruhrgebiet und stellte auch bundesweit einen Spitzenwert dar.[54] Kinder, in deren Familien die Einkommen so gering sind, dass zusätzliches Sozialgeld gezahlt werden muss, weisen bei Schuleingangsuntersuchungen Auffälligkeiten auf, die wiederum langfristige Bildungsperspektiven beschränken (vgl. beispielsweise hierzu die Studie von Groos und Jehles 2015).

Die Stadt Gelsenkirchen beteiligte sich daher als Modellkommune am Projekt „Kein Kind zurücklassen", das im Jahr 2011 von der nordrhein-westfälischen Landesregierung und der Bertelsmann-Stiftung initiiert wurde. Ziel ist es hierbei, durch geeignete Versorgungs- und Präventionsstrukturen eine frühzeitige soziale Segregation in der Kindesentwicklung zu verhindern und Kindern aus Familien mit geringen Einkommen bessere Voraussetzungen für einen Bildungserfolg zu ermöglichen. Bereits seit dem Jahr 2005 wurden in Gelsenkirchen lückenlose Betreuungs- und Präventionsketten entwickelt, die durch geeignete Beratungen junger Familien und Einbindung aller relevanten Akteure seitens der Kommunalverwaltung und der „kindlichen Lebenswelten" eine umfassende Unterstützung der Kinder von der Geburt bis zum zehnten Lebensjahr ermöglichen sollten (Bertelsmann-Stiftung 2015; vgl. zu einem Überblick über einzelne Maßnahmen in Gelsenkirchen auch Stadt Gelsenkirchen 2012). Bundesweite Aufmerksamkeit bis hin zu einer Fernseh-Dokumentation erhielt die Westfälische Hochschule mit der Einrichtung der Stelle eines „Talentscouts" im Jahr 2011, dessen Aufgabe es ist, Jugendliche aus Nichtakademiker- und Migrantenfamilien bereits in den Schulen zu besuchen und sie zum Übergang auf die Hochschule zu beraten (vgl. zur Strategie an der Hochschule auch Kottmann und Kriegesmann 2011). Die nordrhein-westfälische Landesregierung nahm diesen Ansatz auf und richtete im Jahr 2015 an der Westfälischen Hochschule eine Servicestelle für den Ausbau zu einem Talentscout-Netz an sieben Hochschulen im Ruhrgebiet ein (MIWF 2015).

Der vergleichsweise geringere formale Bildungsstatus erhöht nicht nur das Risiko der Arbeitslosigkeit, geringer Einkommen und fortwährender Abhängigkeit von Sozialtransfers. Auswertungen der Fehlzeiten bundesdeutscher Arbeitnehmer durch das Wissenschaftliche Institut der Allgemeinen Ortskrankenkassen (WIdO) zeigten eine Korrelation zwischen formalem Bildungsstatus und Dauer der Fehlzeiten, wobei Aspekte der mit dem Bildungsstatus verbundenen Berufswahl und der Lebensführung angeführt wurden (WIdO 2015). Unter den 50 größten bundesdeutschen Städten wies Gelsenkirchen im Jahr 2012 die im bundesdeutschen Vergleich längsten Fehlzeiten der Arbeitnehmer auf (23,5 Tage),

---

[54] Vgl. ZEFIR 2014. Die Auswertung der Daten durch ZEFIR wies für den Stand Juni 2013 einen Bundesdurchschnitt des Anteils von Kindern unter 3 Jahren, für die Sozialgeld gezahlt wurde, von 17,3 %, einen entsprechenden Durchschnitt in Ostdeutschland von 25,7 % und im Ruhrgebiet von 27,9 % aus.

während Dresden als Stadt mit den kürzesten Fehlzeiten unter den 50 Großstädten auffiel (13,8 Tage; WIdO 2015a).

Im Ergebnis zeigt sich daher, dass Gelsenkirchen in den vergangenen zwei Jahrzehnten durchaus bemerkenswerte Aktivitäten zur Überwindung struktureller Defizite und zur Unterstützung neuer Entwicklungspfade vollzog. In der Finanz- und Wirtschaftskrise konnte ein Wiederanstieg der Arbeitslosigkeit verhindert werden, der ansonsten typisch für die Folgen von Konjunkturkrisen in Gelsenkirchen war. Zugleich verdeutlicht die Erfahrung in der Produktion von Solaranlagen und -zellen aber auch die Fragilität der Brücke zwischen den neuen Strukturen, die vorrangig im Bereich von Forschung und Dienstleistungen zu finden sein werden, und den verbleibenden strukturellen Herausforderungen, die an einem vergleichsweise geringen formalen Qualifikationsbestand, geringen Einkommen, hoher kommunaler Verschuldung und verfestigter Arbeitslosigkeit bei fortwährender Abwanderung jüngerer und gut qualifizierter Personen zu erkennen sind. Der Aufbau von Anpassungsfähigkeiten erfordert daher in altindustriellen Regionen weiterhin einen längeren und breiter angelegten Atem als in anderen Regionstypen.

3.3.4   Was lässt sich aus der Entwicklung in den altindustriellen Regionen lernen?

Auf den ersten Blick und nur die unmittelbaren Folgen der Finanz- und Wirtschaftskrise für BIP und Erwerbstätigkeit betrachtend folgen die Erfahrungen in Dortmund und Gelsenkirchen den Beobachtungen der beiden vorangegangenen Regionstypen. Die Entwicklung in Dortmund mit einer nur vergleichsweise schwachen Wachstumsverringerung und einem fortgesetzten Anstieg der Erwerbstätigkeit entspricht den Erfahrungen in Städten mit hohem Anteil an nicht verbundenen Dienstleistungssektoren in Kap. 3.2, während die Folgen in Gelsenkirchen – kurzfristig starker Wachstumseinbruch, aber auch stärkere Erholung – typisch für industriell geprägte Stadtregionen entsprechend den Regionen in Kap. 3.1 ist. Hinter dieser „Normalität" bleiben jedoch die „Schatten" der altindustriellen Strukturen erhalten, die weiterhin die Reaktionsfähigkeit gegenüber längerfristigen Schocks begrenzen.

Diese „Schatten" führen zu Unterschieden beim Aufbau der Anpassungsfähigkeiten. In den Stadtregionen mit Leuchtturmindustrien und vielfältigen Dienstleistungsbranchen konnten die Anpassungsfähigkeiten entlang einer *Plastizität* der Entwicklungspfade aufgebaut werden, das heißt in den Städten vorhandene Potentiale konnten durch externe Anstöße und interne Lernprozesse so verändert werden, dass Wettbewerbsfähigkeit und Attraktivität der Standorte erhöht und Krisenreaktionen ermöglicht werden konnten. In den altindustriellen Regionen ist hingegen von einem Bruch der Entwicklungspfade auszugehen, dessen Notwendigkeit in den beiden untersuchten Städten spätestens mit den Schließungen der letzten Zechen und Stahlwerken offenkundig wurde. Neue Entwicklungspfade – entlang der Kultur- und Kreativwirtschaft an allen Ruhrgebietsstandorten, im

Bereich der digitalen Kommunikation und Mikrosystemtechnik in Dortmund oder auch der Solarwirtschaft in Gelsenkirchen – wurden auf der Basis öffentlichkeitswirksamer Projekte (Internationale Bau-Ausstellung, „dortmund project") angestoßen, benötigen jedoch längere Zeiträume, um sich an den Standorten zu verwurzeln und dort durch neue Verknüpfungen Plastizität und Krisenreaktionen zu ermöglichen. Dortmund verfügt im Vergleich zu Gelsenkirchen über den Vorteil einer längerfristigen Entwicklungszeit durch den Aufbau von Expertise am Technologiezentrum, der Entwicklung eines eigenen jungen Unternehmensbestands in neuen Technologiesegmenten und einer weiter fortgeschrittenen Entwicklung des Qualifikationsbestands. In beiden Städten bilden gewachsene Strukturen der Unterstützung des Strukturwandels durch private Unternehmen und allmählich entstehende Kooperationen zwischen den Kommunen sowie eine hohe Bereitschaft zum Engagement der Bürger in ihrer unmittelbaren lokalen Umgebung zusätzliche Voraussetzungen zur Organisation des strukturellen Übergangs.

Zugleich wurde an beiden Standorten deutlich, dass die neu geschaffenen Strukturen das Risiko der Entstehung von Parallelgesellschaften bergen. Für die wirtschaftlichen Verlierer der De-Industrialisierung verbleibt das Problem fehlender Vereinbarkeit ihrer Fähigkeiten mit den Anforderungen neuer Branchen aus Technologie- und Kulturbranchen. So waren in Dortmund (Logistik) und Gelsenkirchen (Bauindustrie) zwei Sektoren vorrangig für den Anstieg der Erwerbstätigkeit zwischen den Jahren 2007 und 2012 verantwortlich, die nicht unbedingt die neuen Entwicklungspfade repräsentieren, aber durch vergleichsweise geringere Qualifikationsanforderungen zu den vorhandenen Potentialen auf den lokalen Arbeitsmärkten passten. Das Beispiel der Fertigung in der Solarindustrie Gelsenkirchens zeigt die Verletzlichkeit der neu geschaffenen Branchen und Strukturen, bei denen sich erst noch erweisen muss, ob sie kritische Mindestgrößen erreichen und auch ein Verknüpfungspotential untereinander aufweisen. Für die beiden Beispielorte altindustrieller Regionen verbleibt somit die zentrale Herausforderung, bestehende Strukturen an die neuen Entwicklungspfade anzudocken. Armut und Abwanderung zählen zu den Gefährdungsfaktoren für diesen Prozess, während Maßnahmen zur Unterstützung gelungener Bildungsbiografien in eine passende Richtung zu weisen scheinen.

In der nachfolgenden Tabelle werden zentrale Erkenntnisse aus der Untersuchung der altindustriellen Regionen zusammengefasst (Tab. 3.9).

Die Beobachtungen in den altindustriellen Regionen unterstreichen nochmals die Notwendigkeit eines breiteren Verständnisses von regionaler wirtschaftlicher Resilienz, das über kurzfristige Betrachtungen hinaus auch den Kontext der Entwicklungen und verbleibende Risiken berücksichtigt, um zu verstehen, inwieweit konjunkturelle Schocks trotz scheinbar erfolgreicher kurzfristiger Verarbeitung zu möglichen Wendepunkten in der längerfristigen strukturellen Entwicklung der Region werden können.

Das Ruhrgebiet als polyzentraler Ballungsraum mit zahlreichen Städten in unmittelbarer räumlicher Nachbarschaft zueinander bildete einen extremen Gegensatz zu den ersten vier untersuchten Stadtregionen, in denen die jeweiligen Städte eindeutige Zentren ihrer Umgebung darstellten. Im folgenden Abschnitt geht es um Stadtregionen, die in ihren Bundesländern eher im Schatten größerer Städte stehen und die in der Ausübung ihrer

Tab. 3.9 Zusammenfassung der Ergebnisse zu den Fallstudien in altindustriellen Regionen

Stärken und Voraussetzungen	Schwächen und Grenzen
Dortmund	*Dortmund*
Gewachsene Strukturen im Bereich digitaler Kommunikation	Relativ geringe formale Qualifikation der Arbeitnehmer
Innovationssystem mit zentraler Rolle des Technologiezentrums	Verfestigte Arbeitslosigkeit mit Qualifikationsdefiziten
Starkes Wachstum im Bereich Logistik	Hohe kommunale Verschuldung
Vergleichsweise stark ausgebauter und unverbundener Dienstleistungssektor	Relativ geringe FuE-Ausgaben
Unterstützung durch Großunternehmen	Relativ geringe private Kaufkraft
Gewachsene Strukturen eines Quartiermanagement in Stadtteilen mit hoher Arbeitslosigkeit und Abhängigkeit von staatlichen Transferzahlungen	
Gelsenkirchen	*Gelsenkirchen*
Relativ vielfältige Expertise im Bereich der Solarwirtschaft und angrenzender erneuerbarer Energien	Negative Bevölkerungsentwicklung
Hohe Bereitschaft der Bürger zur Mitarbeit in lokalen sozialen Initiativen	Relativ geringe formale Qualifikation der Arbeitnehmer
Verknüpfung von Nachfrage- und Angebotsstrukturen im Bereich Wohnen, Energie und Gesundheit	Verfestigte Arbeitslosigkeit mit Qualifikationsdefiziten
Vielfältige Strukturen zur Unterstützung von Bildungsbiografien	Hohe kommunale Verschuldung
	Weitgehend auf die Solarwirtschaft beschränkte industriell-technische Forschungsstrukturen
	Relativ geringe private Kaufkraft
	Hohe Anteile im Bereich Kinderarmut und Armutsgefährdung
Chancen und Potentiale	**Risiken und Gefahren**
Dortmund	*Dortmund*
Starke Dynamik im Bereich der Unternehmensgründungen bis 2007	Relativ geringe Unternehmensgröße in neuen Branchenschwerpunkten ⇒ fehlende kritische Größe für Innovationssysteme?
Allmählicher Anstieg des Anteils an Arbeitnehmern mit akademischem Abschluss	Zunehmende Risiken der Gentrifizierung und Segregation in Stadtteilen mit neuen Wohngebieten
Verfügbarkeit attraktiver Wohnbedingungen und erhöhter Freizeitwert	Gefahr der Abwanderung gut qualifizierter Bewohner in Regionen mit attraktiveren Einkommen
Funktion als Oberzentrum für das östliche Ruhrgebiet	

Tab. 3.9 (Fortsetzung)

Chancen und Potentiale	Risiken und Gefahren
Zunehmende Bereitschaft zur Kooperation zwischen den Kommunen im Ruhrgebiet	
Gewachsene Identifikation der Bürger mit ihrer Stadt und Region	
Umkehrung des Bevölkerungsrückgangs in den vergangenen Jahren	
Gelsenkirchen	*Gelsenkirchen*
Anstieg der Gründungsbereitschaft	Gegenseitige Verstärkung negativer struktureller Effekte aus Arbeitslosigkeit, Armut, eingeschränkter Gesundheit und geringem Bildungserfolg
Allmählicher Anstieg des Anteils an Arbeitnehmern mit akademischem Abschluss	Gewachsenes Medienbild der „Armutsstadt" in anderen Teilen Deutschlands
Gewachsener Freizeitwert	Abwanderung gut qualifizierter Bewohner
Unterbrechung des Bevölkerungsrückgangs	
Zunehmende Bereitschaft der Kooperation zwischen den Kommunen	
Hohe Identifikation der Bürger mit ihrer Stadt und Region	

Funktionen als Oberzentrum vor besonderen Herausforderungen stehen, jedoch ein eigenes industrielles Profil gebildet haben, das in den vergangenen zwei Jahrzehnten starken strukturellen Wandlungsprozessen ausgesetzt war.

3.4 „Industrielle Tausendfüßler" als Scharniere des Wandels in kleinen Großstädten? – Erfahrungen in Pforzheim und Chemnitz

3.4.1 Ausgangsüberlegungen

Zwei Besonderheiten charakterisieren die in diesem Abschnitt zusammengefügten Fallstudien. Erstens handelt es sich im Gegensatz zu den in den ersten beiden Gruppen betrachteten Städten um Orte, die in ihrem räumlichen Umfeld über keine unumschränkte Dominanz in der Zentrumshierarchie verfügen.[55] Dresden und Stuttgart kommt als Landeshauptstädten eine besondere Funktion zu, Leipzig ist mit seiner Verdichtung in seinem geographischen Umfeld neben Halle ein dominantes Zentrum mit einer dieses Zentrum weiter stärkenden Anziehungskraft für Bewohner in den umliegenden Kreisen. Freiburg

---

[55] Die in Kap. 3.3 betrachteten Städte im Ruhrgebiet bilden in diesem Kontext aufgrund der polyzentrischen Struktur und des Einflusses des besonders intensiven Strukturwandels auf die Attraktivität der Städte ohnehin eine Ausnahme (vgl. bereits Klemmer 1992; Goch 2002).

erreicht seine besondere räumliche Funktion insbesondere aufgrund einer vergleichsweise großen räumlichen Distanz zur nächsten größeren Stadt in Baden-Württemberg bei gleichzeitig guter Erreichbarkeit der größeren Städte Strasbourg und Basel jeweils jenseits der Bundesgrenze. Wenn in diesem Kontext von Funktionen der Oberzentren die Rede ist, werden in der Raumplanung zumeist fünf Funktionen betrachtet, die nicht alle bei einem Oberzentrum gegeben sein müssen, aber Indizien für die jeweilige Bedeutung liefern (vgl. zu den Funktionen und zum Zentrumsbegriff ausführlicher Blotevogel 2005, und als Beispiel für eine landestypische Definition und Umsetzung des Zentrumsbegriffs Baden-Württemberg 2002):

- die Bereitstellung von Arbeitsplätzen, zumeist abzulesen an einem hohen positiven Pendlersaldo (Einpendler – Auspendler) sowie einem höheren Angebot qualifizierter Arbeitskräfte als in den umliegenden Orten
- das Angebot an regional bzw. überregional ausstrahlenden Dienstleistungsangeboten, insbesondere im Bereich des Einzelhandels
- das Angebot an regional bzw. überregional ausstrahlenden Bildungs- und Kultureinrichtungen, beispielsweise Universitäten, kulturelle Mehrspartenhäuser oder freie „Kulturszenen" mit Ausstrahlungskraft
- regionale Zuständigkeiten innerhalb der öffentlichen Verwaltung
- urbane Wohnangebote mit regionaler Strahlkraft

Pforzheim übt eine Funktion als Oberzentrum für das südlich der Stadt gelegene Gebiet des Nordschwarzwalds aus, ist jedoch mit seinen ca. 120.000 Einwohnern nur 25 km vom größeren Karlsruhe und 37 km von der Landeshauptstadt Stuttgart entfernt. Größere Zentren stehen Bewohnern, Arbeitnehmern und Unternehmen somit in kurzer räumlicher und zeitlicher Distanz zur Verfügung. Dies hat unmittelbare Auswirkungen auf die Attraktivität als Einzelhandels-, Kultur- und Wohnstandort, die sich in besonderer Weise zeigten, als die lokale Wirtschaft, die von der eher kleinteilig organisierten Schmuck- und Uhrenindustrie dominiert wurde, in einen Strukturwandel geriet und somit auch die Arbeitsnachfrage zurückging.

Chemnitz ist mit ca. 240.000 Einwohnern die drittgrößte Stadt Sachsens und damit die größte Stadt in Südwestsachsen.[56] Zugleich ist Südwestsachsen jedoch der Raum in Ostdeutschland mit der größten Bevölkerungsdichte und verfügt in der Nachbarschaft von Chemnitz mit Zwickau, Plauen oder auch Aue über bekannte Industriestandorte. Unsere Gesprächspartner in Pforzheim und Chemnitz verwiesen daher auf besondere Herausforderungen einer notwendigen Koordination im Bereich der Wirtschaftsförderung und fortwährender Konkurrenz innerhalb der Regionen insbesondere um industrielle Investitionen,

---

[56] Wir verwenden den eher geografisch geprägten Ausdruck „Südwestsachsen" für die Region anstelle der administrativ definierten „Landesdirektion Chemnitz", um auf diese Weise der historischen Kontinuität in der Region Rechnung zu tragen und zugleich eine bessere Unterscheidung zwischen Aussagen zu Stadt (Chemnitz) und umliegender Region (Südwestsachsen) zu ermöglichen.

aber auch um Einzelhandelsstandorte. Beide Städte konnten daher in Krisensituationen nicht zwangsläufig auf automatische Stabilisatoren im Bereich privater Dienstleistungsmärkte aufgrund ihrer dominanten Zentrumsstellung zurückgreifen.

Zweitens sind beide Städte seit Beginn der Industrialisierung in Deutschland durch Industrien geprägt, ohne dass sich – wie in den industriellen Fallstudienregionen zuvor – großbetriebliche Strukturen entwickelten. Beide Städte waren in den vergangenen zwei Jahrzehnten gravierenden strukturellen Veränderungen aufgrund exogener Schocks ausgesetzt. Der wirtschaftliche Wohlstand in Pforzheim war eng mit der Schmuckindustrie verknüpft. Mit zunehmender Globalisierung der Märkte gerieten die bundesdeutschen Produktionsunternehmen in der Schmuckindustrie unter verschärfte Konkurrenz durch asiatische Anbieter, deren Kosten deutlich geringer waren. Als Folge sank die Zahl sozialversicherungspflichtig Beschäftigter in Pforzheim ab 1990 dramatisch. Aufgrund der eher kleinbetrieblich bis mittelständischen Struktur der Schmuck- und Uhrenindustrie in Pforzheim verlief dieser Prozess der Arbeitsplatzverluste eher schleichend und ohne große überregionale Aufmerksamkeit (vgl. hierzu als Ausnahme einer überregionalen Wahrnehmung, aber auch bereits in einem späten Stadium des Beschäftigungsrückgangs, Kulish 2009). Dieser Vorgang entspricht daher den typischen „slow-burn changes", also sich allmählich über einen langen Zeitraum entwickelnden Veränderungen, die sich schließlich zu einem Schock bündeln (siehe Kap. 2.2 sowie Pendall et al. 2010; vgl. zum Wahrnehmungsproblem bei solchen Prozessen auch Carlsson et al. 2014).

In Chemnitz und Südwestsachsen existiert eine lange industrielle Tradition mit Schwerpunkten in den Bereichen Textilwirtschaft, Werkzeugmaschinenbau und Fahrzeugbau (vgl. auch Otto und Weyh 2014; Plum und Hassink 2013). Der Zusammenbruch der DDR-Wirtschaft und die deutsche Vereinigung übten eine Schockwirkung auf die regionale Industrie aus, die einen gravierenden Strukturwandel in der Organisation der industriellen Produktion zur Folge hatte. Wie in Pforzheim, kam es auch in Chemnitz daraufhin in den vergangenen zwei Jahrzehnten zu einem dramatischen Rückgang der Zahl sozialversicherungspflichtig Beschäftigter. Im Unterschied zu den im vorangegangenen Abschnitt betrachteten altindustriellen Regionen war jedoch in beiden Fällen kein vollständiger Strukturbruch zur Entstehung neuer Entwicklungspfade erforderlich, da das in den dominanten industriellen Branchen erworbene Wissen auf neue Märkte übertragen werden konnte. Dieser Vorgang würde dem idealtypischen Prinzip einer gewachsenen Anpassungsfähigkeit durch „verbundene Vielfalt" („related variety") zwischen den regionalen Industrien entsprechen (vgl. Boschma 2014), die durch eine Anpassung der institutionellen Strukturen und Organisationen im Sinne einer „Plastizität" zu unterstützen wäre (Strambach und Halkier 2013). Einer unserer Interviewpartner prägte in diesem Zusammenhang das Bild des „industriellen Tausendfüßlers", der seinen jeweiligen wirtschaftlichen Schwerpunkt aufgrund der Vielzahl einzelner Branchen und Marktperspektiven in Abhängigkeit der jeweiligen Herausforderungen verlagern kann. Welche Rolle hierbei die kommunale Wirtschaftsförderung und andere Akteure in den beiden Städten und umliegenden Städten und Kreisen spielten, und inwieweit tatsächlich Anpassungsfähigkeiten als Voraussetzung regionaler wirtschaftlicher Resilienz entwickelt werden konnten, wird der Gegenstand der folgenden Unterkapitel sein.

Ungeachtet dieser Gemeinsamkeiten sind allerdings auch wesentliche Unterschiede in den strukturellen Ausgangsbedingungen der beiden Städte zu beachten. Chemnitz hat trotz eines Rückgangs der Bevölkerungszahlen seit 1990 immer noch doppelt so viele Einwohner wie Pforzheim. Die umliegenden Städte Zwickau (91.000), Plauen (63.000) oder auch Aue (16.000) hatten im Jahr 2013 weniger als 100.000 Einwohner,[57] unterstreichen zwar die vergleichsweise hohe Verdichtung und Polyzentrik Südwestsachsens, sind aber lediglich als Mittelstädte einzuordnen (vgl. zur Diskussion über die Definition von Mittelstädten ausführlicher Adam 2005, mit weiteren Verweisen). Auch administrativ ist Chemnitz als dritter Sitz eines Direktionsbezirks neben Dresden und Leipzig eindeutig hervorgehoben. Allerdings ist die Stadt von einer starken Schrumpfung der Bevölkerungszahl betroffen. Zwischen 1989 und 2012 sank die Einwohnerzahl in Chemnitz von mehr als 301.000 auf 241.000 (Statistisches Landesamt Sachsen 2015). Seit 2011 steigt jedoch die Einwohnerzahl wieder leicht.

Pforzheim liegt hingegen mit seiner Einwohnerzahl von etwas weniger als 120.000 Einwohnern knapp oberhalb des Bevölkerungskriteriums für Großstädte, das bei 100.000 Einwohnern gesetzt wurde (Adam 2005), ist jedoch in seiner Zentrumsfunktion vorrangig durch die räumliche Nähe anderer Großstädte herausgefordert. Die Einwohnerzahl stieg zunächst nach der deutschen Vereinigung noch etwas an und ist seit 1995 mehr oder weniger stagnierend (Statistisches Landesamt Baden-Württemberg 2015). Demgegenüber stieg die Bevölkerungszahl in den umliegenden Kreisen stärker an, was einen Trend zur weiteren Suburbanisierung und Schwächung der Zentrumsfunktion als Wohnstandort in der Region zeigt. Aufgrund des Strukturwandels in Pforzheim und der hierdurch ausgelösten schwächeren wirtschaftlichen Entwicklung in einem ansonsten wirtschaftlich starken Bundesland mit vielen industriellen Zentren könnte Pforzheim daher von einer Peripherisierung bedroht sein (vgl. zum Begriff und seiner Bedeutung in einem zunehmend räumlich ausdifferenzierten Land Kühn und Sommer 2013). Wir werden in den folgenden Unterkapiteln auch untersuchen, ob und in welchem Ausmaß diese strukturellen Unterschiede Auswirkungen auf Strategien zum Aufbau von Anpassungsfähigkeiten und Erfahrungen mit regionaler wirtschaftlicher Resilienz in der Finanz- und Wirtschaftskrise auslösten, und beginnen mit Beobachtungen der Entwicklungen von Erwerbstätigkeit und BIP in Pforzheim.

3.4.2 Pforzheim: Auf dem Weg zu einer erfolgreichen Zukunft für die einstige „Goldstadt"?

Die Stadt Pforzheim versteht sich auch heute noch als „Goldstadt" unter Verweis auf die lange Tradition der Uhren- und Schmuckindustrie am Standort und den weiterhin dominanten Anteil (80 %) der Anbieter aus Pforzheim am Export von Schmuck aus Deutschland

---

[57] Nach Angaben des Statistischen Landesamtes Sachsen (2015). Im Fall Zwickaus ist zu berücksichtigen, dass die Einwohnerzahl im Jahr 1990 noch mehr als 124.000 Einwohner betrug (Statistisches Landesamt 2015).

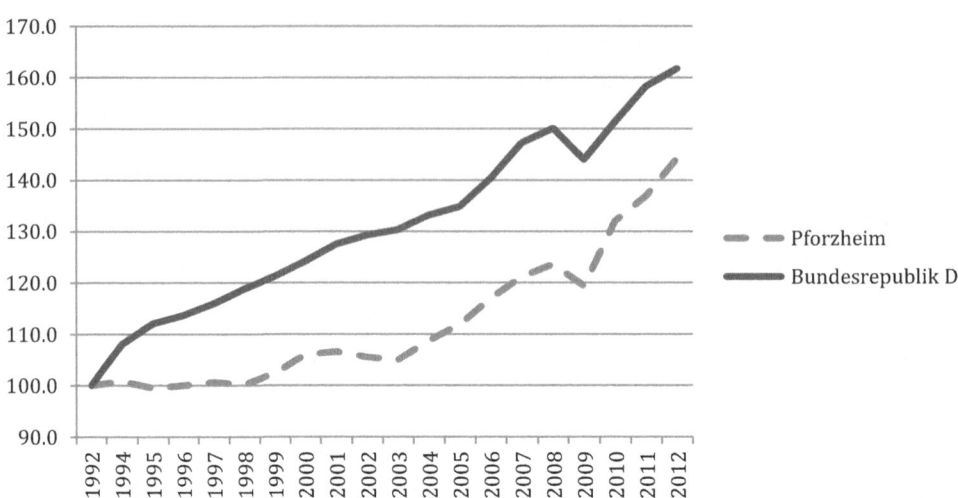

Abb. 3.23 BIP zu Marktpreisen in Pforzheim und im Bundesdurchschnitt, 1992 = 100. (Quelle: VGRdL (2015))

(Stadt Pforzheim 2015). Die Abb. 3.23 und 3.24 illustrieren jedoch den vergleichsweise schmerzhaften wirtschaftlichen Anpassungsprozess der vergangenen zwei Jahrzehnte. Das BIP zu Marktpreisen – dargestellt in Abb. 3.23 – stagnierte in Pforzheim im Zeitraum zwischen 1992 und 1998 (aufgrund der Inflation demnach eine Schrumpfung des realen BIP) und stieg im Vergleich zum Bundesdurchschnitt deutlich schwächer bis zum Jahr 2003. In der Finanz- und Wirtschaftskrise kam es zu einem – im Bundes- und Landes-

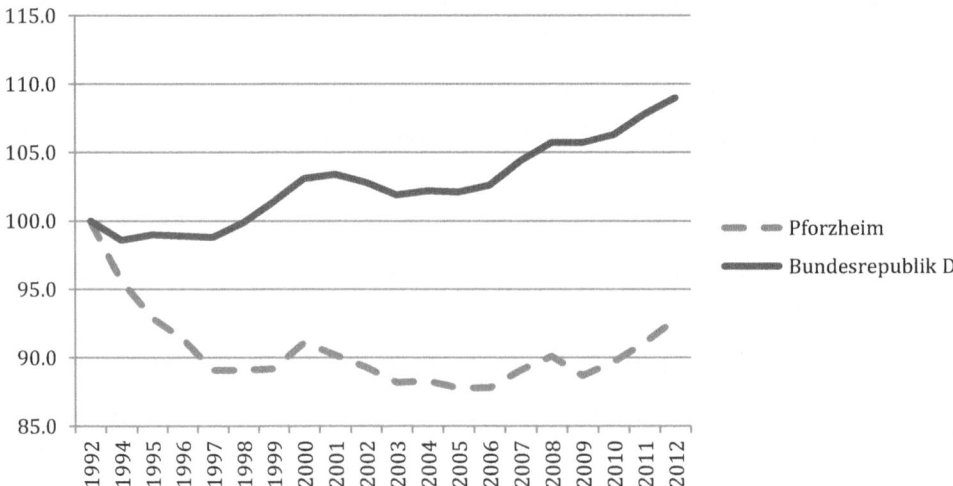

Abb. 3.24 Zahl der Erwerbstätigen in Pforzheim und im Bundesdurchschnitt, 1992 = 100. (Quelle: VGRdL (2015))

durchschnitt etwas schwächeren – Rückgang des BIP, während in den Jahren 2010 und 2012 ein deutlich überdurchschnittlicher Aufholprozess stattfand.

Ebenso stieg die Zahl der Erwerbstätigen in Pforzheim (Abb. 3.24) seit dem Ende der Finanz- und Wirtschaftskrise erstmals seit den 1980er Jahren wieder über mehrere Jahre hindurch kontinuierlich an. Dieser positiven Entwicklung war ein Rückgang der Erwerbstätigenzahl zwischen 1992 und 2005 vorausgegangen.

Insoweit legt dieser erste Blick auf die Entwicklung in Pforzheim den Schluss nahe, dass die Finanz- und Wirtschaftskrise eine letzte Zäsur bildete, bevor Pforzheim auf den Pfad wirtschaftlichen Erfolgs zurückkehrte. Inwieweit diese Beobachtung durch Maßnahmen zum Aufbau von Anpassungsfähigkeiten im Zeitraum vor der Finanz- und Wirtschaftskrise gestützt werden kann, werden wir im Anschluss an die folgende Tabelle relevanter Ereignisse und Entscheidungen in Pforzheim innerhalb unseres Untersuchungszeitraums diskutieren (Tab. 3.10).

Tab. 3.10 Zeitleiste für die Entwicklung in Pforzheim

1992
Fusion der zwei lokalen Fachhochschulen zur FH Pforzheim – Hochschule für Gestaltung, Technik und Wirtschaft
Landesgartenschau Baden-Württemberg in Pforzheim
Erste Gutachten zu einem Nationalpark Nordschwarzwald
1993
Schließung des Standorts der Degussa AG ⇒ Integration der Schmuckaktivitäten der Degussa AG in die Allgemeine Gold- und Silberscheideanstalt AG
1994
Eröffnung des „Kulturhauses Osterfeld"
1995
Einführung der ingenieurwissenschaftlichen Studiengänge an der FH Pforzheim
1996
Gründung der „Wirtschaftsförderung Zukunftsregion Nordschwarzwald GmbH"
1999
Gründung des Bürgervereins „Bürger für die Oststadt e.V."
2000
Eröffnung des Technologie- und Gründerzentrums „Innotec Pforzheim – Zentrum für Software, Technik und Design"
Eröffnung der „Pforzheim Galerie"
Beginn des Stadterneuerungsprojekts Stadtmitte-Au
2001
Übernahme der Heraeus Edelmetall Halbzeug GmbH durch die Heimerle & Meule Group
Gründung des Steinbeis Innovationszentrums Unternehmensentwicklung an der FH Pforzheim
Beginn des Stadterneuerungsprogramms „Soziale Oststadt"
2004
Beginn operativer Aktivitäten auf der Gesamtebene des Instituts für angewandte Forschung an der FH Pforzheim

Tab. 3.10 (Fortsetzung)

2005

Umbenennung der FH Pforzheim in „Hochschule Pforzheim – Gestaltung, Technik, Wirtschaft und Recht" (HS Pforzheim)

Wiedereröffnung des Industriehauses mit „Schmuckwelten" (Europas größtes Schmuck- und Uhrenkaufhaus)

2007

Gründung des Eigenbetriebs Wirtschafts- und Stadtmarketing Pforzheim (WSP)

2008

Gründung des Innovationsnetzwerks „Innonet Kunststoff"

Einrichtung eines Gestaltungsbeirats zur Beratung des Gemeinderats

2009

Abschluss des Stadterneuerungsprojekts Stadtmitte-Au

2010

Gründung der WSP-Clusterinitiative „Hochform"

Einrichtung eines kooperativen Promotionskollegs der HS Pforzheim mit der Universität Tübingen zu „Entwurf und Architektur eingebetteter Systeme"

Einrichtung eines Quartiersmanagements in der Südweststadt

2012

Gründung der „Wissensregion Nordschwarzwald"

Gründung der Clusterinitiative „Holz und Möbel Nordschwarzwald"

Ansiedlung von Amazon in Pforzheim

2013

Organisation eines „Ideen-Jams" zur Stadterneuerung Pforzheim-Mitte

rechtlich und politisch unverbindliche Bürgerbefragungen in einigen Gemeinden des Nordschwarzwalds zum Plan eines Nationalparks

Landtagsentscheidung zur Einrichtung eines Nationalparks

2014

Gründung des Kreativzentrums „EMMA"

Gründung des „Nationalparks Schwarzwald"

„Ein schleichender Strukturwandel"

Zwischen den Jahren 1978 und 2005 sank die Zahl der Beschäftigten in der Pforzheimer Schmuckindustrie von 10.000 auf 1561 und in der Pforzheimer Uhrenindustrie von 4000 auf 98 Beschäftigte (Stadt Pforzheim 2010). Die verbleibenden Unternehmen konnten sich nach Aussage unserer Gesprächspartner als internationale Premium-Anbieter in einem höherwertigen Preissegment positionieren, während einige Zulieferer auf andere Branchen, beispielsweise auf die Automobilindustrie, auswichen. Im Unterschied zu den in Kap. 3.3 beschriebenen Ruhrgebietsregionen fand der dramatische Rückgang jedoch nicht entlang einzelner Großereignisse von Unternehmensschließungen mit umfangreichen Arbeitsplatzverlusten statt, sondern in einem langsamen und schleichenden Prozess der Verkleinerung und Aufgabe zahlreicher kleinerer und mittelständischer Einzelunternehmen, die nicht mehr zu international wettbewerbsfähigen Produktionskosten am Standort fertigen konnten. Neben der Schmuck- und Uhrenindustrie hatten sich zahlreiche Zulieferer für Produktionsbetriebe in Baden-Württemberg in Pforzheim und den umgebenden Kreisen angesiedelt. Der Anteil der Beschäftigten in der Industrie war daher in der Region vergleichsweise hoch. Ein Rückgang der Beschäftigung im verarbeitenden Gewerbe, wie Pforzheim ihn erlebte, war für baden-württembergische Städte in den vergangenen Jahrzehnten jedoch nicht untypisch. Ein Bericht der kommunalen Statistikstelle der Stadt Pforzheim verwies auf einen ähnlich starken Rückgang in Ulm und auf vergleichbare Tendenzen in Heilbronn und Karlsruhe (Stadt Pforzheim 2010). Im Gegensatz zu Pforzheim stieg jedoch in den drei Vergleichsstädten die Gesamtzahl der sozialversicherungspflichtig Beschäftigten zwischen 1977 und 2007. Der Grund für diesen Anstieg war im Wachstum der Beschäftigung in Dienstleistungsbranchen zu sehen.

Für einen solchen Übergang zu einem Dienstleistungsstandort verfügte Pforzheim über strukturelle Nachteile. Ein Nachteil betraf das vergleichsweise niedrige formale Qualifikationsniveau auf den Pforzheimer Arbeitsmärkten. In den Abb. 3.17 und 3.22 wurde dies bereits im Rahmen von Vergleichen unserer bundesdeutschen Untersuchungsregionen deutlich. Abbildung 3.17 in Kap. 3.3 zeigte die Entwicklung des Anteils der Beschäftigten mit akademischem Abschluss an der Gesamtzahl der Beschäftigten. Dieser Anteil war in Pforzheim im Jahr 1999 unter unseren bundesdeutschen Vergleichsregionen nur in Gelsenkirchen geringer. Bis zum Jahr 2012 konnte in diesem Vergleich nur der eher ländlich-periphere Kreis Uckermark überholt werden, und unter den westdeutschen Regionen war wiederum nur in der Stadt Gelsenkirchen das Wachstum schwächer. In Abb. 3.22 in Kap. 3.3 wurde der Anteil der Arbeitslosen ohne formalen Ausbildungsabschluss an der Gesamtzahl der Arbeitslosen unter den bundesdeutschen Untersuchungsregionen im Jahr 2012 verglichen. Bei diesem Vergleich sind lediglich die Anteile in Dortmund und Gelsenkirchen höher.

Ein weiterer struktureller Nachteil ergab sich aus der räumlichen Lage. Aufgrund der Nähe zu den attraktiven Zentren Stuttgart und Karlsruhe pendelten vergleichsweise wenige Bewohner der umliegenden Kreise nach Pforzheim und erweiterten das vorhandene Arbeitskräftepotential (Stadt Pforzheim 2010). Eng verbunden mit diesen strukturellen Schwächen war eine vergleichsweise wenig entwickelte Innovationsfähigkeit. Das statistische Landesamt Baden-Württemberg entwickelte im Jahr 2004 einen Index zur Messung der Fähigkeiten und Ergebnisse im Bereich Innovationen („Innovationsindex"), der in der Folgezeit im zweijährigen Turnus fortgeschrieben wurde (vgl. zu aktuellen Daten und zur Methodik Einwiller 2015). Pforzheim belegte bei der Auflistung der Städte und Kreise in Baden-Württemberg in den Jahren 2004 und 2006 die Positionen 39 und 43 unter 44 Vergleichsgebieten (Statistisches Landesamt 2015). Die Region Nordschwarzwald wurde beim entsprechenden Vergleich der baden-württembergischen Regionen im Jahr 2004 auf Position 10 und 2006 auf Position 9 unter 12 Regionen eingeordnet.

Auffallend an der Ausgangssituation Pforzheims ist die unterschiedliche Entwicklung im Oberzentrum und in den umliegenden Kreisen. So lag die Arbeitslosenquote im Jahresdurchschnitt 2006 in Pforzheim bei 11,0 %, jedoch im Enzkreis (5,1 %), der die Stadt Pforzheim umschließt, sowie in den ebenfalls zur Region Nordschwarzwald gehörenden Landkreisen Calw (6,1 %) und Freudenstadt (6,3 %) deutlich darunter (Statistisches Landesamt

Baden-Württemberg 2015). Gleiches galt für den jeweiligen Anteil der Langzeitarbeitslosen an der Zahl der Arbeitslosen. Die Zahl der Erwerbstätigen sank in Pforzheim zwischen 1992 und 2006 von 78.800 auf 60.100, während sie im gleichen Zeitraum in den
Landkreisen Enzkreis (von 61.400 auf 74.800) und Freudenstadt (von 53.800 auf 58.000)
anstieg und im Landkreis Calw schwächer (von 61.400 auf 60.100) zurückging (VGRdL
2015). In der Auflistung zum Innovationsindex des Statistischen Landesamtes Baden-
Württemberg für das Jahr 2006 belegten die Landkreise Freudenstadt (17), Calw (20) und
Enzkreis (28) deutlich bessere Ränge als das Oberzentrum Pforzheim (43; Statistisches
Landesamt Baden-Württemberg 2015). Schließlich wuchsen die Bevölkerungszahlen in
den Landkreisen Freudenstadt (+ 7522), Calw (+ 4817) und Enzkreis (+ 13.306) deutlich
stärker im Zeitraum zwischen 1992 und 2006 als im Stadtkreis Pforzheim (+ 2423). Der
Schuldenstand der Stadt Pforzheim aus Kernhaushalt und Eigenbetrieben stieg bis zum
Jahr 2006 auf 1330 € pro Einwohner, während er in den Landkreisen Freudenstadt (1076),
Calw (993) und Enzkreis (577) deutlich darunter lag (Statistisches Landesamt Baden-
Württemberg). Während unseres Seminars mit Praktikern in Baden-Württemberg wurden
ausgehend von solchen Beobachtungen die Möglichkeiten der Oberzentren, ihren beson-
deren Funktionen im Bereich der öffentlichen Infrastruktur und Signalkraft für mögliche
Zuwanderungen hochqualifizierter Fachkräfte nachzukommen, kritisch beurteilt. Bis zur
Finanz- und Wirtschaftskrise dominierte somit eindeutig eine Tendenz zur Suburbanisie-
rung in Pforzheim anstelle der bereits zu diesem Zeitpunkt in anderen Orten (Freiburg,
Dresden, Leipzig) begonnenen Re-Urbanisierung.

Ein weiteres strukturelles Problem in Pforzheim und der umgebenden Region war
das Fehlen einer ansonsten für baden-württembergische Industrieregionen typischen institutionellen Dichte. Das heißt die Zahl verfügbarer Kontakte unter den Unternehmen,
Forschungs- und Ausbildungseinrichtungen, der örtlichen Verwaltung sowie sonstiger
Organisationen und die Intensität ihrer Verknüpfung durch entsprechende formelle und
informelle Organisationen waren weniger hoch oder stark ausgeprägt als in den größeren Städten und Universitätsstandorten Baden-Württembergs. Mit dem Niedergang der
Uhren- und Schmuckindustrie gingen zudem mögliche Kooperationspartner verloren.
Die ansässigen Industrieunternehmen waren – bezogen auf die durchschnittliche Zahl der
Mitarbeiter und den Umsatz – kleiner als in anderen Großstädten und konnten daher auch
nur weniger Ressourcen in den Aufbau regionaler Institutionen investieren. Als Zulieferer für industrielle Wertschöpfungsketten in den benachbarten Regionen waren die Unternehmen zudem stärker auf Institutionalisierungs- und Entscheidungsprozesse in den
benachbarten Regionen ausgerichtet. Diese Orientierung an Lieferungen an benachbarte
Regionen schlug sich auch in einer im baden-württembergischen Vergleich eher niedrigen Exportquote der Unternehmen aus Pforzheim (bis 2007 unter 35 %; nach Angaben
des Statistischen Landesamtes Baden-Württemberg 2015) nieder. Pforzheim ist außerdem
traditionell der Standort von zwei großen Versandhäusern, die zu den größten lokalen
Arbeitgebern zählen (Bader Versand und das Versandhaus Klingel), die sich jedoch nur
begrenzt innerhalb des Institutionalisierungsprozesses engagierten und mit eigenen Herausforderungen der strukturellen Anpassung an den Online-Versand konfrontiert wurden.

Schwerpunkte des Aufbaus von Anpassungsfähigkeiten in Pforzheim vor der Finanz- und Wirtschaftskrise betrafen angesichts dieser Defizite in der Ausgangssituation vorrangig die Stärkung des Hochschulstandorts und die Förderung des Prozesses der Institutionalisierung von Kooperationen zwischen Unternehmen und sonstigen Organisationen. Pforzheim ist seit 1971 Fachhochschulstandort, hervorgegangen aus einer ehemaligen Vereinigten Goldschmiedekunst- und Werkschule und einer ehemaligen Höheren Wirtschaftsschule (Hochschule Pforzheim 2015). Im Jahr 1992 wurden diese beiden Fachhochschulen vereinigt, und seit 1995 wurden an der Fachhochschule auch ingenieurswissenschaftliche Studiengänge angeboten. Mit dieser Entwicklung gingen auch eine Intensivierung der Zusammenarbeit zwischen Hochschule und lokalen Unternehmen einher. Mit einem Institut für angewandte Forschung, einem Steinbeis Innovationszentrum Unternehmensentwicklung und einem Schmucktechnologischen Institut wurden entsprechende Organisationen für gemeinsame Projekte von Hochschulangehörigen, lokalen Unternehmen und sonstigen Organisationen gegründet. Die Hochschule nahm somit eine zentrale Rolle beim Aufbau eines Innovationssystems am Standort Pforzheim ein.

Pforzheim ist Standort der Geschäftsstelle des Regionalverbands Nordschwarzwald, zu dessen Gebiet neben der Stadt Pforzheim die Landkreise Calw, Enzkreis und Freudenstadt gehören. Ähnlich wie in Stuttgart wurde im Jahr 1996 eine gemeinsame Wirtschaftsförderungseinrichtung für die Region eingerichtet. Seit dem Jahr 2008 wurde durch die regionale Wirtschaftsförderung die Einrichtung von vier Netzwerken – im Bereich der Kunststoffindustrie, der metallverarbeitenden Präzisionstechnik, der Holz- und Möbelindustrie und der Bildungsträger – unterstützt (Region Nordschwarzwald 2015). Auf der kommunalen Ebene wurde im Jahr 1998 durch die lokale Wirtschaftsförderung ein Gründungs- und Innovationszentrum gegründet und im Jahr 2000 eröffnet. Schwerpunkte der geförderten jungen Unternehmen sollten in den Bereichen Design, Technik und Software liegen. Seit der Gründung wurden nach Selbstdarstellung rund 50 Unternehmen durch günstige Mieten und Beratung unterstützt (Innotec Pforzheim 2015).

Neben einer zunehmenden Institutionalisierung im Bereich der Wirtschaftsförderung entstanden im Untersuchungszeitraum vor der Finanz- und Wirtschaftskrise neue Strukturen im Bereich der Stadtentwicklung. Nicht zuletzt durch das Bund-Länder-Programm „Stadtteile mit besonderem Erneuerungsbedarf – die Soziale Stadt" wurden zusätzliche Möglichkeiten geschaffen, in der Oststadt, einem Stadtteil mit „dem schlechtesten Image" (Stadt Pforzheim 2009) aufgrund vielfältiger sozialer Probleme als Folge des Strukturwandels sowie einer hohen Lärm- und Umweltbelastung durch Gewerbegebiete, dichte Bebauung und Verkehrsstrassen, soziale Projekte und Modernisierungsmaßnahmen umzusetzen. Im Zeitraum zwischen den Jahren 2001 und 2009 wurden insgesamt 3 Mio. € aus Bundes- und Landesmitteln in Projekte im Rahmen der Erneuerung in der Oststadt eingesetzt. Ein Schwerpunkt bei den sozialen Projekten lag beim Aufbau eines Familienzentrums und gruppenspezifischer Beratungsinfrastrukturen, die auch durch ehrenamtliches Engagement unterstützt wurden. Im Abschlussbericht wurde die nachhaltige Verbesserung des Images des Stadtteils und die Stärkung der emotionalen Verbundenheit der Bewohner mit ihrem Stadtteil hervorgehoben. Daneben wurden im gleichen Zeitraum

Stadterneuerungsprojekte im Bereich des Sanierungsgebiets „Stadtmitte-Au", zu dem vorrangig der Kultur- und Verwaltungsbereich Pforzheim gehört, durchgeführt. Zielsetzung der Maßnahmen war auch, die Attraktivität der Innenstadt als Oberzentrum und als Wohnstandort zu erhöhen.

In unseren Gesprächen wurde wiederholt darauf hingewiesen, dass die Dramatik des Strukturwandels zunächst aufgrund des schleichenden Verlaufs und der vergleichsweise guten wirtschaftlichen Situation in Pforzheim lange verkannt wurde. Zudem fehlten Erfahrungen in der aktiven Wirtschaftsförderung und der Institutionenbildung. In der regionalen Wirtschaftsförderung kam eine vergleichsweise hohe Fluktuation in der Position des Geschäftsführers (8 Geschäftsführer in 16 Jahren) als weitere Hürde zum Aufbau von Kontinuität hinzu. Daher wurden auch nur allmählich Veränderungen in der Gestaltung des Strukturwandels erkennbar. Die Arbeitslosenquote in Pforzheim stieg weiter und übertraf mit 11,0 % im Jahr 2006 alle anderen Stadtkreise in Baden-Württemberg (Statistisches Landesamt Baden-Württemberg 2015). Vor Beginn der Finanz- und Wirtschaftskrise galt der Stadtkreis Pforzheim daher als Gebiet mit besonderen strukturellen Herausforderungen in Baden-Württemberg, das auch als eine von vier Städten (neben Mannheim, Heilbronn und Villingen-Schwenningen) im Operationellen Programm Baden-Württembergs für die Periode 2007–2013 der EU-Strukturfonds als besonderes Fördergebiet ausgewiesen wurde (vgl. hierzu und zum folgenden OP Baden-Württemberg 2007). Bei der Auswahl Pforzheims wurde hervorgehoben, dass Pforzheim die schwächste Beschäftigungsentwicklung unter den Oberzentren Baden-Württemberg im Zeitraum zwischen 1990 und 2004 aufwies. Zudem wurde auf ein geringes Lohnniveau, eine geringe Erwerbstätigenproduktivität und einen geringen Anteil mittlerer Einkommen hingewiesen. Besondere Probleme wurden zudem im Bereich der Jugendarbeitslosigkeit und in der lokalen Konzentration der Arbeitslosigkeit von Personen ausländischer Herkunft identifiziert.

Erfahrungen in der Finanz- und Wirtschaftskrise
In Abb. 3.23 war zu erkennen, dass das BIP zu Marktpreisen in Pforzheim im Jahr 2009 deutlich, jedoch etwas schwächer als im Landes- und Bundesdurchschnitt schrumpfte (−3 % in Pforzheim gegenüber −4 % auf Bundes- und −7,1 % auf Landesebene, VGRdL 2015). Dieser Rückgang machte sich bereits vergleichsweise frühzeitig durch einen relativ starken Anstieg der Arbeitslosenquote bemerkbar. So stieg die Zahl der Arbeitslosen in Pforzheim zwischen September 2008 und Februar 2009 um 26,5 %, ein Wert, der in den baden-württembergischen Stadtkreisen nur in Heilbronn übertroffen wurde (Stadt Pforzheim 2010).[58] Die Unternehmen des verarbeitenden Gewerbes waren zumeist nicht direkt von der stark rückläufigen Nachfrage auf den wichtigsten Exportmärkten betroffen, sondern vorrangig indirekt als Zulieferer der Exporteure in den Nachbarregionen. Die besondere Intensität der Krise zeigte sich auch an der Inanspruchnahme der Kurzarbeit durch Unternehmen in Pforzheim. In Abb. 3.25 wird der Anteil der Kurzarbeiter an der Gesamtzahl der sozialversicherungspflichtig Beschäftigten in unseren bundesdeutschen Unter-

---

[58] Parallel stieg die Zahl der Arbeitslosen im Enzkreis, der die Stadt Pforzheim umschließt, im gleichen Zeitraum um 25,5 % (Stadt Pforzheim 2010).

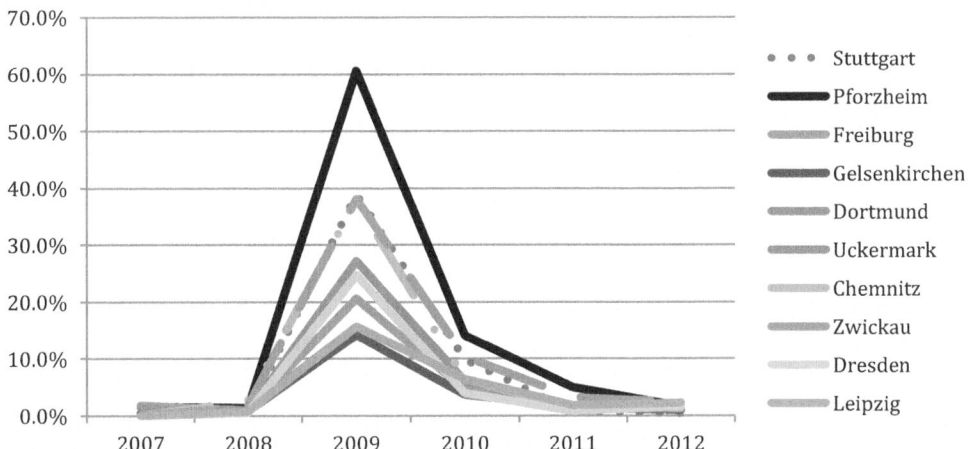

Abb. 3.25 Anteil der Kurzarbeiter an der Gesamtzahl sozialversicherungspflichtig Beschäftigter, in %, jeweils Angabe im September. (Quelle: INKAR (2015))

suchungsregionen dargestellt. Dieser Anteil war im September 2009 mit 60,6 % deutlich höher als in den anderen Untersuchungsregionen und blieb auch in den Folgejahren höher als in den Vergleichsregionen. Auffällig an der Darstellung ist zudem, dass neben der bereits beschriebenen Stadt Stuttgart mit ihrem hohen Anteil industrieller Exportunternehmen das auch in diesem Kapitel betrachtete Chemnitz und das benachbarte Zwickau nach Pforzheim die höchsten Kurzarbeiteranteile aufwiesen.[59] Mit Hilfe der Kurzarbeit konnte der Rückgang der Erwerbstätigkeit in Pforzheim im Jahr 2009 auf 1100 Personen begrenzt werden. Das ursprüngliche Niveau der Erwerbstätigkeit in Pforzheim vor der Finanz- und Wirtschaftskrise konnte jedoch erst wieder im Jahr 2011 erreicht werden. Im Enzkreis war dies sogar erst im Jahr 2012 der Fall. Der Verlauf der Erwerbstätigenzahlen in Pforzheim spiegelt eine strukturelle Anpassung wider, da die Beschäftigungsverluste im verarbeitenden Gewerbe bis zum Jahr 2012 nicht mehr aufgeholt werden konnten, jedoch durch Beschäftigungsgewinne in den Dienstleistungssektoren mehr als kompensiert wurden.

Ähnlich wie bei den beiden anderen baden-württembergischen Fallstudien Stuttgart und Freiburg wurden keine spezifischen Maßnahmen zur Abschwächung der Krisenfolgen auf kommunaler Ebene ergriffen. Die bundesweiten Konjunkturpakete mit ihren Zuweisungen für Infrastrukturinvestitionen wurden umgesetzt. Es fand jedoch kein spezieller Beschäftigungsaufbau im Baugewerbe statt. Aufgrund der weniger ausgebauten öffentlichen Forschungsinfrastruktur konnte Pforzheim auch lediglich unterproportional von entsprechenden zusätzlichen Fördermitteln auf Landesebene profitieren. Insgesamt wurde die Finanz- und Wirtschaftskrise daher von den Gesprächspartnern vorrangig mit der Inanspruchnahme von Kurzarbeiterregelungen und unternehmensinternen Anpassungsmaßnahmen in Verbindung gebracht.

---

[59] Auch der Enzkreis in unmittelbarer Nachbarschaft zu Pforzheim wies im September 2009 einen weit überdurchschnittlichen Kurzarbeiteranteil auf.

Wirtschaftlicher Erfolg nach der Finanz- und Wirtschaftskrise

Wie bereits durch die Abb. 3.23 und 3.24 deutlich wurde, haben sich BIP und Erwerbstätigkeit in Pforzheim positiver als der Bundesdurchschnitt entwickelt. Auch die Arbeitslosenquote ging deutlich von 11,0 % im Jahr 2006 auf 7,7 % im Jahr 2012 zurück (Statistisches Landesamt, Baden-Württemberg 2015). Dieser Aufholprozess ist nicht auf ein ein-
zelnes Ereignis oder eine bestimmte Branchenentwicklung zurückzuführen. Zudem wurde
auch in den umliegenden Landkreisen Freudenstadt, Calw und Enzkreis ein Wachstum der
Erwerbstätigenzahlen erreicht, so dass keine räumliche Verlagerung innerhalb der Region
stattfand. Im Bereich des verarbeitenden Gewerbes stieg die nominelle Bruttowertschöpfung in Pforzheim bis zum Jahr 2012 im Vergleich zum Vorkrisenniveau im Jahr 2007
um mehr als 40 % (VGRdL 2015). Auch in den Landkreisen Enzkreis und Calw stieg die
nominelle Bruttowertschöpfung im verarbeitenden Gewerbe im Vergleich zum Vorkrisenniveau an, während sie in Freudenstadt im Jahr 2011 knapp das Vorkrisenniveau überstieg
und im Folgejahr unter das Vorkrisenniveau der Jahre 2007 und 2008 sank.

Dieses starke Wachstum im verarbeitenden Gewerbe in Pforzheim hatte allerdings
keinen entsprechenden Anstieg der Erwerbstätigkeit zur Folge. Auch in den umliegenden Landkreisen wurde die Erwerbstätigkeit im verarbeitenden Gewerbe bis zum Jahr
2012 nicht im Vergleich zum Vorkrisenniveau der Jahre 2007 und 2008 erhöht. Die Erwerbstätigkeit stieg hingegen in Pforzheim, wie auch in den umliegenden Landkreisen,
in den Dienstleistungssektoren, wobei sich der Anstieg in Pforzheim zwischen 2007 und
2012 relativ gleichmäßig auf die drei übergreifenden Segmente Einzelhandel, Verkehr
und Kommunikation (+3,8 %), Unternehmens-, Wohnungs-, Finanz- und Versicherungs-
dienstleistungen (+6,0 %) und öffentliche Dienstleistungen, Sozial- und Erziehungswesen
(+7,9 %) verteilte (VGRdL 2015). Im Jahr 2012 wurde der bereits durch die zwei großen
Versandhändler stark vertretene Logistiksektor in Pforzheim durch die Ansiedlung eines
Verteilzentrums von Amazon zusätzlich ausgebaut.

Im Zeitraum nach der Finanz- und Wirtschaftskrise gelang es, die Institutionalisierung
der Kooperationen zwischen Unternehmen in Pforzheim und der Region Nordschwarzwald auszubauen. Im Jahr 2010 initiierte die lokale Wirtschaftsförderung die Gründung
einer regionalen Clusterorganisation im Bereich der metallverarbeitenden Präzisionstechnik für die Region Nordschwarzwald (Region Nordschwarzwald 2015). Dieses Cluster
sollte Kooperationen zwischen Unternehmen und anderen Organisationen zur Verbesserung des Zugangs zu Forschungseinrichtungen, zur Gewinnung von Fachkräften und
zum Informationsaustausch unterstützen. In der metallverarbeitenden Präzisionstechnik
kam es zu einer Verlagerung des ursprünglichen Schwerpunkts der Anwendungen von der
Uhren- und Schmuckindustrie in die Medizintechnik und Automobilindustrie im Sinne
einer „verbundenen Vielfalt" („related variety"). Auch zur Fortentwicklung dieser strategischen Verlagerung sollten die Kooperationen beitragen. Eine weitere Initiative der
lokalen Wirtschaftsförderung bezog sich auf die Entstehung von Netzwerkstrukturen in
der Kreativwirtschaft durch Einbindung entsprechender Unternehmen, Einrichtungen der
Hochschule und der regionalen Kammer („Create! PF"). Ausgangspunkt waren auch hier
Überlegungen zur „verbundenen Vielfalt" angesichts vorhandener Kapazitäten im Bereich

Design und Gestaltung durch die Uhren- und Schmuckindustrie. Diese Initiativen wurden jeweils durch Fördermittel des Europäischen Fonds für Regionale Entwicklung unterstützt. Im Jahr 2014 fand die Gründung eines Kreativzentrums in Pforzheim in einem ehemaligen Schwimmbad statt. Dieses Zentrum soll neben der Vermietung von Bürokapazitäten auch der Bereitstellung von Räumlichkeiten für Zusammenkünfte im Rahmen des Netzwerks „Create! PF" dienen. Auf der regionalen Ebene fanden weitere Zusammenschlüsse innerhalb der Holz- und Möbelindustrie („Holz und Möbel Nordschwarzwald") sowie zwischen Hochschulen, öffentlicher Verwaltung und regionaler Kammer („Wissenschaftsregion Nordschwarzwald") statt.

Im Bereich der Qualifizierung konnten zumindest Verbesserungen in den Bildungsbiographien beobachtet werden (vgl. zu den folgenden Daten INKAR 2015). Im Jahr 1995 war Pforzheim unter unseren bundesdeutschen Untersuchungsregionen der Standort mit dem höchsten Anteil an Schulabgängern ohne formalen Abschluss (13,7 %). Dieser Anteil konnte sukzessive bis auf 6,1 % im Jahr 2012 reduziert werden. Lediglich in den beiden anderen baden-württembergischen Untersuchungsregionen lag der Anteil noch unter dem Wert in Pforzheim.

Auch im Bereich der Bürgerbeteiligung und Stadtentwicklung kam es nach der Finanz- und Wirtschaftskrise zu Fortentwicklungen. Für die Innenstadt wurden bei der Entwicklung eines Masterplans zur Neugestaltung verschiedene Formen der Bürgerbeteiligung durchgeführt. Ein Beispiel hierfür war ein „Ideen-Jam" zur Zusammenführung von Ideen über die Veränderung der Innenstadt im Jahr 2013. Auch die weiteren Prozesse der Plankonkretisierung und -umsetzung sollten für die Bürger nachvollziehbar im Rahmen von Dialogen vollzogen werden. Hintergrund der Initiativen zur Gestaltung der Innenstadt war die Feststellung einer geringen Attraktivität, insbesondere für den Einzelhandel. In der Innenstadt Pforzheims kam es im zweiten Weltkrieg zu sehr umfangreichen Zerstörungen.[60] Der Wiederaufbau folgte vorrangig der Grundidee einer „autogerechten Innenstadt" (Wolf 2015). Die von der Stadtverwaltung vorgestellten Planüberlegungen zielten darauf ab, die Attraktivität der Innenstadt für Wohnzwecke, höherwertigen Einzelhandel und Aufenthalte in mehreren Planungsschritten zu erhöhen, um die entsprechenden Funktionen als Oberzentrum für die Region Nordschwarzwald auszubauen. Die Initiative zur verstärkten Bürgerbeteiligung fiel nach Aussage unserer Gesprächspartner mit einem Wechsel im Amt des Oberbürgermeisters zusammen.

Auf der regionalen Ebene wurde das Thema „Bürgerbeteiligung" vorrangig mit einem Konflikt über die Einrichtung eines Nationalparks zwischen der baden-württembergischen Landesregierung und Bürgergruppen in der Region Nordschwarzwald in Verbindung gebracht.[61] Die baden-württembergische Landesregierung hatte im Jahr 2013 ein Gutachten zu einem Nationalpark Nordschwarzwald in Auftrag gegeben (PricewaterhouseCoopers

---

[60] Bei einem alliierten Bombenangriff kamen 20 % der damaligen Bevölkerung ums Leben und die Innenstadt wurde nahezu vollständig zerstört (Stadt Pforzheim 2015a).

[61] Im Landkreis Calw, der auch zur Region Nordschwarzwald gehört, sowie einem Nachbarkreis wurde zudem eine Bürgerbeteiligung zur Krankenhausplanung durchgeführt.

& ö:konzept 2013). Bereits im Jahr 2011 hatten sich Gegner und Befürworter eines Nationalparks in Vereinen organisiert. Nach Vorlage des Gutachtens initiierten Gegner des Nationalparks eine Bürgerbefragung in sieben Gemeinden des Nordschwarzwalds. Diese rechtlich und politisch nicht bindende Befragung endete mit einer Ablehnung des Nationalparks. Kurz darauf legte die baden-württembergische Landesregierung eine gegenüber den Ursprungsüberlegungen modifizierte Planung für einen „Nationalpark Schwarzwald" mit zwei Teilgebieten vor. Von den sieben ablehnenden Gemeinden lagen zwei Gemeinden innerhalb des Plangebiets. Diese Planung wurde als Gesetz durch den Landtag verabschiedet, wobei im Anhörungsverfahren auch eine Mehrheit der beteiligten Gemeinden, Stadt- und Landkreise und Regionalverbände für das Gesetz stimmten. Der Nationalpark wurde im Jahr 2014 eröffnet. Angesichts der zuvor um das Projekt „Stuttgart 21" entstandenen Konflikte und des unter dem Stichwort „Politik des Gehörtwerdens" formulierten Anspruchs der neu gewählten Landesregierung, die Bürgerbeteiligung bei öffentlichen Planungen auszubauen (Ministerpräsident B-W 2015), wurde der Umgang auf Landesebene mit den lokal initiierten Bürgerbefragungen mit großer öffentlicher (Medien-)Aufmerksamkeit beobachtet (vgl. beispielhaft für das überregionale Interesse Soldt 2013). Der baden-württembergische Ministerpräsident wurde in diesem Zusammenhang mit dem häufig wiedergegebenen Satz zitiert, dass Bürger zwar „gehört", aber nicht „erhört" werden könnten, den er später um die Formel ergänzte, dass die Bürger zwar nicht „erhört", aber auch nicht „überhört" werden sollten (Breining 2014).

Aus wirtschaftlicher Sicht verlief der Konflikt um den Nationalpark vorrangig zwischen der Forstwirtschaft, die Einschränkungen in ihrer wirtschaftlichen Entwicklung befürchtete, und dem Tourismus, der sich ein zusätzliches Werbeargument versprach. Da zuvor der Tourismus in der Region Nordschwarzwald relativ wenig entwickelt war, wurde in der Etablierung eines Nationalparks auch die Chance des Aufbaus neuer Strukturen in einer vornehmlich ländlichen Region gesehen. Für die Stadt Pforzheim war die Entwicklung des Nationalparks aufgrund der räumlichen Distanz zur geplanten und ausgewiesenen Fläche ein Randthema, spielte jedoch für die Funktion als Oberzentrum auch nach Aussage einzelner Gesprächspartner insoweit eine Rolle, als die Attraktivität der Region durch die Nähe zum Nationalpark und zusätzliche Arbeitsplätze im Tourismussektor erhöht werden könnte. Insgesamt führten die Erfahrungen bei der Planung des Nationalparks innerhalb der Region gemäß unserer Gesprächspartner nicht zu einem Ausbau der Institutionenbildung und einer engeren Verknüpfung mit Bürgerbeteiligung und staatlicher Planung.

Ungeachtet der positiven wirtschaftlichen Entwicklung in Pforzheim nach der Finanz- und Wirtschaftskrise bestehen die strukturellen Herausforderungen fort. Der Schuldenstand in Pforzheim und den Landkreisen der Region Nordschwarzwald entwickelte sich nach der Finanz- und Wirtschaftskrise sehr unterschiedlich. Während der Schuldenstand des Kernhaushalts und der Eigenbetriebe in Pforzheim zwischen den Jahren 2009 und 2013 von 1524 € pro Einwohner auf 2409 € und auch im Landkreis Calw von 1092 € auf 1726 € pro Einwohner anstieg, sank die Schuldenbelastung im Enzkreis von 519 € auf 501 € und im Landkreis Freudenstadt von 1005 € auf 756 € pro Einwohner. Die Finanzierungsspielräume auf kommunaler Ebene wurden somit für das Oberzentrum Pforzheim insbesondere durch einen Anstieg der Schulden der Eigenbetriebe zunehmend eingeengt.[62]

Auch im Bereich der Innovationsfähigkeiten konnten in der Fallstudienregion nach der Finanz- und Wirtschaftskrise keine Fortschritte erzielt werden. In der neuesten Ausgabe des Innovationsindexes des Statistischen Landesamtes Baden-Württemberg wurde Pforzheim lediglich an Position 40 von 44 Städten und Kreisen eingeordnet und in der Auflistung nach der Dynamik (Betrachtung mehrjähriger Entwicklungen, in der Regel 2007–2011 bzw. 2009–2013) lediglich an Position 42 (Statistisches Landesamt 2015). Die Region Nordschwarzwald belegte lediglich Position 10 unter 12 Regionen (Einwiller 2015).[63] Damit wurde weiterhin der Rückstand in der Region beim Aufbau von Innovationsstrukturen, insbesondere betrieblichen FuE-Kapazitäten und öffentlichen Forschungseinrichtungen, unterstrichen. Auch die IHK Nordschwarzwald hob in einem von der Prognos AG unterstützen Entwicklungskonzept hervor, dass die Verknüpfung von Service- und Innovationsleistungen im Rahmen hybrider Wertschöpfungsketten eine in der Region noch nicht gelöste Aufgabe darstellt (IHK Nordschwarzwald 2013).

In einem Vergleich struktureller Daten aus dem Jahr 2010 zwischen den baden-württembergischen Regionen und der Region Nordschwarzwald wird der vergleichsweise hohe Anteil älterer sozialversicherungspflichtig Beschäftigter (51–65 Jahre) in der Region hervorgehoben, während die Altersgruppe der 31–50-jährigen Beschäftigten vergleichsweise unterdurchschnittlich vertreten ist (Region Nordschwarzwald 2012). Diese Beobachtung illustriert die besonderen Risiken der Region im Hinblick auf den demografischen Wandel, da bereits relativ frühzeitig zusätzliche Knappheit von Fachkräften zu erwarten ist. In einer Bevölkerungsvorausrechnung bis zum Jahr 2030 wird für Pforzheim unter der Berücksichtigung von Wanderungen eine leicht ansteigende Bevölkerungszahl erwartet (Statistisches Landesamt Baden-Württemberg 2015). Allerdings werden die Bevölkerungszahlen in den für die Erwerbstätigkeit wichtigen Altersgruppen von 20–40 Jahren bzw. 40–60 Jahren um insgesamt mehr als 3800 Personen sinken, während die Zahl der Personen, die älter als 60 Jahre sein werden, um mehr als 6000 Personen ansteigen wird. Die Knappheit von Fachkräften wurde auch in nahezu allen Gesprächen in der Region bereits heute als zentrale Herausforderung betont. Die regionale IHK sieht in ihrer Entwicklungsstrategie die Region Nordschwarzwald vor besonderen Problemen bei der Überwindung dieser Knappheit, da hochqualifizierte Fachkräfte, junge Erwachsene und Familien eher dem Trend der Re-Urbanisierung folgten und sich hierbei an renommierten Groß-

---

[62] In diesem Kontext geriet die Stadt Pforzheim zudem in die Schlagzeilen überregionaler Medien, da die frühere Oberbürgermeisterin aufgrund spekulativer Anlagen („spread ladder swaps") hohe finanzielle Risiken für den kommunalen Haushalt auslöste und daraufhin wegen schwerer Untreue angeklagt wurde (vgl. auch Dörries 2010).

[63] Die Positionen der anderen Landkreise der Region Nordschwarzwald waren Platz 19 für den Enzkreis, Platz 32 für den Landkreis Freudenstadt und Platz 33 für den Landkreis Calw (Statistisches Landesamt Baden-Württemberg 2015).

unternehmen orientierten, während das Image Pforzheims als Oberzentrum und urbaner Wohnstandort als relativ schwach eingestuft wurde (IHK Nordschwarzwald 2013). Wie in anderen baden-württembergischen Regionen wurde auch in der Region Nordschwarzwald eine Fachkräfte-Allianz durch die regionale und kommunale Wirtschaftsförderung einge-führt, deren Zielsetzungen vorrangig auf die Verhinderung der Abwanderung von Hoch-schulabsolventen sowie auf bessere Aus- und Weiterbildung des vorhandenen Arbeitskräf-tepotentials ausgerichtet sind.[64] In der Entwicklungsstrategie der regionalen IHK wurde trotz dieser Entwicklungen jedoch insgesamt auf eine im Vergleich zu anderen baden-württembergischen Regionen geringe Kooperationsbereitschaft der regionalen Unterneh-men hingewiesen (IHK Nordschwarzwald 2013).

Zusammenfassend zeigt sich in der Fallstudie Pforzheim eine zunehmende Orientie-rung an Maßnahmen zur Überwindung der strukturellen Defizite in der Region, die jedoch angesichts des deutlichen Rückstands zu anderen baden-württembergischen Regionen nur über längere Zeiträume überwunden werden können. Der schleichende Prozess der Ent-wertung der ursprünglichen Strukturen wurde nur sehr verzögert wahrgenommen, was die Wirksamkeit der Gegenstrategien zunächst behinderte. Mit der Überwindung der Fi-nanz- und Wirtschaftskrise kam es in Pforzheim zu einer positiven Entwicklung bei Er-werbstätigkeit und Wirtschaftsleistung. Diese Verbesserungen können jedoch nicht über die verbleibenden strukturellen Herausforderungen zur Bewältigung zukünftiger Krisen und damit zum Aufbau und zur Erhaltung von Resilienz hinwegtäuschen, die eng mit der Entwicklung der Funktionen Pforzheims als Oberzentrum verknüpft sind.

3.4.3 Chemnitz: Industrielles „Stehaufmännchen"?

Chemnitz versteht sich in seiner Selbstdarstellung als „Stadt der Moderne" und „moderne Industriestadt" (Ludwig 2015), in der traditionelle Fähigkeiten im Bereich des Maschi-nen- und Anlagenbaus auf neue technologische Felder der Mikrosystemtechnik übertra-gen wurden. Nach der deutschen Vereinigung kam es auch in Chemnitz zu einer dramati-schen De-Industrialisierung. Im Anschluss folgte hingegen der Ausbau des industriellen Kerns in der Region bis zur Finanz- und Wirtschaftskrise. Die Abb. 3.26 und 3.27 zeigen die Entwicklung des BIP zu Marktpreisen und der Zahl der Erwerbstätigen in Chemnitz. Das BIP zu Marktpreisen stieg zunächst nach der Vereinigung bis zum Jahr 1997 stark an und dann nochmals zwischen 2005 und 2007. Die Finanz- und Wirtschaftskrise führte jedoch zu einem starken Einbruch mit einem Rückgang des nominellen BIP um 3,3 % im Jahr 2008 und 3,5 % im Jahr 2009 (jeweils ein deutlich stärkerer Rückgang als im Landesdurchschnitt). Seit der Finanz- und Wirtschaftskrise wächst das BIP in Chemnitz etwas schwächer als im Bundesdurchschnitt. Das Vorkrisenniveau wurde allerdings im Jahr 2011 bereits übertroffen.

---

[64] Die Initiative konnte bereits auf einem Vorgängerprojekt „Demografie-Initiative" in den Jahren 2009–2011, gefördert aus Mitteln der EU-Strukturfonds, aufbauen (WSP 2012).

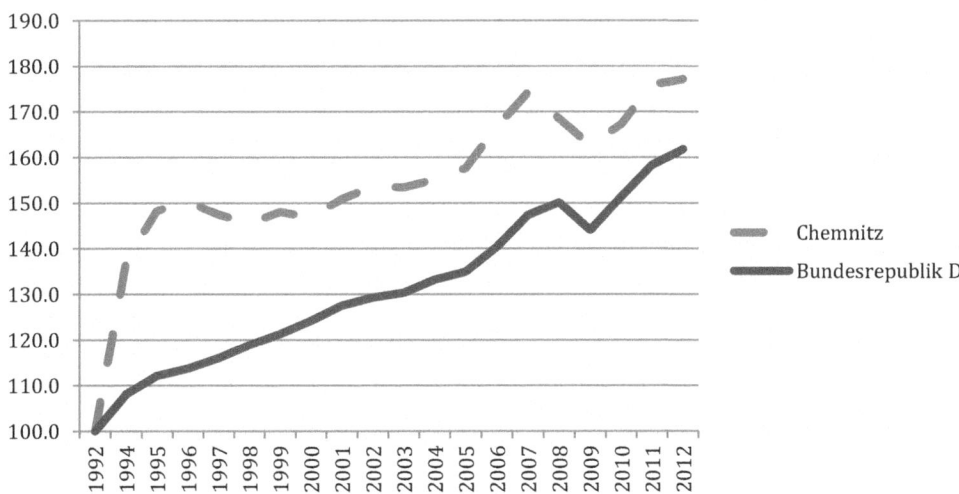

Abb. 3.26 BIP zu Marktpreisen in Chemnitz und im Bundesdurchschnitt, 1992 = 100. (Quelle: VGRdL (2015))

Die Zahl der Erwerbstätigen (Abb. 3.27) sank hingegen in Chemnitz nahezu kontinuierlich bis zum Jahr 2004. Im Jahr 2008 wurde ein Höchstwert der Erwerbstätigkeit erreicht, der nach der Finanz- und Wirtschaftskrise bis zum Jahr 2012 nicht mehr erreicht wurde. Die Entwicklung ist daher gegenläufig zu den Beobachtungen in Pforzheim, wo die Zahl der Erwerbstätigen nach der Krise stärker als zuvor stieg. Innerhalb der NUTS-2-Region Chemnitz (beispielsweise in Zwickau und im Vogtlandkreis) wurde das Vorkrisen-

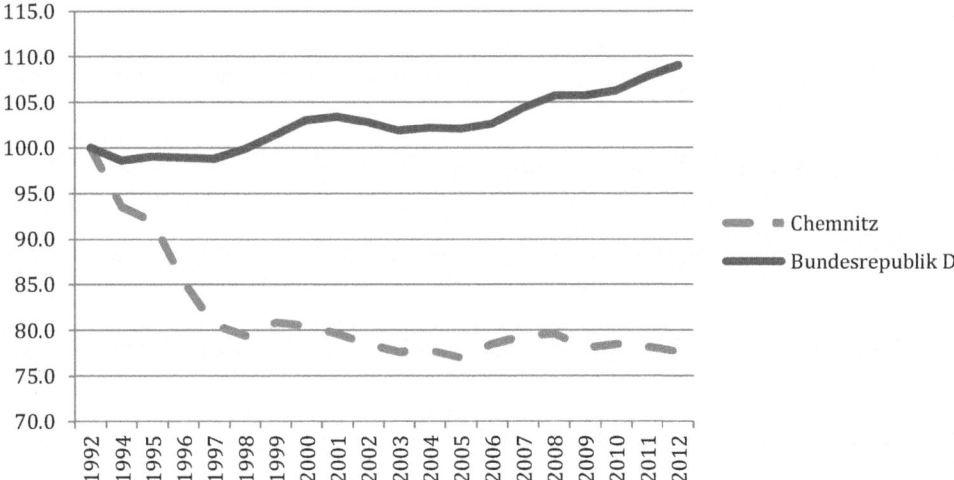

Abb. 3.27 Erwerbstätigenzahl in Chemnitz und im Bundesdurchschnitt, 1992 = 100. (Quelle: VGRdL (2015))

niveau der Erwerbstätigkeit aus dem Jahr 2008 nicht mehr erreicht. In den beiden anderen verbleibenden Landkreisen der Region (Kreis Mittelsachsen und Erzgebirgskreis) stieg die Erwerbstätigkeit bis zum Jahr 2012 geringfügig gegenüber 2008 an (VGRdL 2015).

Diese Beobachtung legt nahe, dass es in Chemnitz nur begrenzt gelungen ist, Voraussetzungen für wirtschaftliche Resilienz auf den Arbeitsmärkten, vor, während und nach der Finanz- und Wirtschaftskrise zu schaffen. Strukturelle Herausforderungen für die Entwicklung in Chemnitz werden daher in den Folgeabschnitten untersucht. Zuvor werden in Tab. 3.11 wesentliche Ereignisse und Entscheidungen in Chemnitz und in den umliegenden Kreisen innerhalb unseres Untersuchungszeitraums aufgelistet. Die Ereignisse in

Tab. 3.11 Zeitleiste für die Entwicklung in Chemnitz

1986
Verleihung des Titels „Technische Universität" an die bisherige Technische Hochschule Karl-Marx-Stadt
1988
Beginn der Auftragsfertigung für die Volkswagen AG in Karl-Marx-Stadt
1990
Rückbenennung der Stadt in Chemnitz Gründung des Volkswagen-Fahrzeugwerks in Zwickau-Mosel Gründung der Heckert Chemnitzer Werkzeugmaschinen GmbH (4300 Arbeitskräfte) Gründung der Niles Drehmaschinen GmbH Gründung des Mitteldeutschen Federnzentrums GmbH in Marienberg Übernahme der Plamag Plauen durch MAN Roland Druckmaschinen AG Umwandlung des VEB Werkzeugmaschinenfabrik Vogtland in die Werkzeugmaschinenfabrik Vogtland GmbH
1991
Städtebaulicher Wettbewerb zur Verdichtung der Innenstadt Gründung des Fraunhofer-Instituts für Werkzeugmaschinen und Umformtechnik (IWU) Übernahme des Mitteldeutschen Federnzentrums durch die Scherdel-Gruppe Umwandlung des für die Busproduktion verantwortlichen VEB Plauen durch Gottlob Auwärter GmbH & Co. KG (Neoplan)
1992
Gründung der Niles-Simmons Industrieanlagen GmbH Übernahme der Malimo Maschinenbau GmbH durch Karl Mayer Textilmaschinenfabrik GmbH Gründung des Interessenverbands Chemnitzer Maschinenbau (ICM) e. V. Gründung des Sächsischen Textilforschungsinstituts (SFTI) e. V. Rückstufung der Technischen Hochschule Zwickau zur FH Zwickau (seit 1995 Westsächsische Hochschule) Gründung der Hoppecke Sachsen-Batterie GmbH in Zwickau aus der Zwickauer Batterie GmbH
1993
Übernahme des Heckert-Werks durch die Traube-Gruppe Übernahme der „Chemnitzer Strickmaschinenbau" durch die Terrot GmbH Gründung der bruno banani underwear GmbH Gründung einer Projektgruppe des Fraunhofer-Instituts für Zuverlässigkeit und Mikrosysteme (IZM)

Tab. 3.11 (Fortsetzung)

1995
Fortentwicklung des ICM e. V. als Industrieforschungseinrichtung
1996
Gründung der „Initiative Südwestsachsen"
grundlegender Beschluss des Stadtrats zur Bebauung der Innenstadt
Neugründung der Union Werkzeugmaschinen GmbH Chemnitz als Mitarbeitergesellschaft
1998
Gründung des Kompetenzzentrums Maschinenbau e. V.
Modernisierung und Flexibilisierung im Motorenwerk der Volkswagen AG in Chemnitz
Übernahme der Heckert Werkzeugmaschinenbau GmbH durch die Starrag Group (200 Arbeitskräfte)
1999
Starkes Flächenwachstum der Stadt durch Eingemeindungen
2001
Gründung der Niles-Simmons-Hegenscheidt-Gruppe
Abspaltung der Automotive-Abteilung von Hoppecke Batterien und Verkauf an Johnson Controls
2002
Anerkennung des ICM e. V. als Kompetenznetz durch das Bundesministerium für Bildung und Forschung
2006
Neugründung der Terrot GmbH mit Sitz in Chemnitz
2. Preis für Chemnitz beim DIFA Award (Internationaler Immobilienpreis für Städte)
2007
Übertragung der Werkzeugmaschinenfabrik Vogtland GmbH auf die WEMA Vogtland GmbH
2008
Gründung der Fraunhofer-Einrichtung für elektronische Nanosysteme (ENAS; zuvor seit 1993 Projektgruppe des Fraunhofer IZM; seit 2011 offizielles Institut)
2009
Gründung des Regionalkonvents Chemnitz
Gründung des ICM e. V. als Institut Chemnitzer Maschinen- und Anlagenbau e. V.
Gründung des „smartsystemscampus" als Verknüpfung zwischen dem Fraunhofer ENAS und dem Technologiezentrum der TU Chemnitz
Übernahme der WEMA Vogtland GmbH aus der Insolvenz durch die SVQ GmbH
2011
Chemnitz wird Hauptsitz der Landesdirektion Sachsen
Übernahme der Union Werkzeugmaschinenwerke Chemnitz in die Herkules Group
Eröffnung des Hoppecke Technologiezentrums in Zwickau
2012
Einweihung des microFLEX-Centers am Fraunhofer Institut ENAS
Insolvenz der MAN Roland Druckmaschinen AG ⇒ Weiterführung der Plamag in Plauen bis 2013; Verkauf des Geländes an IBS-Produktions GmbH Thierhaupten; Insolvenz im Jahr 2014
2014
Ankündigung der Verlegung der Busproduktion aus Plauen in die Türkei

umliegenden Kreisen wurden aufgrund der in unseren Gesprächen genannten ökonomischen Verknüpfungen mit den Prozessen in Chemnitz aufgenommen.

Re-Industrialisierung in Chemnitz und Südwestsachsen
In Chemnitz und Südwestsachsen ist eine vergleichsweise lange Kontinuität der wichtigsten industriellen Branchen zu beobachten. Die Wurzeln der Maschinenbau-, Textil- und Fahrzeugindustrie lagen bereits im 19. Jahrhundert und wurden auch zur Zeit der DDR in modifizierter Weise fortgeführt. Die Umbruchphase zwischen 1990 und 1993 war durch vielfältige Änderungen auf Unternehmensebene geprägt. Die neugegründeten Unternehmen übernahmen zum Teil die Unternehmensnamen aus Zeiten vor dem zweiten Weltkrieg, um an diese Tradition anzuknüpfen. Ebenso prägend für diese Phase war die spätere Übernahme dieser Gründungen durch westdeutsche, zumeist mittelständische, Unternehmen. Tabelle 3.11 zeigte allerdings auch am Beispiel einzelner Unternehmen, dass die weitere Unternehmensentwicklung auch nach der Übernahme durch Veränderungen – Übernahme, Abspaltungen, Ausgründungen, Insolvenzen, Verkäufe und Neugründungen – geprägt sein konnte. Zudem wurden die Betriebsgrößen verkleinert, wie am Beispiel der Heckert Chemnitzer Werkzeugmaschinen GmbH illustriert wurde. Für die Beschäftigten in den südwestsächsischen Industriebranchen war daher Mobilität zwischen den unterschiedlichen Industriestandorten der Region, aber auch zwischen Branchen, eine fortwährende Anforderung.

Einzig die Fahrzeugindustrie in der Region ist durch Großinvestitionen eines multinationalen Großunternehmens geprägt. Ähnlich wie im Fall Dresdens wurde diese Großinvestition durch persönliche Beziehungen bereits vor der deutschen Vereinigung zusätzlich motiviert.[65] Im Jahr 1984 kam es zu einem Vertrag zwischen der damaligen DDR-Regierung und der Volkswagen AG über eine Auftragsfertigung durch den VEB Industrieverband Fahrzeugbau mit Sitz in Karl-Marx-Stadt, dem heutigen Chemnitz. Daraufhin wurde im Jahr 1988 ein zusätzliches Motorenwerk in Karl-Marx-Stadt für diese Auftragsfertigung errichtet (vgl. auch Otto und Weyh 2014). Im Jahr 1990 wurde im benachbarten Mosel (später ein Stadtteil von Zwickau) durch die Volkswagen AG in ein neues Fahrzeugwerk investiert. Diese Leitinvestition führte zu weiteren Investitionen von Zulieferunternehmen in der Region Südwestsachsen.

Im Unterschied zur Fallstudie Dresden, in der es zur Entwicklung einer dominanten Leitbranche kam, entstanden in Chemnitz und Südwestsachsen vielfältige und zumeist kleinteilige Industriestrukturen. Die Unternehmensgröße blieb abgesehen von wenigen Großinvestitionen eher im Bereich der Kleinunternehmen und kleinen mittelständischen Unternehmen, die ihrerseits auch nur über begrenzte Ressourcen zu eigener formaler Forschung und Entwicklung verfügten. Trotzdem kam es im Zeitraum vor der Finanz- und

---

[65] Bei der Entscheidung der Volkswagen AG für den Standort Karl-Marx-Stadt wurde darauf verwiesen, dass der damalige Vorstandsvorsitzende Hahn dort geboren wurde, sein Vater bereits in der südwestsächsischen Fahrzeugindustrie arbeitete und auch der Stellvertreter des Vorstandsvorsitzenden in der Nähe von Karl-Marx-Stadt geboren wurde (o. V. 1984).

Wirtschaftskrise zur Entstehung eines regionalen Innovationssystems mit Schwerpunkten in den Bereichen Werkzeugmaschinenbau und Mikrosystemtechnik. Wichtige Akteure beim Aufbau des Innovationssystems waren – wie bereits im Fall Dresdens – öffentliche Forschungseinrichtungen, im Fall Chemnitz insbesondere zwei Fraunhofer-Institute und die Technische Universität. Das Fraunhofer IWU hat seit 1992 seinen Hauptsitz in Chemnitz und knüpfte unmittelbar an der bereits am Standort bestehenden industriellen Expertise an. Das Fraunhofer ENAS wurde erst im Jahr 2011 formell gegründet, baute jedoch auf einer bereits im Jahr 1993 als Projektgruppe des in Berlin ansässigen Fraunhofer-Instituts für Zuverlässigkeit und Mikrointegration gegründeten Struktur einer Forschungseinrichtung auf. Bereits im Jahr 1992 wurden in Chemnitz auch zwei industrielle Forschungseinrichtungen – das Sächsische Textilforschungsinstitut und der Interessenverband Maschinenbau Chemnitz – gegründet, die als Kooperationspartner zu Forschungsaktivitäten der vergleichsweise kleinen Unternehmen in der Region Südwestsachsen beitragen konnten. Durch Kooperationen wurden somit einige strukturelle Nachteile aufgrund der geringen Betriebsgrößen ausgeglichen.

Beispielhaft kann die Vielfalt und Verknüpfung der industriellen Strukturen in Chemnitz und Südwestsachsen an den Ergebnissen einer Studie des Instituts für Arbeitsmarkt- und Berufsforschung erläutert werden (vgl. zum folgenden auch Otto und Weyh 2014). In dieser Studie wurden die Verbindungen zwischen der Fahrzeugindustrie[66] und anderen Branchen durch die Mobilität von Beschäftigten für drei Beispielregionen (neben der Region Südwestsachsen noch Eisenach und Leipzig) im Zeitraum zwischen 1999 und 2008 untersucht (die so genannte „skill relatedness" zwischen den Branchen). Drei Auffälligkeiten prägten die Ergebnisse für die Region Südwestsachsen: Erstens wurde ein Großteil der Beschäftigten in der Automobilindustrie aus der Region Südwestsachsen rekrutiert. Es bestand demnach bereits – ähnlich wie in der Mikroelektronik in Dresden – ein sehr attraktives Arbeitskräftereservoir in Südwestsachsen. Zweitens konnten Job-Wechsel in Südwestsachsen zwischen nahezu allen aus der Sicht der Automobilindustrie ähnliche Anforderungen an Arbeitskräfte stellenden Branchen stattfinden, da alle Branchen auch in Südwestsachsen präsent und über den Arbeitsmarkt miteinander vernetzt waren. Von 47 Industriebranchen, deren Anforderungen Ähnlichkeiten zu den Anforderungen in der Automobilindustrie aufweisen, waren 44 Branchen in Südwestsachsen ansässig. Drittens waren Dienstleistungsbranchen, die aus der Sicht der Automobilindustrie relevante Anforderungen an Arbeitskräfte stellen, insbesondere technische Dienstleistungen und Forschungsunternehmen, relativ schwach in Südwestsachsen vertreten. Die Vernetzung über den Arbeitsmarkt umfasste somit nahezu ausschließlich die Industriebranchen, und für die beispielsweise in der Fallstudie Stuttgart beobachtete zunehmende Verknüpfung zwischen der Automobilindustrie und wissensintensiven Dienstleistungsbranchen bestanden in der Region Südwestsachsen keine guten Voraussetzungen.

---

[66] Betrachtet wurden die Automobilproduzenten, die Produzenten von Karosserien für Autos und die Produzenten von Fahrzeugteilen (Otto und Weyh 2014).

Dieser Befund passt auch zu einer anderen Studie in Südwestsachsen, bei der die Art des verfügbaren und verwendeten Wissens in Unternehmen der regionalen Automobilindustrie auf der Basis von Befragungen untersucht wurde (Plum und Hassink 2013). Hierbei wurde eine starke Konzentration auf synthetisches Wissen, das heißt auf Wissen, dass typischerweise in technischen Disziplinen oder Produktionsroutinen gewonnen wird und Anwendungserfahrungen auf immer neue Problemstellungen übertragen kann, in der Region beobachtet. Dieses synthetische Wissen ist charakteristisch für traditionelle Industriebranchen. In den vergangenen zwei Jahrzehnten fand jedoch auf den meisten Märkten eine zunehmende Verknüpfung dieser Wissensart mit analytischem und symbolischem Wissen statt (Asheim et al. 2011). Analytisches Wissen wird vorrangig in Informations- und Naturwissenschaften gewonnen und geht von allgemeinen theoretischen Prinzipien aus, die für eine konkrete Problemlösung unabdingbar sind. So ist in der Automobilindustrie beispielsweise zunehmend analytisches Wissen in digitalisierten Produktionsverfahren (Stichworte „cyber-physische Systeme" und „Industrie 4.0"; vgl. auch Bauernhansl et al. 2014) oder bei der Anwendung der Elektrochemie in der Entwicklung von Batterien und Akkumulatoren erforderlich. Symbolisches Wissen wird beispielsweise im Bereich des Industrie-Designs oder für den Aufbau von Dienstleistungen um das physische Produkt benötigt, um den Kunden einen Zusatznutzen des Produkts über die bloße Nutzung hinaus zu verschaffen. In zahlreichen Industriemärkten wurde beobachtet, dass das Wachstum der Erwerbstätigkeit vorrangig in Branchen stattfand, die mit analytischem oder symbolischem Wissen arbeiteten bzw. eine Vernetzung der drei Wissensarten voraussetzten (Asheim et al. 2011). Daher stellte die Spezialisierung des Wissens in Südwestsachsen möglicherweise ein Hemmnis bei strukturellen Fortentwicklungen dar.

Als Gründe für diese Schwäche wurden in den Gesprächen die im Vergleich zu Leipzig oder Dresden weniger attraktiven Absatzmärkte für unternehmensnahe Dienstleistungen genannt. Die Branchen im Bereich „Finanz-, Versicherungs- und Unternehmensdienstleister, Grundstücks- und Wohnungswesen" waren die einzigen Branchen, in denen in Chemnitz zwischen den Jahren 2000 und 2007 die Erwerbstätigkeit kontinuierlich anstieg (von 29.200 auf 35.700 Personen; VGRdL 2015). Unsere Gesprächspartner wiesen allerdings auf das besondere Problem bei jungen, häufig aus regionalen Hochschulen stammenden Gründern hin, die mangels attraktiver Dienstleistungsmärkte ihre Gründung in Dresden, Leipzig und Berlin verwirklichten. Entsprechend war die Position der Stadt Chemnitz im bereits angesprochenen jährlichen NUI-Regionenranking, das den Anteil der Gewerbeanmeldungen pro 10.000 Einwohnern für deutsche Städte und Kreise misst, im Zeitraum zwischen 1998 und 2006 fast durchgängig schlechter als die Positionen Dresdens und Leipzigs.[67] Als besonderes Problem bei der wirtschaftlichen Entwicklung der Region wurde in nahezu allen Gesprächen am Standort auf die vergleichsweise schlechte

---

[67] Chemnitz belegte lediglich in den Jahren 1998 (Platz 68) und 1999 (Platz 27) Positionen im Bereich der ersten 100 Regionen, während Dresden bis auf zwei Ausnahmen (2001 und 2002) bis zum Jahr 2006 immer Platzierungen unter den ersten 100 Regionen erreichte und Leipzig niemals schlechter als Platz 54 platziert war (IfM 2014).

Erreichbarkeit der Stadt Chemnitz verwiesen. Im Zugverkehr ist die Stadt zumeist durch Regionalbahnen mit den anderen sächsischen Großstädten Dresden und Leipzig verbunden. Aufgrund einer fehlenden Elektrifizierung ist sie jedoch nur unzureichend an großräumige ICE-Verbindungen angeschlossen. Mit dem Bau einer Autobahnverbindung zwischen Leipzig und Chemnitz wurde erst im Jahr 2003 begonnen.[68] Ein in den vergangenen Jahren wachsendes Problem stellt zudem die Versorgung der Region mit Breitbandinfrastruktur für Internetverbindungen dar, da der Rückstand insbesondere gegenüber westdeutschen Ballungsräumen wuchs (TÜV Rheinland 2014).

Eine besondere Herausforderung für die Stadt Chemnitz bei der Bereitstellung der Funktionen eines Oberzentrums innerhalb der Region Südwestsachsen stellte zu Beginn unserer Untersuchungsperiode das weitgehende Fehlen eines eindeutigen Zentrums der Innenstadt dar: *„Das auffälligste Charakteristikum der Chemnitzer Stadtstruktur ist die Leere. Wenn man Luftbilder der Stadt betrachtet, mit dem Pkw durch Chemnitz fährt oder zu Fuß unterwegs ist – immer bewegt sich die Person in einem Kontext der räumlichen Leere und Offenheit."* (Reißmüller et al. 2011). Die besondere Ausgangssituation im Jahr 1990 war das Resultat von Kriegszerstörungen in der Innenstadt („fast 95 % der Innenstadt" (Stadt Chemnitz 2003), die vor dem zweiten Weltkrieg durch enge und dichte Bebauung geprägt war) und der Zielsetzung der Regierung in der DDR, die 1953 in Karl-Marx-Stadt umbenannte Stadt in eine „sozialistische Musterstadt" zu verwandeln (Bodenschatz 1996; vgl. zu den städtebaulichen Konsequenzen auch Hannemann 2004). Der Schwerpunkt des Aufbaus lag in der Bereitstellung von Wohnraum in mehrgeschossigen Gebäuden, die in industrieller Plattenbauweise errichtet wurden. Der ursprüngliche unmittelbare Stadtkern um das Rathaus wurde bis 1990 nicht bebaut und zumeist als Großparkplatz genutzt.

Noch vor der deutschen Vereinigung wurde im Jahr 1990 in einer Volksabstimmung beschlossen, die Stadt wieder in Chemnitz zu benennen. Für die Gestaltung der Innenstadt fand im Jahr 1991 ein städtebaulicher Wettbewerb statt. Zahlreiche renommierte internationale Architekten entwickelten städtebauliche Lösungsansätze für die Innenstadt in Chemnitz (Bartetzky 2009). Im Vergleich zur Fallstudienstadt Leipzig, die von einem schnellen Wachstum der Bauinvestitionen nach 1990 geprägt war, verlief die Bautätigkeit in Chemnitz allerdings verzögerter. Erst ab der Jahrtausendwende kam es zu größeren Veränderungen, insbesondere durch zusätzliche Zentren für den Einzelhandel in der Innenstadt (Reißmüller et al. 2011). Eine besondere Herausforderung der Stadtentwicklung stellte die Belebung der Innenstadt bei gleichzeitig fortwährendem Bevölkerungsverlust durch Suburbanisierung und Abwanderung nach Westdeutschland dar. Im Zeitraum zwischen 1992 und 2007 verringerte sich die Bevölkerungszahl in Chemnitz um mehr als 20 % bzw. 60.000 Einwohner (VGRdL 2015).[69] Abbildung 3.28 beschreibt

---

[68] Mit dem Bau des letzten Abschnitts soll noch im Jahr 2015 begonnen werden (Thieme 2015). Für eine geplante ICE-Verbindung über Leipzig nach Chemnitz wurden hingegen im Jahr 2015 die Landesmittel für eine Entwurfsplanung zunächst zurückgestellt (Franke 2015).

[69] Das Zentrum war in besonderer Weise von dieser Schrumpfung betroffen. Zwischen 1990 und 2002 sank die Wohnbevölkerung im Zentrum um 30 % (Stadt Chemnitz 2003).

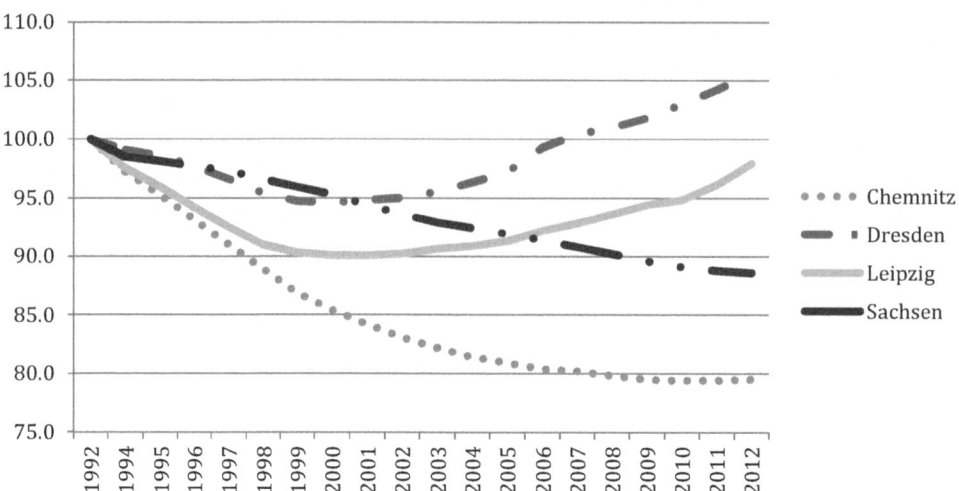

Abb. 3.28 Bevölkerungszahl in Sachsen und sächsischen Städten, 1992 = 100. (Quelle: VGRdL (2015))

die Bevölkerungsentwicklung in Sachsen und den sächsischen Untersuchungsregionen. Es wird deutlich, dass der Bevölkerungsrückgang in Chemnitz bereits unmittelbar nach der deutschen Vereinigung stärker als in den beiden anderen sächsischen Großstädten und im Landesdurchschnitt war. Während in Leipzig und Dresden nach der Jahrtausendwende eine Re-Urbanisierung zu wieder ansteigenden Einwohnerzahlen führte, wurde der Rückgang in Chemnitz lediglich abgeschwächt. Der Wohnungsleerstand nahm aufgrund dieses besonders starken Schrumpfungsprozesses ein hohes Ausmaß an. Eine umstrittene Reaktion der Stadtplanung auf diesen Leerstand war die Bereitschaft zum Abriss einer größeren Anzahl an Wohnhäusern aus der Gründerzeit (Bartetzky 2009), was beispielsweise einen deutlichen Gegensatz zur Entwicklung in Leipzig darstellte.

In einem Zwischenfazit zur Stadtentwicklung in Chemnitz gelangten Reißmüller et al. (2011) zu einer gemischten Einschätzung über die Wahrnehmung der Funktionen eines Oberzentrums durch die Chemnitzer Innenstadt. Zwar erweiterte sich das Einzelhandelsangebot in der Innenstadt. Jedoch waren bereits zuvor Einkaufszentren außerhalb des Zentrums entstanden, so dass der Sogeffekt, Besucher durch Einkaufsmöglichkeiten in die Innenstadt zu ziehen, begrenzt blieb. Hierbei waren auch fehlende überregionale Leitanbieter sowie eine schwache Koordination des kleinteiligen Einzelhandels hinsichtlich der Öffnungszeiten und Parkmöglichkeiten hinderlich. Reißmüller et al. (2011) verwiesen daher auf überlegene Angebote in den revitalisierten Innenstädten von Dresden und Leipzig, aber auch in Zwickau als einem benachbarten Zentrum innerhalb der Region. Für den Verwaltungsstandort Chemnitz wurden erst nach der Finanz- und Wirtschaftskrise zusätzliche relevante Entscheidungen durch die Neuorganisation der Landesdirektion getroffen. Daher werden wir in einem späteren Abschnitt darauf eingehen. Die Kulturfunktion wurde von Reißmüller et al. (2011) mit Verweis auf andere Autoren ebenfalls als eingeschränkt wahrgenommen, da sich die Entwicklung vorwiegend auf die so genannte „Hochkultur" konzentrierte und wenig attraktive Bedingungen für die „freie Szene" und Subkultur herrschten. Beim bereits angesprochenen Ranking der 30 größten Städte Deutschlands unter Bezugnahme auf Kulturangebot und -rezeption belegte Chemnitz jedoch jeweils Plätze im Mittelfeld, was angesichts der Tatsache, dass Chemnitz nach Bevölkerung die zweitkleinste Stadt in diesem Vergleich war und nur vier Städte ein geringeres BIP pro Kopf aufwiesen, als durchaus bemerkenswert bezeichnet werden kann. Hinsichtlich der Wohnfunktion standen aufgrund der hohen Leerstandsquote zahlreiche Kapazitäten zur Verfügung, über deren Qualität allerdings Kontroversen existierten (Bartetzky 2009, mit einer pointierten Form der Kritik). Die Arbeitsplatzfunktion für die umliegenden Kreise wurde durch den Stadtkreis Chemnitz grundsätzlich erfüllt (vgl. zum folgenden auf der Basis einer Auswertung der Pendlerstrukturen in Sachsen zwischen 1996 und 2006 Schellenberger; Hesse 2008). In absoluter Perspektive, lag der Pendlersaldo (Zahl der Einpendler – Zahl der Auspendler) auf dem dritthöchsten Niveau in Sachsen (hinter Dresden und Leipzig).[70] Relativ gesehen war der Anteil der Einpendler an der Gesamtzahl der sozialversicherungspflichtig Beschäftigten in Chemnitz mit ca. 46 % am höchsten in Sachsen.

Im Gegensatz zur Situation in Pforzheim bestanden in Chemnitz relativ frühzeitig vielfältige Verknüpfungen zwischen Unternehmen, beispielsweise auf der Ebene von Branchenorganisationen oder lokalen Vereinigungen, sowie zwischen Unternehmen, Hochschulen und Forschungseinrichtungen (CWE 2008). Auf regionaler Ebene kam es bereits im Jahr 1996 zur Gründung der „Initiative Südwestsachsen", einem Zusammenschluss unterschiedlicher Akteure in der Region (Unternehmen, Kammern, Kommunen und andere Einrichtungen) zur Initiierung gemeinsamer Austauschvorgänge, Unterstützung zivilgesellschaftlichen Engagements und Förderung der Außenwirkung der Region. Trotz dieser und weiterer institutioneller Ansätze zur Koordination der Interessen innerhalb der Region wurde in unseren Gesprächen immer wieder auf Konkurrenzverhältnisse zwischen Chemnitz und anderen Kommunen in der Region und auf Schwierigkeiten bei der Zusammenarbeit hingewiesen. Auch im Wirtschaftskonzept der Stadt Chemnitz fällt der Hinweis auf, dass es zu Abwerbungsversuchen bei Chemnitzer Unternehmen aus dem Umland kam und seitens der Stadt als Erfolg verbucht wurde, Unternehmen aus dem Umland „durch attraktive Standortbedingungen" zu einer Verlagerung ihres Standorts nach Chemnitz zu veranlassen (CWE 2008). Wie bereits in der Fallstudie Dresden wurde bei grenzüberschreitenden Kooperationen, beispielsweise mit tschechischen Partnern, auf grundlegende Barrieren hingewiesen. Standen im Fall Dresden unterschiedliche Zielperspektiven, personelle Fluktuationen und sprachliche Barrieren im Zentrum der Erklärung für die geringe Intensität der Zusammenarbeit, kamen im Fall Chemnitz bzw. Südwestsachsen zusätzliche Probleme der Erreichbarkeit trotz räumlicher Nähe hinzu, da die Verkehrsinfrastruktur kaum leistungsfähige Direktverbindungen ermöglichte. Die Verbindungen konzentrierten sich daher eher auf Verbindungen zwischen Metropolregionen, die an Chemnitz und Südwestsachsen vorbeiliefen.

---

[70] In Südwestsachsen wiesen außerdem die Städte Zwickau und Plauen einen positiven Pendlersaldo auf (Schellenberger und Hesse 2008).

Insgesamt war in Chemnitz bis zum Beginn der Finanz- und Wirtschaftskrise eine positive wirtschaftliche Entwicklung auf der Basis der ursprünglichen industriellen Kapazitäten zu beobachten. Es hatte sich in Chemnitz und den umliegenden Kreisen eine vielfältige und zumeist kleinteilige Industriestruktur entwickelt. Positiv wurde auf eine hohe und im bundesdeutschen Vergleich überdurchschnittliche Dynamik beim Wachstum der Beschäftigung in Spitzentechnologiebereichen verwiesen (CWE 2008, mit Verweis auf Auswertungen der BAW Institut für regionale Wirtschaftsforschung). Zugleich zeigten jedoch Studien in den dominanten Industriezweigen, dass die verwendete Wissensbasis noch zu wenige Verknüpfungen mit Dienstleistungsbranchen und akademischer Forschung aufwies (vgl. Plum und Hassink 2013). Die Stadtentwicklung unterstrich zwar den Anspruch der Stadt Chemnitz, eindeutiges Oberzentrum der Region Südwestsachsen zu sein. Zugleich existierte jedoch ein beständiges Konkurrenzverhältnis mit umliegenden Kommunen, insbesondere bei der Anwerbung von Investitionen.

Erfahrungen in der Finanz- und Wirtschaftskrise

Abbildung 3.26 zeigte bereits, dass die Krise Chemnitz vergleichsweise früh erreichte. Bereits im Jahr 2008 sank das nominelle BIP um 3,3 % (hierzu und zu den folgenden Daten, soweit nicht anders angegeben, vgl. VGRdL 2015). Unter unseren Untersuchungsregionen war der Wert nur für Stuttgart noch schlechter (−5,8 %). Innerhalb der Region Südwestsachsen war nur Zwickau auch mit einem sinkenden nominellen BIP bereits im Jahr 2008 konfrontiert. Der Negativwert für das Jahr 2009 – das nominelle BIP schrumpfte um 3,5 % – war in Chemnitz nur geringfügig höher als im Jahr zuvor. Auffällig am Rückgang des BIP in Chemnitz war, dass entgegen der Erfahrungen in anderen Regionen der Einbruch im verarbeitenden Gewerbe nicht stärker als in allen anderen Sektoren war. Es kam zu einem leichten Rückgang der nominellen BWS des verarbeitenden Gewerbes im Jahr 2008 und dann zu einem stärkeren Rückgang im Folgejahr. Jedoch stieg die nominelle BWS des verarbeitenden Gewerbes bereits im Jahr 2010 wieder stark an und überstieg im Jahr 2011 den Wert aus dem Jahr 2007. Demgegenüber sank die BWS im Baugewerbe ebenfalls in den Jahren 2008 und 2009 stark, konnte jedoch bis 2012 nicht mehr das Vorkrisenniveau erreichen. Gleiches gilt für die Dienstleistungsbereiche „Handel, Verkehr, Lagerei, Gastgewerbe, Information und Kommunikation" sowie „Finanz-, Versicherungs- und Unternehmensdienstleister, Grundstücks- und Wohnungswesen". Insbesondere das Baugewerbe fungierte in den anderen Untersuchungsregionen (Kap. 3.1–3.3), aber auch in den umliegenden Gebieten in Südwestsachsen, als Stabilisator, da zusätzliche Aufträge im Rahmen der Konjunkturpakete vergeben wurden. Die BWS im Dienstleistungssektor „Handel, Verkehr, Lagerei, Gastgewerbe, Information und Kommunikation" sank jedoch nicht nur in Chemnitz, sondern auch in den anderen Kreisen Südwestsachsens.

Bei der Struktur der Erwerbstätigkeit zeigte sich für Chemnitz ein ähnliches Bild. Im verarbeitenden Gewerbe waren die Rückgänge eher gering und bis zum Jahr 2011 mehr als kompensiert. Im Baugewerbe sank die Erwerbstätigkeit kontinuierlich bis zum Jahr 2012. Die Dienstleistungssektoren „Handel, Verkehr, Lagerei, Gastgewerbe, Information und Kommunikation" sowie „Finanz-, Versicherungs- und Unternehmensdienstleister, Grundstücks- und Wohnungswesen" wiesen Arbeitsplatzverluste aus. Im Jahr 2012 wiesen in der Region Südwestsachsen neben Chemnitz alle Kreise bis auf den Vogtlandkreis einen Anstieg der Erwerbstätigkeit im verarbeitenden Gewerbe gegenüber 2007 auf. Rückgänge der Erwerbstätigkeit waren im Bereich „Handel, Verkehr, Lagerei, Gastgewerbe, Information und Kommunikation" neben Chemnitz in allen Kreisen bis auf den Kreis Mittelsachsen zu beobachten. Die Erwerbstätigkeit im Bereich „Finanz-, Versicherungs- und Unternehmensdienstleister, Grundstücks- und Wohnungswesen" sank wie in Chemnitz auch in Zwickau in den Jahren 2011 und 2012, war allerdings im Jahr 2010 stärker gestiegen.

Die vergleichsweise guten Ergebnisse im Bereich des verarbeitenden Gewerbes wurden auch in unseren Gesprächen bestätigt. Als besonders hilfreich in der Krise wurden gegenseitige Unterstützungen der vergleichsweise kleinen Industrieunternehmen wahrgenommen. So wurde berichtet, dass Textilunternehmen bei eigener Auslastung Aufträge an benachbarte Unternehmen vermittelten, um den Auftrag in der Region zu halten, oder Unternehmen anderen Unternehmen nicht benötigtes eigenes Personal zur Bearbeitung von Aufträgen überließen. Unternehmen nahmen die Krise auch zum Anlass, strategische Anpassungen, beispielsweise in Richtung einer Verlagerung auf andere Absatzmärkte oder einer Erschließung neuer Absatzkanäle, zu erproben, die in der Erholungsphase bei verstärkter Nachfrage aus Asien neue Potentiale des Anschlusses an industrielle Wertschöpfungsketten schufen.

Die besondere Bedeutung der Kurzarbeit in Chemnitz, aber auch in Zwickau, wurde bereits in Abb. 3.25 deutlich. Nur in Pforzheim und geringfügig in Stuttgart war im September 2009 der Anteil der Beschäftigten in Kurzarbeit an der Gesamtzahl der sozialversicherungspflichtig Beschäftigten höher. Die Kurzarbeiterregelung stabilisierte insbesondere die Beschäftigung in Industrieunternehmen, da dort die Bereitschaft zur Finanzierung der Kurzarbeit, um unternehmensinternes Wissen im Betrieb zu halten, und die Erwartung einer kurzfristigen Erholung ausgeprägter als in Dienstleistungsbranchen war (vgl. allgemein zu diesen Erfahrungen Bach und Spitznagel 2009). Weitere stabilisierende Elemente staatlicher Instrumente für die lokale und regionale Industrie wurden in der „Abwrackprämie" (angesichts des bedeutenden Produzenten kleinerer Fahrzeuge Volkswagen und seiner Beschäftigungs- und Nachfrageeffekte innerhalb der Region) und im ZIM (Zentrales Innovationsprogramm Mittelstand) mit seinen Fördermitteln für Innovationsaktivitäten zur Unterstützung der Anpassungsstrategien gesehen. Dienstleistungsmärkte waren hingegen nur indirekte Adressaten der konjunkturpolitischen Stabilisierungsmaßnahmen. In Chemnitz schien sich vor diesem Hintergrund die schwache Verknüpfung zwischen Industrieunternehmen und unternehmensnahen Dienstleistungen, die begrenzte Strahlkraft der Chemnitzer Innenstadt, die Folgen der Industrialisierung für die Umweltqualität und ein Mangel an Erfahrungen mit der Bürgerbeteiligung in der Finanz- und Wirtschaftskrise negativ auszuwirken.

Grenzen der erfolgreichen Re-Industrialisierung?
Die Erfahrungen während der Finanz- und Wirtschaftskrise unterstrichen nochmals die starke Anpassungsfähigkeit der regionalen Industrie in Südwestsachsen und Chemnitz. In

unseren Gesprächen wurde hervorgehoben, dass die in den vergangenen zwei Jahrzehnten fortentwickelten Stärken am Standort im Bereich der Qualifikation der Arbeitskräfte, der Anpassungsfähigkeit der einzelnen Unternehmen, der starken Kooperationsbereitschaft und vielseitigen Marktorientierung zu dieser schnellen Erholung beitrugen. Da die Unternehmen relativ kleinteilig organisiert waren und häufig von Entwicklungen außerhalb der Region – den jeweiligen Stammsitzen der Großkunden am Ende der industriellen Wertschöpfungskette sowie den Stammsitzen der Eigentümer regionaler Produktionsbetriebe – abhingen, wurden von Arbeitnehmern und Unternehmern fortwährend flexible Anpassungen eingefordert und eingeübt. Ein typisches Beispiel für diese Anforderungen nach überwundener Finanz- und Wirtschaftskrise betraf den Industriestandort Plauen im südwestsächsischen Landkreis Vogtland. Hier wurden in relativ kurzer Folge in den Jahren 2013 und 2014 jahrzehntelang am Standort befindliche und nach der Vereinigung von westdeutschen Unternehmen übernommene Produktionsbetriebe der Druckmaschinen- und Busproduktion geschlossen bzw. über eine baldige Einstellung der Produktion informiert. Die Beschäftigten aus der Busproduktion erhielten zumindest eine befristete konzerninterne Beschäftigungsgarantie und eine Zusage der Volkswagen AG als Konzernmutter, ihnen Arbeitsplätze in regionalen Werken anzubieten (Hergert und Franke 2014). Für die Beschäftigten des Druckmaschinenwerks blieb nur die Anpassung an den neuen Investor – einem auf Lohnfertigung im Bereich Maschinenbau spezialisierten Unternehmen, das sich ein Jahr nach Übernahme im Insolvenzverfahren befand (Augsburger Allgemeine 2014) – sowie die Suche nach Beschäftigung in verwandten Branchen.

Die Bereitschaft zur Anpassung und Veränderung zeigte sich auch an der vergleichsweise starken und erfolgreichen Beteiligung von Unternehmen aus Chemnitz an den Mittelstandsprogrammen des Bundes. Ein Vergleich des Fördervolumens aus Programmen der mittelstandsorientierten Innovationsförderung pro Kopf zwischen den bundesdeutschen Regionen ermittelte, dass im Jahr 2014 in Chemnitz der höchste Betrag mit 136,10 € erzielt wurde (VDI und ZEW 2015 auf der Basis von Daten des Bundeswirtschaftsministeriums). Diese erfolgreiche Gewinnung von Fördermitteln auf der Bundesebene wird in den kommenden Jahren wichtiger werden, da die NUTS-2-Region Chemnitz, die fast deckungsgleich mit der in diesem Abschnitt zumeist als Region Südwestsachsen umschriebenen Landesdirektion Chemnitz ist, in der Förderphase ab 2014 in der EU-Strukturfondsförderung ihren bisherigen Status als Konvergenzregion verlor und daher als Übergangsregion aufgeführt wird. Entsprechend werden weniger Mittel für die Unterstützung der regionalen Innovationssysteme zur Verfügung stehen.

Trotz dieser besonderen Stärken im Bereich der Flexibilität und Fähigkeiten zur vielseitigen Marktanpassung wurde aber auch – insbesondere während unseres Workshops mit Praktikern – hiervorgehoben, dass die kleinen und mittelständischen Unternehmen Probleme haben, den nächsten Schritt der industriellen Entwicklung, nämlich die Besetzung ertragreicherer Positionen in den industriellen Wertschöpfungsketten, erfolgreich zu vollziehen. Die in den vergangenen Unterkapiteln beschriebene Re-Industrialisierung in Chemnitz und Südwestsachsen ist zu einem überwiegenden Anteil darauf zurückzuführen, dass es den regionalen Industrieunternehmen gelang, in die internationalisierten

Wertschöpfungsketten integriert zu werden. Dieser Schritt wurde durch ein überlegenes Preis-Leistungs-Verhältnis – relativ hohe Qualität bei moderaten Produktionskosten, wenn diese auch höher als in mittel- und osteuropäischen Standorten waren – und durch hohe Zuverlässigkeit erreicht. Die Integration in die Wertschöpfungsketten blieb zumeist jedoch auf Stufen in der Zulieferkette begrenzt, die ein nur moderates Erlöswachstum ermöglichten. Für ein weiteres Wachstum müssten zumindest einige Unternehmen in der Region den Übergang zu kleineren Systemzulieferern mit einem höheren Anteil formeller Forschungsaktivitäten und einer stärkeren Verknüpfung zwischen wissenschaftlicher Forschung, beispielsweise in der Mikrosystemtechnik, symbolischem Wissen im Bereich des Designs und der Organisation von Produktionsprozessen und den zumeist bereits vorhandenen marktspezifischen Kenntnissen vollziehen, um durch Erlössprünge und Wachstum auch den knapper werdenden Fachkräften höhere Einkommen zu bieten.

In den vergangenen Jahren mehrten sich allerdings die Signale, dass es Barrieren beim Vollzug dieses Schritts gibt. Während unseres Workshops wurde auf eine Studie des Instituts für Wirtschaftsforschung Halle verwiesen, die eine Stagnation der industriellen Produktivität in den ostdeutschen Regionen unabhängig von den Unternehmensgrößen beobachtete.

Ohne einen Anstieg der Produktivität werden Unternehmen jedoch nicht in der Lage sein, Fachkräfte durch höhere Einkommen in der Region zu halten und ihre Systemkompetenzen zu erhöhen. In allen Gesprächen in Südwestsachsen wurde eine zunehmende Knappheit der Fachkräfte thematisiert. Zudem verschlechterten sich die Positionen der Stadt Chemnitz innerhalb des deutschlandweiten Rankings von Städten und Kreisen, das sich an der Zahl der Gewerbeanmeldungen pro 10.000 Einwohner orientiert (IfM 2014). Nach 2006 wurde Chemnitz nicht mehr unter den ersten 100 Regionen eingeordnet und bei der aktuellsten Auflistung für das Jahr 2013 auf Platz 173 geführt. Entsprechend zeigten auch die Statistiken zur Erwerbstätigkeit in Chemnitz zwar ein moderates Wachstum der Beschäftigung in Industriesektoren, jedoch ausgerechnet im Bereich unternehmensnaher Dienstleistungen rückläufige Tendenzen. Eine solche Entwicklung kann selbst verstärkende Negativspiralen auslösen, da schwache Dienstleistungsmärkte die Attraktivität des lokalen Arbeitsmarktes mindern und zugleich aufgrund des begrenzten Angebots unternehmensnaher Dienstleistungen potentielle Partner der Unternehmen bei der Integration neuer Technologien und Anpassung der Produktionsstrukturen in der Region fehlen. Die Technische Universität und Fraunhofer-Institute wurden in unseren Gesprächen als wichtige Akteure innerhalb des regionalen Innovationssystems benannt, benötigen jedoch auch in der Regel Partner aus Dienstleistungsbranchen als Mittler innerhalb gemeinsamer Forschungsprojekte mit der Industrie. Eine Auswertung europäischer Patentdaten kam zu dem Ergebnis, dass besonders starke Verknüpfungen durch gemeinsame Patente zwischen den Städten Chemnitz und Dresden existieren (VDI und ZEW 2015). Dies kann als Zeichen für besonders forschungsstarke Partner an diesen beiden Standorten gelten, zugleich jedoch auch als Notwendigkeit einer Suche der Akteure in Chemnitz nach Partnern in Dresden, um mögliche Defizite auszugleichen.

Ein Signal zur Stärkung der Bedeutung des Standorts Chemnitz für öffentliche Dienstleistungen wurde durch die Landesregierung im Jahr 2012 mit der Ansiedlung des Hauptsitzes der neu gegründeten Landesdirektion an diesem Standort gesetzt. Die Landesdirektion ersetzte als landesweite Oberbehörde die drei zuvor bestehenden Landesdirektionen und wurde unmittelbar der Landesregierung unterstellt. Allerdings fungieren die beiden anderen Standorte der bisherigen Landesdirektionen nunmehr als Außenstellen und die Zahl der Mitarbeiter sollte gegenüber der Situation mit drei Landesdirektionen deutlich gesenkt werden, so dass sich der unmittelbare Beschäftigungseffekt in Grenzen hielt (Sachse 2012).

Als zentrales Hemmnis bei der Überwindung potentieller selbst verstärkender Prozesse identifizierten die Gesprächspartner regelmäßig die schlechte überregionale Erreichbarkeit der Region. Hier wurden deutliche Nachteile gegenüber den beiden anderen urbanen Zentren in Sachsen, Dresden und Leipzig, gesehen. Die schlechte Erreichbarkeit betrifft aber auch die Landkreise innerhalb der Region Südwestsachsen und die Verbindungen zu den östlichen Nachbarregionen in Tschechien. Ansätze zur Überwindung des Problems sind jedoch ohne entsprechende Mittelzuweisungen aus dem Bundesverkehrswegeplan und dem Landeshaushalt nicht zu erwarten.

Sehr häufig wurden in den Gesprächen Herausforderungen bei der Gestaltung des Images der Stadt Chemnitz und der Region genannt. Die lange industrielle Tradition in Südwestsachsen hat das Bild von außen zwar grundsätzlich positiv im Sinne einer wirtschaftlich aktiven und anpassungsfähigen Region geprägt. Jedoch fiel es schwer, Fachkräfte in die Region zu ziehen, und im Gegensatz zu Dresden und Leipzig entstand bislang nicht der selbst verstärkende Prozess einer „Schwarmstadt", sondern eher die Perspektive auf eine „schrumpfende Stadt". Werbemaßnahmen zur Steigerung der Aufmerksamkeit potentieller Rückkehrer sowie das nach außen kommunizierte Bild einer „Stadt der Moderne" mit entsprechender Architektur und künstlerischer Tradition sollten die Attraktivität erhöhen und kennzeichnen ein sehr hohes Maß an Aktivität und Ideenreichtum. Zumindest gelang es, den Negativtrend fortwährend sinkender Bevölkerungszahlen auch durch diese Maßnahmen aufzuhalten.

Zunehmende strukturelle Risiken innerhalb der Stadtregion zeigten sich beispielsweise beim Blick auf den Anteil der Schulabgänger ohne formellen Abschluss (INKAR 2015). Dieser Anteil stieg zwischen 2006 und 2012 kontinuierlich bis auf 12,1 %, ein Wert, der im Jahr 2012 unter unseren bundesdeutschen Untersuchungsregionen lediglich in Leipzig (13,2 %) übertroffen wurde (vgl. auch Abb. 3.13 in Kap. 3.2). Bislang zählte der vergleichsweise hohe Qualifikationsbestand der Arbeitskräfte zu den Stärken in Chemnitz. Abbildung 3.22 in Kap. 3.3 zeigte bereits den vergleichsweise geringen Anteil von Arbeitslosen ohne formelle Ausbildung an der Gesamtzahl der Arbeitslosen. Mit zunehmendem Anteil an Schulabgängern ohne Abschluss und Verfestigung der Arbeitslosigkeit[71] droht jedoch

---

[71] Im Jahr 2012 betrug der Anteil der Langzeitarbeitslosen (länger als ein Jahr arbeitslos) an der Gesamtzahl der Arbeitslosen in Chemnitz 41,1 % und war damit höher als in den Kreisen der Region Südwestsachsen und den anderen sächsischen Großstädten Dresden und Leipzig (INKAR 2015). Auffällig war auch in diesem Kontext die deutlich schnellere Verringerung der jahresdurchschnitt-

eine Segmentierung im lokalen Arbeitsmarkt. Auch im Wohnungsmarkt zeigte sich eine zunehmende Segmentierung aufgrund eines zunehmenden Anteils einkommensschwacher Haushalte mit Schwierigkeiten, preisgünstigen Wohnraum zu erhalten.[72] Zwar wurden auch in Chemnitz Projekte im Rahmen des Programms „Soziale Stadt" der Bundesregierung, das bereits im Kontext anderer Standorte (Leipzig, Dortmund, Gelsenkirchen und Pforzheim) angesprochen wurde, ergriffen. Entsprechende Maßnahmen stoßen jedoch an Grenzen, wenn sich strukturelle Unterschiede zwischen den Anforderungen der lokalen Arbeitsmärkte und verfügbaren Kompetenzen der Arbeitsuchenden vertiefen. Auch vor dem Hintergrund der beobachteten und in den Gesprächen häufig genannten Knappheit an Fachkräften erscheinen Maßnahmen zur Verhinderung des Abbruchs von Bildungsbiographien als notwendige Voraussetzungen für eine Verbesserung der strukturellen Ausgangsbedingungen in der Region, um zukünftigen Schocks und Krisen begegnen zu können.

Die Entwicklung in Chemnitz nach der Finanz- und Wirtschaftskrise führte somit den Pfad der Re-Industrialisierung weiter. Zugleich deutete die schwächere Verfassung der Dienstleistungsmärkte allerdings darauf hin, dass es noch nicht gelang, die industriellen Strukturen mit Beschäftigungseffekten im Bereich unternehmensnaher Dienstleistungen zu verknüpfen. Zusätzliche Risiken ergeben sich aus einem wachsenden Anteil der Schulabgänger ohne formalen Abschluss und einem weiterhin hohen Anteil der Langzeitarbeitslosigkeit. Die Pendlerdaten mit einem hohen Überschuss der Zahl der Einpendler über die Zahl der Auspendler weisen weiterhin die hohe Bedeutung der Stadt Chemnitz als Oberzentrum der Region Südwestsachsen im Bereich der Beschäftigung aus. Jedoch gelang es auch aufgrund der begrenzten großräumigen Erreichbarkeit nicht, einen überregionalen Sogeffekt für Fachkräfte und Dienstleistungsmärkte zu entfalten.

3.4.4 Was lässt sich aus der Entwicklung in den kleinen Großstädten lernen?

Wie bereits einleitend zu diesem Kapitel erläutert, diente die Betrachtung der beiden Fallstudien in Pforzheim und Chemnitz dazu, die Herausforderungen durch Verknüpfungen gravierender Strukturschocks mit der globalen Finanz- und Wirtschaftskrise für kleinere Großstädte zu untersuchen, bei denen zugleich nicht alle Funktionen als Oberzentrum unumstritten innerhalb ihrer Region ausgeübt werden können. Beide Städte weisen eine jahrzehntelange industrielle Tradition und eine vielfältige kleinteilige Unternehmensstruktur auf, die sich auch bei der Überwindung der Finanz- und Wirtschaftskrise als hilfreich erwiesen.

---

lichen Arbeitslosenquote im Kreis Zwickau (bis auf 8,3 % im Jahr 2012) im Vergleich zu Chemnitz (10,8 % im Jahr 2012; INKAR 2015).

[72] Vgl. zur Situationsbeschreibung und Erfahrungen in Chemnitz mit Projekten einer integrierten Quartiersentwicklung in Stadtteilen mit hohem Anteil einkommensschwacher Haushalte sowie einer engeren Kooperation zwischen Wohnungswirtschaft und Stadtentwicklung Brinker und Sinnig 2014.

Ungeachtet dieser Gemeinsamkeiten führten strukturelle Unterschiede in der Ausgangssituation zu sehr unterschiedlichen Erfahrungen in den beiden Fallstudien. Pforzheim erlebte eine im baden-württembergischen Vergleich besonders gravierende Strukturkrise, profitierte allerdings seit dem Jahr 2009 von einem stärkeren Beschäftigungswachstum in Dienstleistungssektoren. Strukturelle Nachteile aufgrund eines geringeren Qualifikationsbestands auf den lokalen Arbeitsmärkte und eines Rückstands im Bereich der Institutionalisierung kooperativer Strukturen zwischen Unternehmen untereinander und mit Forschungseinrichtungen und anderen regionalen Organisationen konnten erst allmählich abgebaut werden, blieben jedoch bis zum Jahr 2012 erkennbar. Als Oberzentrum für die Region Nordschwarzwald übt Pforzheim nur eine begrenzte Funktion bei der Bereitstellung von Arbeitsplätzen, großräumig bedeutsamen Angeboten in Einzelhandel und Kultur oder auch bei der großräumigen Gewinnung von Fachkräften aus.

Chemnitz wurde durch die Zerschlagung der Kombinatsstruktur nach der deutschen Vereinigung strukturell herausgefordert, schaffte allerdings wie die gesamte Region Südwestsachsen eine Anknüpfung an industrielle Traditionen mit einer großen Branchenvielfalt, die allerdings zahlreiche Verknüpfungen zueinander aufwies. Trotz eines Ausbaus der öffentlichen und branchenbezogenen Forschungsinfrastruktur konzentrierte sich die Wissensentwicklung vornehmlich auf eher konventionelle industrielle Wissensformen, während bei Verknüpfungen mit unternehmensnahen Dienstleistungen sowie Informations- und Naturwissenschaften eher Rückstände beobachtet wurden. Diese Rückstände verstärkten sich nach der Finanz- und Wirtschaftskrise, da die Beschäftigung lediglich im verarbeitenden Gewerbe wieder auf dem Vorkrisenniveau gehalten werden konnte. Der Ausbau der Funktionen als Oberzentrum für Südwestsachsen war ein Ziel des Auf- und Ausbaus der Innenstadt nach der deutschen Vereinigung. Trotz viel beachteter architektonischer Projekte und einer hohen Bedeutung als Beschäftigungsort für Pendler aus der Region blieb die Stadt unter fortwährender Konkurrenz durch andere Zentren innerhalb der vergleichsweise dicht besiedelten Region. Eine vergleichsweise schlechte überregionale Erreichbarkeit erschwert nach Ansicht der Gesprächspartner zusätzlich die Ausübung der Funktionen als Oberzentrum und die Gewinnung von Fachkräften.

Tabelle 3.12 fasst die Überlegungen aus den beiden Fallstudien zusammen.

Tab. 3.12 Zusammenfassung der Ergebnisse zu den Fallstudien in den kleineren Großstädten

Stärken und Voraussetzungen	Schwächen und Grenzen
Pforzheim	*Pforzheim*
Vielseitig einsetzbares Wissen aus der Präzisionstechnik	Relativ geringe formelle Qualifikation der Beschäftigten
Sehr gute Erreichbarkeit	Starke Konkurrenz durch nahe Oberzentren
Gute Einbindung der lokalen Hochschule über Ausbildungsgänge und Forschungseinrichtungen	Begrenztes Arbeitsplatzangebot ⇒ vergleichsweise wenig Einpendler
Größere Anbieter im Bereich des Versandhandels und der Logistik	Keine öffentlichen Forschungsinstitute neben der Hochschule ⇒ eingeschränktes Forschungsprofil

Tab. 3.12 (Fortsetzung)

Stärken und Voraussetzungen	Schwächen und Grenzen
Anpassungsfähigkeit der lokalen und regionalen Zulieferunternehmen	Relativ späte Institutionalisierung zur Unterstützung von Kooperationen
Chemnitz	*Chemnitz*
Hohes Qualifikationsniveau der Beschäftigten	Schlechte überregionale und intraregionale Erreichbarkeit
Hohe Anpassungsfähigkeit der Unternehmen und Beschäftigten	Abhängigkeit von Unternehmensentscheidungen außerhalb der Region
Hoher Grad der Verbundenheit zwischen den Industriebranchen	Begrenzter Anteil der Unternehmen an der Wertschöpfung innerhalb der internationalen Wertschöpfungsketten
Kleinteilige und vielseitige Industriestruktur mit guter Einbindung in überregionale Wertschöpfungsketten	Konkurrenzsituation zwischen den Städten und Kreisen
	Vergleichsweise schwach ausgebaute Dienstleistungsmärkte
Chancen und Potentiale	**Risiken und Gefahren**
Pforzheim	*Pforzheim*
Zunehmende Erfahrungen beim Aufbau von Bürgerbeteiligungen und Sozialkapital	Relativ hohes Durchschnittsalter der Beschäftigten
Zunehmende Orientierung an verbesserten Bildungsbiographien	Relativ schlechtes Image für die Gewinnung von Zuwanderern aus anderen Regionen
Vermehrte industrielle Zusammenschlüsse	Fehlende kritische Größen beim Aufbau lokaler bzw. regionaler Innovationssysteme
Gute Ausgangsposition der Verknüpfung technologischer Entwicklungen mit Erfahrungen im Bereich des Designs	Kaum Vernetzung im Bereich des Versandhandels und der Logistik
Anstieg der Dienstleistungsarbeitsplätze seit der Finanz- und Wirtschaftskrise	Hohe Abhängigkeit der regionalen Produktionsindustrie von Exportunternehmen in anderen baden-württembergischen Regionen
Chemnitz	*Chemnitz*
Sehr hohe Kooperationsbereitschaft in der Region	Stagnation in der Wertschöpfungsposition der regionalen Unternehmen innerhalb internationaler Wertschöpfungsketten
Ausgeprägte Erfahrungen mit Mobilität und Flexibilität	Relativ geringe Gründungsraten
Hohes Potential für die Entwicklung neuer Branchenschwerpunkte aufgrund der related variety innerhalb der regionalen Industrie	Zunehmende Knappheit an Fachkräften aufgrund demografischer Trends
Gute Forschungsbasis im Bereich der Mikrosystemtechnik	Segmentierung auf den lokalen Arbeitsmärkten und steigender Anteil von Schulabgängern ohne Schulabschluss
Erfahrungen bei der Gewinnung von Fördermitteln auf Bundesebene	

Insgesamt zeigen sich in beiden Fallstudien Wechselwirkungen zwischen der Verfügbarkeit von Funktionen als Oberzentrum und dem Aufbau von Anpassungsfähigkeiten als Voraussetzung für regionale Resilienz. Einschränkungen der Funktionen durch starke Konkurrenz innerhalb der Region oder in räumlicher Nähe zur Region schwächen die Möglichkeiten eines Ausgleichs struktureller Defizite, indem Fachkräfte aus umliegenden Kreisen oder im überregionalen Kontext gewonnen werden, strategische Veränderungen durch Initiierung von Kooperationen mit Kreisen und Städten im Umfeld angestoßen und Kaufkraft durch attraktive Einzelhandels- und Kulturangebote in die Stadt gelockt wird. Umgekehrt lösen Krisen zusätzliche Risiken für die Verfügbarkeit der Funktionen von Oberzentren aus, da negative, sich selbst verstärkende Rückkopplungsprozesse ausgelöst werden können. Maßnahmen zur Steigerung der Resilienz gehen daher in solchen Fällen zwangsläufig mit Strategien zur Stärkung des Status als Oberzentrum einher.

3.5   Aus dem räumlichen Abseits zur erfolgreichen Anpassung in peripheren Regionen? – Erfahrungen im Burgenland und in der Uckermark

3.5.1   Ausgangsüberlegungen

Ländliche und periphere Regionen gelten traditionell als besondere Herausforderungen für eine regionale Wirtschaftspolitik, da man gemeinhin von besonderen Strukturschwächen ausgeht. Aufgrund der geringeren Bevölkerungsdichte ist die Versorgung mit Infrastruktur, insbesondere auch mit akademischen Bildungseinrichtungen begrenzter, was zur Abwanderung von jungen, potentiell hoch zu qualifizierenden Studienanfängern und einem eingeschränkten qualifizierten Erwerbstätigenpotential führt (vgl. in diesem Zusammenhang zur Diskussion der Bedeutung von räumlicher Entfernung für Pendelbeziehungen und Abwanderungen Dijkstra und Poelman 2008; sowie Champion et al. 2009). Die geringe Bevölkerungsdichte mindert zudem die Attraktivität für den überregionalen Einzelhandel und andere Dienstleistungsanbieter. Mit zunehmender räumlicher Entfernung von urbanen Zentren und eingeschränkter Erreichbarkeit durch überregionale Autobahnen und Bahnstrecken steigt auch das Risiko einer vollständigen Abkoppelung von internationalen Wertschöpfungsketten und technologischen Entwicklungen (vgl. zur Diskussion auch Fieldsend 2010; Pender et al. 2012).

Im Kontext wirtschaftlicher Resilienz ist die Beurteilung der Möglichkeiten peripherer und ländlicher Regionen hingegen eher gemischt (vgl. Gardiner et al. 2013; Bristow et al. 2014; Kotilainen et al. 2015). Einerseits werden die genannten Strukturschwächen als Auslöser von Einschränkungen bei der notwendigen Anpassung an wirtschaftliche Krisensituationen erkannt (Bristow et al. 2014, mit weiteren Verweisen). Als zusätzliches Risiko stärkerer Krisenfolgen wird auch auf die Konzentration wirtschaftlicher Aktivitäten in Sektoren verwiesen, die natürliche Ressourcen abbauen und verwerten und daher beispielsweise als Rohstoffproduzenten für die Energiewirtschaft oder das verarbeitende

Gewerbe besonders stark von sinkender Nachfrage in Rezessionen betroffen sind (Kotilai-nen et al. 2015). Gerade in Ländern mit einer hohen öffentlichen Verschuldung drohen zu-dem in Krisensituationen Einschränkungen bei öffentlichen Transferleistungen und Struk-turförderungen[73], die wiederum in ländlichen und peripheren Regionen mit ihrem höheren Anteil an Personen und Unternehmen, deren Einkommen und wirtschaftliche Basis von diesen Transfer- und Förderleistungen abhängen, zu besonderen Belastungen führen (Hea-ly und Bristow 2013). Der bereits im zweiten Kapitel beschriebene europaweite Vergleich der Auswirkungen der Finanz- und Wirtschaftskrise auf Beschäftigung und BIP kam daher zum Ergebnis, dass periphere und ländliche Regionen ein höheres Risiko aufwiesen, nicht resilient zu sein (Bristow et al. 2014). Andererseits verringert die geringe Einbindung peri-pherer Regionen in internationale Wertschöpfungsketten allerdings auch das Risiko einer Ansteckung an internationale Krisen (vgl. bereits Briguglio et al. 2008; Pestel-Institut 2010). Da beispielsweise die Krise in Deutschland vorrangig Exportunternehmen betraf, war das Risiko eines wirtschaftlichen Einbruchs für Regionen mit geringer Industrialisie-rung und Exportrate begrenzt. Zudem wird in den vergangenen Jahren zunehmend auch auf eine „rural renaissance" (Fieldsend 2013) verwiesen, die sich aus mehreren struktu-rellen Elementen speist (vgl. auch beispielhaft ENRD 2015): 1) eine steigende Nachfrage nach Agrarressourcen aufgrund der zunehmenden Nachfrage nach erneuerbaren Energie-ressourcen; 2) ein Trend zur vermehrten Nachfrage nach Lebensmitteln mit eindeutiger Herkunftsangabe und Nachweis der Einhaltung ökologischer Kriterien, verknüpft mit 3) zusätzlichen Möglichkeiten der Koppelung mit Vermarktungsstrategien und entspre-chenden Angeboten im Tourismus. Zudem wird mit verbesserter informationstechnischer Erschließung ländlicher und peripherer Regionen eine erleichterte Verknüpfung techno-logischer Entwicklung und praktischer Umsetzungen über große räumliche Entfernungen erwartet (vgl. zu entsprechenden Erfahrungen in Skandinavien Narbro 2010). Grundsätz-lich gehen jedoch fast alle Studien aufgrund der Strukturschwächen von einer stärkeren Rolle politischer Intervention zur Mobilisierung der regionalen Potentiale als in anderen Regionstypen aus (vgl. beispielhaft Fieldsend 2013; Dawley et al. 2010).

Bei der Wahl der Fallstudien für diesen Regionstyp wurde insbesondere auf Strategie-ansätze geachtet, die an den genannten strukturellen Hoffnungsträgern „erneuerbare Ener-gien" und „Tourismus" orientiert sind und zugleich als Grenzregionen zu mittel- und ost-europäischen Regionen unter einem besonderen zusätzlichen strukturellen Anpassungs-druck durch die EU-Osterweiterung im Jahr 2004 gesetzt wurden. Das österreichische Bundesland Burgenland führte bis zur EU-Osterweiterung ein „Schattendasein" im Süden der österreichischen Bundeshauptstadt Wien, da es als östlichstes und nach Bevölkerung kleinstes Bundesland mit ca. 280.000 Einwohnern[74] aufgrund einer fast 400 km langen

---

[73] Hierbei ist beispielsweise auch zu beachten, dass die Inanspruchnahme von Fördermitteln aus EU-Strukturfonds von nationalen Ko-Finanzierungen abhängt, die bei Restriktionen in den öffentli-chen Haushalten seltener geleistet werden können.

[74] Bei einer Fläche von 3962 km^2 ergab sich Anfang des Jahres 2015 eine Bevölkerungsdichte im Burgenland von 73 Einwohnern/km^2 (zum Vergleich für Österreich: 102 Einwohner/km^2; Daten von

Staatsgrenze mit Ungarn, der Slowakei und Slowenien über eine begrenzte Verbindung zu wichtigen Handelsmagistralen in Europa verfügte. Wir haben das gesamte Bundesland einbezogen, da die Bevölkerungszahl insgesamt relativ gering ist und es einen Vergleich der Bedeutung räumlicher Nähe zur Bundeshauptstadt ermöglicht, da die Entfernung zwischen der Landeshauptstadt Eisenstadt und dem Zentrum Wiens nur ca. 70 km beträgt, während der südlichste Bezirk des Burgenlands (Jennersdorf) ca. 180 km vom Wiener Zentrum entfernt ist. Zusätzlich ist bei der räumlichen Entfernung zu beachten, dass die Autobahn- bzw. Schnellstraßenverbindungen in südlicher Richtung lediglich bis Oberpullendorf im Mittelburgenland ausgebaut wurden. In den vergangenen zwanzig Jahren erhielt das Burgenland eine besondere Aufmerksamkeit, da sich das Bundesland mit dem ursprünglich geringsten BIP pro Kopf insbesondere nach dem Beitritt Österreichs zur Europäischen Union auch mit Hilfe der Europäischen Strukturfonds durch einen gezielten Auf- und Ausbau von Produktions- und Innovationsstrukturen im Bereich erneuerbarer Energien auf einem überdurchschnittlichen wirtschaftlichen Wachstumstrend befand (Europäische Kommission 2009; Wink 2015a).

Als zweite Region betrachten wir den Landkreis Uckermark im Nordosten des Bundeslands Brandenburg, der seit seiner Entstehung im Jahr 1993 bis zu einer Gebietsreform in Mecklenburg-Vorpommern im Jahr 2011 mit über 3000 km^2 der flächengrößte Landkreis Deutschlands war. Mit einer Bevölkerungsdichte von 39 Einwohnern/km^2 im Jahr 2013 und einem kontinuierlichen Rückgang der Bevölkerungszahl von knapp über 170.000 auf 122.000 im Jahr 2012 ergeben sich aus ökonomischer Sicht zwangsläufige Herausforderungen bei der Bildung kritischer Massen für öffentliche Infrastrukturen, Absatzmärkte und Innovationssysteme. Der Verwaltungssitz des Landkreises Prenzlau ist ca. 120 km von Berlin-Mitte entfernt und liegt daher etwas außerhalb der suburbanen Ausbreitung der bundesdeutschen Hauptstadt, die sich vornehmlich in der stärkeren wirtschaftlichen Entwicklung in Südbrandenburg manifestierte. Zugleich lag die räumlich nächste Agglomeration – die Großstadt Szczecin mit mehr als 400.000 Einwohnern – bis zum Jahr 2004 jenseits der Grenzen der EU. Der Landkreis Uckermark grenzt im Osten an Polen und im Norden an ebenfalls eher bevölkerungsarme und wirtschaftlich weniger entwickelte Landkreise Mecklenburg-Vorpommerns. Auch im Landkreis Uckermark fungierte der Ausbau der Produktion erneuerbarer Energien als ein wirtschaftlicher Hoffnungsträger. Im Gegensatz zum Burgenland existierte zu Beginn unserer Untersuchungsperiode am Beginn der 1990er Jahre bereits ein industrielles Zentrum in Schwedt, das als Endpunkt einer Erdölleitung mit Raffinerie zu DDR-Zeiten ein industrielles Wachstum erfuhr. Innerhalb unserer Fallstudie werden wir daher auch untersuchen, inwieweit Strategien im Kontext der Erhaltung eines industriellen Kerns mit Initiativen im Bereich von Tourismus und erneuerbarer Energien verknüpft werden konnten.

Zunächst betrachten wir die Erfahrungen im österreichischen Bundesland Burgenland.

Statistik Austria 2015).

3.5.2   Das Burgenland – Ein „window of opportunity" und seine Folgen

In der Wirtschaftsgeografie ist der Ausdruck „window of locational opportunity" gebräuchlich für eine zeitlich begrenzte Gelegenheit, einen Standort wirtschaftlich fortzuentwickeln (vgl. auch Storper und Walker 1989). Im Fall des Burgenlands handelt es sich, wie wir noch ausführlicher erläutern werden, um eine Verknüpfung mehrerer begünstigender Faktoren, die sich aus dem Beitritt Österreichs zur Europäischen Union, der Einführung von Einspeisetarifen für erneuerbare Energien zur Transformation der österreichischen Energiewirtschaft und der EU-Osterweiterung ergaben. Der Ausdruck „window of opportunity" macht deutlich, dass sich das Fenster nach einer Phase wieder schließt und die begünstigenden Faktoren eine Gelegenheit bedeuten, die jedoch erst durch entsprechendes Handeln tatsächlich in wirtschaftliches Wachstum übertragen werden kann.

Die Abb. 3.29 und 3.30 beschreiben die Entwicklung des BIP zu Marktpreisen und der Erwerbstätigenzahl im Burgenland und auf der österreichischen Bundesebene, um einen ersten Eindruck über die wirtschaftliche Entwicklung vor, während und nach der Wirtschaftskrise. Im Unterschied zur Betrachtung der bundesdeutschen Regionen erstreckt sich die Betrachtung aufgrund der eingeschränkten Verfügbarkeit entsprechend vergleichbarer Daten lediglich auf den Zeitraum seit 2000. Es wird jedoch deutlich, dass die Finanz- und Wirtschaftskrise keinen nachhaltigen Effekt auf den Wachstumstrend und die Arbeitsmarktentwicklung im Burgenland ausübten.

Das BIP zu Marktpreisen im Burgenland wuchs im Zeitraum zwischen den Jahren 2000 und 2004 schneller als im österreichischen Bundesdurchschnitt, im Anschluss bis zur Finanz- und Wirtschaftskrise etwas langsamer. In der Finanz- und Wirtschaftskrise sank das BIP zu Marktpreisen auf Landesebene, schwächte jedoch im Burgenland nur etwas ab. In der Erholungsphase stieg das BIP zu Marktpreisen wieder im Burgenland stärker als auf der Landesebene.

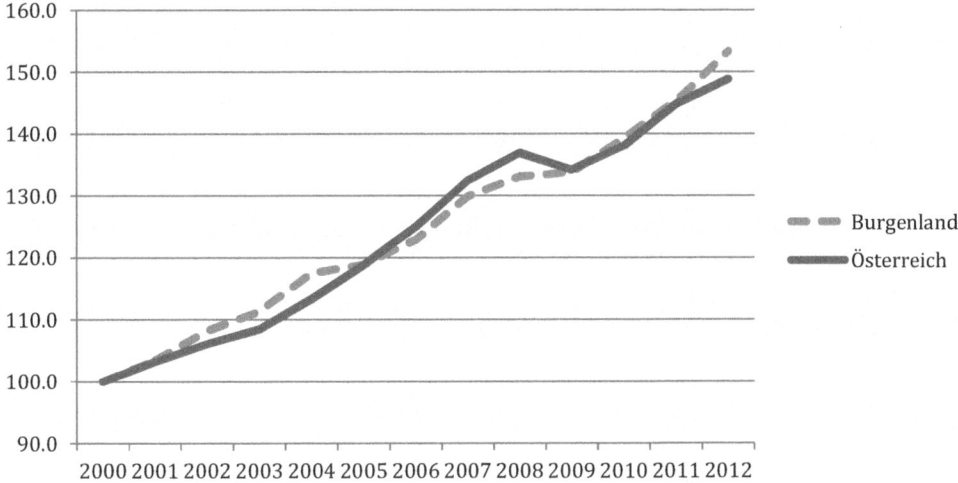

Abb. 3.29 BIP zu Marktpreisen im Burgenland und im Landesdurchschnitt, 2000 = 100. (Quelle: Statistik Austria (2015))

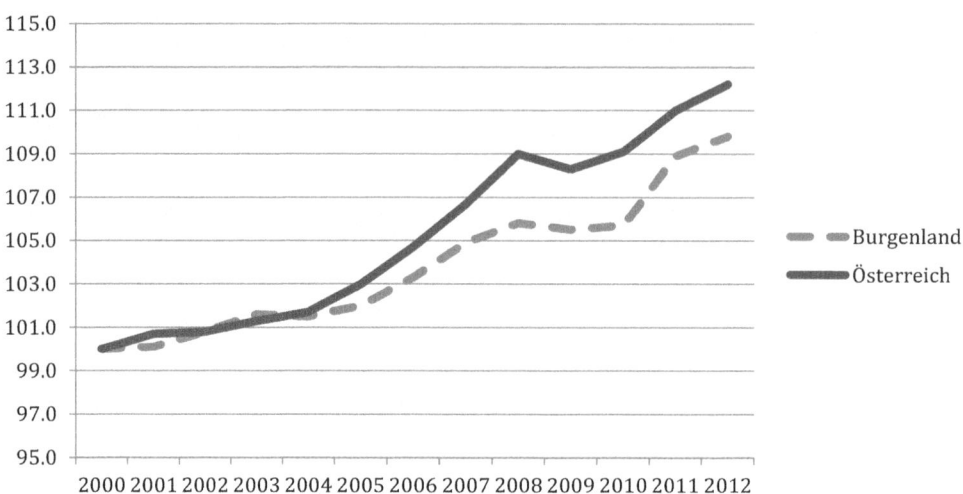

Abb. 3.30 Zahl der Erwerbstätigen im Burgenland und im Landesdurchschnitt, 2000 = 100. (Quelle: Statistik Austria (2015))

Die Zahl der Erwerbstätigen stieg hingegen im Burgenland schwächer als im Landesdurchschnitt. Auch auf den Arbeitsmärkten schien sich die Finanz- und Wirtschaftskrise im Burgenland kaum auszuwirken, da die Zahl der Erwerbstätigen lediglich im Jahr 2009 leicht zurückging, um bereits im Jahr 2010 wieder zu steigen und ab dem Jahr 2011 das Vorkrisenniveau deutlich zu übersteigen. Angesichts der vergleichsweise großen Aufmerksamkeit, den die strategische Entwicklung im Burgenland auf der EU-Ebene erregte (vgl. beispielsweise Europäische Kommission 2009), stellt sich zwangsläufig die Frage, inwieweit in den Jahren vor der Krise Voraussetzungen für diese vergleichsweise gute Entwicklung während der internationalen Krise geschaffen wurden und welche Rolle politische Entscheidungen in der Region gespielt haben. Wir werden uns mit dieser Frage im Anschluss an die Zusammenfassung wesentlicher Entscheidungen und Ereignisse und einer ausführlicheren Betrachtung der vor der Finanz- und Wirtschaftskrise entwickelten Strategien beschäftigen (Tab. 3.13).

Tab. 3.13 Zeitleiste für die Entwicklung im Burgenland

1989
Wegfall des „Eisernen Vorhangs"
Erste Anlage zur Energiegewinnung aus Biomasse in Güssing
1992
Ausweisung des „Nationalparks Neusiedler See"
1994
Eröffnung der „Ost-Autobahn" A4
Erste Fachhochschule im Bundesland mit Standorten in Eisenstadt und Pinkafeld
Erstes Fördergesetz zur Unterstützung von Windkraftanlagen

Tab. 3.13 (Fortsetzung)

1995
EU Beitritt Österreichs ⇒ Burgenland wird Ziel-I-Gebiet in der Strukturfonds-Förderung
1996
Gründung des „Europäischen Zentrums für Erneuerbare Energien (EEE)" in Güssing
1997
Errichtung von sechs Technologiezentren im Bundesland
Errichtung der ersten Windkraftanlage in Zurndorf
Gründung der Püspök Group in Parndorf
1998
Eröffnung des Factory Outlet Centers in Parndorf
Einführung des Elektrizitätswirtschafts- und -organisationsgesetzes (ElWOG) mit ersten Einspeisetarifen für Strom aus erneuerbaren Energien
1999
Gründung des Biomasse-Netzwerks
2000
Fertigstellung des Technologiezentrums Pinkafeld
2001
Errichtung des Biomasse-Kraftwerks in Güssing
2002
Verabschiedung des „Ökostromgesetzes" in Österreich
2003
Entwicklung und Veröffentlichung der „Energiestrategie 2003" für das Burgenland
2004
Beitritt der mittel- und osteuropäischen Länder zur Europäischen Union („Ost-Erweiterung")
2005
Eröffnung eines zweiten Factory Outlet Centers in Parndorf
Ausbau von Gesundheits- und Wellness-Zentren in Mattersdorf
2006
Landesparlament im Burgenland formuliert das Ziel der Energie-Autarkie bis zum Jahr 2013.
Produktionsbeginn bei der Solarzellenfabrik Blue Chip Energy
Verknüpfung der Autobahn A4 über den Wiener Außenring in Richtung Süden und Westen
2007
Übergang zum Status einer „Phasing-out"-Region in der EU-Strukturfonds-Förderung
Gründung der „Technologie-Offensive Burgenland"
Errichtung der größten Biogas-Anlage des Burgenlands in Pinkafeld
2011
Insolvenz der Blue Chip Energy
2012
Baubeginn für das Zementwerk des deutschen Herstellers von Windkraftanlagen Enercon in Zurndorf
2013
Insolvenz des Biomasse-Kraftwerks in Güssing ⇒ Abwendung des Konkurses durch Einigung mit den Gläubigern auf einen Forderungsverzicht
Verwirklichung des Ziels der Energie-Autarkie
Verabschiedung der Energiestrategie Burgenland 2020+

Das „window of opportunity" und neue Entwicklungspfade im Burgenland

Zu Beginn unserer Untersuchungszeit am Anfang der 1990er Jahre wurde das ohnehin wirtschaftlich schwache Burgenland mit einem gravierenden Strukturwandel konfrontiert. Beim Eintritt Österreichs in die Europäische Union verfügte das Burgenland lediglich über 63,5 % der durchschnittlichen österreichischen Bruttowertschöpfung (BWS) mit deutlichen Unterschieden zwischen dem Norden des Bundeslands (ca. 75 % der BWS des österreichischen Durchschnitts) und dem Süden (ca. 53 %). Diese Unterschiede waren vornehmlich in der räumlichen Nähe zur Bundeshauptstadt Wien begründet. Insgesamt 40.000 Personen pendelten nach Wien, was 32,5 % der regionalen Erwerbstätigen ausmachte. Zudem ermöglichte die Nähe zu Wien die Entwicklung des einzigen touristischen Zentrums im Burgenland, des Neusiedler Sees, der vornehmlich Ziel von Ein-Tages-Besuchern aus Wien war. Die Kehrseiten der starken Abhängigkeit des regionalen Arbeitsmarkts durch den hohen negativen Pendlersaldo vornehmlich im Norden des Burgenlands[75] waren hohe Arbeitslosenquoten von Frauen und jüngeren Arbeitskräften, da diese Gruppen aufgrund eingeschränkt verfügbarer regelmäßiger Verkehrsmittel neben dem Pkw weniger mobil waren.

Der Strukturwandel betraf vornehmlich die kleinteilige Landwirtschaft, die durch wachsende Konkurrenz nach dem EU-Beitritt Österreichs bedroht wurde, und die nahezu einzige Industrie, eine Kontraktfertigung für Textil- und Bekleidungsunternehmen aus anderen Regionen, die der neuen Konkurrenz aus Mittel- und Osteuropa mit ihren geringeren Produktionskosten nicht mehr gewachsen war. Da bis zum Jahr 1994 keinerlei akademische Ausbildungsstätte oder öffentliche Forschungseinrichtung im Burgenland existierten, verfügten die Arbeitskräfte über vergleichsweise geringe formale Qualifikationen. Dies schränkte die Beschäftigungsalternativen im Zuge des Strukturwandels zusätzlich ein. Schließlich waren auch die Dienstleistungssektoren aufgrund fehlender Bevölkerungsdichte – Eisenstadt war im Jahr 1991 mit knapp über 10.000 Einwohnern die größte Stadt im Burgenland – nur vergleichsweise wenig entwickelt.

Ausgehend von dieser bedrohlichen wirtschaftlichen Situation zu Beginn der 1990er Jahre wurden durch die Politik auf Bundes-, Landes- und kommunaler Ebene drei immer wieder miteinander verschränkte Strategieelemente in jeweils für den Norden und Süden des Burgenlands angepasster Form verfolgt:

- der Auf- und Ausbau des Sektors erneuerbarer Energien entlang eines neuen Entwicklungspfads auch als Keimzelle eines regionalen Innovationssystems
- der Auf- und Ausbau akademischer Lehr-, Forschungs- und Transferinfrastrukturen, die neue wettbewerbsfähige und weniger von der Bundeshauptstadt abhängige Strukturen im Bundesland ermöglichen sollten
- die Schaffung von Dienstleistungsstrukturen mit besonderen Schwerpunkten im Tourismus und Einzelhandel

---

[75] Auch im Süden und der Mitte des Burgenlands war der Pendlersaldo – wenn auch nicht ganz so stark ausgeprägt – negativ, zumeist durch Beschäftigung in der Steiermark oder in Kärnten begründet (RMB 2000).

1. Produktion erneuerbarer Energien als neuer Entwicklungspfad

Erste Schritte zur Generierung eines neuen Entwicklungspfads wurden im Süden des Burgenlands bereits ab 1989 vollzogen, da dieser besonders abgelegene Teil des Burgenlands wirtschaftlich noch schwächer und abhängiger von Land- und Forstwirtschaft war und einen dringenden Bedarf an Alternativen hatte. Zentrum der Aktivitäten im Süden war Güssing, ein Ort zu diesem Zeitpunkt mit fast 4000 Einwohnern und Hauptstadt eines Bezirks ohne größere Gewerbe- oder Industrieansiedlung und ohne überregionale Verkehrsinfrastruktur (Schienenanschluss oder Autobahn). Im Jahr 1989 wurde eine erste Anlage zur Produktion von Energie aus Biomasse – in diesem Fall Abfälle aus der Holzwirtschaft und dem Maisanbau – errichtet (Wink 2015a). Ausgehend von den Erfahrungen mit dieser Anlage formulierte der Gemeinderat von Güssing bereits im Jahr 1990 das Ziel einer Energie-Autarkie durch Ausbau der Energiegewinnung aus nachwachsenden Rohstoffen der Land- und Forstwirtschaft. Treibende Akteure hinter dieser Zielsetzung waren vornehmlich der damalige Bürgermeister und ein Ingenieur, was die besondere Rolle von Einzelpersonen innerhalb des Prozesses unterstreicht. Mit dem Beitritt Österreichs zur Europäischen Union wurde das Burgenland aufgrund des vergleichsweise geringen BIP als „Ziel-1-Gebiet" in die Gruppe der Regionen mit Zugang zu den höchsten Förderungen der EU-Strukturfonds aufgenommen (vgl. zur Höhe der finanziellen Unterstützung auch Europäische Kommission 2009). Daraufhin wurde in Güssing im Jahr 1996 das „Europäische Zentrum für Erneuerbare Energien (EEE)" auf der Grundlage von Fördermitteln des EFRE gegründet, das Forschungsaktivitäten zur Entwicklung von Produktionsanlagen für die Nutzung erneuerbarer Energien, insbesondere Biomasse, bündeln und Pilotprojekte zum Einsatz der Produktionsanlagen begleiten sollte. Das Zentrum wurde zunächst als Verein mit Vertretern der Gemeinde, des Bundeslands, der nationalen Regierung sowie der Behörde, die regionale Aktivitäten im Rahmen der Strukturfonds verwaltet („Regionalmanagement Burgenland") und privater Organisationen gegründet, um über eine möglichst breite Unterstützungsbasis zu verfügen (Wink 2015a).

Parallel zu dieser lokalen Entwicklung investierte die Landesregierung Fördermittel der Strukturfonds in den Aufbau von sechs Technologiezentren, die dezentral über das Bundesland verteilt wurden und als Infrastruktur für technologieorientierte Unternehmen und Neugründungen dienen sollte. Das EEE wurde in diesem Kontext im Technologiezentrum Güssing, das seinen Schwerpunkt im Bereich der Umwelttechnologien entwickelte, eingerichtet. Zwei Projekte lenkten die besondere Aufmerksamkeit auf Güssing. Bereits im Jahr 1996 wurde ein Biomasse-Fernheiz-Kraftwerk eröffnet. Dieses zum Zeitpunkt seiner Gründung größte Biomasse-Fernheiz-Kraftwerk Europas schloss Verträge mit regionalen Waldbesitzern ab und wurde ausschließlich mit Holzresten aus regionalen Wäldern versorgt. Mit diesem Kraftwerk wurde der Grundstein für ein gemeindeweites Fernheizsystem gelegt, das sukzessive ausgebaut wurde und an das bis zum Jahr 2006 98 % der Gemeindebewohner angeschlossen wurden (Europäische Kommission 2009). Im Jahr 2001 wurde ein völlig neuartiges Biomasse-Kraftwerk in Güssing eröffnet, das eine Kraft-Wärme-Kopplung auf der Basis einer Vergasung von Biomasse (in der Regel

Holzresten) ermöglicht.[76] Die wissenschaftliche Entwicklung für das technische Verfahren wurde an der TU Wien vorgenommen. Zur Umsetzung in Güssing schlossen sich die Wissenschaftler der TU Wien mit dem Energieversorger, dem Anlagenbauer REPOTEC und der Güssinger Fernwärme zum Kompetenznetzwerk RENET (Renewable Energy Network Austria) zusammen. Mit diesem Kraftwerk wurde in der Gemeinde Güssing das Ziel der Energie-Autarkie erreicht. Insgesamt entstanden seit Mitte der 1990er Jahre mehr als 30 Demonstrationsanlagen mit unterschiedlichen Technologien im Bereich der Biomasseverwertung im Umkreis von Güssing. Parallel zum Aufbau von Fernwärmenetz und Stromnetz auf der Basis der Biomasseverwertung entstanden neue Organisationsformen auf der Anbieterseite, da sich lokale Bauern und Waldbesitzer zu Genossenschaften zusammenschlossen, die dezentrale Kraftwerke auf der Basis der Biomasseverwertung betrieben. Die Gemeinde Güssing erhielt zahlreiche nationale und internationale Preise als Modell und wurde auch zunehmend in überregionalen Medien wahrgenommen (vgl. beispielsweise zum internationalen Echo auf die Erfahrungen in Güssing Jungnikl 2008).

Bis zum Jahr 2006 siedelten sich 50 Betriebe, darunter die zwei größten Parkettwerke Österreichs, in Güssing und Umgebung an. Die Zahl der Arbeitsplätze in Güssing stieg von 2136 im Jahr 1991 auf 3388 im Jahr 2006. Zu diesem Arbeitsplatzwachstum trug auch die Ansiedlung eines Produktionswerks für die Fertigung von Solarzellen durch die Blue Chip Energy im Jahr 2006 bei, die das Feld der anzuwendenden Technologien im Bereich der erneuerbaren Energien im Süden des Burgenlands erweiterten.

Im Norden des Burgenlands entstand ein neuer Entwicklungspfad im Bereich erneuerbarer Energien erst deutlich später und unter anderen Vorzeichen. Ausgangspunkt war auch hier das besondere Engagement eines Bürgermeisters, in diesem Fall in der Gemeinde Zurndorf, einer Gemeinde am Neusiedler See mit ca. 2000 Einwohnern. Seit 1994 existierte in Österreich eine erste Förderung der Stromerzeugung aus Windkraft, die jedoch noch keine rentable Produktion ermöglichte. Mit dem Beitritt Österreichs zur Europäischen Union konnten jedoch im Burgenland Mittel der Europäischen Strukturfonds zur Förderung von Investitionen in Pilotanlagen der Energieerzeugung eingesetzt werden. Diese Aussicht auf Investitionsförderung veranlasste Vertreter des Vereins der österreichischen Windenergieproduzenten ("IG Windkraft"), die bis dahin in anderen Regionen Österreichs aktiv waren, auf Akteure im Burgenland zuzukommen und über die Errichtung von Windkraftanlagen zu verhandeln. In diesem Kontext initiierte der Bürgermeister von Zurndorf eine schnelle Ausweisung lokaler Flächen für Windkraftanlagen und somit die Errichtung erster Pilotanlagen. Nach Aussagen unserer Gesprächspartner führten diese ersten Pilotanlagen zu einer großen Überraschung, da die Anlagen 20–30 % mehr Strom lieferten als zuvor errechnet. Diese Beobachtung, verbunden mit erhöhten Einspeisegebühren im österreichischen ElWOG, führten zu einer wachsenden Nachfrage

---

[76] Das besondere Potential in diesem Verfahren zur Holzvergasung wurde in weiteren Anwendungsmöglichkeiten bei der Erzeugung von synthetischem Erdgas oder synthetischen Flüssigtreibstoffen wie Benzin oder Diesel sowie zum Einsatz von Hochtemperatur-Brennstoffzellen gesehen (EEE 2010).

nach Standorten für Windkraftanlagen in Nordburgenland. Besonders attraktiv ist die so genannte „Parndorfer Platte", ein nahezu baumloses terrassenförmiges Gebiet in der Nähe des Neusiedler Sees, das ca. 30 m oberhalb der umliegenden Ebenen liegt und als eine der windreichsten Binnenregionen Europas mit fast kontinuierlichen Nord-Ost-Winden gilt. Bis zum Ende des Jahres 2014 wurden bereits 404 Anlagen im Burgenland mit einer Gesamtkapazität von 962 MW (entsprechend 45,6 % der installierten Kapazität in Österreich) errichtet (IG Windkraft 2014).

Bemerkenswert an der Entwicklung der Windkraft in Nordburgenland ist ihre Verknüpfung mit anderen Anliegen in der Region (Wink 2015a). So wurden frühzeitig Vereinbarungen mit Vertretern von Naturschutzgruppen und Tourismusorganisationen getroffen, da zuvor Gebiete um den Neusiedler See zu einem Naturschutzpark zusammengeführt worden waren und die grenzüberschreitende „Kulturlandschaft Neusiedler See" als „UNESCO-Welterbe" aufgenommen wurde. In den Vereinbarungen zwischen öffentlichen Behörden, dem Österreichischen Institut für Raumplanung, potentiellen Betreibern von Windkraftanlagen und Gegnern der Errichtung wurden Zonen der Windkraftnutzung festgelegt, die eine Begrenzung gegenüber der maximalen Kapazität und größere Distanzen zwischen Windkraftanlagen und Gemeinden bzw. Schutzgebieten festlegten. Zudem wurden Gemeinden und Anwohner an den Erträgen der Windkraftanlagen beteiligt. Gemeinden erhielten von der nationalen Regierung Kompensationen für die Genehmigungen und Infrastrukturmaßnahmen.[77] Anwohner konnten Anteilsscheine an Windkraftanlagen vom regionalen Energieversorger und Betreiber der Windkraftanlagen mit einer garantierten Verzinsung erwerben. Diese Maßnahmen sorgten dafür, dass es – beispielsweise im Unterschied zu Erfahrungen in Baden-Württemberg und Sachsen – zu keiner Gegnerschaft gegen zusätzliche Windkraftanlagen auf der regionalen und lokalen Ebene kam, sondern zu einer wachsenden Unterstützung.

Im Unterschied zu den Entwicklungen im Süden des Burgenlands blieben jedoch beim Ausbau der Windkraft zunächst unmittelbare Verknüpfungen mit lokalen bzw. regionalen Investitionen in Forschung und Entwicklung aus. Durch eine weitere Erhöhung der Einspeisegebühren für Strom aus Windkraft und Solarenergie setzte ab dem Jahr 2003 ein starker Investitionsboom zur Errichtung entsprechender Anlagen, vornehmlich im nördlichen Burgenland, ein. Zwischen den Jahren 2003 und 2005 kam es zu einem steilen Anstieg. Demgegenüber setzten die Förderbedingungen im Jahr 2011 unmittelbar nach der Finanz- und Wirtschaftskrise kaum noch Anreize für einen Ausbau von Anlagen zur Produktion von Wind- und Solarstrom im Burgenland. Da Österreich traditionell ein Land mit reichen Vorkommen an Anlagen zur Energieproduktion aus Wasserkraft war, lag der Anteil der erneuerbaren Energie pro Kopf der Bevölkerung im Burgenland lange Zeit unterhalb des nationalen Durchschnitts. Im Jahr 2001 lag er noch bei 50 %, im Jahr 2010 hatte das Burgenland jedoch durch den Ausbau von Wind- und Solarenergie einen Gleichstand zum nationalen Durchschnitt erreicht.

---

[77] In unseren Gesprächen wurde ein Betrag von ca. 8000 € pro Windrad in den Anfangszeiten des Ausbaus genannt.

2. *Auf- und Ausbau akademischer Lehr-, Forschungs- und Transferinfrastrukturen*

Traditionell war der Anteil der Beschäftigten mit akademischer Ausbildung im Burgenland geringer als in anderen österreichischen Bundesländern.[78] Wie bereits bei den Pendel-
beziehungen, war dieser Rückstand bei Frauen besonders hoch. Erst im Jahr 1994 wurde
eine Fachhochschule im Burgenland gegründet. An zwei Standorten wurden zunächst drei
Studienfächer angeboten: Internationale Wirtschaftsbeziehungen, Informationsberufe und
Gebäudetechnik (RMB 2000). Ab dem Jahr 2001 kam eine akademische Ausbildung im
Bereich Energie- und Umweltmanagement hinzu. Wie bereits angesprochen, diente die
Errichtung von sechs Technologiezentren dazu, eine Infrastruktur für technologieorien-
tierte Unternehmen und Neugründungen zu schaffen. Allerdings verblieb die Anzahl ent-
sprechender Unternehmen und Akteure an den einzelnen Standorten gering. Zur weiteren
Unterstützung gründete die Landeswirtschaftsförderungseinrichtung des Burgenlands
„Wirtschaftsservice Burgenland AG" (WIBAG) ein Tochterunternehmen – die „Techno-
logieoffensive Burgenland" (TOB) –, um zusätzliche Beratungskompetenzen bereitzustellen und insbesondere kleine und mittelständische Unternehmen bei der Entwicklung und
Durchführung von FuE-Projekten bzw. der Akquise öffentlicher Fördermittel zu unter-
stützen. Der Geschäftsführer der TOB ist zugleich Technologie-Beauftragter des Landes.
Eng verknüpft mit der TOB und wie diese im Technologiezentrum Eisenstadt ansässig,
sind die Burgenländische Energieagentur und die Business and Innovation Center BIC
Burgenland GmbH.

Angesichts der geringen Anzahl möglicher Kooperationspartner im Bereich formeller
FuE sind regionsüberschreitende oder internationale Kooperationen von besonderer Bedeutung. Bis in die 1990er Jahre hinein waren solche Kooperationen mit Akteuren im Burgenland kaum vorhanden (RMB 2000). Mit wachsender Expertise beim Einsatz von Biomasse für die Energieproduktion wurden Forscher am EEE und am Fachhochschulstandort Pinkafeld auch durch Unterstützung der TOB in internationale Gemeinschaftsprojekte
integriert. Der burgenländische Anteil besteht hierbei nach Aussage unserer Gesprächspartner in der Regel aus angewandter Forschung und konkreter Umsetzung in Demons-
trationsprojekte. Eine in unseren Gesprächen häufiger thematisierte Kooperation betraf
die Entwicklung von Bio-Ölen aus unterschiedlichen Reststoffen der Holz- und Landwirtschaft zur Verwendung bei der Stromproduktion, die durch Grundlagenforschung an
der TU Bratislava und der Universität Györ mit konkreten Anwendungen an der FH in
Pinkafeld angestoßen und ausgebaut wurde (vgl. auch Wink 2015a). Ein weiteres Beispiel
ergab sich aus der Zusammenarbeit im Rahmen des Kompetenznetzwerks RENET, das
sich im Jahr 2008 mit dem „Austrian Bioenergy Center" und als „Competence Center for
Excellent Technologies" (COMET) unter der Bezeichnung „Bioenergy 2020+" durch die

---

[78] Trotz eines Wachstums um 2,1 % im Zeitraum zwischen 1991 und 2001 betrug der Anteil der
Bevölkerung oberhalb von 15 Jahren mit akademischer Ausbildung im Jahr 2001 im Burgenland
lediglich 5,4 % und war mit Abstand der geringste Anteil unter den österreichischen Bundesländern
(Huber 2005).

österreichische Bundesregierung und einigen Unternehmenspartnern finanziert wird. Das Zentrum ist in Graz angesiedelt, Güssing ist einer von zwei weiteren Hauptstandorten und Pinkafeld wird als Forschungsstätte einbezogen (Bioenergy 2020+ 2013).

Ähnlich wie in unserer Fallstudie Gelsenkirchen wurden außerdem konkrete Anwendungserfahrungen mit Forschungsmöglichkeiten rückgekoppelt. Beispiele betrafen hierbei die Entwicklung eines Solarkatasters für das Burgenland, das mit Forschungen im Bereich der Gebäudetechnik und Photovoltaik zur Verbesserung der möglichen Ausbeute verbunden wurde. Auch wurde in den Gesprächen vom deutschen Hersteller von Windkraftanlagen Enercon berichtet, der einen Teil seiner Forschungsaktivitäten zur Sicherheit der Anlagen, beispielsweise beim Eisabwurf, ins Burgenland verlegte und dort mit FH sowie Vertretern der TU Wien zusammenarbeitet.

Im Unterschied zu den vorangegangenen Fallstudien konnte es daher in diesem Beispiel einer ländlichen und peripheren Regionen von Beginn an nicht um die Erzielung eigener kritischer Mindestgrößen zum Aufbau eines regionalen Innovationssystems gehen. Wichtiger waren die Entwicklung von Schnittstellen zur Kooperation mit Forschungseinrichtungen in anderen Regionen, insbesondere auch grenzüberschreitend zu den mittel- und osteuropäischen Nachbarländern, und der Aufbau eines Wissens- und Erfahrungsbestands im Sinne einer Absorptionskapazität, um als Nischenanbieter in Forschungskonsortien durch Gelegenheiten zur Anwendung der Forschung einen Mehrwert in die Kooperationen und die eigene Region einzubringen (vgl. zur allgemeinen Definition des Begriffs „Absorptionskapazität" im Zusammenhang mit Wissen Cohen und Levinthal 1990 und zur Bedeutung für regionsübergreifende Lernprozesse Wink 2010).

3. *Aufbau von Dienstleistungsstrukturen*

Das Burgenland wies zum Zeitpunkt des EU-Beitritts Österreichs eine im Vergleich zum Landesdurchschnitt spezifische Beschäftigungsstruktur auf (vgl. zu den folgenden Daten auch RMB 2000). Deutlich übergewichtet waren die Beschäftigungsanteile der Land- und Forstwirtschaft (9 % im Burgenland gegenüber 5 % in Österreich) und im Baugewerbe (12,5 % im Burgenland und sogar 18 % im Mittelburgenland gegenüber etwas mehr als 8 % in Österreich), während das verarbeitende Gewerbe ohne den Bausektor (fast 18 % im Burgenland gegenüber 22 % in Österreich) und der Dienstleistungssektor (fast 61 % im Burgenland im Vergleich zu etwas mehr als 64 % in Österreich) weniger stark ausgebaut waren. Auffällig waren zudem vergleichsweise hohe Arbeitslosenquoten für Frauen und Jugendliche oberhalb des Landesdurchschnitts, wobei die Quoten in Süd- und Mittelburgenland nochmals oberhalb des Durchschnitts für das Bundesland lagen.

Wachstumsmöglichkeiten wurden vornehmlich in Dienstleistungsbranchen des Einzelhandels und des Tourismus gesehen. In unseren Gesprächen wurde betont, dass entsprechende Flächenausweisungen für Branchenschwerpunkte bewusst räumlich konzentriert wurden, um lokale Spezialisierungen und Größenvorteile zu erleichtern. Ein typisches Beispiel hierfür ist die lokale Zentralisierung von so genannten „Factory Outlet Centers" (FOC; großflächige Einzelhandelszentren, an denen Markenhersteller ihre Produkte verbilligt anbieten) in Parndorf. Ein erstes FOC wurde 1998 eröffnet, ihm folgten weitere Zentren am Standort in den Jahren 2005 und 2012. Der Betreiber dieser Zentren wurde mit 650 Arbeitsplätzen zum größten Arbeitgeber in der Region, und die Einwohnerzahl am Ort stieg von etwas mehr als 2600 Einwohnern im Jahr 1991 auf mehr als 4100 Einwohner im Jahr 2011 (nach Angaben von Statistik Austria 2015). Ähnliche Konzentrationen wurden bei der Einrichtung von Thermen in Süd- und Mittelburgenland angestrebt.

Der Tourismus im Burgenland war stark von der Ausstrahlung des Neusiedler Sees für die Bevölkerung in Wien dominiert. Mit dem Auf- und Ausbau erneuerbarer Energien wurden Ergänzungen vorgenommen. Der Bau von Windkraftanlagen in der Nähe des Neusiedler Sees geriet nicht nur mit Unternehmen der Tourismuswirtschaft in Konflikt. Eine Gruppe, deren Aufmerksamkeit zusätzlich auf das Gebiet des Neusiedler Sees gelenkt werden konnte, waren Kite-Surfer (Wink 2015a). Die lokale Tourismuswirtschaft warb mit den Windkraftanlagen als glaubwürdigem Nachweis für die besonders gute Verfügbarkeit von Wind für das Kite-Surfing, und unsere Gesprächspartner betonten den insgesamt positiven Effekt für die Bekanntheit des Tourismusgebiets. Der Süden des Burgenlands war hingegen auch aufgrund seiner schlechteren Erreichbarkeit weniger touristisch erschlossen. Hier wurde die wachsende Bekanntheit der Gemeinde Güssing im Bereich erneuerbarer Energien als Ausgangspunkt für ein spezifisches Angebot des „Öko-Tourismus" verwendet. Das EEE schloss sich mit zehn Gemeinden und der Landesinnung Holzbau zusammen, um gemeinsam das „ökoEnergieland" touristisch zu vermarkten (EEE 2015). Bestandteile des Angebots sind Führungen zu den Demonstrationsanlagen zur Biomasseverwertung, Erläuterungen des „Modells Güssing" zur Erzielung der Energieautarkie und ausgewiesene Rad- und Wanderwege. Insgesamt stieg die Zahl der Übernachtungen im Burgenland von knapp 2,1 Mio. im Jahr 1995 auf knapp 2,7 Mio. im Jahr 2007, die Zahl der Betten stieg von etwas über 22.000 im Jahr 1995 auf fast 23.000 im Jahr 2007 (Statistik Burgenland 2015).

Im Zeitraum zwischen 1990 und 2003 kam es auch aufgrund dieser vielfältigen Maßnahmen zu einem starken Anstieg der Beschäftigtenzahlen. Während die nichtselbstständige Beschäftigung in diesem Zeitraum in Österreich um 6,7 % stieg, nahm sie im Burgenland um 20,7 % zu.[79] Dies lag vornehmlich an einem Beschäftigungswachstum in den Dienstleistungsbranchen, insbesondere in den Sektoren Einzelhandel und Gastronomie, die auch von einem vergrößerten Einzugsgebiet durch die geöffneten Grenzen nach Ungarn, Slowenien und in die Slowakei profitierten (Huber 2005). Ebenso wie die Erwerbstätigkeit, stieg auch das Bruttoinlandsprodukt im Burgenlan seit Beginn der 1990er Jahre stärker als im Landesdurchschnitt. War dies in der ersten Hälfte der 1990er Jahre vornehmlich das Verdienst der Entwicklung in Nordburgenland, das auch von einer verbesserten Verkehrsanbindung an das nationale Autobahnnetz profitieren konnte, wuchs nach 1995 der Süden des Burgenlands schneller.

---

[79] Bei der Erwerbstätigkeit war das Wachstum im Burgenland schwächer als im nationalen Durchschnitt, da es zu einer Verringerung der Zahl selbstständiger Landwirte und einer im nationalen Vergleich geringeren Anzahl an Gewerbeanmeldungen kam (Huber 1995).

Trotz dieser positiven Entwicklung blieben vor der Finanz- und Wirtschaftskrise deutliche strukturelle Rückstände im Burgenland erhalten (vgl. beispielsweise RMB 2007; Huber 2005):

- Die Arbeitslosenquoten lagen immer noch über dem Landesdurchschnitt.[80]
- Die Qualifikation der Beschäftigten war unterhalb des Landesdurchschnitts.
- Die Gründungsneigung war geringer als im Landesdurchschnitt.
- Die FuE-Ausgaben des Staates und der privaten Unternehmen waren deutlich unterhalb des Landesdurchschnitts.[81]
- Die Rolle des verarbeitenden Gewerbes war schwächer als im Landesdurchschnitt.
- Die Exportquote war deutlich unterhalb des Landesdurchschnitts.[82]

Wie bereits zu Beginn des Kapitels ausgeführt, sollten vor allem die beiden letztgenannten Aspekte – Exportquote und Anteil des verarbeitenden Gewerbes – das Risiko einer Ansteckung durch die Finanz- und Wirtschaftskrise mindern. Dies wird im folgenden Abschnitt ausführlicher betrachtet.

Vorzüge der Peripherie? Folgen der Finanz- und Wirtschaftskrise im Burgenland
Die Abb. 3.29 und 3.30 zeigten bereits die vergleichsweise geringen Folgen der Finanz- und Wirtschaftskrise für BIP zu Marktpreisen und Erwerbstätigkeit. Nachdem zuvor im Zeitraum zwischen den Jahren 2004 und 2009 die Dynamik im Burgenland schwächer als im österreichischen Durchschnitt war, konnte das Bundesland aufgrund der schwächeren Krisenfolgen „aufholen" und erreichte nach der Krise wieder eine dynamischere BIP- und Beschäftigungsentwicklung als im österreichischen Durchschnitt. Als Gründe für die etwas schwächere Entwicklung vor der Krise konnte auf eine Verringerung der öffentlichen Infrastrukturinvestitionen und eine damit zusammenhängende Verringerung der Beschäftigung im Bauwesen sowie weiterhin bestehende Umstrukturierungen im verarbeitenden Gewerbe verwiesen werden, das durch die EU-Osterweiterung zusätzlich von kostengünstigeren Produzenten in Mittel- und Osteuropa herausgefordert wurde (RMB 2007).
Negative Folgen der Finanz- und Wirtschaftskrise betrafen vornehmlich die BWS im verarbeitenden Gewerbe, bei Verkehr und Nachrichtenübermittlung sowie in der Land-

---

[80] Die burgenländische Landesregierung begründete ihren Verzicht auf den Ausweis der Arbeitslosenquoten innerhalb des Umsetzungsberichts für die EU-Strukturfonds damit, dass diese aufgrund des hohen Pendlersaldos und der Abhängigkeit von Arbeitsplätzen in den benachbarten Bundesländern ohnehin nicht von der Landespolitik im Burgenland zu steuern sei und verwies auf die Unterschiede zwischen der Verwendung des Wohnortprinzips bei der Arbeitslosenquote und des Erwerbsortprinzips bei der Zahl der Erwerbstätigen (RMB 2009).

[81] Die Forschungsquote – der Anteil der FuE-Ausgaben am regionalen BIP – lag im Jahr 2002 im Burgenland bei 0,58 %, im Landesdurchschnitt bei 2,29 % (RMB 2007).

[82] So trug das BIP zu Marktpreisen aus dem Burgenland im Jahr 2004 2,3 % zum BIP Österreichs bei. Zugleich trugen die Exporte aus dem Burgenland jedoch im gleichen Jahr lediglich 1,4 % zu den Exporten Österreichs bei (Statistik Austria 2015; RMB 2007).

und Forstwirtschaft (vgl. zu diesen Angaben Statistik Austria 2015, sowie RMB 2011). Stabilisierend auf die regionale BWS wirkten sich hingegen positive Entwicklungen bei Sektoren mit Binnennachfrage in der Region wie Energie- und Wasserversorgung, Bauwesen, Dienstleistungen des Staates oder Kredit- und Versicherungswesen aus. Damit erwies sich die vergleichsweise geringe Exportquote der burgenländischen Volkswirtschaft als Absicherung gegen starke Nachfrageeinbrüche. Zudem stiegen auch während der Krise noch die Übernachtungszahlen im Gastgewerbe (entgegen des national negativen Trends der Übernachtungszahlen). Auch für die Erwerbstätigkeit ergaben sich vornehmlich negative Folgen für das verarbeitende Gewerbe, wenn auch nur im Vergleich zum nationalen Durchschnitt in geringerem Ausmaß, während zusätzliche Beschäftigung nach der Krise im Jahr 2010 vornehmlich im Gesundheits- und Erziehungsbereich sowie bei den sonstigen Dienstleistungen geschaffen wurde.

Ähnlich wie in Deutschland bildeten personalwirtschaftliche Anpassungen der Arbeitszeit in den Unternehmen (durch Arbeitszeitkonten, Begrenzung von Arbeitnehmerüberlassungen oder auch kurzfristige Verringerungen der Arbeitszeit) den Kern der Beschäftigungssicherung in den Unternehmen. Daneben war auch in Österreich die Kurzarbeit ein wichtiges Instrument (vgl. auch RMB 2011). Für die Unternehmen der Bauindustrie waren außerdem zusätzliche öffentliche Investitionen von großer Bedeutung. Da der regionale Banken- und Versicherungssektor kaum von den Auswirkungen der Finanzkrise betroffen wurde und die Rentabilität der Investitionen in Produktionsanlagen für erneuerbare Energie aufgrund der Einspeisegebühren in unverminderter Höhe erhalten blieb, konnten keine außergewöhnlichen Liquiditätsengpässe festgestellt werden.

Insgesamt hatte die Finanz- und Wirtschaftskrise daher auch nach Aussagen unserer Gesprächspartner keine unmittelbaren Auswirkungen auf den Entwicklungspfad im Burgenland. Trotz dieser fehlenden direkten Folgen beschleunigte sich das Wachstum nach der Krise im Burgenland.

Neuer Wachstumsschub oder Ausweis der Abhängigkeit von regionsexternen Entwicklungen?
Drei Anstoßrichtungen kennzeichneten die Strategie zur wirtschaftlichen Entwicklung im Burgenland vor der Finanz- und Wirtschaftskrise:

• Auf- und Ausbau des Segments erneuerbarer Energien
• Auf- und Ausbau akademischer Lehr-, Forschungs- und Transferstrukturen
• Auf- und Ausbau von Dienstleistungsmärkten

Den Anstoß gaben jeweils – wie bereits beschrieben – Kombinationen aus günstigen externen Ereignissen und ergriffene Initiativen an einzelnen Orten des Burgenlands. Diese Kombinationen waren auch nach der Finanz- und Wirtschaftskrise prägend. Im Bereich der erneuerbaren Energien ist eine direkte Verbindung zwischen dem Ausbau von Windkraftanlagen und der indirekten Subventionierung durch Einspeisetarife erkennbar. Ein erster Boom entstand durch das Ökostromgesetz, das eine Verdreifachung der Windkraftleistung in Österreich im Jahr 2003 zur Folge hatte (Nährer 2010). Dieses Wachstum wurde durch eine Verringerung der Tarife im Jahr 2006 gebremst. Im Zeitraum zwischen 2007 und 2009 kam es zu keinen Neuerrichtungen von Windkraftanlagen. Im Jahr 2010 wurden die Tarife erhöht, aber erst ein neues Ökostromgesetz im Jahr 2012 mit noch günstigeren Tarifen löste einen weiteren Bauboom aus. Zwischen 2012 und 2014 verdreifachte sich wiederum die installierte Windkraftleistung in Österreich mit eindeutigen Schwerpunkten im Burgenland und in Niederösterreich (IG Windkraft 2014). Davon profitierten vornehmlich die windreichen Gebiete im Nordburgenland, wobei die vereinbarte Zonierung der ausgewiesenen Flächen für die Windkraft das Wachstum nach Angaben unserer Gesprächspartner weitgehend auf ein „Repowering", das heißt den Ersatz bestehender Anlagen durch modernere und größere Anlagen am Standort, begrenzt.

Die günstigen Förderbedingungen in Österreich führten im Jahr 2012 auch zur Errichtung eines Zementwerks durch den deutschen Hersteller von Windkraftanlagen Enercon in Nordburgenland, um die Fundamente für neue Anlagen mit Baustoffen in räumlicher Nähe erstellen zu können. Insgesamt 200 Arbeitsplätze wurden eingerichtet. Demgegenüber kam es in Südburgenland zu negativen politischen Schocks. Die verschlechterten Rahmenbedingungen für die Produktion von Solarzellen – angesichts der Konkurrenz aus Asien und verringerter Fördersätze – lösten bereits im Jahr 2011 die Insolvenz des Solarzellenproduzenten Blue Chip Energy in Güssing aus.[83] Mehr als 30 Monate später wurde der Verkauf des Unternehmens an einen Investor aus Kärnten gemeldet, ohne jedoch bereits über Informationen zu Produktionszielen und erwarteten Beschäftigungseffekten zu verfügen (ORF 2014). Zudem geriet der Betreiber des Biomasse-Kraftwerks Güssing als Kern des Modells einer energie-autarken Gemeinde im Juli 2013 in die Insolvenz, da einerseits die Holzpreise kontinuierlich gestiegen waren und andererseits das Kraftwerk nicht mehr wie zuvor als Forschungsanlage vom zuständigen Finanzamt als steuerbegünstigt anerkannt wurde. Die Insolvenz konnte schließlich nur durch einen Verzicht der Gläubiger und eine Kapitalzufuhr durch einen privaten Investor verhindert werden (ORF 2013).

Diese positiven und negativen Schocks unterstreichen die bestehende Abhängigkeit des Entwicklungspfads zum Ausbau der Produktionskapazitäten für erneuerbare Energien von externen Faktoren. Im Jahr 2013 wurde die rechnerische Energieautarkie für das Burgenland erreicht, ein Ziel, das in der Energiestrategie aus dem Jahr 2003 auch damit begründet wurde, unabhängiger von auswärtigen Energieanbietern zu werden. Mit der neuen Energiestrategie, die im Jahr 2013 mit einer Perspektive über das Jahr 2020 hinaus veröffentlicht wurde (TOB 2013), wurde das Ziel ausgeweitet und nunmehr der Ausbau des Exports erneuerbarer Energien als wirtschaftlicher Zukunftsträger definiert. Mit den Worten eines unserer Gesprächspartner:

> Wir wollen nicht energieautark werden, eigentlich wollen wir Energielieferanten werden und hiermit ein Geschäft aufbauen. Energieautarkie ist eher defensiv ausgerichtet, um unabhängiger zu werden, aber Energielieferant zu werden, ist eine wirtschaftliche Chance.

---

[83] Diese Insolvenz des Herstellers mit 110 Beschäftigten war die zweitgrößte Insolvenz in Österreich im Jahr 2011 (Freynschlag 2013).

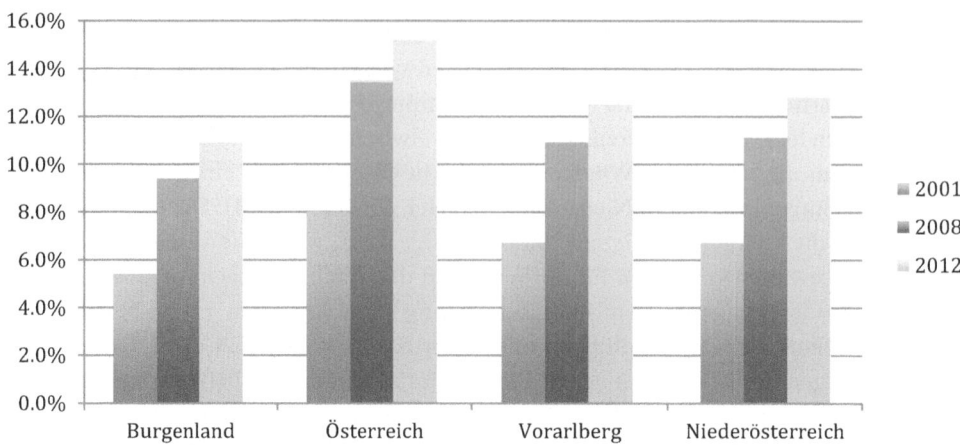

Abb. 3.31 Anteil der Personen zwischen 25 und 64 Jahren mit einem Abschluss einer Hochschule oder hochschulverwandten Lehranstalt als höchstem Abschluss, in % der Gesamtbevölkerung dieser Alterskategorie. (Quelle: Statistik Austria (2015))

Der Aufbau akademischer Strukturen wurde nach der Finanz- und Wirtschaftskrise mit den beiden FH-Standorten Eisenfeld und Pinkafeld neben dem EEE-Standort Güssing als Zentren weitergeführt. Bislang war es noch nicht möglich, in einzelnen Technologiesegmenten kritische Mindestgrößen auch durch Verknüpfungen mit externen Partnern zu erreichen. Die Forschung an Umwandlungs- und Verwertungsanlagen für Biomasse in Güssing ist zwar gut auch über Regionsgrenzen vernetzt. Allerdings zeigte die Erfahrung der Insolvenz des Biomasse-Kraftwerks die bestehende Abhängigkeit von externen Förderbedingungen. Erste Erfolge der Akademisierung der Ausbildungs- und Forschungsinfrastruktur sind an der Entwicklung des Bildungsniveaus erkennbar.

Abbildung 3.31 illustriert die Entwicklung beim Bildungsstand der Bevölkerung anhand des Anteils der Personen mit akademischem Abschluss. Dieser Anteil stieg im Burgenland von 5,4 % im Jahr 2001 auf 10,9 % im Jahr 2012. Allerdings wird im Vergleich zum österreichischen Durchschnitt und zur Entwicklung in zwei Bundesländern mit den nach dem Burgenland niedrigsten Anteilen der akademisch qualifizierten Bevölkerung deutlich, dass kein Aufholen stattgefunden hat, sondern bestenfalls kein weiteres Zurückfallen aufgrund einer Abwanderung der formell Höherqualifizierten. Ergänzend sind zwei Beobachtungen anzufügen, die auch in den Gesprächen erwähnt wurden. Erstens wurde der Anstieg des Anteils formell höherqualifizierter Bewohner auch durch eine vermehrte Nachfrage nach Immobilien in Nordburgenland aus dem benachbarten Wien beeinflusst. Die zugezogenen Einwohner verfügten in der Regel über höhere formelle Qualifikationen. Zweitens war der quantitativ stärkste Wandel zwischen 2001 und 2012 am Übergang vom Pflichtschulabschluss als dem im Burgenland – vor allem bei Frauen – überdurchschnittlich häufig vertretenen höchsten Bildungsabschluss, zur Lehre und zum Abschluss an berufsbildenden und mittleren Schulen als einer Abschlussform mit überdurchschnittlichen

Anteilen im Burgenland zu erkennen (Statistik Austria 2015). Es kam daher zu einem Anstieg des formellen Bildungsniveaus im Burgenland, wenn auch von einem vergleichsweise geringeren Niveau und durch einen allmählichen Übergang von der älteren Generation mit geringerer formeller schulischer Bildung zu späteren Generationen, die häufiger auf höheren Schulen als der Landesdurchschnitt gingen (Huber 2005).

Der dritte Entwicklungsstrang betrifft den Ausbau von Dienstleistungsmärkten in der Region, auch um den ursprünglich vergleichsweise geringen Anteil erwerbstätiger Frauen zu erhöhen (RMB 2007). Betrachtet man die Struktur der BWS im Jahr 2011 im Burgenland und im österreichischen Durchschnitt, fällt der weiterhin etwas erhöhte Anteil der Land- und Forstwirtschaft (4,3 % im Burgenland gegenüber 1,7 % in Österreich) und des Bauwesens (9,4 % im Burgenland gegenüber 6,6 % in Österreich) sowie der etwas geringere Anteil des verarbeitenden Gewerbes ohne Baugewerbe im Burgenland (15,3 % im Burgenland gegenüber 18,5 % auf der nationalen Ebene) auf (Statistik Burgenland 2015). Dienstleistungsbranchen mit einem höheren Anteil an der BWS im Burgenland als auf der nationalen Ebene waren im Jahr 2011 Beherbergung und Gastronomie, Grundstücks- und Wohnungswesen, Erziehung und Unterricht und öffentliche Verwaltung. Deutliche Rückstände blieben hingegen im Burgenland bei freiberuflichen, wissenschaftlichen, technischen und sonstigen wirtschaftlichen Dienstleistungen (5,3 % im Burgenland gegenüber 9,0 % auf Bundesebene). Dies verdeutlicht die verbleibenden strukturellen Besonderheiten im Burgenland. Diese Besonderheiten werden auch in der Beschäftigtenstatistik erkennbar, die bei den nichtselbstständig Beschäftigten im Jahr 2012 fast gleiche Anteile für die Branchen des verarbeitenden Gewerbes, einschließlich Baugewerbe (insgesamt 26,4 %), und der Dienstleistungen (29,2 %) im Burgenland auswies (Statistik Burgenland 2015). Typischerweise ist der Beschäftigungsanteil im verarbeitenden Gewerbe aufgrund der Kapitalintensität und höheren Produktivität geringer. Der vergleichsweise hohe Beschäftigungsanteil bei zugleich vergleichsweise geringer Wertschöpfung deutet auf eine relativ geringe Produktivität in einer kleinteiligen Struktur hin, die zu Problemen fehlender Wettbewerbsfähigkeit und zu vergleichsweise geringeren Lohn- und Gehaltsniveaus führt.

Der Anstieg der Beschäftigung im Dienstleistungssektor ging auch mit einem leichten Anstieg des Anteils weiblicher Beschäftigter an der Gesamtzahl der nichtselbstständigen Beschäftigten einher (von 43,2 % im Jahr 1996 auf 47,3 % im Jahr 2012). Ein Grund für die Verlangsamung des Anstiegs könnte in dem vergleichsweise geringen Anteil der Teilzeitarbeit im Burgenland liegen, der mit Abstand der geringste Anteil unter allen österreichischen Bundesländern ist. Noch signifikanter als der Anteil der weiblichen Beschäftigten ist der Anstieg der ausländischen Beschäftigten im Burgenland von 9,5 % im Jahr 1996 auf 18,8 % im Jahr 2012. Diese Entwicklung ist nicht zuletzt vor dem Hintergrund der EU-Osterweiterung und der räumlichen Nähe zu den mittel- und osteuropäischen Beitrittsländern zu sehen.

Dieser Anstieg der ausländischen Beschäftigtenzahl ist auch vor dem Hintergrund des Bevölkerungswachstums zu sehen. Seit dem EU-Beitritt im Jahr 1995 stieg die Bevölkerungszahl im Burgenland bis zum Jahr 2012 um 3 % (im österreichischen Durchschnitt

6 % nach Angaben von Statistik Austria 2015). Hinter dieser Entwicklung der Bevölkerungszahlen und strukturellen Verschiebungen bei Wertschöpfung und Erwerbstätigkeit
verbirgt sich auch nach Aussagen unserer Gesprächspartner eine sehr ungleichgewichtige Entwicklung. Im nördlichen Burgenland kam es auch aufgrund der Suburbanisierung
aus der Bundeshauptstadt Wien zu einem deutlichen Anstieg der Bevölkerung. Orte wie
Eisenstadt (+ ca. 30 % zwischen 1991 und 2015) oder Parndorf (+ fast 60 % im gleichen
Zeitraum) konnten von dieser Entwicklung stark profitieren (alle Angaben von Statistik
Austria 2015). Zudem ermöglichte der Ausbau der Windkraft und des Tourismus aufgrund der einströmenden Kaufkraft weitere wirtschaftliche Entwicklungen. Das südliche
Burgenland verlor hingegen trotz der Entwicklungen im Bereich der Biomasseverwertung
und der Ansätze zum Ausbau des Tourismus durch neue Thermen weiterhin an Bevölkerung. Güssing hatte trotz der Aufbruchsstimmung mit Neuansiedlungen einen leichten
Bevölkerungsrückgang zwischen 1991 und 2015 (um etwas mehr als 6 %) hinzunehmen.

Diese Hinweise verdeutlichen die verbleibenden Risiken für das Burgenland. Zwar
konnte der Anteil der Pendler und damit die Abhängigkeit von Arbeitsmärkten außerhalb
des Burgenlands verringert werden.[84] Dafür stiegen die politischen Risiken bei der Rahmensetzung für den Ausbau erneuerbarer Energien und die Schwankungen bei der Auslastung der Kapazitäten im Tourismus (vgl. zu negativen Erfahrungen aufgrund geringerer
inländischer Thermennachfrage und ungünstigen Wetterverhältnissen im Jahr 2013 RMB
2014). Außerdem konnten sich verschärfende Strukturprobleme im Burgenland aufgrund
negativer demografischer Trends nur abgeschwächt, nicht jedoch überwunden werden. Es
bleibt abzuwarten, ob es der Region in der nahen Zukunft gelingt, das südliche Burgenland besser an den Rest des Landes anzubinden und tatsächlich als Exporteur erneuerbarer
Energien und Spezialist im Kontext entsprechender, zunehmend technisch anspruchsvollerer Dienstleistungen neue Anpassungskapazitäten an zukünftige Schocks zu entwickeln.

3.5.3 Landkreis Uckermark – Aufbau industrieller Wachstumskerne oder wachsender Rückstand zum „Berliner Speckgürtel"?

Der Landkreis Uckermark befindet sich im Nordosten des Bundeslands Brandenburg. Mit
39 Einwohnern/km^2 im Jahr 2013 zählte er zu den eher wenig dicht besiedelten Kreisen
in Deutschland (nach Angaben des Statistischen Bundesamtes 2015; zum Vergleich: das
im vergangenen Abschnitt betrachtete Burgenland verfügt über eine Bevölkerungsdichte
von 73 Einwohnern/km^2). Auch die unmittelbar benachbarten Landkreise in Brandenburg,
Mecklenburg-Vorpommern und Polen sind eher weniger dicht besiedelt.[85] Daher erfüllt

---

[84] Die Gesamtzahl konnte nach Angaben unserer Gesprächspartner halbiert werden.

[85] Der benachbarte Landkreis Barnim hat die größte Bevölkerungsdichte der Nachbarkreise mit
118 Einwohnern/km^2, während das polnische Police noch auf eine Bevölkerungsdichte von mehr
als 100 Einwohnern/km^2 aufgrund einer zunehmenden Suburbanisierung aus der Stadt Szczezin
kommt.

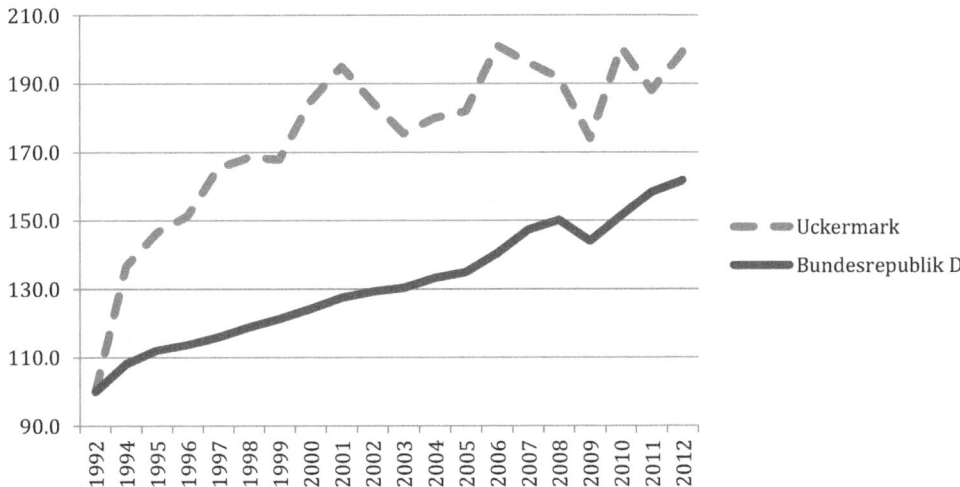

Abb. 3.32 BIP zu Marktpreisen im Landkreis Uckermark und im Bundesdurchschnitt, 1992 = 100. (Quelle: VGRdL (2015))

der Landkreis durchaus die Kriterien für eher ländliche oder periphere Regionen, die in diesem Unterkapitel zu untersuchen sind.

Die Abb. 3.32 und 3.33 beschreiben die Entwicklung des BIP zu Marktpreisen und der Zahl der Erwerbstätigen im Landkreis und im Bundesdurchschnitt.

Auffällig an der Abb. 3.32 sind die starken Schwankungen des BIP im Landkreis Uckermark mit starken Einbrüchen in den Jahren zwischen 2001 und 2003 sowie zwischen 2006 und dem Jahr der Finanz- und Wirtschaftskrise in Deutschland 2009 sowie etwas abge-

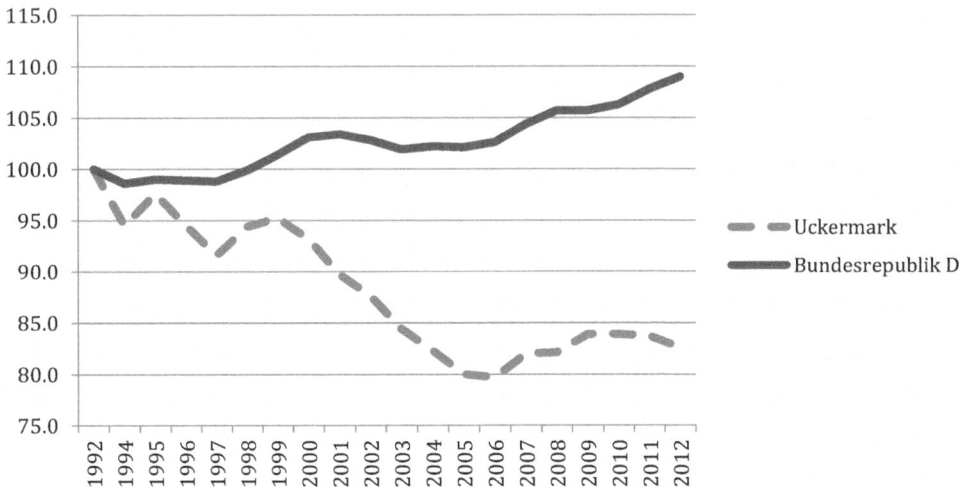

Abb. 3.33 Zahl der Erwerbstätigen im Landkreis Uckermark und im Bundesdurchschnitt, 1992 = 100. (Quelle: VGRdL (2015))

schwächt im Jahr 2011. So sank das BIP zu Marktpreisen im Landkreis Uckermark im Jahr 2009 um 9,2 % (Bundesdurchschnitt: 4,0 %) und stieg im Folgejahr bereits wieder um 15,3 % (Bundesdurchschnitt: 5,1 %). Grundlage dieser starken Ausschläge waren jeweils Anpassungen der BWS im verarbeitenden Gewerbe (VGRdL 2015), was auf eine hohe Konjunkturanfälligkeit schließen lässt.

Bei der Zahl der Erwerbstätigen im Landkreis Uckermark in Abb. 3.33 sind lediglich drei Phasen erkennbar, in denen es nicht zu einem Rückgang der Erwerbstätigkeit kam: 1995, 1997–1999 sowie 2006–2009. Diese Phasen sind nicht durch spezifische Steigerungen des BIP geprägt, so dass man hier wie im Fall Gelsenkirchens (Kap. 3.3) von einem Auseinanderfallen des Zusammenhangs zwischen Erwerbstätigkeit und BIP-Entwicklung sprechen kann. Es wird daher in den folgenden Abschnitten zu untersuchen sein, inwieweit dieses Auseinanderfallen und die vergleichsweise positive Entwicklung der regionalen Arbeitsmärkte während der Finanz- und Wirtschaftskrise mit Anpassungsstrategien vor der internationalen Krise in Verbindung zu bringen sind. Am Anfang steht auch in diesem Abschnitt eine Übersicht über wesentliche Ereignisse und Entscheidungen in einer Zeitleiste (Tab. 3.14).

Tab. 3.14 Zeitleiste für die Entwicklung im Landkreis Uckermark

1990
Auflösung des Petrochemischen Kombinats PCK Schwedt und Weiterführung als „Petrolchemie und Kraftstoffe AG"
Ausweisung des Biosphäre-Reservats Schorfheide-Chorin
1991
Verkauf des PCK Schwedt durch die Treuhandanstalt an ein Konsortium
Gründung der Möbelwerke Prenzlau GmbH aus den Märkischen Büromöbelwerken Trebbin GmbH
1992
Übernahme der Schwedt Karton und Papier GmbH durch Leipa Georg Leinfelder GmbH (abschließende Fusion 1999)
Errichtung der ersten Windkraftanlage durch die Enertrag AG
1993
Bildung des Landkreises Uckermark aus den Kreisen Angermünde, Prenzlau und Templin sowie der kreisfreien Stadt Schwedt
Bau einer Papierfabrik durch Haindl Papier in Schwedt
1995
Gründung des Naturparks „Unteres Odertal"
1997
Gründung des Naturparks „Untermärkische Seen"
Oder-Hochwasser
1998
Gründung des Unternehmerverbands Uckermark e. V.
Gründung des Wirtschaftsforums Prenzlau e. V.

Tab. 3.14 (Fortsetzung)

1999
Neugründung der Brandenburger Tapeten Schwedt GmbH
Umzug der Enertrag AG von Nechlin nach Dauerthal

2001
Gründung der S.M.D. Solar Manufaktur Deutschland GmbH & Co.KG in Prenzlau
Verkauf der Haindl Papier (einschließlich des Werks in Schwedt) an UPM-Kymmene
Inbetriebnahme des Hafens Schwedt

2005
Ausweisung von Schwedt als industriellen Wachstumskern durch die brandenburgische Landesregierung
Errichtung von Produktionsanlagen für Bio-Ethanol und Bio-Diesel durch die VERBIO Vereinigte BioEnergie GmbH in Schwedt
Umbenennung der S.M.D. in aleo solar AG

2007
Gründung der Regionalmarke Uckermark
Einrichtung einer Präsenzstelle der Hochschule Eberswalde in Schwedt
Gründung des Netzwerks profil.metall für Unternehmen der brandenburgischen Stahl- und Metallverarbeitung

2009
Mehrheitliche Übernahme der aleo solar AG durch die Robert Bosch-Gruppe
Übergang des Technologie- und Gründerzentrums Uckermark in das Investor Center Uckermark (ICU)

2011
Inbetriebnahme des weltweit ersten Wasserstoff-Wind-Biogas-Hybrid-Kraftwerks in Prenzlau
Büroeröffnung der IFE Eriksen AG in Prenzlau

2012
„Aktionsplan Pro Industrie" der brandenburgischen Landesregierung
Eröffnung des „Hauses der Bildung und Technologie (HdBT)" in Schwedt

2014
Übernahme der aleo solar AG durch SCP Solar GmbH ⇒ Neugründung als aleo solar GmbH

Auf der Suche nach einem gemeinsamen Entwicklungspfad

Der Landkreis Uckermark wurde im Jahr 1993 aus drei vorherigen Landkreisen und einer kreisfreien Stadt gegründet. Entsprechend bestanden unterschiedliche Ausgangssituationen und Entwicklungsverläufe in den jeweiligen Teilgebieten des Landkreises. Die vormals kreisfreie Stadt Schwedt an der Oder hatte nach dem zweiten Weltkrieg eine Industrialisierung erfahren, die durch die Gründung einer ersten Papierfabrik im Jahr 1959 und eines Werks zur Erdölverarbeitung im Jahr 1960 begonnen wurde. Der wesentliche Schritt zur industriellen Bedeutung Schwedts war die Eröffnung der Erdölleitung aus dem Ural im Jahr 1963 (vgl. auch PCK GmbH 2015). Seitdem dominierte die Petrochemie – bis zur deutschen Vereinigung als Petrochemisches Kombinat PCK Schwedt – den Standort. Zum Zeitpunkt der deutschen Vereinigung verfügte Schwedt über ca. 50.000 Einwohner und fungierte als Mittelzentrum für die Region. Nach der Vereinigung kam es schnell zu einer Weiterführung durch einen Verkauf an ein Konsortium aus deutschen und französischen

Mineralölfirmen. Der Name PCK Schwedt wurde beibehalten, ein Teil der Flächen wurde an einen Industriepark übergeben und die Raffinerie mit ca. 1400 Beschäftigten weiterbetrieben.[86] Auch die örtlichen Papierfabriken wurden von externen Investoren weiterbetrieben. Die Erdölchemie und Papierindustrie bildeten folglich auch den Kern der weiteren industriellen Entwicklung durch Auftragsvergaben an regionale Unternehmen im Bereich der Logistik und Metallverarbeitung am Standort Schwedt. Seit dem Jahr 2003 war der Pendlersaldo in Schwedt positiv und seit dem Jahr 2005 stetig zumindest bis zum Jahr 2013 über 900 Personen, was als Indiz für die regionale Ausstrahlungswirkung des Industriestandorts in dem wenig besiedelten Umland anzusehen ist (vgl. auch Ernst Basler + Partner; Regionomica 2010; complan 2014). Nach der deutschen Vereinigung wurde auch die Mittelzentrenfunktion der Innenstadt als Einkaufsziel für Bewohner umliegender Kreise durch Ansiedlungen von Einzelhandelszentren aufgebessert.[87]

Der Verwaltungssitz des neuen Landkreises Uckermark im Jahr 1993 wurde Prenzlau. Die Stadt verfügte als Mittelzentrum zum Zeitpunkt der deutschen Vereinigung über ca. 25.000 Einwohner und eine eher wenig verbundene Branchenstruktur. Auch hier kam es zu einzelnen Privatisierungen und Firmenübernahmen, beispielsweise in der Ernährungs- und Möbelindustrie. Prägend waren jedoch insbesondere zwei wirtschaftliche Entwicklungslinien, die sich aus einem Übergang aus ursprünglichen Branchenschwerpunkten ergaben. Der Schwerpunkt in der Landwirtschaft wurde – ähnlich wie im Burgenland – in Richtung erneuerbarer Energien fortentwickelt. Begünstigende Faktoren für diese Entwicklung waren der Umstand, dass die Umgebung von Prenzlau zu den besonders windergiebigen Gebieten in Deutschland zählt, und eine vergleichsweise hohe Akzeptanz der entsprechenden Flächenausweisung außerhalb der Naturschutzgebiete. In einem Ranking der Bundesländer nach politischer und öffentlicher Unterstützung, Ausbau und Forschung zu erneuerbaren Energien kam Brandenburg auf den ersten Platz der deutschen Bundesländer (Diekmann et al. 2012), wobei auf die vergleichsweise hohe Akzeptanz der Bevölkerung und die Unterstützung durch die Landesregierung hingewiesen wurde. Neben der Windenergie wurde auch die Geothermie im Kreis Uckermark als erneuerbare Energiequelle eingesetzt. Im Jahr 2001 wurde schließlich eine Produktionsanlage zur Herstellung von Solarzellen in Prenzlau gegründet, die im Jahr 2005 von der Bosch-Gruppe übernommen wurde.

Der zweite Schwerpunkt in Prenzlau und Umgebung wurde durch die metallerzeugende und -verarbeitende Industrie vornehmlich im Bereich der Herstellung von Armaturen entwickelt (vgl. auch Stadt Prenzlau 2015). Im Jahr 1998 schlossen sich die lokalen Unternehmen der Metallindustrie zu einer gemeinsamen Vereinigung zusammen, die zunächst die Entwicklung eines Ausbildungsverbunds anstrebte. Hieraus entwickelte sich bis zum Jahr 2007 ein Zusammenschluss zu einem Kompetenznetzwerk auf Landesebene, um auf

---

[86] Nach Aussagen der Betreiber des Industrieparks haben sich dort mehr als 80 Firmen angesiedelt (vgl. zu einer Übersicht über die Firmen auch IPS 2015).

[87] In einer Studie zu den Potentialen der Stadt Schwedt als Touristikstandort wurde jedoch die vergleichsweise geringe Frequentierung der Fußgängerzone vermerkt, auch wenn das Einzelhandelsangebot im „Oder Center" als vielfältig angesehen wurde (Smettan und Heimsohn 2010).

diese Weise eine „kritische Masse" für gemeinsame Projekte und politische Lobbyarbeit zu entwickeln.

In Prenzlau, Schwedt und den anderen Orten im Landkreis Uckermark wurde außerdem der Tourismus als eine große Chance für die Entwicklung der Region angesehen (vgl. auch Tourismus Marketing Uckermark 2015). Der Kreis verfügt über 57 Naturschutzgebiete und ist Bestandteil von zwei Nationalparks und einem Biosphärenreservat. Allerdings wurde in einer Studie zur Marktsituation des Tourismus in der Region der vergleichsweise hohe Anteil einheimischer Besucher der Nationalparks hervorgehoben, was auf Grenzen der Wahrnehmung außerhalb der Region hinwies (Smettan und Heinsohn 2010).

Ähnlich wie in den Fallstudien zu den sächsischen Städten erwies sich auch bei der Fallstudie zum Landkreis Uckermark eine Naturkatastrophe als positive Erfahrung erfolgreicher Krisenbewältigung. Im Jahr 1997 kam es zu einer einzigartigen Hochwassersituation entlang der Oder (vgl. zu einer Bestandsaufnahme von Verlauf, Maßnahmen und Schadensübersichten LUA 1998), die durch eine konzertierte Aktion von Bund, Land und Kommunen sowie vielfältigem bürgerschaftlichem Engagement bewältigt werden konnte. Diese Erfahrung stärkte wiederum das Vertrauen in gegenseitige Unterstützungen in Krisensituationen, und zusätzliche Vorkehrungen gegen hohe erneute Hochwasserschäden erwiesen sich bei einem Hochwasser im Jahr 2010 als wirksam.

Diesen positiven Entwicklungen in Richtung weitergeführter und neuer Pfade standen jedoch einige grundlegende strukturelle Herausforderungen gegenüber. Seit der deutschen Vereinigung hat der Kreis Uckermark kontinuierlich Bevölkerung vornehmlich durch Abwanderung verloren. Abbildung 3.34 vergleicht die Bevölkerungsentwicklung im Bundesland Brandenburg und im Landkreis Uckermark.

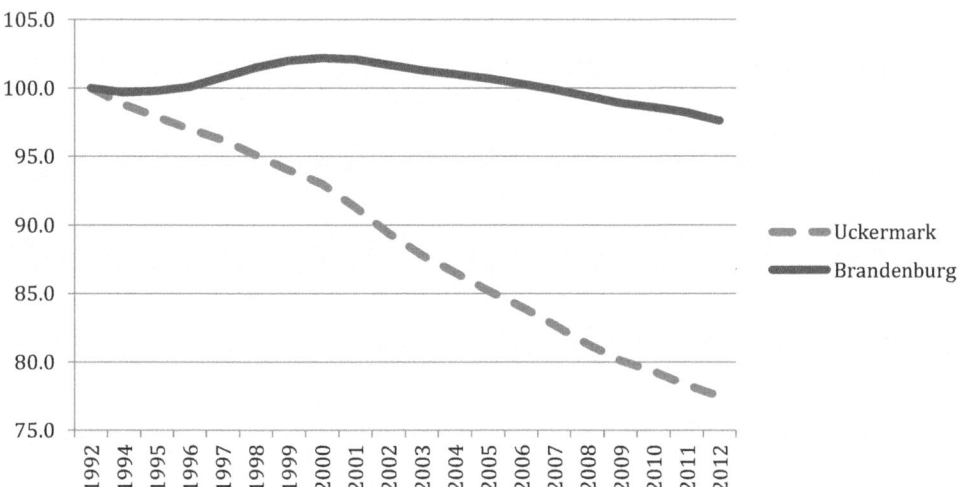

Abb. 3.34 Bevölkerungszahl im Landkreis Uckermark und in Brandenburg, 1992 = 100. (Quelle: VGRdL (2015))

Entsprechend sanken die Bevölkerungszahlen bis zum Jahr 2005 in Schwedt/Oder auf etwas mehr als 35.000 und in der Stadt Prenzlau auf fast 21.000 Einwohner (nach Angaben des Statistischen Bundesamtes 2015). Wie in Abb. 3.34 erkennbar, erstreckte sich der Bevölkerungsrückgang im Landkreis Uckermark über den gesamten Zeitraum nahezu unverändert. Lediglich während und nach der Finanz- und Wirtschaftskrise kam es zu einer Abschwächung des Rückgangs. Insgesamt war der Rückgang jedoch unter allen Untersuchungsregionen bei dieser Fallstudienregion am stärksten. Als Konsequenz der Abwanderung kam es zu einem besonders starken Anstieg des Durchschnittsalters der verbleibenden Bevölkerung und zur Gefahr einer verfestigten Abwärtsspirale aus Abwanderung, sinkenden Geburtzahlen, Begrenzung des Arbeitskräftepotentials, Verringerung der Attraktivität der Region und weiterer Abwanderung (vgl. zur Diskussion auch Kröhnert et al. 2011).

Eine Ursache für diese Abwanderung war neben hoher Arbeitslosigkeit – die Arbeitslosenquote stieg bis zum Jahr 2004 auf 24,7 % (nach Angaben der Bundesagentur für Arbeit 2015) – und der räumlichen Randlage das Fehlen einer akademischen Ausbildungseinrichtung. Im Kreis Uckermark gab es keine Hochschule oder Universität, lediglich im benachbarten Landkreis Barnim wurde im Jahr 1992 durch die Landesregierung eine FH in Eberswalde gegründet. Im Jahr 2007 richteten die FH Brandenburg und die Hochschule für nachhaltige Entwicklung eine Präsenzstelle in Schwedt ein, um als Ansprechpartner für Unternehmen und potentielle Studierende zu fungieren (Ernst Basler + Partner und Regionomica 2010). Als Konsequenz des Fehlens einer Hochschule im Kreis kam es zwangsläufig zu einer Abwanderung von Interessenten an einer akademischen Ausbildung (vgl. zur Abwanderung von Personen dieser Altersgruppe aus Schwedt complan 2010). Zugleich fehlten den Unternehmen potentielle Forschungspartner an Hochschulen oder öffentlichen Forschungseinrichtungen im Kreis. Dies führte zu einem vergleichsweise geringen Anteil an Beschäftigten mit akademischer Ausbildung im Landkreis Uckermark. Abbildung 3.32 zeigte, dass sich der Anteil der SVB mit akademischem Abschluss im Landkreis Uckermark zwischen 1999 und dem Jahr vor der Finanz- und Wirtschaftskrise 2007 sogar von 7,4 auf 7,3 % verringerte, während er in allen anderen bundesdeutschen Untersuchungsregionen in diesem Zeitraum anstieg. Der vergleichsweise geringe formelle Ausbildungsstand hatte wiederum Auswirkungen auf die Produktivität und erzielbaren Einkommen am Standort.

Abbildung 3.35 beschreibt in diesem Kontext das Medianeinkommen im Jahr 2012 in unseren Untersuchungsregionen. Es spiegelt die verbleibenden Ost-West-Unterschiede zwischen den Fallstudien wider, aber zusätzlich klafft auch eine Lücke zwischen dem Medianeinkommen in den sächsischen Städten und im Landkreis Uckermark.[88] Die gerin-

---

[88] Im Jahr 2012 wurde im Land Brandenburg für den Kreis Uckermark mit 20,2 % der zweithöchste Anteil an armutsgefährdeten Einwohnern gemessen am Medianeinkommen des Bundes nach der Stadt Frankfurt an der Oder gemessen (Landesdurchschnitt 14,6 %; vgl. Statistik Berlin Brandenburg, 2013 sowie zum Vergleich auch die Aussagen zu Armutsrisiken in Großstädten in den Kap. 3.2 und 3.3)

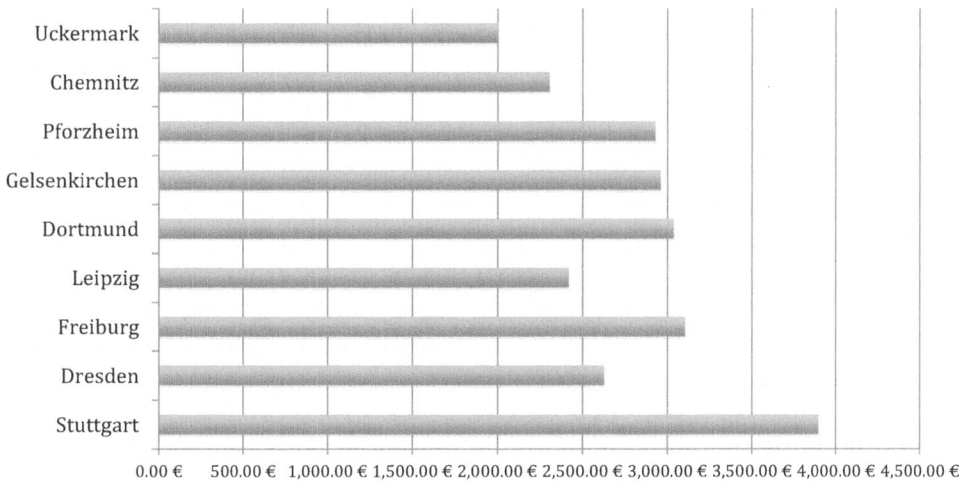

Abb. 3.35 Medianeinkommen im Jahr 2012, in Euro. (Quelle: INKAR (2015))

gere Kaufkraft begrenzte das Wachstum der haushaltsnahen Dienstleistungen und somit die Verfügbarkeit entsprechender Arbeitsplätze am Standort. Diese negativen Faktoren begrenzten schließlich auch die Chancen für Neugründungen. Im bereits häufiger ange-sprochenen Ranking der bundesdeutschen Städte und Kreise anhand des Anteils der Ge-werbeanmeldungen pro 10.000 Einwohner wurde der Landkreis Uckermark im Jahr 2006 auf Position 439 von 439 Regionen eingestuft und erreichte in keinem Jahr zwischen 1998 und 2006 eine Position, die besser als Position 434 war (IfM 2014).

Als zusätzlicher Schub für die wirtschaftliche Entwicklung der Region wurde die Auf-nahme der Stadt Schwedt in das Programm der brandenburgischen Landesregierung zur Förderung „regionaler Wachstumskerne (RWK)" angesehen (IMAG 2005). Ziel dieses Programms war die strategische Fortentwicklung von Agglomerationsräumen mit Aus-strahlungswirkungen in das jeweilige Umfeld (vgl. zur Grundlage der Theorie der Wachs-tumspole, die eine Basis für das Vorgehen boten, bereits Perroux 1955). Für Schwedt bedeutete dies zusätzliche Beratung im Prozess der strategischen Fortentwicklung, För-dermittel für die Umsetzung von Maßnahmen im Rahmen der Strategien und eine fort-während Begleitung der Umsetzung dieser Maßnahmen. Die Fördermittel wurden vor-rangig durch den Europäischen Fonds für Regionale Entwicklung und die deutsche Ko-Finanzierung bereitgestellt (vgl. zu einem Überblick über verfügbare Mittel für die RWK auf der Basis bisheriger Haushaltsansätze IMAG 2005).

Schwerpunkte der Maßnahmen in Schwedt waren die bereits angesprochene Einrich-tung einer Präsenzstelle der zwei Fachhochschulen aus anderen Orten in Brandenburg, die Konzentration der Präsenzstelle und weiterer Projekte zur Ausbildung, Forschung, Grün-dung und Unterstützung von Technologietransfer in einem „Haus der Bildung und Tech-nologie (HdBT)" sowie Infrastrukturmaßnahmen zur besseren Anbindung an großräumige Schienengüterverkehrs- und Fernstraßennetze und zum Ausbau einer Wasserstraße. Bei einer Evaluation des Programms der RWK wurde im Fall Schwedts vor allem die gute Verknüpfung der Infrastrukturmaßnahmen mit weiteren Maßnahmen zur Verbesserung der Infrastruktur wie ein Containerverlademodul am Hafen sowie die Verbesserung der technischen Infrastruktur am Industriepark neben der Raffinerie positiv hervorgehoben (Ernst Basler + Partner und Regionomica 2010). Die Stadt Schwedt gründete für die Entwicklung und Betreuung der wirtschaftsnahen Infrastruktur eine eigene Gesellschaft („InfraSchwedt Infrastruktur und Service GmbH"), die von der Stabsstelle Wirtschaftsförderung geleitet wird. Zudem hatte sich seit Bildung des Landkreises eine zunehmende institutionelle Dichte von Vereinigungen und gemeinsamen Instrumenten im Landkreis entwickelt, die durch ihre Einbindung von Unternehmen und Wirtschaftsnähe weitere Initiativen erleichterte. Hierzu zählen beispielsweise:

- ein Verein für Wirtschaftsförderung, der die Standorte Schwedt und Angermünde innerhalb des Landkreises stärker vernetzt
- eine Unternehmensvereinigung, die den Landkreis abdeckt
- ein gemeinsames Existenzgründer-Netzwerk der Landkreise Barnim und Uckermark
- das Investor Center Uckermark als gemeinsame Einrichtung im Kreis mit Aufgaben der Akquise von Unternehmensansiedlungen, einer gemeinsamen Vermarktung der Region und der Unterstützung der Wirtschaftsförderstruktur[89]
- die Einrichtung einer gemeinsamen Regionalmarke Uckermark, die als Herkunftsbezeichnung für regionale Produkte und Ausgangspunkt gemeinsamer Vermarktungsaktionen dient.

Gerade der Aspekt einer gemeinsamen Regionalmarke und einer gezielten Kommunikation der Vorzüge des Standorts ist vor dem Hintergrund einer eher schlechten Außenwahrnehmung als bedeutsam anzusehen. Eine Studie zur Fortentwicklung des RWK Schwedt gelangte zu der Erkenntnis einer deutlichen Diskrepanz zwischen Innen- und Außenwahrnehmung (Prognos AG 2010). Während sich die Bewohner sehr positiv über ihren Wohnort äußerten, litt die Außenwahrnehmung Schwedts an dem negativen Image der nahen Landesgrenze zu Polen, der industriellen Vergangenheit mit negativen Umweltfolgen und in Ostdeutschland auch noch als Standort des einzigen Militärgefängnisses.

Im Gegensatz zur vertieften Zusammenarbeit innerhalb des Landkreises und mit Akteuren und Organisationen in benachbarten Landkreisen kam es mit den polnischen Nachbarregionen nur zu wenigen vereinzelten Projekten. Ähnlich wie bei den Erfahrungen in Sachsen wurden auch hier Sprachbarrieren und unterschiedliche Interessenschwerpunkte als vorrangige Hemmnisse einer intensivierten Kooperation angesehen. Auch die Evaluation der ersten Erfahrungen Schwedts als RWK wies auf die besonderen Potentiale eines Ausbaus der Zusammenarbeit an, da insbesondere die Nähe zu Szczecin als einer Großstadt mit über 400.000 Einwohnern – die Entfernung von Schwedt nach Szeczin beträgt

---

[89] Gesellschafter dieser Organisation sind der Kreis Uckermark (50 %), die Stadt Schwedt/Oder (35,4 %) und die Stadt Prenzlau (15,6 %).

über die Fernstraßen nur knapp 50 km – als Chance für eine Erzielung „kritischer Massen"
bei der industriellen Entwicklung zu sehen sei (Ernst Basler + Partner und Regionomica
2010; Prognos AG 2010).

Insgesamt ist die Ausgangssituation des Landkreises Uckermark vor Beginn der Fi-
nanz- und Wirtschaftskrise als Kombination sich verfestigender Strukturschwäche durch
räumliche Lage, Abwanderung und Arbeitslosigkeit mit einigen sich festigenden Entwicklungspfaden entlang bestehender industrieller Kerne ergänzt um neue Branchenfelder im
Bereich erneuerbarer Energien und Tourismus zu bezeichnen. Auffallend bei der Entwicklung der Institutionen und Maßnahmen in dieser Fallstudie waren die vielfältigen Ansätze
zur Erzielung einer institutionellen Dichte durch Netzwerke und Organisationen trotz der
geringen Bevölkerungsdichte.

Erfahrungen während der Finanz- und Wirtschaftskrise
Bereits die Abb. 3.32 und 3.33 zu Beginn dieses Kapitels zeigten die sehr gegenläufige
Entwicklung von BIP zu Marktpreisen und Erwerbstätigkeit im Landkreis Uckermark.
Ausgehend vom BIP, geriet der Landkreis bereits im Jahr 2007 in die Krise und wurde mit
einem dreijährigen Rückgang des BIP konfrontiert (−2,5, −2,3 und −9,2%; alle Angaben
in diesem Abschnitt, soweit nicht anders vermerkt von VGRdL 2015). Erst im Jahr 2010
konnte wieder ein Wachstum verzeichnet werden. Dieser Anstieg im Jahr 2010 (15,3%)
war wiederum überdurchschnittlich im Vergleich zu Bund (5,1%) und Land (5,0%). Die
Quellen dieser Schwankungen des nominellen BIP sind durch eine Betrachtung der Struktur der BWS in den jeweiligen Jahren zu erkennen. Vor der Krise (im Jahr 2006) betrug
der Anteil des verarbeitenden Gewerbes an der BWS im Landkreis Uckermark 31,5%.
Bis zum dritten und stärksten Krisenjahr 2009 sank er auf 23,7%. Demgegenüber stieg
der Anteil der öffentlichen Dienstleistungen (insbesondere Erziehung und Gesundheit) am
nominellen BIP von 24,5% im Jahr 2006 auf 28,6% im Jahr 2009. Im Jahr des starken
BIP-Wachstums 2010 stieg der Anteil des verarbeitenden Gewerbes wiederum von 23,7
auf 31,8%, während der Anteil der öffentlichen Dienstleistungen auf 25,1% sank. Deutlich wurde somit die starke Konjunkturanfälligkeit der regionalen Industrien (Erdölauf-
bereitung, Metallverarbeitung und Papier). Im Unterschied zum Burgenland konnten in
dieser Fallstudie die erneuerbaren Energien kaum einen stabilisierenden Effekt entfalten,
da die entsprechenden Produktionsleistungen einen zu geringen Anteil ausübten.

Im Gegensatz zur negativen BIP-Entwicklung stand der leichte Anstieg der Erwerbstätigkeit (in absoluten Zahlen von 49.500 im Jahr 2006 auf 52.100 im Jahr 2009). Dem-
entsprechend sank auch die Arbeitslosenquote im Landkreis von 23,7% im Jahr 2006 auf
17,8% im Jahr 2009 (INKAR 2015, auf der Basis von Angaben der Bundesanstalt für
Arbeit). Diese Quote war jedoch immer noch der Spitzenwert unter unseren Fallstudien.
Erstaunlicherweise war es wieder das verarbeitende Gewerbe, das relativ den stärksten
Beitrag zu dem Anstieg der Erwerbstätigkeit lieferte. Der Anteil an der Gesamtzahl der
Erwerbstätigen stieg von 12,5 auf 13,4%. Parallel dazu stiegen auch die Erwerbstätigen-
zahlen in allen Dienstleistungssektoren, jedoch relativ schwächer. Im Anschluss an das
wichtigste Krisenjahr 2009 stagnierte die Erwerbstätigenzahl im Jahr 2010 und sank bis

zum Jahr 2012. Diese Verringerung der Erwerbstätigenzahl wurde durch eine geringere Beschäftigung in den Dienstleistungssektoren mit Ausnahme des Sektors „Handel, Verkehr und Lagerei, Gastgewerbe, Information und Kommunikation" ausgelöst. Im verarbeitenden Gewerbe setzte sich die gegenläufige Entwicklung mit einem Anstieg der Erwerbstätigenzahl im Jahr 2011 bei rückläufigem BIP und einem leichten Rückgang der Erwerbstätigenzahl im Jahr 2012 bei einem Anstieg des BIP fort.

Wie auch bereits in den vergangenen bundesdeutschen Fallstudien, wurde die Bedeutung der Kurzarbeit für die Krisenbewältigung als Ergänzung zu eigenen personalwirtschaftlichen Anpassungen über Arbeitszeitkonten und Verringerung von Leiharbeit besonders betont. Aufgrund der Besonderheit einer – abgesehen von den Papierfabriken und PCK als Raffinerie – eher kleinteiligen Unternehmensstruktur war der Anteil der Beschäftigten in Kurzarbeit an der Gesamtzahl jedoch gering. Abbildung 3.25 in Kap 3.4 zeigte, dass der Anteil im September des Krisenjahres 2009 bei 15,7 % und damit auf einer Höhe mit Leipzig und etwas höher als in Gelsenkirchen lag. Trotzdem wurde die Bedeutung gerade bei den Industrieunternehmen in der Region hoch eingeschätzt (vgl. zu den Erfahrungen in Schwedt/Oder auch complan 2010).

Neben der Kurzarbeit hatten wie auch bei den anderen bundesdeutschen Fallstudien mit Ausnahme von Chemnitz die öffentlichen Infrastrukturinvestitionen des Bundes eine stabilisierende Wirkung. Die BWS im Bauwesen des Landkreises Uckermark stieg während der Krise, hatte aber den stärksten Anstieg im Jahr 2010, was auch auf Verzögerungen bei der Umsetzung einzelner Bauprojekte zurückgeführt wurde. Auf der Landesebene lag der Schwerpunkt wie bereits in Sachsen und NRW auf der Umsetzung der bundespolitischen Maßnahmen. Die Finanz- und Wirtschaftskrise wirkte im Land Brandenburg wie auch im Landkreis Uckermark eher bestärkend, auf dem bisherigen Pfad der Unterstützung eines Ausbaus regionaler industrieller Pole fortzufahren.

Ansätze zur Überwindung der Strukturschwäche?
Der Landkreis Uckermark zählt zu den Fallstudienregionen unserer Untersuchung, in denen seit Beginn der Finanz- und Wirtschaftskrise ein Anstieg der Bedeutung des verarbeitenden Gewerbes zu beobachten ist. Tabelle 3.15 beschreibt die Entwicklung der

Tab. 3.15 Industriequote in den Fallstudienregionen. (Quelle: INKAR (2015))

	2008	2009	2010	2011	2012
Stuttgart	17,5	17,2	16,5	17,1	17,4
Dresden	13,2	12,1	12,0	12,6	12,6
Freiburg	10,2	9,9	9,6	10,1	9,9
Leipzig	9,9	9,9	9,9	10,4	10,3
Dortmund	10,2	10,3	10,1	10,3	10,4
Gelsenkirchen	11,7	12,3	12,3	12,4	12,8
Pforzheim	22,4	21,1	20,6	21,8	21,6
Chemnitz	16,9	17,0	16,6	16,9	17,0
Uckermark	12,5	12,9	13,8	14,8	15,0

Industriequote, das heißt des Anteils der SVB in der Industrie (gemäß WZ 2008) je 100 Einwohner, während und nach der Krise. In allen Fallstudienregionen mit Ausnahme von Gelsenkirchen und der Uckermark nahm die Industriequote während der Krise zumindest zeitweilig ab. In der Uckermark stieg die Industriequote hingegen kontinuierlich an, was die zunehmende Bedeutung der Industrie für diese periphere Region unterstreicht. Dementsprechend konnte nach der Finanz- und Wirtschaftskrise vornehmlich eine Festigung des bereits vor der Krise entwickelten Pfades beobachtet werden.

So wurden auch im Zuge der Fortentwicklung des RWK Schwedt/Oder Maßnahmen zur Stärkung der dominanten Branchen verfolgt (vgl. auch zum Folgenden complan 2014). Die Landesregierung hatte im Jahr 2011 mit ihrem Aktionsplan „Pro Industrie" eine Fokussierung auf Instrumente zur Fortentwicklung „Brandenburg-spezifischer" Cluster, Gewinnung und Sicherung von Fachkräften und Verbesserung von Standortimage und -marketing initiiert. Für den RWK Schwedt/Oder wurden daraufhin Cluster in den Bereichen Energiewirtschaft, Gesundheit, Metall sowie Verkehr/Mobilität/Logistik identifiziert. Mit 38 % Beschäftigtenanteil in den Clusterbranchen übertraf der RWK im Jahr 2011 den Landesdurchschnitt von 23 % deutlich.

Eine besondere Rolle für die Standortentwicklung übernahm wie bereits seit den 1960er Jahren das Cluster Energiewirtschaft. Hier wurden seit der Finanz- und Wirtschaftskrise neue Schwerpunkte im Bereich der Bioenergieproduktion durch Investitionen in Anlagen zur Produktion von Biodiesel, Bioethanol und Biogas entwickelt. Durch die räumliche Nähe zu PCK und Zulieferunternehmen am Industriepark bestanden gute Voraussetzungen zur Sicherung von Synergien bei Forschung und Entwicklung. Potentialanalysen für den Standort bestätigten insbesondere gute Entwicklungsmöglichkeiten im Bereich Biogas. Durch die Gründung des HdBT wurden zudem verbesserte Voraussetzungen zur Verknüpfung der industriellen Aktivitäten mit Qualifikationsprogrammen und angewandter Forschung erreicht. So bot die FH Brandenburg durch ihre Präsenzstelle seit dem WS 2009/2010 einen Fernstudiengang Betriebswirtschaftslehre an, der ein Jahr später durch ein weiteres Angebot zu Gesundheitsmanagement und Pflege ergänzt wurde. Zusätzlich kooperierte PCK mit der FH Brandenburg bei der Ausbildung von Maschinenbauern und mit der FH Eberswalde bei der Entwicklung neuer Forschungsvorhaben. Ähnlich wie in den Fallstudien Gelsenkirchen und Burgenland kam es auch in der Uckermark zu einer verstärkten Verknüpfung neuer Angebote bei der Produktion erneuerbarer Energien mit Anwendungen durch kommunale Programme zum Ausbau der Nachfrage nach erneuerbaren Energien, beispielsweise im Zuge eines neuen lokalen Energiekonzepts in Schwedt/ Oder. Im Vergleich zu den Erfahrungen der beiden anderen Fallstudien befanden sich die Aktivitäten in der Uckermark noch in frühen Entwicklungsphasen.

Ein wichtiger weiterer Schritt zur Verbesserung der wirtschaftsnahen Forschung und akademischen Ausbildung wird durch eine deutsch-polnische Präsenzstelle in Schwedt/ Oder angestrebt. Grundüberlegung ist auch hier die Entwicklung gemeinsamer Studienprogramme insbesondere in den Bereichen Pflege, Pädagogik, Technik und Logistik, beispielsweise mit einer Universität aus Szczecin, verbunden mit entsprechenden Sprachkursen zum Erlernen der deutschen Sprache für polnische Absolventinnen und Absolventen, um die Verfügbarkeit von Fachkräften in der Region zu verbessern.

Neben diesem Schwerpunkt zur Überwindung der strukturellen Defizite im Bereich akademischer Ausbildung und Forschung werden weitere Projekte mit polnischen Partnern angestrebt, um grenzüberschreitende Tourismusangebote zu entwickeln. Schwerpunkt war hierbei der Wassertourismus, wobei eine verstärkte Zusammenarbeit mit polnischen Nachbarkommunen innerhalb des EU-INTERREG-Programmrahmens vorgesehen ist. Auffällig ist zudem in den vergangenen Jahren eine verstärkte Hinwendung zu vermehrten Begegnungen unterschiedlicher Einrichtungen der Bildung, der Wirtschaft, des Tourismus oder anderer privater Vereine auf deutscher und polnischer Seite, um auf diese Weise durch kontinuierliche persönliche Kontakte die Basis für weitere Kooperation zu schaffen. Der RWK Schwedt/Oder wurde auch in die Planung der Metropolregion Szczecin einbezogen, um auf diese Weise frühzeitig Kooperationsmöglichkeiten zu identifizieren. Einschränkend wurde jedoch in den Statusberichten auf Verzögerungen und Aussetzung bei Infrastrukturprojekten für Fernstraßen und Wasserstraßen hingewiesen, die auch die Erreichbarkeit und Verbundenheit mit den Nachbarregionen in Polen begrenzen (complan 2014).

Ähnlich wie an anderen Standorten mit Produktionsbetrieben der Solarindustrie kam es auch bei der Solarzellenproduktion am Standort Prenzlau durch die Konkurrenz aus Asien zu einer Unternehmenskrise. Die Produktion konnte jedoch zumindest nach einem Eigentümerwechsel fortgeführt werden, so dass diese Produktion weiterhin als ein Bestandteil der Strategie zur Fokussierung der Branchenentwicklung in Richtung erneuerbarer Energien angesehen werden kann. Allerdings verdeutlicht die Erfahrung aus der Solarindustrie die verbleibenden politischen Risiken einer solchen Entwicklung.

Insgesamt ist bei der Fallstudie zum Landkreis Uckermark zu beobachten, dass nach einer Phase der Selbstfindung eine Strategie zur Verringerung der Strukturschwächen durch Kooperation über Kreis- und Landesgrenzen hinaus erkennbar ist. Auch die ursprünglich besonders schwache Positionierung im Regionsvergleich der Unternehmensgründungen verbesserte sich von Position 439 im Jahr 2006 kontinuierlich bis auf Position 382 von 439 Regionen im Jahr 2013 (IfM 2014). Hilfreich für die gesamte Entwicklung des Standorts war die Kontinuität im Bereich der Erdölverarbeitung am Standort Schwedt/Oder. Die starken Schwankungen im regionalen BIP, die weiterhin hohe Arbeitslosigkeit (16,4 % im Jahr 2012) und die fortwährende Abwanderung zeigen jedoch, dass eine eigenständige Krisenbewältigung auch bei zukünftigen Krisen mit großen Herausforderungen verbunden sein wird.

3.5.4 Lektionen aus den Fallstudien in ländlich-peripheren Regionen

In den Fallstudien dieses Kapitels begegneten wir Regionen mit besonderen Strukturschwächen aufgrund ihrer räumlichen Lage und geringen Bevölkerungsdichte. Die Entwicklungsmöglichkeiten beider Regionen wurden durch ihre Randlage an der Grenze zu Ländern, die erst im Jahr 2004 Mitglied der EU wurden, begrenzt. Im Burgenland konnten wir anhand der unterschiedlichen Entwicklungen im Norden und im Süden des Bundeslands den Einfluss der Entfernung zu größeren Agglomerationen außerhalb der Region aufzeigen. Durch die Landesgrenze zu Polen wurde für den Landkreis Uckermark der Agglomerationsraum um Szczecin erst nach dem EU-Beitritt Polens und einigen Erfahrungen mit Kooperationsversuchen zu einer Möglichkeit, die eigene Randlage zu überwinden. In beiden Fallstudien spielten erneuerbare Energien und Tourismusangebote als neue Chance für ländliche Räume eine wesentliche Rolle. Im Fall des Burgenlands wurde jedoch zugleich die Anfälligkeit für politische Risiken, die sich hieraus aufgrund der Abhängigkeit von attraktiven Einspeisetarifen ergab, deutlich. Der Süden des Burgenlands und der Landkreis Uckermark verlieren weiterhin Bevölkerung durch Abwanderung, was auch die Grenzen der Strategien, die in den vergangenen zwei Jahrzehnten entwickelt wurden, aufzeigen. Jedoch deutet die breitere Fundierung der Strukturen, auch durch Verknüpfungen mit Forschungseinrichtungen außerhalb der Regionen, darauf hin, dass in beiden Regionen Anpassungsfähigkeiten gewachsen sind, die zumeist eine weitere Ausdehnung des wirtschaftlichen Rückstands auch in Krisenzeiten verhindern können.

Diese stärkere Einbindung in internationale Marktstrukturen bedingt jedoch zugleich, dass die Verletzlichkeit bei Krisensituationen aufgrund einer Ansteckung bei Krisen verbundener Regionen zunimmt. Die Fallstudie zur Uckermark zeigte starke Schwankungen des BIP, aber zugleich auch die starke Bedeutung der mit anderen Regionen verflochtenen Industriebranchen für eine dauerhafte Stabilisierung der Beschäftigung. Unsere Ursprungsfrage nach der Verbindung zwischen Peripherie („räumlichem Abseits") und erfolgreicher Anpassung aufgreifend, kommen wir daher zu einem eher ambivalenten Fazit, dass positive Auswirkungen der Anpassungsmaßnahmen für die regionale Resilienz bestätigt, jedoch – ähnlich wie in den anderen Fallstudien – auch eine Zunahme der Risiken neuer Krisen bei zunehmender Verflechtung beobachten kann. Aufgrund der vergleichsweise geringen Bevölkerungsdichte werden kaum Alternativen zu einem solchen Pfad bestehen, um einen zusätzlich wachsenden Rückstand in Einkommen und Kaufkraft der peripheren Regionen verhindern zu können.

Tabelle 3.16 fasst einige Beobachtungen in den beiden Fallstudienregionen zusammen.

Tab. 3.16 Zusammenfassung der Ergebnisse zu den Fallstudien in ländlich-peripheren Regionen

Stärken und Voraussetzungen	Schwächen und Grenzen
Burgenland	*Burgenland*
Gute natürliche Bedingungen für die Nutzung erneuerbarer Energien	Schlechte Erreichbarkeit des Südens und gefestigter Abwanderungstrend
Vielfältige Erfahrungen mit der Anwendung erneuerbarer Energien	Verbleibender Rückstand bei Qualifikationen der Beschäftigten
Anwendungsorientierte Forschungsinfrastruktur zu erneuerbaren Energien	Verbleibender Rückstand bei der Erwerbstätigkeit von Frauen und bei der Nutzung von Teilzeit
Anbindung des Nordens an den Agglomerationsraum Wien	Geringe Exportquote
Naturschutzpark und Tourismusziel Neusiedler See	Schwache unternehmensnahe Dienstleistungsmärkte

Tab. 3.16 (Fortsetzung)

Stärken und Voraussetzungen	Schwächen und Grenzen
Grenzüberschreitende Forschungszusammenarbeit	Grenzen der Erzielung kritischer Mindestgrößen innerhalb der Region
	Verbleibende Abhängigkeit von Mitteln der EU-Strukturfonds
Uckermark	*Uckermark*
Gewachsene Zusammenarbeit innerhalb der Region	Geographische Randlage und fortwährender Abwanderungstrend
Lange Erfahrung im Bereich der Energiewirtschaft	Hohes Durchschnittsalter der Bevölkerung
Stabilität durch PCK als relativ großem Unternehmen	Keine Hochschule oder Forschungseinrichtung in der Region
Gute natürliche Bedingungen für erneuerbare Energien	Eher schlechtes Image durch Randlage und industrielle Vergangenheit
Attraktivität durch Naturparks, Biosphärenreservat und Wasserstraßen	Vornehmlich lokale Nachfrage nach Tourismusangeboten
Vielfältige Infrastruktur für Gütertransporte (Schiene, Wasser, Straße)	Verbleibende Abhängigkeit von Mitteln der EU-Strukturfonds
Chancen und Potentiale	**Risiken und Gefahren**
Burgenland	*Burgenland*
Ausbau der Produktion erneuerbarer Energien	Hohe politische Risiken aufgrund der Abhängigkeit von Förderungen erneuerbarer Energien
Hohe Akzeptanz und Bereitschaft zur Zusammenarbeit in der Region	Starke Abhängigkeit von Arbeitsmärkten außerhalb der Region trotz verringerten Pendlersaldos
Vielfalt des Tourismusangebots	Fehlende kritische Mindestgrößen und Verknüpfungen bei lokalen Industrien
Vorteile durch Suburbanisierung im Umfeld Wiens	
Erweiterung des Arbeitskräftepotentials durch Zuwanderung	
Uckermark	*Uckermark*
Zugang zu akademischem Wissen durch Präsenzstellen und Verbindungen zu Nachbarregionen	Festigung des Images durch Abwanderungstrends
Ausbau der Kooperation mit polnischen Nachbarregionen, insbesondere der Agglomeration Szczecin	Kaum Verknüpfungen außerhalb der Energiewirtschaft
Erzielung kritischer Mindestgrößen in der Energiewirtschaft	Begrenzte Außenwirkung der Tourismusregion
Nutzung der Regionalmarke im Trend zur Beachtung der Produktherkunft	

Resilienzpolitik als neues Paradigma regionaler Wirtschaftspolitik?

4.1 Ausgangsüberlegungen

Die Fallstudien im vorangegangenen Kapitel verdeutlichten, dass in den Untersuchungsregionen bereits im Zeitraum zwischen 1990 und dem Beginn der Finanz- und Wirtschaftskrise vielfältige Maßnahmen durchgeführt wurden, die während und nach der Krise zur Begrenzung der Folgen bzw. zur erfolgreichen Anpassung beigetragen haben. Somit wurde – auch ohne den Begriff zu verwenden – bereits eine Politik zur Steigerung der regionalen wirtschaftlichen Resilienz betrieben. Daher soll in diesem Kapitel im Rahmen der politischen Schlussfolgerungen auch nicht der Eindruck vermittelt werden, „das Rad neu zu erfinden" und neue politische Strategien mit neuen Begriffen und Instrumenten zu definieren, die dann „als alter Wein in neuen Schläuchen" entlarvt würden. Vielmehr geht es uns darum, zu diskutieren, inwieweit bestimmte Schwerpunktsetzungen und Verknüpfungen in vertikalen – lokale, regionale, nationale, EU-weite – und horizontalen – verschiedene Politikfelder einbeziehenden – Dimensionen die Wahrscheinlichkeit regionaler Resilienz erhöhen können (vgl. zu diesen Dimensionen auch die Veranschaulichung durch Beispielmaßnahmen in Tab. 2.3).

Bevor wir jedoch diese Überlegungen erläutern und auf unsere Ergebnisse aus den Fallstudien beziehen, möchten wir zunächst auf zwei strategische Elemente eingehen, die aufgrund ihrer Aufnahme in die Vorgaben der Europäischen Kohäsionspolitik für die neue Periode der Strukturfonds und die hierzu einzureichenden operationellen Programme der Mitgliedsstaaten und Regionen einen besonders starken Einfluss auf die Formulierung und Gestaltung der Wirtschaftspolitik in den Regionen ausübten: „smart specialisation" und „place-based approaches". Ziel dieser Betrachtung ist es, die angestrebten Veränderungen im Politikverständnis und ihr Verhältnis zur wirtschaftlichen Resilienz und zu den im dritten Kapitel beobachteten Maßnahmen zu erläutern, um zu verhindern, dass auch bei den Praktikern der Wirtschaftsförderung in den Ländern, Regionen und Kommunen der

R. Wink et al., *Wirtschaftliche Resilienz in deutschsprachigen Regionen,*
DOI 10.1007/978-3-658-09823-0_4

bereits zum Anfang des Buches genannte Stoßseufzer „jetzt auch noch resilient?" (DIfU 2013) ausgelöst wird.

4.2 „Smart specialisation" und „place-based approaches" als neue Konzepte der EU-Kohäsionspolitik und ihr Verhältnis zu regionaler Resilienz

Ausgangspunkt der politischen Karriere des Begriffs „*smart specialisation*" war der Bericht einer Expertengruppe „*Knowledge for Growth*" im Rahmen der Forschung der European Research Area (Foray et al. 2011). Diese Gruppe untersuchte Gründe für die wachsende Produktivitäts- und Wachstumslücke zwischen den USA und der EU. Wesentliche Ursachen wurden in Schwächen der EU-Mitgliedsländer bei der Produktion und Ausbreitung von Informations- und Kommunikationstechnologien gesehen. Informations- und Kommunikationstechnologien erfüllten somit die Funktion so genannter „*general purpose technologies*" (GPT), die vielfältige Folgeentwicklungen seitens der Produktion (beispielsweise durch Vernetzung von Produktionsprozessen) und seitens der Nachfrage (beispielsweise im Rahmen der „*sharing economy*") ermöglichten (vgl. ausführlicher zum Begriff der GPT und ihrer Rolle in der Innovationsgeschichte Dudley 2012). Als Schlussfolgerung aus dieser Beobachtung wurde die Notwendigkeit einer Konzentration der eingesetzten FuE-Mittel in solchen wissensintensiven Branchen betont, die den jeweiligen Stärken und Fähigkeiten in den einzelnen Ländern und Regionen am besten entsprechen. „*Smart*" wurde in Verbindung mit wissensintensiven Branchen, besonders im Zusammenhang mit Informations- und Kommunikationstechnologien und der Digitalisierung, und mit besonderer Betonung der Fokussierung der Mittel verstanden. In verschiedensten Veröffentlichungen der Europäischen Kommission über Maßnahmen und Strategien zur Stärkung des Wachstums fand sich daraufhin der Begriff „*smart growth*" (European Commission 2010 und 2010a). Parallel dazu wurde der Begriff der „*key enabling technologies*" (KET) als notwendige Voraussetzung für eine hohe Wettbewerbsfähigkeit durch die Europäische Kommission in die politischen Debatten eingeführt (European Commission 2009). Eine Definition dieses Begriffs lautete (HLG 2011, mit weiteren Verweisen):

> KETs are knowledge and capital-intensive technologies associated with high research and development (R&D) intensity, rapid and integrated innovation cycles, high capital expenditure and highly-skilled employment. Their influence is pervasive, enabling process, product and service innovation throughout the economy. They are of systemic relevance, multidisciplinary and trans-sectorial, cutting across many technology areas with a trend towards convergence, technology integration and the potential to induce structural change.

Es wird somit eine enge Verknüpfung zum Begriff der GPT deutlich. Die Europäische Kommission beauftragte eine „high-level expert group", die wiederum als zentrale Ursache für den Produktivitäts- und Wachstumsrückstand der EU gegenüber den USA das so genannte *„valley of death"* zwischen der Entwicklung der Technologien und der Umsetzung in vermarktungsfähige Produkte identifizierte. Als Ursachen für diese Schwäche wurden eine Überbetonung der Grundlagenforschung und eine zu schwache Unterstützung der Markteinführung genannt (HLG 2011).

„Smart specialisation" wurde daraufhin nicht nur Bestandteil der *„EU 2020 Agenda"* (European Commission 2010) sondern auch als *RIS3 (Research and Innovation Strategies for Smart Specialisation)* zu einer Ex ante-Konditionalität für die Förderung im Rahmen der EU-Strukturfonds, um eine maximale Wirksamkeit der Förderung zu erzielen (vgl. auch OECD 2013). Die Regionalpolitik in den Regionen und Mitgliedsländern sollte ausgehend von den bisherigen Erfahrungen und Investitionen der Unternehmen eine Bewertung der regionsinternen Wissensbasis, Verknüpfungen und Entwicklungspotentiale vornehmen und ihre Schwerpunkte auf die besonderen Stärken fokussieren. Es wurde somit anerkannt, dass regionsspezifische und die jeweiligen Entwicklungspfade berücksichtigende Schwerpunktsetzungen vorgenommen werden sollten und dass der Entdeckungsprozess der zukunftsträchtigen Schwerpunkte dezentral durch unternehmerische Initiativen und private Investitionen vorgenommen wurde (vgl. auch McCann und Ortega-Argiles 2013; Foray et al. 2011).

Die Grundidee eines regional differenzierten Vorgehens verbindet sich mit dem zweiten in diesem Abschnitt betrachteten Begriff, der eine schnelle politische Karriere in der EU-Kohäsionspolitik erreichte. Der *„place-based approach"* wurde durch den so genannten Barca-Report (Barca 2009; OECD 2009) bekannt. Der in diesem Bericht vorgestellte Ansatz sollte bestehende Ineffizienzen und Ungleichheiten der regionalen Strukturpolitik ausgleichen. Wesentliche Elemente des Ansatzes betrafen:

- den Begriff der „places": Der Begriff sollte sich anstelle der administrativ bestimmten Regionen auf funktionale Räume beziehen, die sich für eine gemeinsame Entwicklung eignen.
- die einzusetzenden Instrumente: Hier wurde von maßgeschneidert auf die Bedürfnisse des Ortes („place") abgestimmten öffentlichen Gütern ausgegangen, die durch die Beteiligung der lokalen Stakeholders in partizipativen politischen Prozessen identifiziert und umgesetzt werden (vgl. auch zu diesem Anspruch Stahlecker und Koschatzky 2010)
- die Abgrenzung zu *„place-neutral approaches"*: Diese Ansätze favorisieren generell die Förderung von Agglomerationen und daraufhin ausgelöste Externalitäten. Anstelle dessen sollten *„place-based approaches"* die örtlich spezifischen kulturellen Entwicklungen und etwaigen Beschränkungen der Mobilität und Flexibilität berücksichtigen (vgl. zu einer ausführlicheren Erläuterung Barca et al. 2012).
- die Verknüpfung in einem Multilevel-Governance-Setting: Örtliche Einheiten werden auf der Basis nachgewiesener maßgeschneidert auf den Ort angepasster Entwicklungsstrategien und Maßnahmenpläne durch Finanzmittel von überörtlichen (EU-)Einrichtungen unterstützt.

Innerhalb der EU-Politik wurde der „*place-based approach*" durch die „*Territoriale Agenda 2020*" der EU-Raumordnungsminister im Jahr 2011 aufgegriffen (TA 2020, 2011). Ähnlich wie im Kontext der „*smart specialisation*" wurde auch bei diesem Ansatz aufgrund der allgemein gehaltenen Definition ein Spielraum zur Interpretation und Umsetzung auf der regionalen Ebene belassen, der im Verlauf anstehender Programmphasen der EU-Strukturfonds mit Inhalt zu füllen sein wird (vgl. beispielsweise Thissen et al. 2013; Vignetti et al. 2015, mit einigen Ansätzen zur Konkretisierung).

Kritiker der beiden Konzepte aus wissenschaftlicher Sicht beziehen sich zumeist auf drei Ebenen, von denen insbesondere die letztgenannte sehr bedeutsam für unsere Diskussion der regionalen Resilienz ist. Erstens wird der generelle Neuigkeitsgrad der Konzepte bezweifelt. Der „*place-based approach*" wird in einer engen Verbindung mit der seit den 1980er Jahren bekannten Formel der Mobilisierung endogener Potentiale in den Regionen gesehen, wobei jedoch zumindest zu berücksichtigen ist, dass er die Aspekte der Differenziertheit und Vielfalt in den Regionen stärker betont (Weltbank 2009). Ansätze der „*smart specialisation*" wurden bereits in Agglomerationstheorien gesehen, die stärkere Wachstumseffekte durch räumliche oder sektorale Konzentrationsprozesse begründeten, und in Ansätzen der Wirtschaftsgeografie, die sich mit der Bestimmung „*regionaler Wettbewerbsvorteile durch verbundene Vielfalt (constructing regional advantage*; CRA, vgl. auch zur Erläuterung Boschma 2013)" beschäftigten.

Die zweite Linie der Kritik bezweifelt die Umsetzbarkeit der Ansätze und Ergebnisse. Es wird gefragt, wie eine Beteiligung der Stakeholder beim „place-based approach" erfolgen kann und inwieweit ein solcher Ansatz tatsächlich etwas an den bestehenden Disparitätenmustern aufgrund struktureller Unterschiede ändert (vgl. beispielsweise Othengafen und Cornett 2013; Weltbank 2009). Ebenso wird beim Ansatz der „smart specialisation" gefragt, inwieweit ein solcher Ansatz nicht die Unterschiede zwischen den Regionen aufgrund einer stärkeren Wachstumsdynamik der weiter entwickelten Regionen vertieft und wie die Verknüpfung privater Entdeckungsprozesse zukunftsträchtiger Schwerpunkte und politischer Identifikation dieser Ergebnisse privater Entdeckung tatsächlich gelingt (Boschma 2013).

Die dritte Ebene der Kritik beschäftigt sich mit der Berücksichtigung evolutiver Prozesse im Raum. Zwar berücksichtigen beide Konzepte die Bedeutung von Entwicklungspfaden und der Verbundenheit von Vergangenheit, Gegenwart und Zukunft in den Regionen. Sie bleiben jedoch vergleichsweise vage bei der Begründung von Möglichkeiten zur Veränderung und Anpassung in den Regionen. Bei den „place-based approaches" stellt sich die Frage, inwieweit die regionalen Stakeholders das Risiko von „Lock-ins" bei bestehenden Entwicklungspfaden rechtzeitig erkennen oder – wie im Fall unserer Fallstudien zu „*slow burn changes*" in Pforzheim, Dortmund oder auch Gelsenkirchen – erst reagieren, wenn bereits der Strukturwandel außerhalb der Region so weit fortgeschritten ist, dass der Anschluss verloren wurde und ein struktureller Anpassungsprozess deutlich erschwert wird (vgl. allgemein Hassink 2010). Die „maßgeschneiderten" Instrumente für die Regionen können daher ohne Aussagen zu einem Korrektiv im Fall eventueller kognitiver oder funktioneller Blockaden bei der Beobachtung struktureller Anpassungsnotwendigkeiten zu einer Festigung bereits vorhandener Entwicklungslinien führen.[1]

Ebenso fehlen dem Konzept der „*smart specialisation*" präzise Aussagen zur Anpassung im Verlauf technologischer Veränderungen. Zwar ermöglicht der Fokus auf KET zunächst vielfältige Entfaltungsprozesse entlang unterschiedlichster Branchen, die diese KET einsetzen und fortentwickeln. Jedoch sind auch bei den KET wiederum Anpassungsprozesse mit unterschiedlichen Branchenschwerpunkten des Einsatzes zu beobachten. So kam es beim Einsatz von Informations- und Kommunikationstechnologien bereits seit der breiten Diffusion erster Technologiestufen zu vielfältigen Entwicklungen technologischer Schwerpunkte und damit zu großen Herausforderungen der Anpassungsfähigkeit in jeweils davon betroffenen Regionen (vgl. beispielsweise Suire und Vicente 2009). Jüngste Beispiele betrafen die Anpassungsschwächen skandinavischer Regionen mit einer lange Zeit erfolgreichen Spezialisierung im Bereich der Mobilkommunikation und ihre Anpassungsprobleme nach dem Durchbruch der Smartphones (vgl. beispielsweise zu den Folgen im IT-Sektor Dänemarks Holm und Ostergaard 2015). Ebenso stellen sich bei der Mikroelektronik stete Herausforderungen zwischen einer fortwährenden Beschleunigung und Erweiterung der Speicherkapazitäten in der Chip-Industrie und einer wachsenden Vielfalt an Anforderungen, die zu fortwährenden Anpassungserfordernissen der betroffenen Unternehmen, beispielsweise in unserer Fallstudienregion Dresden (Kap. 3.2), führen (vgl. auch Schneider 2015).

Zusätzliche Probleme ergeben sich beim Ansatz der „*smart specialisation*" aus seiner Herkunft im Kontext der Innovations- und Forschungspolitik (Foray et al. 2009). Folgerichtig wurden vorrangig Voraussetzungen für eine Steigerung des Wachstums und der Produktivitätsfolgen durch eine beschleunigte und effiziente Entwicklung und Umsetzung der Technologien untersucht, während räumliche Aspekte erst beachtet wurden, als das Konzept Eingang in die Kohäsionspolitik fand. Dies bedeutet jedoch, dass sich für strukturschwache Regionen ohne bzw. mit nur sehr wenigen formellen akademischen Ausbildungs- und Forschungseinrichtungen hohe Barrieren zur Erzielung einer notwendigen kritischen Masse für eine „*smart specialisation*" ergeben. Hier müssten daher – wie in unseren Fallstudien zur Uckermark, zum Burgenland oder auch zu Pforzheim beispielhaft erläutert – verschiedene Möglichkeiten zum Anschluss an regionsübergreifende „*Wissens-Pipelines*" (Bathelt et al. 2004; Wink 2010) berücksichtigt werden, um auch in diesen Regionen zu verhindern, dass ein „*valley of death*" zwischen der Entwicklung erster Forschungsstrukturen und der Entstehung einer Basis für eine erfolgreiche „*smart specialisation*" entsteht.

---

[1] Kognitive Blockaden entstehen durch Wahrnehmungsfilter, weil nur die eigene (regionsinterne) Wahrnehmung, nicht jedoch die Wahrnehmung außerhalb der Region berücksichtigt wird. Funktionale Blockaden entstehen durch Wahrnehmungsfilter, um die eigene Funktion (das eigene Amt) durch das Festhalten an bestehenden Routinen und Entwicklungspfaden zu erhalten, vgl. ausführlicher Wink (2010a).

Diese dritte Ebene der Kritik kennzeichnet auch die Herausforderung einer Vereinbarkeit der beiden Konzepte mit unseren Erkenntnissen zur regionalen Resilienz in den Fallstudien. Die sehr unterschiedlichen und regionsspezifischen Anpassungspfade und Erfahrungen unterstrichen durchaus die Bedeutung der maßgeschneiderten Vorgehensweisen, die der „*place-based approach*" favorisiert. Außerdem konnte das funktionale Verständnis einer Region und der damit verbundenen maßgeschneiderten Programme in unseren Fallstudien als wesentliche Voraussetzung für erfolgreiche Anpassungsvorgänge bestätigt werden, wenn man beispielsweise auf die Erfahrungen in der Region Stuttgart (Kap. 3.1), die grenzüberschreitende Zusammenarbeit in der Fallstudie Freiburg im Breisgau, die Entwicklungen im Ruhrgebiet (Kap. 3.3) oder die beginnende Zusammenarbeit zwischen Schwedt/Oder und polnischen Nachbarregionen (Kap. 3.5) betrachtet. Sehr wesentlich bei der Entwicklung regionsspezifischer Anpassungsprozesse waren jedoch rechtzeitige Anstöße zur strukturellen Anpassung bzw. zur Erweiterung der Anpassungsmöglichkeiten, die häufig erst durch extern ausgelöste Ereignisse – beispielsweise die Krisensituation in Stuttgart im Jahr 1993/1994 (Kap. 3.1), die Schließung von Großunternehmen in Dortmund (Kap. 3.3), die Ansiedlung von Großunternehmen in Leipzig (Kap. 3.2) oder neue Förderstrukturen im nördlichen Burgenland (Kap. 3.5) – in den Regionen wahrgenommen wurden.

Ebenso sind auch Aspekte der „*smart specialisation*" als bedeutsam für die Anpassungsprozesse in unseren Fallstudienregionen anzusehen. So war in den Regionen mit „Leuchtturmindustrien" (Kap. 3.1) zu beobachten, dass die Konzentration der Investitionen in Qualifikationen und FuE in bestimmten Technologiefeldern die Basis für den Aufbau plattformähnlicher Strukturen bot, aus denen neue Schwerpunktfelder beispielsweise im Zuge der Entwicklung einer „*Industrie 4.0*" bzw. des Einsatzes cyber-physischer Systeme ermöglicht werden. Auch in Dortmund (Kap. 3.3) konnte beobachtet werden, dass durch die Verfügbarkeit einer „kritischen Masse" an jungen Unternehmen im Bereich der Softwareentwicklung und Digitalisierung weitergehende Entwicklungs- und Wachstumsschritte ermöglicht wurden. Umgekehrt stellte sich bei den Fallstudien in Freiburg (Kap. 3.2) und Chemnitz (Kap. 3.4) die Frage, ob die dort entstandenen Innovationsstrukturen im Bereich der Mikrosystemtechnik eine ausreichende „kritische Masse" für ein weiteres Wachstum aufweisen.

Grenzen des Konzepts der „*smart specialisation*" im Hinblick auf regionale Resilienz sind hingegen zu beobachten, wenn es um Übergänge zwischen strukturellen Schwerpunkten geht. Hier erscheint das Konzept einer „verbundenen Vielfalt" besser geeignet, um in Krisensituationen entsprechende Anpassungen auf den Arbeitsmärkten oder innerhalb der Wertschöpfungsketten zu ermöglichen, wie unsere Erfahrungen mit der Mikroelektronik- und Photovoltaikindustrie in der Fallstudie Dresden (Kap. 3.2) oder innerhalb der Fahrzeug- und Maschinenbauindustrie in der Fallstudie Chemnitz (Kap. 3.4) aufzeigten. Zudem zeigten die Fallstudien zu Freiburg und Leipzig (beide in Kap. 3.2) sowie Dortmund (Kap. 3.3) die positiven Aspekte eines weitgehenden Fehlens einer Spezialisierung und engen Verflechtung auf, wenn die betreffenden Stadtregionen aufgrund ihrer räumlichen Lage, Bevölkerungsdichte und Reputation über vergleichsweise starke binnenregionale Dienstleistungsmärkte verfügen. Schließlich zeigten die Fallstudien zu Regionen mit besonderen Strukturschwächen, dass Möglichkeiten zur Fokussierung der Investitionen auch von der Vereinbarkeit mit den Potentialen und Schwerpunkten möglicher Partner in angrenzenden oder ansonsten verbundenen Regionen abhängen, wie am Beispiel der Forschungspartnerschaften im südlichen Burgenland oder der Präsenzstellen externer Hochschulen in Schwedt/Oder (beides jeweils Kap. 3.5) zu erkennen war.

Insgesamt zeigt sich somit ein hohes Maß an Vereinbarkeit der Konzepte, die innerhalb der Politik auf EU-Ebene sehr populär wurden, mit unseren Beobachtungen zu Voraussetzungen regionaler Resilienz. Regionen, die ihre Resilienz erhöhen möchten, können daher diese Konzepte als einen geeigneten Ausgangspunkt für eine entsprechende Politik verwenden. Allerdings sind bei der Anwendung der Konzepte zusätzliche Aspekte zur Stärkung der Anpassungsfähigkeiten zu beachten, die im folgenden Kapitel ausgeführt werden.

4.3 Bausteine einer Resilienzpolitik

4.3.1 Kurzfristige Perspektive

Wir unterscheiden bei unserer Betrachtung einer Resilienzpolitik zwei Phasen. Die kurzfristige Perspektive, mit der wir uns in diesem Abschnitt beschäftigen, geht unmittelbar vom Krisenereignis und der kurzfristigen Verringerung der Folgen dieser Krise aus. In der Regel ist diese Perspektive somit als ein reaktives Vorgehen gegen den Schock einer Krise anzusehen und greift die Maßnahmen auf, die wir in unseren Fallstudien jeweils während der Finanz- und Wirtschaftskrise betrachtet haben. Davon ist die mittelfristige Perspektive abzugrenzen, die einen eher präventiven Charakter annimmt und sich auf die Stärkung der Anpassungsfähigkeiten im Vorfeld einer Krise konzentriert, die geeignete Anpassungen in Krisensituationen ermöglicht. Da diese Anpassungsfähigkeiten von strukturellen Elementen in den Regionen abhängen, können sie nur in einer mittleren Frist aufgebaut werden. Daher bilden die Beobachtungen in den Fallstudienregionen zu Maßnahmen in den zwei Jahrzehnten vor der Finanz- und Wirtschaftskrise ein Anschauungsmaterial für Möglichkeiten einer entsprechenden Resilienzpolitik.

Die kurzfristige Perspektive einer Resilienzpolitik setzt an Erfahrungen im Bereich der Fiskal- und Geldpolitik an und richtet sich daher vornehmlich an politische Akteure auf nationaler oder – insbesondere für die Geldpolitik in der Europäischen Währungsunion – supranationaler Ebene. Auch unsere Fallstudien zeigten, dass kurzfristige politische Krisenmaßnahmen zumeist auf nationaler Ebene initiiert wurden und sich die Ebene der Landesregierungen und Kommunen zumeist auf eine Umsetzung der fiskalpolitischen Instrumente konzentrierten. Lediglich in Baden-Württemberg konnten zusätzliche Finanzmittel durch die Landesregierung mobilisiert werden, deren wesentlicher Effekt

jedoch insbesondere in einer Verstärkung der ohnehin auf Bundesebene eingeführten Instrumente der Konjunkturpakete zu sehen war (siehe auch Kap. 3.1; vgl. auch Krumm und
Boockmann 2012).

Es ist nicht Anliegen dieses Buches, die Eignung fiskal- und geldpolitischer Strategien
und Instrumente zur Stabilisierung in konjunkturellen Krisen zu diskutieren, da unser Fokus auf den Regionen liegt (vgl. Cerra et al. 2013). Daher beschränken wir uns in diesem
Abschnitt auf zwei Aspekte an der Schnittstelle zwischen nationaler bzw. supranationaler
und regionaler Ebene, um die Wirksamkeit der Maßnahmen für die Resilienz in den Regionen zu stärken. Es wird hierbei vorausgesetzt, dass in den Regionen eine bestimmte
Anpassungsfähigkeit („*adaptability*") existiert, die hierdurch möglichen und die Resilienz
fördernden Anpassungen („*adaptations*") jedoch aufgrund psychologischer oder ökonomischer Barrieren nicht umgesetzt werden können. Ökonomische Anpassungsbarrieren
beziehen sich auf spezifisch festgelegte Ressourcen, die keine kurzfristige Übertragung
auf Anpassungsmaßnahmen zulassen. Solche Barrieren ergaben sich beispielsweise für
Unternehmen, die Entlassungen verhindern wollten, jedoch über keine Möglichkeiten zum
Einsatz ihrer Mitarbeiter aufgrund ausbleibender Aufträge und zu spezifischer Einsatzfel-
der der Mitarbeiter verfügten. Diese Anpassungsmöglichkeiten sind in einer Finanzkrise zusätzlich begrenzt, da in solchen Krisen eine Liquiditätsknappheit der Banken das
Kreditangebot begrenzt (vgl. auch Aiyar 2012). Hier konnten Anpassungen in den Unternehmen durch Arbeitszeitkonten nur zu einer begrenzten Entlastung führen, und zugleich
banden die Fixkosten der Weiterbeschäftigung nicht eingesetzter Mitarbeiter erforderliche
Ressourcen für eventuelle strategische Anpassungen in neue Absatzmärkte.

Psychologische Anpassungsbarrieren entstehen insbesondere aus der Kommunikation
zu erwartender Krisenfolgen (vgl. zur psychologischen Dimension einer Wirtschaftskrise
auch Aiginger 2009). Zahlreiche Gesprächspartner verwiesen auf panikartige Wahrnehmungen der wirtschaftlichen Situation zum Jahreswechsel 2008/2009, als Medienberichte
ein starkes und lang andauerndes Ausmaß der Krise ankündigten und die Unternehmen
durch Auftragsrückgänge bereits erste Folgen spürten. Aus dieser Wahrnehmung der Krise
ergab sich das Risiko sich selbst verstärkender Krisenverläufe, wenn daraufhin vorgenommene Einschränkungen der eigenen Nachfrage bzw. vorgenommene Entlassungen zu
weiteren Abschwächungen der wirtschaftlichen Lage führten und damit die Negativwahr-
nehmung verstärkten. Eine solche Negativspirale könnte aufgrund der sich verdüsternden
Erwartungen eine Lähmung der vorhandenen Anpassungsfähigkeiten auslösen (vgl. zu
psychologischen Untersuchungen der Rolle von Kommunikation und Selbstwahrneh-
mung auf Krisenwahrnehmungen Palttala et al. 2012; Spada und Reisse 2012). Ausgehend
von solchen Negativspiralen wurden Einflüsse von Wirtschaftskrisen auf Selbstmordraten
und Todesfälle untersucht (vgl. zur Diskussion Kentikelenis et al. 2011; Hoffman und
Bearman 2015). Umgekehrt wurde in den Gesprächen immer wieder auf positive Effekte
einer erfolgreichen Krisenüberwindung in der Vergangenheit hingewiesen. Daher dient
die folgende Betrachtung der zwei Aspekte vorwiegend der Untersuchung, inwieweit diese Barrieren verringert wurden.

1. *Vereinbarkeit der Maßnahmen mit bestehenden Instrumenten und Vorgehensweisen*

In der kurzfristigen Perspektive kommt es auf eine schnelle Umsetzbarkeit und möglichst umgehende Wirksamkeit an. Dies kann insbesondere dann erreicht werden, wenn bereits bestehende Instrumente, deren Umsetzung nicht mehr spezifisch erklärt werden muss, eingesetzt werden können. Zudem wird die Umsetzung erleichtert, wenn der durch das Instrument ausgelöste Anreiz zu bereits in den Regionen eingeleiteten Strategien zur Krisenbekämpfung passt. In unseren Fallstudien wurden als Beispiele für ein solches Vorgehen vor allem die Regelungen zur Kurzarbeit und die Anpassung der Kriterien zur Rechtfertigung von Investitionsförderungen innerhalb der Gemeinschaftsaufgabe „Verbesserung der regionalen Wirtschaftsstruktur" (GRW) sehr häufig genannt. Die Regelungen zur Kurzarbeit wurden bereits vor Jahrzehnten eingeführt und während der Finanz- und Wirtschaftskrise angepasst, um durch verringerte Kosten der Unternehmen, eine längere Laufzeit sowie ggf. zusätzliche Anreize zur Verknüpfung mit Maßnahmen zur Weiterbildung die Attraktivität ihrer Nutzung zu erhöhen. Daher mussten die Mechanismen dieses Instruments nicht ausführlich erläutert und erprobt werden. Außerdem passten sie bestmöglich zu den ohnehin auf privater Ebene in den Unternehmen eingesetzten personalwirtschaftlichen Maßnahmen zur Verhinderung von Entlassungen. Daher wurde dieses Instrument schnell und intensiv innerhalb der Krise genutzt, was an der schnellen Erhöhung der Inanspruchnahme nach der Anpassung der Regelung zu Beginn des Jahres 2009 zu erkennen ist.

Ebenso konnte bei der Anpassung der Kriterien im Rahmen der GRW auf ein bestehendes Instrumentarium und auf vertraute Entscheidungswege zurückgegriffen werden. Eine entsprechende Anpassung war bereits zuvor im Rahmen der Hochwassersituation im Jahr 2002 vorgenommen worden. Die Entscheidungsstrukturen zur entsprechenden Anpassung sind durch das langjährige Verfahren zur Aufteilung der GRW-Mittel und zur Anerkennung der Förderung durch die EU-Beihilferegulierung etabliert und konnten schnell aktiviert werden. So wurde neben der Anpassung der Kriterien auch ein kurzfristiges Zusatzprogramm von 400 Mio. € zur Aufstockung der Förderung eingeführt und bei der Verteilung dieser Mittel eine Abweichung vom ursprünglichen Prinzip einer Verteilung im Verhältnis 6:1 zugunsten der ostdeutschen Bundesländer vereinbart, um insbesondere die betroffenen exportstarken Industrieregionen in Westdeutschland zu stützen.

Bei der Umsetzung der Investitionsprogramme für die kommunale Infrastruktur hing hingegen die Schnelligkeit der Umsetzung von den Entscheidungsprozessen in den Bundesländern und der Verfügbarkeit entsprechender Planungsgrundlagen auf kommunaler Ebene ab. Vereinzelt wurde in unseren Gesprächen auf hierdurch ausgelöste Verzögerungen hingewiesen. Für zukünftige Krisen wäre daher verstärkt darauf zu achten, auch für solche Instrumente vorab festgelegte und erprobte Prozesse zu entwickeln, um keine Verzögerungen entstehen zu lassen. Zugleich wurde damit deutlich, dass eine Übernahme fiskalpolitischer Instrumente aus anderen Ländern – analog einer Nachahmung von „best practises" aus anderen Ländern – keinen kurzfristigen Erfolg erwarten lässt (vgl. Kalinowski 2013, mit einem Beispiel sehr unterschiedlicher fiskalpolitischer Schwerpunkte während der Finanz- und Wirtschaftskrise in asiatischen Ländern).

Im Hinblick auf die zuvor erwähnten psychologischen und ökonomischen Barrieren einer schnellen Anpassung ermöglichen schnell umsetzbare Instrumente einen schnellen Zufluss von Fördermitteln, um über eine gesicherte Planungsgrundlage zu verfügen. Dies kann die Wahrnehmung der ökonomischen Krisenfolgen verändern und somit eine mögliche Negativspirale negativer Erwartungen, Marktnachfrage und wirtschaftlicher Entwicklung brechen. Zugleich boten die Mittel durch die Kurzarbeiterregelung den Unternehmen eine kurzfristige finanzielle Überbrückung, die Möglichkeiten zur strategischen Anpassung zumindest grundsätzlich erhielten.[2] Hierbei wurde in den meisten Fällen darauf verwiesen, dass die tatsächlichen Folgen der Finanz- und Wirtschaftskrise zu kurzfristig waren, um die strategischen Anpassungen tatsächlich umzusetzen. Möglichkeiten zu einer schnelleren Verbindung von Krisenwahrnehmung und strategischer Anpassung wurden während unserer Workshops mit Praktikern in regelmäßig aktualisierten Strukturberichten mit angepassten Optionen strategischer Veränderungen gesehen, um so dem Problem eines in jeder Krise wieder neu zu startenden Prozesses der strategischen Umorientierung zu entgehen. Ein Beispiel für eine regelmäßige Strukturberichterstattung bot die Fallstudie in der Region Stuttgart. Dort vereinbarten Gewerkschaften, Kammern und regionale Wirtschaftsförderung eine Berichterstattung mit wechselndem thematischem Fokus in einem zweijährigen Turnus (vgl. beispielsweise Dispan et al. 2013). Eine mögliche Erweiterung vor dem Hintergrund der Sicherung von Resilienz wären Ergänzungen um mögliche strategische Anpassungen in Krisenfällen analog von Notfallplänen im Bereich kritischer Infrastrukturen.

2. *Verknüpfung der kurzfristigen Maßnahmen mit mittelfristigen Entwicklungspfaden auf der regionalen Ebene*

Neben der Vertrautheit der gewählten fiskalpolitischen Maßnahmen wurde in unseren Fallstudien der starke Einfluss solcher Instrumente deutlich, die bestehende oder entstehende Entwicklungspfade zur Stärkung von Anpassungsfähigkeiten verstärkten. Typische Beispiele waren hierfür die Investitionsmittel zum Ausbau öffentlicher Forschungseinrichtungen in den baden-württembergischen Fallstudien und der Ausbau des „Zentralen Innovationsprogramms Mittelstand", das besonders von KMU in Baden-Württemberg und Sachsen durch erfolgreiche Bewerbungen genutzt werden konnte. Der Vorteil solcher Maßnahmen liegt insbesondere in der Verbindung aus kurz- und mittelfristiger Wirksamkeit, da zum einen kurzfristige Anpassungen unterstützt werden und zum anderen eine mittelfristige Erweiterung der strategischen Spielräume stattfindet.

In diesem Kontext war die Bewertung der „Abwrackprämie" (offiziell „Umweltprämie") in unseren Gesprächen sehr ambivalent. In der Fallstudienregion Chemnitz (Kap. 3.4) wurde diese Förderung als sehr starkes Stabilisierungselement an den

---

[2] Die auch bei der Erweiterung der Kurzarbeiterregelung vorgesehene zusätzliche Subventionierung der Arbeitgeberbeiträge bei gleichzeitiger Nutzung der Kurzarbeit zur Weiterbildung wurde nur vergleichsweise selten genutzt (vgl. Heidemann 2011).

Standorten der Volkswagen AG und ihrer Zulieferer wahrgenommen (vgl. zu einer Über-sicht der Verteilung der geförderten Käufe auf Automobilmarken BAFA 2010). Da das Unternehmen nach der Finanz- und Wirtschaftskrise sich weiterhin erfolgreich auf den weltweiten Märkten entwickelte, stellte das Instrument in diesem Fall eine sinnvolle Über-brückung dar. Demgegenüber zeigten die Entwicklungen an anderen Automobilstandor-ten, dass zwar eine kurzfristige Stabilisierung gelang, aber nach der Wirtschaftskrise die Wettbewerbsfähigkeit der Standorte aufgrund einer gesunkenen Binnennachfrage in Frage stand und somit strukturelle Anpassungen während der Krise unterblieben (vgl. auch Ab-atecola 2009; sowie demgegenüber zu einer vergleichsweise positiven Einschätzung des Instruments in einem europäischen Vergleich Leheyda und Verboven 2013). Dieses Risi-ko, durch kurzfristige Stabilisierungsmaßnahmen einen ineffizienten Entwicklungspfad zu erhalten und damit mittelfristig in eine Lock-in-Situation zu geraten, wurde bereits von Setterfield (1997) als besonderes Risiko in Wirtschaftskrisen identifiziert.

Insgesamt sind somit in der kurzen Frist die Vertrautheit des Instruments, die Verein-barkeit mit Anpassungsstrategien auf der privaten Ebene und in den Regionen sowie die Vermeidung einer Stärkung ineffizienter Entwicklungspfade als wesentliche Bausteine einer Resilienzpolitik anzusehen. Diese kurzfristige Perspektive richtete sich an die nationale bzw. supranationale Ebene, so dass gemeinsame Rahmenbedingungen für die Krisensituation in allen Regionen gegeben wären. Unsere Fallstudien zeigten allerdings, dass ein solcher gemeinsamer Rahmen zu sehr unterschiedlichen Erfahrungen in der Krise führte. Daher ist der mittelfristigen Perspektive für die Resilienzpolitik eine besondere Bedeutung beizumessen.

4.3.2 Mittelfristige Perspektive

Die mittelfristige Perspektive beschäftigt sich mit Anpassungsfähigkeiten in Krisensitu-ationen, das heißt mit Möglichkeiten, durch gezielte Veränderungen während einer Krise mögliche Folgen abzuschwächen oder sogar die wirtschaftlichen Chancen zu erweitern. In unseren Fallstudien wurde deutlich, dass der entsprechende Aufbau längere Zeiträume erfordert, um tatsächlich zu neuen Strukturen in den Regionen zu gelangen. Daher ist bei diesen Maßnahmen zumindest von einer mittleren Frist, vereinzelt auch von einer über Generationen hinaus gehenden langen Frist,[3] auszugehen.

Im zweiten Kapitel haben wir den Ansatz der Anpassungsfähigkeiten auf der Basis des Konzepts der komplexen adaptiven Systeme kurz erläutert. Im Kern geht es hierbei nicht darum, Krisen zu verhindern oder die Systemstrukturen vollständig zu erhalten. Statt dessen geht es um allgemeine Fähigkeiten, in Krisensituationen gleich welcher Art sie sein werden (beispielsweise Naturkatastrophen, politische Konflikte oder konjunkturelle Schocks) über Anpassungswege zu verfügen, die in Abhängigkeit von der konkreten Kri-sensituation abgerufen werden können und dazu beitragen, die „Funktionen (des Systems)

---

[3] Hier sei beispielhaft auf die Erfahrungen mit Hochschulgründungen und ihren Einflüssen in den Fallstudien zu altindustriellen Regionen (Kap. 3.3) und peripheren Regionen (Kap. 3.5) verwiesen.

zu erhalten" (vgl. zu diesem Ausdruck auch Kap. 2.2 unter Bezugnahme auf Strambach und Klement 2015). Was unter den „Systemfunktionen" zu verstehen ist – Beschäftigung, BIP, Armutsvermeidung, Einkommensverteilung oder Versorgung mit bestimmten Gemeinschaftsgütern –, ist gemäß dieses Ansatzes in den Regionen zu bestimmen.

Eine wichtige Unterscheidung ist in diesem Kontext zwischen Funktionserhaltung und Maximierung von Zielgrößen zu beachten. An mehreren Stellen in unseren Fallstudien hatten wir bereits auf mögliche Konflikte zwischen der Effizienz – ein gegebenes Ziel mit möglichst geringem Aufwand oder mit gegebenem Aufwand ein maximales Ziel zu erreichen – und der Resilienz – der Vermeidung dauerhaft negativer Folgen durch Krisen und Schocks – hingewiesen. So fordert eine Effizienz der wirtschaftlichen Entwicklung in einer Region die schnelle Erreichung einer „kritischen Masse" von Faktoren, Produktions- oder Innovationskapazitäten, um durch entsprechende Größenvorteile die Wettbewerbsfähigkeit im internationalen Wettbewerb zu behaupten. Zugleich steigt jedoch das Risiko einer Pfadabhängigkeit und eines „Lock-ins" aufgrund der zunehmenden Investitionen in die entsprechenden Kapazitäten (vgl. zu diesem Zielkonflikt auch Crespo et al. 2013). In Krisen könnte es daraufhin ohne Verbindungen zu alternativen Nutzungen der Kapazitäten zu gravierenden und dauerhaften Folgen – wie am Beispiel der altindustriellen Regionen in Kap. 3.3 erläutert – kommen. Resilienz würde hingegen die Öffnung der Entwicklungspfade durch Ausbau von Anpassungsfähigkeiten erfordern.

Welche Maßnahmen sind vor diesem Hintergrund geeignet zum Aufbau von Anpassungsfähigkeiten? Um die Fülle und Vielfalt der Einzelmaßnahmen, die wir im dritten Kapitel beschrieben haben, in ein möglichst allgemeines und zugleich differenziertes Kategorienraster zu integrieren, verwenden wir nachfolgend eine Kategorisierung in drei Gruppen von allgemeinen Voraussetzungen zur Steigerung der Resilienz bzw. Robustheit komplexer adaptiver Systeme (vgl. zu theoretischen Grundlagen Wink 2010a; Whitacre 2012; Martin und Sunley 2015), und erläutern im Anschluss, ob und in welcher Form diese Voraussetzungen in den Fallstudienregionen zu beobachten waren bzw. welche politischen Instrumente und Strategien Einfluss auf die Förderung dieser Voraussetzungen nahmen. Diese Voraussetzungen sind als Systemeigenschaften zu verstehen und gliedern sich wie folgt:

1. verbundene Vielfalt und Redundanz
2. Konnektivität und Modularität
3. Offenheit, Kreativität und Lernvermögen

Die erste Gruppe bezieht sich auf *verbundene Vielfalt und Redundanz* (vgl. zur Betrachtung dieser Kriterien in biologischen Systemen Whitacre 2012). Grundüberlegung hierbei ist, dass in Krisensituationen Anpassungsoptionen nur dann vorhanden sind, wenn Brücken zu anderen Märkten oder Regionen existieren und durch Redundanz entsprechende Ressourcen zur Verfügung stehen (vgl. beispielsweise Grabher 1994). Allerdings kann es nicht darum gehen, diese Kriterien zu maximieren, da sich ihr Aufbau stets in einem Spannungsfeld vollzieht. Je stärker die verbundene Vielfalt ausgebaut wird, desto mehr

Ressourcen sind hierzu erforderlich und desto stärker kommt es auf die Erreichung kritischer Mindestgrößen an, um die Verbundenheit zu gewährleisten. Dieses Wachstum löst aber wiederum Pfadabhängigkeiten aus und fördert daher das Risiko eines „Lock-in". Ebenso kann steigende Redundanz zwar die Verfügbarkeit entsprechender Ressourcen im Krisenfall erhöhen – so führte die Erhöhung der Eigenkapitalquoten in vielen Industrieunternehmen unserer Fallstudienregionen zu einer Absicherung gegen die Liquiditätsknappheit durch die Finanzkrise, umgekehrt fehlte es Bundesländern und Kommunen mit hohen Verschuldungsquoten an Rücklagen, um im Krisenfall zusätzliche Maßnahmen zum Aufbau von Anpassungsfähigkeit zu ergreifen –, aber die Bindung der Ressourcen in der Redundanz kann wiederum die Entstehung der notwendigen Mindestgrößen gefährden.

Die zweite Gruppe der Voraussetzungen für Anpassungsfähigkeiten in Krisen umfasst die *Konnektivität und Modularität*. Mit Konnektivität sind Bindungen zwischen Akteuren und Organisationen angesprochen, die in Krisensituationen zu einer gegenseitigen Unterstützung führen und Anpassungsmaßnahmen absichern.[4] Zu schwache Bindungen könnten in Krisensituationen reißen oder über zu wenige Ressourcen verfügen, um diese Stützung anbieten zu können. Zu starke Bindungen führen jedoch zu Pfadabhängigkeit, da sie kognitive und funktionale Blockaden gegenüber Veränderungen einführen, weil solche Veränderungen bestehende Hierarchien und Sozialgefüge in Frage stellten. Der Begriff der Modularität bezieht sich auf eine Aufteilbarkeit in Einzelelemente (Langlois 2002; Frenken und Mendritzki 2012). In der Resilienzforschung wird Modularität als Chance begriffen, durch eine Aufteilung von Systemelementen in weitere Teilbereiche solche Segmente zu isolieren, die von einer Krise besonders betroffen sind. Anstelle dieser Segmente können dann andere Segmente ähnliche Funktionen übernehmen und die Gefährdung des Systems bzw. der Systemelemente begrenzen. Ein typisches Beispiel wären Wertschöpfungsketten, bei denen durch eine zunehmende Aufteilung der Einzelaufgaben die Isolierbarkeit und Ersetzbarkeit einzelner Zulieferer erhöht würde (vgl. grundlegend hierzu Gereffi et al. 2005). Eine zu starke Modularisierung könnte die Komplexität des Systems allerdings zu sehr steigern, so dass nicht mehr genug Bindungen zwischen den Teilsegmenten gegeben sind (vgl. zur Diskussion auch Brusoni und Prencipe 2001; Brusoni et al. 2004). In den Wertschöpfungsketten würde es daher zu Absetzbewegungen der einzelnen Zulieferer kommen, die nicht mehr genug Vorteile für sich durch eine Bindung an Standards der jeweiligen Wertschöpfungskette erkennen könnten. Eine zu schwache Modularisierung würde hingegen dazu führen, dass zu große Teilbereiche der Wertschöpfungskette von einer Krise betroffen wären und daher eine Krise die gesamte Wertschöpfungskette gefährdete.

Die dritte Gruppe der Systemeigenschaften als Voraussetzungen für Anpassungsfähigkeiten wird aus *Offenheit, Kreativität und Lernvermögen* gebildet (vgl. in diesem Zusammenhang auch zur Bedeutung der Emergenz in der Theorie komplexer adaptiver Systeme

---

[4] Entsprechend wird auch in der psychologischen Resilienzforschung auf die besondere Bedeutung von Bindungen zur Unterstützung der Resilienzfähigkeit hingewiesen, vgl. zur Diskussion über den Stand der Forschung hierzu auch Fooken (2015).

Tab. 4.1 Zusammenfassung der Bedeutung und Grenzen von Systemeigenschaften als Voraussetzungen zum Aufbau von Anpassungsfähigkeiten

Systemeigenschaft	Beitrag zur Resilienz	Herausforderungen
Verbundene Vielfalt	Förderung des Übergangs zu neuen Märkten in Krisensituationen	Erzielung kritischer Mindestgrößen in verbundenen Bereichen vs. Pfadabhängigkeit
Redundanz	Verfügbarkeit von Rücklagen in Krisensituationen	Erzielung kritischer Mindestgrößen vs. Bindung der Ressourcen
Konnektivität	Gegenseitige Unterstützung und gemeinsamer Ideenaustausch	Erzielung einer Mindestintensität der Bindung vs. Pfadabhängigkeit durch kognitive und funktionale Blockaden
Modularität	Isolierung von Ansteckungsrisiken in Krisensituationen	Mindestintensität der Bindung durch ausreichende Modulgrößen vs. Anfälligkeit des Gesamtsystems bei zu großen Teilsegmenten
Offenheit	Erweiterung der Anpassungsoptionen in Krisensituationen	Erzielung notwendiger Mindestgrößen vs. Überforderung der Integrationsfähigkeit
Kreativität und Lernvermögen	Entwicklung neuer Lösungsoptionen in Krisensituationen	Erzielung notwendiger Mindestgrößen vs. Überforderung der Stabilisierung

Beinhocker 2006; Hooker 2011; Harper und Lewis 2012). Die Grundüberlegung zu dieser Gruppe geht von einer Öffnung des Systems der regionalen Wirtschaft aus, die durch neue Anregungen und Faktoren von außen und eigene Kreationen oder Lernprozesse zu neuen Anpassungsfähigkeiten gelangt. Auch hier führt eine Maximierung nicht zur Zielerreichung. Zu große Offenheit und zu starke Kreativität führt zu fortlaufendem Veränderungs- und Anpassungsdruck der Unternehmen und Bewohner in den betroffenen Regionen. Damit werden die Vereinbarung gemeinsamer Regeln und der Aufbau von Routinen erschwert, was wiederum negative Folgen für die Konnektivität in Krisensituationen nach sich zieht (vgl. auch Siegenthaler 1993). Zu wenige Anregungen von außen können hingegen nicht genug Wirkung entfalten, um eine kritische Mindestgröße zur tatsächlichen Erweiterung der Anpassungsfähigkeit zu erreichen. Es käme daraufhin beispielsweise zu Einzelprojekten der FuE, ohne tatsächlich ausreichend neue Erkenntnisse zu gewinnen, die eine Entstehung alternativer Forschungssegmente und Branchen in der Region ermöglichen.

Tabelle 4.1 fasst nochmals die Überlegungen zu den Voraussetzungen in ihrem Spannungsfeld zwischen Maximierung und Überschreitung kritischer Mindestgrößen zusammen. Im Anschluss betrachten wir die Erfahrungen in den Fallstudien in Bezug auf diese drei Gruppen, um zum einen die Vielfalt der Herangehensweisen und Herausforderungen – und damit die Notwendigkeit von „place-based approaches" zu unterstreichen, und zum anderen auf mögliche Instrumente einzugehen. Das Herausgreifen von Beispielen und Zusammenführen in Tabellen im Rahmen dieser Darstellung birgt immer das Problem einer Verknappung von Information. Daher empfehlen wir zum Verständnis der Wirkungsweisen der genannten Instrumente und Beispiele die Ausführungen zu den Fallstudien.

Darüber hinaus werden wir im Anschluss nochmals auf die Bedeutung einer regionsspezifischen Situationsanalyse und Kombination von Maßnahmenelementen eingehen, um tatsächlich dem Begriff einer „Resilienzpolitik" gerecht zu werden.

1. *Verbundene Vielfalt und Redundanz*

In unseren Fallstudienregionen mit Leuchtturmindustrien bestand die verbundene Vielfalt beispielsweise in gemeinsamen Technologien und Qualifikationen, die von einer Vielzahl an unterschiedlichen Branchen angeboten und genutzt werden. Dies ermöglicht in Krisensituationen Übergänge von Branchen mit stärkerer Krisenbetroffenheit in Branchen mit Wachstumspotentialen. Beispiele hierfür fanden sich in Dresden durch Verknüpfungen zwischen der Leitbranche Mikroelektronik und benachbarten Industrien (Maschinenbau, Photovoltaik) und Forschungsdisziplinen (Nano-Elektronik). Die in Dresden im Rahmen von „Dresden concept" geschaffene Technologieplattform stellt ein typisches Instrument einer Resilienzpolitik dar, die zur verbundenen Vielfalt zwischen den Branchen beitragen soll (vgl. zur Bedeutung des Plattform-Ansatzes Asheim et al. 2011). Demgegenüber bildete in Stuttgart die Automobilindustrie den „Leuchtturm", der Forschungen entlang verbundener Themenstellungen zur Mobilität, zu cyber-physischen Systemen oder zum Leichtbau und damit potentiell breite Anwendungen unterstützte. Instrumente zur Stärkung der verbundenen Vielfalt entstanden hier in noch stärkerem Maße durch private Kooperationsprojekte zwischen Großunternehmen, Zulieferern, spezifischen Dienstleistern und Forschungseinrichtungen (vgl. auch Strambach und Klement 2013).[5]

In den Regionen mit Leuchtturmindustrien bildeten sich häufig Redundanzen im Bereich des technologischen Wissens. Redundant bedeutet in diesen Fällen, dass nicht alle Ideen und entwickelten Kenntnisse tatsächlich in den regionalen Leitindustrien eingesetzt werden. Sie schufen aber zusätzliche Möglichkeiten, um in Krisensituationen notfalls weitere Entwicklungsoptionen verfolgen zu können. Politische Instrumente, die verbundene Vielfalt und Redundanzen in dieser Regionsgruppe stärkten, ergaben sich somit aus einem Zusammenwirken der unterschiedlichen vertikalen Politikebenen – EU, Bund, Land und Stadt/Region – mit einem gemeinsamen Fokus auf Förderungen von FuE, privaten Investitionen in technologieintensive Märkte und eine Bereitstellung von Infrastrukturen zur Qualifikation, Grundlagenforschung und Verknüpfung technologischer Erkenntnisse zwischen unterschiedlichen Akteuren in der Region.

Schwächen der Regionen mit Leuchtturmindustrien im Kontext der verbundenen Vielfalt zeigten sich vornehmlich in der Abhängigkeit von den privaten Leitinvestoren und der Sicherstellung weiterer Veränderungen, wenn die Leitinvestoren in ihren Anstößen nachließen. Im Fall Stuttgarts zeigte sich in der Krisensituation 1993/1994 die Folge unterbliebener Veränderungen in der Leitindustrie in den Vorjahren (Wink et al. 2015). Anpassungsfähigkeiten wurden daher auch seitens der regionalen Wirtschaftsförderung durch

---

[5] Ein Beispiel für eine solche branchenübergreifende Initiative ist das in Kap. 3.1 beschriebene Automative Simulation Center Stuttgart.

Programme zur Diversifizierung der regionalen Branchenstruktur unterstützt, um sich aus der Pfadabhängigkeit zu befreien. Allerdings zeigte die Orientierung der stark gewachsenen Dienstleistungssektoren an den Leitindustrien die Grenzen einer solchen Ergänzung durch regionale Instrumente der Wirtschaftsförderung. Im Fall Dresdens waren die Risiken der Abhängigkeit von Leitinvestoren auch aufgrund der Standorte der Leitinvestoren außerhalb der Region vergrößert. Zumindest im Bereich der Arbeitsmärkte zeigte sich in den vergangenen Jahren jedoch eine sinkende Abhängigkeit von den Leitindustrien, allerdings zum Preis eines abgeschwächten Wachstums des BIP und der Einkommen.

In unserer zweiten Regionsgruppe, den Stadtregionen mit unverbundenen Branchenstrukturen, war das Thema der verbundenen Vielfalt eher aus der Verbundenheit von Bedürfnissen auf den lokalen Märkten bestimmt, da die Unverbundenheit der Branchenstrukturen ja gerade als Kennzeichen dieser Regionen genutzt wurde. Die geringe Verbundenheit wirkte als Mittel zur Begrenzung der Verletzlichkeit innerhalb der Finanz- und Wirtschaftskrise. Das Fehlen der Verbindungen könnte jedoch das Risiko fehlender Anpassungsoptionen in Krisensituationen erhöhen, wie sich an der vergleichsweise hohen Arbeitslosigkeit in Leipzig nach dem „Platzen der lokalen Immobilienblase" in den 1990er Jahre zeigte. Insoweit bestätigten die Fallstudien in diesem Abschnitt die Bedeutung kritischer Mindestgrößen der einzelnen Branchen, um Verbindungen aufzubauen. Am Beispiel der industriellen Investitionen in Leipzig zeigte sich das Potential einer Verknüpfung möglicher neuer Leitinvestitionen mit bislang unverbundenen Dienstleistungsbranchen (ähnlich in Freiburg zwischen den Forschungsbranchen der Mikrosystemtechnik und – mit Abstrichen – der Biotechnologie und den Dienstleistungsbranchen). Bislang fehlten jedoch Mindestgrößen bei den neuen Branchen, um zu Ansätzen wie den Technologieplattformen zu gelangen.

Redundanzen bildeten sich in dieser Regionsgruppe bei den Qualifikationen der Beschäftigten in unterschiedlichen Dienstleistungsberufen. In Krisensituationen diente diese Vielseitigkeit und Flexibilität der Beschäftigten dazu, Verbindungen auch zwischen bislang unverbundenen Branchen zu schaffen, um etwaige Engpässe zu decken bzw. Arbeitslosigkeit zu verringern. Schwächen bzw. Probleme erfuhr diese Regionsgruppe im Bereich der Redundanzen bei der Integration der formell gering oder nicht den Anforderungen der Arbeitsmärkte entsprechend Qualifizierten. Im Fall Leipzigs wurde dies anhand der Verfestigung der Langzeitarbeitslosigkeit bzw. des hohen Anteils der Schulabsolventen ohne formellen Abschluss erläutert. In Freiburg zeigte sich dieses Problem anhand der zunehmenden Diskussionen um verfügbaren Wohnraum und die Sicherung von Heterogenität in den neu entstandenen Stadtteilen Vauban und Rieselfeld. Instrumente zur Erhöhung der Redundanzen bestanden vornehmlich im Studienangebot der Hochschulen, das eine Verwendung der erworbenen Qualifikationen in den wachsenden Dienstleistungsmärkten ermöglichte.

Bei den altindustriellen Regionen ist das Thema der verbundenen Vielfalt aufgrund der verlorenen – ursprünglich dominanten – Industrien eher schwach besetzt (Hassink 2010). Dortmund zeigte zumindest im Bereich der Informationsindustrien Ansätze zum Aufbau solcher Verbindungen über einen längeren Zeitraum. Wichtige Instrumente waren hierbei

die Einrichtung des Technologiezentrums sowie die Verknüpfung mit lokalen Kompetenzzentren und einer gezielten Förderung von Unternehmensgründungen. Die vergleichsweise geringen Erfolge bei der Akquise externer Großinvestoren in den Industrien verdeutlichten allerdings die verbleibenden Herausforderungen des Aufbaus kritischer Massen.
Redundanzen ergaben sich in den altindustriellen Regionen durch die Verfügbarkeit alter
Industrieflächen. Hier zeigen sich vielfältige Ansätze zur Umnutzung dieser Flächen und
Gebäude für neue Aktivitäten in der Kultur- und Freizeitindustrie oder auch zur Aufwertung als Wohnstandort, wie am Beispiel des Phönixsees in Dortmund erläutert wurde.
Die Finanzierung erfolgte zumeist durch Mittel der EU-Strukturfonds, verknüpft mit Ko-
Finanzierungen von Bund und Land. Die Grenzen aller Instrumente in diesem Segment
für diese Regionsgruppe zeigten sich jedoch in den ursprünglichen Strukturdefiziten, die
eine Erzielung kritischer Mindestgrößen bislang erschwerten.

In den Fallstudien zu den kleinen Großstädten wurde verbundene Vielfalt zumeist
durch Verknüpfungen in der kleinteiligen Unternehmensstruktur beobachtet. Am Beispiel Chemnitz konnte aufgezeigt werden, wie Beschäftigte in Krisensituationen durch
Wechsel in verbundene Branchen Arbeitslosigkeit verhindern konnten. Ebenso ergab sich
auch in Pforzheim eine Verbundenheit entlang ursprünglicher Zulieferleistungen für die
Schmuckindustrie. Wichtige Instrumente sind in diesem Kontext daher die Unterstützung
von Organisationen entlang verbundener Branchen und die Verknüpfungen zwischen
Qualifizierung und Arbeitsnachfrage durch Unternehmen. Im Fall Chemnitz wurde das
Potential der Verbindungen anhand der Nutzung gemeinsamer Forschungseinrichtungen
in wichtigen regionalen Branchen wie der Textilwirtschaft und dem Werkzeugmaschinenbau sowie der gegenseitigen Unterstützung von KMU während der Krise deutlich,
die nur aufgrund bestehender persönlicher und sozialer Kontakte möglich waren. Auch
in Pforzheim zeigten sich Anzeichen eines überwundenen Strukturwandels, nachdem zunehmend formelle Kooperationen zwischen den Unternehmen und weiteren Akteuren in
der Region aufgebaut wurden. Die Institutionalisierung erfolgte auf der regionalen Ebene
durch Initiativen und Moderation der lokalen und regionalen Wirtschaftsförderung und
ergänzender Fördermittel für den Aufbau der Kooperationsstrukturen im Rahmen der
EU-Strukturfonds und Bundesprogramme. Schwierigkeiten ergaben sich in dieser Regionsgruppe zwangsläufig durch die geringere Größe der betrachteten Städte und die Konkurrenzsituationen mit benachbarten Zentren. Redundanzen könnten bei der Nähe der
Akteure zueinander betrachtet werden, da eine Konzentration auf einer begrenzten Fläche
auftritt. Diese Vorzüge konnten jedoch nur begrenzt mobilisiert werden, da die Erzielung
kritischer Mindestgrößen aufgrund der Konkurrenzsituationen im direkten regionalen
Umfeld erschwert wurde.[6]

Schließlich ist bei den peripheren Regionen der Aspekt der verbundenen Vielfalt zu
betrachten. Dieser Aspekt konnte bei beiden Fallstudien insbesondere in der Verknüpfung
zwischen dem Ausbau erneuerbarer Energien und durch die gemeinsame Naturnutzung
verbundener Sektoren (Land- und Forstwirtschaft bzw. Tourismus) beobachtet werden.

---

[6] Beispiele betrafen im Fall Chemnitz das Konkurrenzverhältnis zu Zwickau (vgl. Kap. 3.4).

Tab. 4.2 Erfahrungen zur verbundenen Vielfalt und Redundanz in den Fallstudienregionen

	Ansatz	Instrumente	Grenzen
Regionen mit Leuchtturmindustrien	Technologien als Verbindungselement	Technologieplattformen	Abhängigkeit von Leitinvestoren
	Technologisches Wissen als Redundanz	FuE-Förderung	Grenzen der Diversifizierung
Regionen mit unverbundenen Dienstleistungen	Unverbundenheit als Krisenabsicherung	Keine Konzentration von Förderungen auf Einzelbranchen	Fehlende Mindestgrößen
	Qualifikationen als Redundanz	Hochschulen	Ausgrenzung gering Qualifizierter
Altindustrielle Regionen	Im Aufbau	Technologiezentren	Fehlende Mindestgrößen
	Alte Industrieflächen als Redundanz	Flächenkonversion	Risiko fehlender Verbindungen zu bestehenden Strukturen
Kleine Großstädte	Flexibilität im Arbeitsmarkt, Kooperationen	Clusterförderung (Pforzheim)	Fehlende Mindestgrößen
	Nähe als Redundanz	Clusterförderung	Konkurrenz mit Nachbarregionen
Peripherie	Entlang der Nutzung natürl. Ressourcen	Kooperationen, gemeinsame Projekte	Abhängigkeit von externen Partnern
	Natürliche Ressourcen als Redundanz	Potentialanalysen	Abhängigkeit von externen Partnern

Wichtige politische Instrumente waren daher auf der regionalen Ebene Maßnahmen zur Verknüpfung der Interessen der beteiligten Branchen, wie beispielhaft im Burgenland am Beispiel des „Öko-Tourismus" in Güssing erläutert. Redundanzen ergaben sich in den Fallstudien dieser Gruppe bei der Verfügbarkeit der natürlichen Ressourcen (für erneuerbare Energien, Naturschutz, Tourismus, Land- und Forstwirtschaft). Grenzen der Wirksamkeit des Aufbaus entsprechender Anpassungsfähigkeiten zeigten sich beim Aufbau kritischer Mindestgrößen sowie der Vernetzung der regionalen Aktivität mit Partnern aus anderen Regionen, um solche Mindestgrößen zu erreichen. Tabelle 4.2 fasst die Überlegungen zur Bedeutung von verbundener Vielfalt und Redundanz für die Regionsgruppen nochmals in einer verknappten Form zusammen.

2. Konnektivität und Modularität

In der Regionsgruppe mit Leuchtturmindustrien war diese Konnektivität vorrangig auf der Ebene der Unternehmen und Sozialpartner zu beobachten. Gerade im Fallbeispiel Stuttgart bestand ein langjähriges Klima der Kollaboration zwischen Unternehmen, ihren Verbänden und den Gewerkschaften, das auch in Krisenzeiten zu einer schnellen Entwicklung gemeinsamer Lösungsansätze genutzt wurde. Die Politik war im Fall Stuttgarts eher ein Begleiter der kollaborativen Strukturen, weniger ein Initiator. Das Problem der kognitiven und funktionalen Blockaden konnte durch eine Offenheit der Vereinbarungen mit Möglichkeiten der flexiblen Anpassung von Lösungen und Einbindungen zusätzlicher Informationen durch Strukturberichte, wie insbesondere im Fall Stuttgarts beschrieben wurde, vermindert werden. Hierdurch entstand eine Pfadplastizität, die zumindest Veränderungen und Anpassungen entlang eines Korridors zuließ (vgl. Kap. 3.1). Auch im Fall Dresdens spielten vorrangig Vereinbarungen entlang der Wertschöpfungsketten eine wesentliche Rolle für die Krisenbewältigung. Grenzen der Konnektivität zeigten sich in beiden Fällen an Demonstrationen unzufriedener Bürger, wenn auch mit sehr unterschiedlichen Auslösern und Zielrichtungen. Im Fall Stuttgarts wurden insbesondere die Instrumente der Bürgerbeteiligung bei großen Infrastrukturvorhaben seitens der Bürger als nicht ausreichend erachtet.

Im Fall Stuttgarts und Dresdens bezog sich der Begriff der Modularität auf das System der Wertschöpfungsketten der Leitindustrien. Eine erfolgreiche Modularität sähe vor, dass die Wertschöpfungsketten in Krisenzeiten angepasst werden, indem krisenbetroffene Unternehmen durch andere Unternehmen ersetzt würden. Diese Vorgänge waren vereinzelt in den Fallstudienregionen zu beobachten, allerdings gab es auch vor allem bei der Fallstudie Stuttgart Beispiele, bei denen Zulieferer, die sich aufgrund der Krise in kurzfristigen Liquiditätskrisen befanden, von anderen Unternehmen aufgefangen wurden, um die Funktionsweise der Wertschöpfungskette zu erhalten. Insgesamt wurde bei dieser Regionsgruppe wie auch bei den anderen Regionsgruppen der Modularität als Systemeigenschaft zur Krisenbewältigung kaum Bedeutung zugemessen, was möglicherweise auch an kulturellen Aspekten der Krisenbewältigung in Systemen sozialer Marktwirtschaft liegen könnte (vgl. zur Diskussion des Einflusses unterschiedlicher kapitalistischer Systemansätze auf die Resilienz beispielsweise Boschma 2014, unter Bezugnahme auf die „varieties-of capitalism"-Debatte auf der Basis von Hall und Soskice 2001). Daher werden wir die Modularität bei den anderen Regionsgruppen nicht mehr ansprechen.

Bei der Regionsgruppe der Städte mit unverbundenen Dienstleistungsschwerpunkten bezog sich die Konnektivität vornehmlich auf zivilgesellschaftliche Vereinigungen. Im Fall Freiburgs zeigten sich diese Ansätze bei der Entwicklung des neuen Stadtteils Vauban oder auch der Entwicklung neuer Formen des Wohnens. Auch die Initiativen zu „Wächterhäusern" in Leipzig sowie das Engagement zivilgesellschaftlicher Gruppen bei der Stadtteilentwicklung im Leipziger Westen können zu einer solchen Konnektivität gerechnet werden (vgl. auch Wendt 2014). Für die Politik bestand hier ähnlich wie im Fall der Regionsgruppe mit Leuchtturmindustrien vornehmlich eine begleitende Aufgabe, die durch möglichst offene Formen der Bürgerbeteiligung und Stadtentwicklung umzusetzen war.[7] Grenzen der Konnektivität zeigten sich sowohl in Freiburg als auch in Leipzig in den zunehmenden Auseinandersetzungen über Prozesse der Gentrifizierung und Verdrängung bisheriger Bewohner der wachsenden Städte.

---

[7] Ergänzend ist im Fall Leipzigs das „Leipziger Modell" einer konsensorientierten Zusammenarbeit von lokalen Behörden, Kammern und sonstigen Organisationen zu berücksichtigen.

In der dritten Regionsgruppe, den altindustriellen Regionen, basierte die Konnektivität bereits seit Jahrzehnten auf einem starken Engagement der Unternehmen in Vereinigungen, die beispielsweise zur Finanzierung von Kulturveranstaltungen oder zur Diskussion über die Standortentwicklung beitragen. Beispiele hierfür sind die Vereine Initiativkreis Ruhr und Pro Ruhrgebiet sowie das „Dortmunder Konsensmodell" einer engen Zusammenarbeit über Partei- und Organisationsgrenzen hinweg bei der Umsetzung des Strukturwandels. Parallel dazu entwickelten sich auch im Rahmen von Maßnahmen zur Stadtteil- und Quartiersentwicklung lokale zivilgesellschaftliche Verbindungen, wie in den Beispielen der Solarsiedlung in Gelsenkirchen und der Quartiersentwicklung in Dortmund-Nordstadt erläutert wurde. Diese Prozesse verliefen allerdings zumeist parallel, so dass zumindest im Fall Dortmunds zunehmende Konflikte zwischen parallel verlaufenden Prozessen der Quartiersentwicklung und Fokussierung auf wissensintensive Industrien und öffentlichkeitswirksame Kulturveranstaltungen beobachtet werden konnten.

In der vierten Regionsgruppe wurde im Fall Chemnitz besonders auf den Beitrag der Verbundenheit zwischen den Unternehmen zur Krisenüberwindung hingewiesen. Ausgehend von der Kleinteiligkeit der Unternehmensstruktur entstanden vielfältige formelle und informelle Vereinigungen, die in der Krise zur gegenseitigen Unterstützung aktiviert wurden. Im Fall Pforzheim entwickelte sich die institutionelle Kooperationsstruktur erst allmählich, so dass die Wirksamkeit in der Krise eher begrenzt war. Zugleich wurde im Fall Pforzheim die besondere Rolle der Wirtschaftsförderung als Initiator solcher Kooperationen deutlich, die erst im Zeitverlauf Wirkungen auslöste. Grenzen der gegenseitigen Unterstützung ergaben sich in beiden Fällen aufgrund der kleinteiligen Unternehmensstruktur, da umfangreiche Hilfen, beispielsweise Liquidität wie im Fall Stuttgarts, nicht zur Verfügung standen. Zugleich führte die Intensität der Verbindungen zu einer Verengung der Entwicklungen auf die beteiligten Industriebranchen, während die Verknüpfungen zu Dienstleistungsbranchen und anderen Wissensarten (analytisches und symbolisches Wissen als Ergänzung des synthetischen Wissens; siehe auch Plum und Hassink 2013, sowie die Ausführungen in Kap. 3.4) im Beispiel Chemnitz und Südwestsachsen als zu schwach angesehen wurden und zur vergleichsweise schwachen Entwicklung der Beschäftigung nach der Wirtschaftskrise in den Dienstleistungsbranchen beitrugen. Insoweit könnte diese Beobachtung als Bestätigung einer zu intensiven Bindung eines zu eingeschränkten Kreises der beteiligten Unternehmen dienen.

Bei den Fallstudien zu peripheren Regionen entstand die Konnektivität eher verzögert im Zuge der Entwicklung neuer Strukturen. Im Burgenland wurden jeweils im Kontext der unterschiedlichen Entwicklungspfade erneuerbarer Energien im Süden und Norden neue Vereinigungen geformt, die sich auch im Fall exogener Schocks durch politische Förderentscheidungen zumindest in der politischen Arbeit unterstützten. Im Landkreis Uckermark entstanden in den vergangenen zwei Jahrzehnten vielfältige Institutionen zur Verknüpfung der Akteure in der dünn besiedelten Region. Grenzen zeigten sich in beiden Fällen bei der Entstehung kritischer Mindestgrößen aufgrund der geringen Bevölkerungsdichte, so dass wirksame gegenseitige Unterstützungen nur durch Einbindungen von Partnern oder Einrichtungen außerhalb der Regionen erreicht werden konnten (Tab. 4.3).

Tab. 4.3 Erfahrungen zur Konnektivität in den Fallstudienregionen

	Ansatz	Instrumente	Grenzen
Regionen mit Leuchtturmindustrien	Verbindungen vornehmlich zwischen Unternehmen und Sozialpartnern	Begleitende Politik; Strukturberichte	Integration der Bürger in kollaborative Strukturen
Regionen mit unverbundenen Dienstleistungen	Verbindungen vornehmlich in der Zivilgesellschaft	Stadtentwicklung, Bürgerbeteiligung	Gentrifizierung
Altindustrielle Regionen	Verbindungen vornehmlich zwischen Unternehmen und parallel in Quartieren	Quartiermanagement, Konsenspolitik	Parallelstrukturen mit Konfliktpotential
Kleine Großstädte	Institutionalisierung zwischen Unternehmen	Clusterförderung	Verengung auf einzelne Wissensformen; fehlende Verbindungen zwischen Industrie und Dienstleistungsbranchen
Peripherie	Aufbauend auf Projekten zu erneuerbaren Energien und regionalen Kooperationen	Verknüpfungen im Rahmen des gemeinsamen Regionalmarketing	Abhängigkeit von externen Partnern

3. *Offenheit, Kreativität und Lernvermögen*

In der Regionsgruppe mit Leuchtturmindustrien bildeten wiederum die Leitindustrien den Ausgangspunkt für die Systemöffnung. Einerseits wurden neue FuE-Kooperationen mit Akteuren aus anderen Regionen initiiert. Andererseits wurde Zuwanderung als Chance der Gewinnung neuer – möglichst hoch qualifizierter – Fachkräfte angesehen. Typische Instrumente waren daher sowohl in Stuttgart als auch in Dresden Fachkräfteallianzen und Initiativen zur Zusammenarbeit mit Clusterorganisationen in Regionen mit vergleichbaren Leitindustrien. Bislang waren die Initiativen zur Gewinnung von Fachkräften nur bedingt erfolgreich. Gerade Stuttgart wurde weiterhin von einem Prozess der Suburbanisierung betroffen, der zwar durch Pendelbeziehungen die Chance der Gewinnung verfügbarer Fachkräfte bot, jedoch in seiner überregionalen Ausstrahlungswirkung hinter anderen deutschen Metropolregionen (beispielsweise München oder Hamburg) zurückblieb. Hier erwiesen sich auch die geografischen Begrenzungen der Stadt und das Image als Hemmnisse einer erfolgreichen Gewinnung von Fachkräften. Im Fall Dresdens wird abzuwarten sein, wie die öffentliche Aufmerksamkeit durch die so genannte „PEGIDA-Bewegung" das Image außerhalb der Region und damit die Bereitschaft von Fachkräften zur Zuwanderung beeinflusst.

Kreativität und Lernvermögen in der Entwicklung der Wirtschaftsstruktur wurden ebenfalls durch die Leitindustrien dominiert. In Stuttgart bot das Instrument der

Strukturberichterstattung einen besonders interessanten Ansatz zur Verarbeitung von Erfahrungen und Entwicklung gemeinsamer neuer Strategien. Ebenso wurde in Stuttgart
aufgrund der vergleichsweise geringen Dynamik die Bedeutung der Gründungsförderung
betont. Diese Förderung stieß jedoch angesichts der vergleichsweise guten wirtschaftlichen Situation mit der Aussicht auf ein relativ hohes Einkommensniveau in abhängiger
Beschäftigung an Grenzen.

In der zweiten Regionsgruppe wurde das Thema „Offenheit" eindeutig durch den Status beider Fallstudienstädte als so genannte „Schwarmstädte" bestimmt. Beide Städte
erfuhren daher ein vergleichsweise starkes Bevölkerungswachstum durch Zuwanderung
auch gut qualifizierter junger Personen. Besondere Instrumente waren hierzu grundsätzlich nicht erforderlich, da sich der Schwarmprozess vorwiegend durch virtuelle Verbindungen in sozialen Netzwerken und die Aussicht auf eine interessante „freie Szene" speist.
Das Stadtmarketing spielt daher auch nur eine begrenzte Rolle zur Erklärung der Wachs-
tumsprozesse. Zugleich leitet sich aus der starken Relevanz privater Vernetzung eine starke Abhängigkeit ab, die bestenfalls durch zusätzliche Maßnahmen zur Förderung einer
„freien Szene" verringert werden könnte.

Demgegenüber bilden die Hochschulen in beiden Städten wichtige zentrale Akteure
für die Entwicklung des Wissens und Gewinnung der Zuwanderer. Gerade die Universität
Freiburg wurde häufig in den Gesprächen als wesentlicher Akteur bei der Wissensentwicklung genannt. Allerdings führte die Universität Freiburg erst vor zwei Jahrzehnten
eine technische Fakultät ein, die zumindest für den Aufbau von Innovationsstrukturen
im Bereich der Mikrosystemtechnik bedeutsam wurde. Der Schwerpunkt der Universität
– ebenso wie in Leipzig – lag hingegen in geisteswissenschaftlichen Fächern, was sich
grundsätzlich gut mit den Schwerpunkten in den Dienstleistungsbranchen vereinbaren
ließ, jedoch eine Öffnung der regionalen Wirtschaftsstruktur für neue technologieorientierte Wissenselemente begrenzte.

Für die Gruppe der altindustriellen Regionen wurde das Thema „Offenheit" besonders
durch vielfältige Kooperationen der lokalen Hochschulen und Forschungseinrichtungen
mit Partnern außerhalb der Region besetzt, da es den Unternehmen in den neuen Entwicklungspfaden noch über entsprechende Mindestgrößen und Kapazitäten zur Zusammenarbeit mit den Hochschulen wie beispielsweise in den Regionen mit Leuchtturmindustrien
fehlte. Die Möglichkeiten zur Gewinnung von neuen Fachkräften wurden hingegen durch
einen generellen Abwanderungstrend und die begrenzten öffentlichen Mittel zur Verbesserung der städtischen Infrastruktur eingeschränkt. Im Bereich der Kreativität und des
Lernvermögens waren in der Fallstudie Gelsenkirchen vielfältige Ansätze zur Verbesserung der Bildungsbiographien zu erkennen, beispielsweise der Einsatz von Talentscouts
der lokalen Hochschule oder die Erstellung einer lückenlosen Betreuungskette für Kinder,
die drohen, in eine Spirale von Armut und fehlender Qualifikationen zu geraten. Grenzen
zeigten sich in der Verfügbarkeit von Finanzmitteln auf kommunaler Ebene und der Gestaltung von Übergängen zwischen akademischer Ausbildung und beruflichen Bildungs-
wegen.

Bei den kleinen Großstädten wurde das Thema Offenheit aus einer Position zunehmender Fachkräfteknappheit betrachtet. Chemnitz verlor fortwährend Bevölkerung durch Ab-

wanderung und versuchte in den vergangenen Jahren, durch vielfältige Kampagnen und Allianzen Fachkräfte zur Rückwanderung zu gewinnen. Pforzheim war von einer Suburbanisierung und einer Abwanderung hoch qualifizierter Fachkräfte in die umliegenden Großstädte Stuttgart und Karlsruhe betroffen. Grenzen der Gewinnung von Fachkräften lagen im Fall Chemnitz besonders in der Erreichbarkeit aufgrund der schwachen Anbindung an großräumige Infrastrukturnetze und im Fall Pforzheim am Image in einer „Sandwich-Lage" zwischen Stuttgart und Karlsruhe. Beim Thema Kreativität und Lernvermögen waren in Chemnitz Hochschule und öffentliche Forschungseinrichtungen zentral genannte Akteure. Wichtig waren zudem für die lokalen Unternehmen Bundesprogramme zur Innovationsförderung wie beispielsweise das Zentrale Innovationsprogramm Mittelstand (ZIM). Auch im Fall Pforzheim spielte die Entwicklung der lokalen Hochschule eine wesentliche Rolle. Um jedoch zu dauerhaften Impulsen für Anpassungsfähigkeiten beizutragen, ergaben sich in beiden Fällen Probleme bei der Erzielung kritischer Mindestgrößen. Hier wird abzuwarten sein, inwieweit dies durch Kooperationen mit Partnern in benachbarten Zentren (Dresden aus der Sicht von Chemnitz; Stuttgart und Karlsruhe aus der Sicht von Pforzheim) gelingen wird. Auch diese Kooperationen sind ein Thema der Offenheit, und im Fall Chemnitz konnte anhand von Patentdaten zumindest eine intensivere Zusammenarbeit mit Akteuren in Dresden in den vergangenen Jahren belegt werden (vgl. VDI und ZEW 2015).

Aufgrund der geringen Bevölkerungsdichte und der räumlichen Lage war das Thema Offenheit für die Regionsgruppe der peripheren Regionen von besonderer Bedeutung. Einerseits waren das Südburgenland und der Landkreis Uckermark vergleichsweise schlecht für Akteure außerhalb der Region zu erreichen, andererseits waren Kooperationen mit Akteuren außerhalb der Region entscheidend zur Erzielung kritischer Mindestgrößen. Daher ließen sich auch zahlreiche Maßnahmen zur Intensivierung der Zusammenarbeit, beispielsweise durch Präsenzstellen externer Hochschulen und Fernstudiengänge im Fall Uckermark oder durch grenzüberschreitende FuE-Projekte im Fall Burgenland beobachten. Es wird trotzdem abzuwarten sein, inwieweit diese Maßnahmen bei fortwährendem, wenn auch abgeschwächtem Abwanderungstrend im Landkreis Uckermark und in Südburgenland zur Erzielung der Mindestgrößen genügen wird. Als kreative Pole hatten sich in den Fallstudienregionen eine Fachhochschule und ein Haus der Bildung und Technologie etabliert. Herausforderungen verblieben jedoch auch hier bei der Erzielung kritischer Mindestgrößen, wobei der Landkreis Uckermark zumindest durch die Ansässigkeit eines vergleichsweise großen Unternehmens (PCK) mit Kooperationsbereitschaft im Bereich FuE über bessere Voraussetzungen verfügte als das Burgenland, das vornehmlich von externen Investoren (beispielsweise Enercon in Nordburgenland) oder öffentlichen Forschungsinvestitionen abhing (Tab. 4.4).

Diese Übersicht über Erfahrungen in den Fallstudien in der mittleren Frist unterstrich nochmals die Vielfalt der Herausforderungen und Instrumente in den unterschiedlichen Regionsgruppen. Zugleich wurde deutlich, dass bereits zahlreiche Instrumente und Programme der Resilienz in den deutschsprachigen Regionen dienten. Für eine Resilienzpolitik wird es in Zukunft darauf ankommen, in den jeweiligen Regionen die bereits vorhandenen Situationsanalysen, Programme und Instrumente zu einem ganzheitlichen

Tab. 4.4 Erfahrungen zur Offenheit, Kreativität und Lernvermögen in den Fallstudienregionen

	Ansatz	Instrumente	Grenzen
Regionen mit Leuchtturmindustrien	Offenheit für FuE-Kooperationen und Fachkräfte	Clusterprojekte und Fachkräfteallianzen	Image bei Zuwanderern
	FuE-Allianzen und Kooperationen als Lernplattformen	Strukturberichte, Gründungsförderung	Gründungsanreize (Stuttgart)
Regionen mit unverbundenen Dienstleistungen	Schwarmstadtstatus als Basis für Offenheit	Stadtmarketing	Abhängigkeit von sozialen Netzwerken
	Hochschulen als zentrale Akteure	Hochschulen	Kaum Impulse für technisches Wissen (L)
Altindustrielle Regionen	Kooperationen mit Akteuren in anderen Regionen	Technologiezentren	Abwanderungstrends
	Integrative Bildungspolitik	Hochschulen, Bildungsförderung	Begrenzte kommunale und private Mittel
Kleine Großstädte	Gewinnung von Fachkräften	Fachkräfteallianzen	Erreichbarkeit (Chemnitz), Image
	Hochschulen und öffentl. Forschung (Chemnitz)	Fraunhofer-Institute, ZIM	Fehlende Mindestgrößen
Peripherie	Präsenzstellen, Kooperationen mit regionsexternen Partnern	Förderprojekte	Abhängigkeit von externen Partnern, räumliche Lage
	Fachhochschulen bzw. Haus der Bildung und Technologie	Infrastrukturfinanzierung	Fehlende Mindestgrößen

Ansatz zusammenzufassen, der es ermöglicht, Anpassungsfähigkeiten im Krisenfall bzw. Instrumente zu ihrer Stärkung in ihrer Verknüpfung – ggf. entlang der aufgezeigten Kategorien der Systemeigenschaften – zu erkennen und gezielt fortzuentwickeln. Hierzu wird es erforderlich sein, bislang häufig getrennt betrachtete Politikfelder und Disziplinen, beispielsweise die Wirtschaftsförderung, Stadtentwicklung, Bildung oder den Naturschutz, zusammenzuführen und zu gemeinsamen Entscheidungen über Risiken und Anpassungsfähigkeiten zu gelangen (vgl. zu einem entsprechenden Ansatz beim Umgang mit Resilienz im Klimaschutz Deppisch und Hasibovic 2013). Die Finanz- und Wirtschaftskrise bot vielfältiges Anschauungsmaterial zum Umgang mit Krisen und war zugleich kurz genug, um die Anpassungsfähigkeiten nicht zu überfordern. Unser Buch sollte daher als Anregung verstanden werden, die Lektionen aus dieser Krise zu lernen und die Chance einer möglichst umfassenden Vorbereitung auf zukünftige Krisen und ihre Bewältigung zu erkennen.

Literatur

Abatecola, G. (2009). *Crisis in the European automobile industry: An organizational adaptation perspective*. DSI Essays Series 5. Rome: University of Rome, Department of Business Studies.

Adam, B. (2005). Mittelstädte – eine stadtregionale Positionsbestimmung. *Informationen zur Raumentwicklung, 8,* 495–523.

Aiginger, K. (2009). Strengthening the resilience of an economy. Enlarging the menu of stabilisation policy to prevent another crisis. *Intereconomics, 44,* 309–316.

Aiyar, S. (2012). From financial crisis to great recession: The transmission role of globalized banks, *American Economic Review, 102,* 225–230.

Alexander, D. E. (2013). Resilience and disaster risk reduction: An etymological journey. *Natural Hazards and Earth System Sciences, 13,* 2707–2716.

Amt für Statistik Berlin-Brandenburg. (2013). *Regionaler Sozialbericht Berlin und Brandenburg 2013*. Potsdam: Amt für Statistik Berlin-Brandenburg.

Amt für Statistik und Informationsauswertung der Stadt Freiburg im Breisgau. (2014). *Kleinräumige Bevölkerungsvorausrechnung und Haushaltevorausrechnung für Freiburg 2014 und 2030*. Freiburg: Stadt Freiburg.

ARL – Akademie für Raumordnung und Landesplanung. (Hrsg). (2013). *Anforderungen an ein zukünftiges Zentrale-Orte-Konzept. Beispiele aus Hessen, Rheinland-Pfalz und dem Saarland*. Positionspapier aus der ARL Nr. 92. Hannover: ARL.

Arndt, C., & Krumm, R. (2011). *Internationale Übertragung von Konjunkturzyklen – zur empirischen Evidenz ausgewählter Transmissionskanäle für Baden-Württemberg*. IAW Policy Reports. No. 7. Tübingen: Institut für angewandte Wirtschaftsforschung.

Arndt, C., Christensen, B., & Gurka, N. (2010). *Abwanderung von Hochqualifizierten aus Baden-Württemberg*. IAW Policy Reports No. 3. Tübingen: Institut für angewandte Wirtschaftsforschung.

Asheim, B., Boschma, R., & Cooke, P. (2011). Constructing regional advantage: Platform policies based on related variety and differentiated knowledge bases. *Regional Studies, 45*(7), 893–904.

Bach, H.-U., & Spitznagel, E. (2009). *Betriebe zahlen mit – und haben etwas davon*. IAB-Kurzbericht No. 17. Nürnberg: Institut für Arbeitsmarkt- und Berufsforschung.

Baden-Württemberg. (2002). *Landesentwicklungsplan 2002 Baden-Württemberg*. Stuttgart: Wirtschaftsministerium Baden-Württemberg.

BAFA – Bundesamt für Wirtschaft und Ausfuhrkontrolle. (2010). *Abschlussbericht – Umweltprämie*. Eschborn: BAFA.

© Springer Fachmedien Wiesbaden 2016
R. Wink et al., *Wirtschaftliche Resilienz in deutschsprachigen Regionen*,
DOI 10.1007/978-3-658-09823-0

Bailey, D., & Berkeley, N. (2014). Regional responses to recession: The role of the West Midlands regional taskforce. *Regional Studies, 48,* 1797–1812.

BAK Basel Economics. (2011). *Innovationskraft Baden-Württemberg: Erfassung in Teilregionen des Landes und Beitrag zum Wirtschaftswachstum.* Basel: BAK.

Balland, P.-A., Boschma, R., & Kogler, D. (2013). *The technological resilience of US cities 1976–2004.* Utrecht: mimeo.

Balland, P.-A., Boschma, R., & Frenken, K. (2015). Proximity and innovation: From statics to dynamics. *Regional Studies, 49*(5), 907–920.

Barca, F. (2009). *An agenda for a reformed cohesion policy. A place-based approach to meeting European Union challenges and expectations.* Independent report at the request of Danuta Hübner, Commissioner for Regional Policy. Brüssel: DG Regio.

Barca, F., McCann, P., & Rodriguez-Pose, A. (2012). The case for regional development intervention: Place-based versus place-neutral approaches. *Journal of Regional Science, 52,* 134–152.

Bartetzky, A. (2009). Anleitung zur Stadtzerstörung. *Frankfurter Allgemeine Zeitung.* 24.03.2009. Nr. 70, 30.

Bartetzky, A. (2015). *Die gerettete Stadt: Architektur und Stadtentwicklung in Leipzig seit 1989 – Erfolge, Risiken, Verluste.* Leipzig: Lehmstedt.

Bathelt, H. (2005). Cluster relations in the media industry: Exploring the ‚distanced neighbour‘ paradox in Leipzig. *Regional Studies, 39*(1), 105–127.

Bathelt, H., Malmberg, A., & Maskell, P. (2004). Clusters and knowledge: Local buzz, global pipelines and the process of knowledge creation. *Progress in Human Geography, 28,* 31–56.

Bathelt, H., & Glückler, J. (2012). *Wirtschaftsgeografie* (3. Aufl.). Stuttgart: Ulmer.

Bauernhansl, T., ten Hompel, M., & Vogel-Heuser, B. (2014). *Industrie 4.0 in Produktion, Automatisierung und Logistik.* Wiesbaden: Springer-Vieweg.

Baumeister, C., & Benati, L. (2013). Unconventional monetary policy and the great recession: Estimating the macroeconomic effects of a spread compression at the zero lower bound. *International Journal of Central Banking, 9,* 165–212.

Bechtle, G. (1998). *Das Verhältnis von Organisation und Innovation: Wie reagiert die baden-württembergische Industrie auf die Krise der neunziger Jahre?* Stuttgart: Akademie für Technologiefolgenabschätzung in Baden-Württemberg.

Beinhocker, E. D. (2006). *The origin of wealth: Evolution, complexity, and the radical remaking of economics.* Boston: Harvard Business School Press.

vom Berge, P., et al. (2014). *Wie sich Menschen mit niedrigen Löhnen in Großstädten verteilen.* IAB-kurzbericht 12. Nürnberg: Institut für Arbeitsmarkt- und Berufsforschung.

Birkinshaw, J., Brannen, M. Y., & Tung, R. L. (2011). From a distance and generalizable to up close and grounded: Reclaiming a place for qualitative methods in international business research. *Journal of International Business Studies, 42,* 573–581.

Bischof, A. (2015). #Hypezig – Die Verkleinbürgerlichung des Alternativen. In F. Eckardt, R. Seyfarth, & F. Werner (Hrsg.), *Leipzig: Die neue urbane Ordnung der unsichtbaren Stadt* (S. 72–87). Münster: Unrast.

Blanchard, O., & Wolfers, J. (2000). The role of shocks and institutions in the rise of European unemployment: The aggregate evidence. *The Economic Journal, 110,* C1–C33.

Blotevogel, H. H. (2005). Zentrale Orte. In ARL – Akademie für Raumordnung und Landesplanung (Hrsg.), *Handwörterbuch der Raumordnung* (S. 1307–1315). Hannover: ARL.

BMWi – Bundesministerium für Wirtschaft und Technologie. (2010). *Konjunktur- und wachstumspolitische Maßnahmen der Bundesregierung in der Wirtschafts- und Finanzkrise.* Berlin: BMWi.

Bodenschatz, H. (1996). Das Ringen um das verlorene Zentrum. *StadtBauwelt, 87,* 708–713.

Bogumil, J., Heinze, R. G., Lehner, F., & Strohmeier, K. P. (2012). *Viel erreicht – wenig gewonnen. Ein realistischer Blick auf das Ruhrgebiet.* Essen: Klartext.

Bohachova, O., & Krumm, R. (2011). *Betroffenheit der baden-württembergischen Betriebe von der Wirtschafts- und Finanzkrise 2008/2009 und ihre Anpassungsreaktionen.* IAW Kurzberichte, No. 6. Tübingen: Institut für angewandte Wirtschaftsforschung.

Borchert, I., & Mattoo, A. (2010). The crisis-resilience of services trade. *Service Industries Journal, 30,* 2115–2136.

Borrás, S., & Edler, J. (2014). The governance of change in socio-technical and innovation systems: Three pillars for a conceptual framework. In S. Borrás & J. Edler (Hrsg.), *The governance of socio-technical systems. Explaining change.* Eu-SPRI Forum on Science, Technology and Innovation Policy (S. 23–48). Cheltenham: Edward Elgar.

Boschma, R. (2013). *Constructing regional advantage and smart specialisation: Comparison of two European policy concepts.* Papers in Evolutionary Economic Geography (PEEG), 13.22. Utrecht: Utrecht University.

Boschma, R. (2014). *Towards an evolutionary perspective on regional resilience.* Papers in Evolutionary Economic Geography (PEEG), 14.09. Utrecht: Utrecht University.

Boschma, R., Eriksson, R. H., & Lindgren, U. (2013). *Labour market externalities and regional growth in Sweden. The importance of labour mobility between skill-related industries.* Papers in Evolutionary Economic Geography (PEEG), 13.18. Utrecht: Utrecht University.

Boschma, R., & Iammarino, S. (2009). Related variety, trade linkages, and regional growth in Italy. *Economic Geography, 85*(3), 289–311.

Brachert, M., & Hornych, C. (2009). Die Formierung von Photovoltaik-Clustern in Ostdeutschland. *Wirtschaft im Wandel, 15*(2), 81–90.

Brachert, M., Kubis, A., & Titze, M. (2011). *Related variety, unrelated variety and regional functions: Identifying sources for regional employment growth in Germany from 2003 to 2008.* IWH Discussion Papers, No. 15. Halle: Institut für Wirtschaftsforschung Halle.

Braczyk, H.-J., Schienstock, G., & Steffensen, B. (1996). Die Regionalökonomie Baden-Württembergs. Ursachen und Grenzen des Erfolges. In H.-J. Braczyk & G. Schienstock (Hrsg.), *Kurswechsel in der Industrie? Lean Production in Baden-Württemberg* (S. 24–51). Stuttgart: Kohlhammer.

Brakman, S., Garretsen, H., & van Marrewijk, C. (2014). *The crisis and regional resilience in Europe: On the importance of urbanization and specialization.* CESifo Working Paper Series, 4724. München: Centre for Economic Studies.

Braun, R. (2014). *Kein „zurück-in-die-Stadt", sondern „Landflucht".* Empirica Paper Nr. 219. Berlin: Empirica-Institut.

Brede, M., & de Vries, B. J. M. (2009). Networks that optimize a trade-off between efficiency and dynamic resilience. In J. Zhou (Hrsg.), *Complex sciences. First international conference complex 2009* (S. 2109–2117). Revised Papers, Part 2. Berlin: Springer.

Breuss, F., Kaniovski, S., & Schratzenstaller, M. (2009). *Gesamtwirtschaftliche Auswirkungen der Konjunkturpakete I und II und der Steuerreform 2009.* Wien: Österreichisches Institut für Wirtschaftsforschung.

Briguglio, L., Cordina, G., Farrugia, N., & Vella, S. (2008). *Profiling economic vulnerability and resilience in small states: Conceptual underpinnings.* Malta: Islands and Small States Institute of the University of Malta.

Brinker, D., & Sinnig, H. (2014). Wohnraumversorgung und Wohnraumqualität einkommensschwacher Haushalte. Herausforderungen, Handlungsmöglichkeiten und Grenzen für Wohnungspolitik und Stadtentwicklung am Beispiel des Sonnenbergs in Chemnitz. *Raumforschung und Raumordnung, 72*(1), 39–53.

Bristow, G. (2010). Resilient regions: Re-„place"ing regional competitiveness. *Cambridge Journal of Regions, Economy and Society, 3*(1), 153–167.

Bristow, G., Healy, A., et al. (2014). *ECR2 – Economic crisis. Resilience of regions.* Scientific report to the European Spatial Observatory Network. Cardiff: Cardiff University.

Broll, U., & Roldan-Ponce, A. (2011). Clustering in Dresden. *European Planning Studies, 19,* 949–965.

Bruhn-Tripp, J. (2013). *Beschäftigung, Arbeitslosigkeit und Armut in Dortmund im Spiegel der Dortmunder Beschäftigten- und Sozialstatistik 1980–2012.* Dortmund: Evangelisches Bildungswerk.

Brusoni, S., & Prencipe, A. (2001). Managing knowledge in loosely coupled networks: Exploring the links between product and knowledge dynamics. *Journal of Management Studies, 38*, 1019–1035.

Brusoni, S., Marengo, L., Prencipe, A., & Valente, M. (2004). *The value and costs of modularity: A cognitive perspective*. SPRU Working Paper Series 123. Brighton: University of Sussex.

Buch, T., Hamann, S., & Niebuhr, A. (2010). *Qualifikationsspezifische Wanderungsbilanzen deutscher Metropolen. Stuttgart im Städtevergleich*. IAB Regional Baden-Württemberg 01-2010. Nürnberg: Institut für Arbeitsmarkt- und Berufsforschung.

Burda, M. C., & Hunt, J. (2001). From reunification to European integration: Productivity and the labour market in East Germany. *Brookings Papers on Economic Activity, 32*(2), 1–92.

Canova, F., Coutinho, L., & Kontolemis, Z. (2012). *Measuring the macroeconomic resilience of industrial sectors in the EU and assessing the role of product market regulations*. DG E-Fin Occasional Papers 112. Brussels: European Commission.

Carlsson, E., Steen, M., Sand, R., & Nilsen, S. K. (2014). Resilient peripheral regions? The long-term effects of ten Norwegian restructuring programmes. *Norsk Geografisk Tidsskrift – Norwegian Journal of Geography, 68*, 91–101.

Caspar, S., Dispan, J., Krumm, R., Rau, M., Seibold, B., & Stieler, S. (2003). *Strukturbericht Region Stuttgart 2003. Entwicklung von Wirtschaft und Beschäftigung*. Schwerpunkt: Internationalität. Stuttgart und Tübingen: IMU und IAW.

Castaldi, C., Frenken, C., & Los, B. (2013). *Related variety, unrelated variety and technological breakthroughs: An analysis of US state-level patenting*. Papers in Evolutionary Economic Geography (PEEG), 13.02. Utrecht: Utrecht University.

Cellini, R., & Torrisi, G. (2014). Regional resilience in Italy: A very long-run analysis. *Regional Studies, 48*(11), 1779–1796.

Cerra, V., Panizza, U., & Saxena, S. C. (2013). International evidence on recovery from recessions. *Contemporary Economic Policy, 31*, 424–439.

Champion, T., Coombes, M., & Brown, D. J. (2009). Migration and longer-distance commuting in rural England. *Regional Studies, 43*(10), 1245–1259.

Christmann, G. B., Balgar, K., & Mahlkow, N. (2014). Local construction of vulnerability and resilience in the context of climate change: A comparison of Lübeck and Rostock. *Social Sciences, 3*, 142–159.

Christopherson, S., Michie, J., & Tyler, P. (2010). Regional resilience: Theoretical and empirical perspectives. *Cambridge Journal of Regions, Economy and Society, 3*(1), 3–10.

Coenen, G., Straub, R., & Trabandt, M. (2012). *Fiscal policies and the great recession in the euro area*. Working Paper Series No. 1429. Frankfurt a. M.: ECB.

Coenen, L., Moodysson, J., & Martin, H. (2015). Path renewal and old industrial regions: Possibilities and limitations for regional innovation policy. *Regional Studies, 49*(5), 850–865.

Cohen, W. M., & Levinthal, D. A. (1990). Absorptive capacity. A new perspective on learning and innovation. *Administrative Science Quarterly, 35*, 128–152.

complan Kommunalberatung GmbH. (2010). *Regionaler Wachstumskern (RWK) Schwedt/Oder*. Statusbericht 2010 im Auftrag der Stadt Schwedt/Oder. Potsdam.

complan Kommunalberatung GmbH. (2014). *Regionaler Wachstumskern (RWK) Schwedt/Oder*. Statusbericht 2014 im Auftrag der Stadt Schwedt/Oder. Potsdam.

Conzelmann, T. (2008). A new mode of governing? Multi-level governance between cooperation and conflict. In T. Conzelmann & R. Smith (Hrsg.), *Multi-level governance in the European union. Taking stock and looking ahead* (S. 11–30). Baden-Baden: Nomos.

Cooke, P., & Morgan, K. (1993). The network paradigm: New departures in corporate and regional development. *Environment & Planning D: Society & Space, 11*, 543–564.

Cooke, P., & Rehfeld, D. (2011). Path dependence and new paths in regional evolution: In search of the role of culture. *European Planning Studies, 19*, 1909–1929.

Cowell, M. M. (2013). Bounce back or move on: Regional resilience and economic development planning. *Cities, 30*, 212–222.

Crespo, J., Suire, R., & Vicente, J. (2014). Lock-in or lock-out? How structural properties of knowledge networks affect regional resilience. *Journal of Economic Geography, 14*, 199–219.

Cross, R., Grinfield, M., & Lamba, H. (2009). Hysteresis and economics. *Control Systems Magazine, 29*, 30–43.

CWE – Chemnitzer Wirtschaftsförderungs- und Entwicklungsgesellschaft. (2008). *Wirtschaftspolitisches Konzept der Stadt Chemnitz im Rahmen des SEKo 2020*. Chemnitz: CWE.

Dahlbeck, E., & Neu, M. (2014). *Soziale und gesundheitliche Ungleichheit in Nordrhein-Westfalen*. Forschung aktuell 03/2014. Gelsenkirchen: Institut für Arbeit und Technik.

Davies, S. (2011). Regional resilience in the 2008–2010 downturn: Comparative evidence from European countries. *Cambridge Journal of Regions, Economy and Society, 4*(1), 369–382.

Dawley, S., Pike, A., & Tomaney, J. (2010). *Towards the resilient region? Policy activism and peripheral regional development*. SERC Discussion Paper No. 53. Newcastle: Spatial Economics Research Centre.

Dawley, S., Marshall, N., Pike, A., Pollard, J., & Tomaney, J. (2011). Labour market impact of the run on Northern Rock: Continuity and evolution in an old-industrial region. *Regional Studies, 48*, 154–172.

Deppisch, S., & Hasibovic, S. (2013). Social-ecological resilience thinking as a bridging concept in transdisciplinary research on climate-change adaptation. *Natural Hazards, 67*(1), 117–127.

Deutsche Handwerkszeitung. (2008). *Vertrauen gegen Unsicherheit. Freistaat Sachsen legt eigenes Mittelstandsstabilisierungsprogramm vor*. Sachsen Ausgabe 24.

Deutsche Rück – Deutsche Rückversicherungs AG. (2004). *Sturmdokumentation Deutschland 1997–2004*. Düsseldorf: Deutsche Rück.

Devereux, M. P., Griffith, R., & Simpson, H. (2007). Firm location decisions, regional grants and agglomeration externalities. *Journal of Public Economics, 91*, 413–435.

Di Caro, P. (2015). Recessions, recoveries and regional resilience: Evidence on Italy. *Cambridge Journal of Regions, Economy and Society, 8*(2), 273–291.

DIfU – Deutsches Institut für Urbanistik. (Hrsg.). (2013). *Jetzt auch noch resilient? Anforderungen an die Krisenfestigkeit der Städte*. Difu-Berichte 2/2013. Berlin: Deutsches Institut für Urbanistik.

Dijkstra, L., & Poelman, H. (2008). *Remote rural regions: How proximity to a city influences the performance of rural regions*. European Union Regional Focus Paper No. 01. Brussel: European Union.

Diodato, D., & Weterings, A. (2014). The resilience of Dutch regions to economic shocks. Measuring the relevance of interactions among firms and workers. *Journal of Economic Geography*. doi:10.1093/jeg/lbu030.

Dispan, J., Krumm, R., & Seibold, B. (2013). *Strukturbericht Region Stuttgart 2013. Schwerpunkt: Fachkräftebedarf und Erwerbspersonenpotenzial*. Stuttgart und Tübingen: IMU und IAW.

Döhrn, R., & Gebhardt, H. (2013). *Die fiskalischen Kosten der Finanz- und Wirtschaftskrise*. IBES – Institut für Betriebswirtschaft und Volkswirtschaft, Diskussionsbeitrag Nr. 198. Essen: Universität Essen-Duisburg.

Döhrn, R., Kitlinski, T., & Vosen, S. (2009). *Rezession erfasst auch Nordrhein-Westfalen. Konjunkturbericht 2009 für Nordrhein-Westfalen*. RWI-Materialien, Heft 51. Essen: Rheinisch-Westfälisches Institut für Wirtschaftsforschung.

Dopfer, K., Foster, J., & Potts, J. (2004). Micro-meso-macro. *Journal of Evolutionary Economics, 14*, 263–279.

Drobniak, A. (2015). Factors determining a city's development dynamics. In A. Drobniak (Hrsg.), *Regional urban resilience. Concept and measurement* (S. 29–48). Gliwice: One Press.

Dudley, L. (2012). *Mothers of innovation: How expanding social networks gave birth to the industrial revolution*. Cambridge: Cambridge Scholars Publishing.

Durkheim, E. (2002, 1897). *Suicide. A study in sociology*. London: Routledge Classics (originally in French: Paris: Félix Alcan).

Duval, R., Elmeskov, J., & Vogel, L. (2007). *Structural policies and economic resilience to shocks.* Paris: OECD, OECD Economics Department Working Paper WKP 27.

Edwards, C. (2009). *Resilient nation.* London: Demos.

Einwiller, R. (2015). Innovationsindex 2014: Kreise und Regionen in Baden-Württemberg. *Statistisches Monatsheft Baden-Württemberg, 2,* 5–12.

Empirica. (2015). *Preisdatenbank.* Wertetabelle zum empirica Blasenindex 2014q4. Berlin: Empirica-Institut.

Energie-Agentur Nordrhein-Westfalen. (2008). *Solarsiedlung Gelsenkirchen-Lindenhof. 50 Solarsiedlungen in Nordrhein-Westfalen.* Broschüre. Düsseldorf: Energie-Agentur NRW.

ENRD – European Network for Rural Development. (2015). *Rural development priorities 2014–2010.* Luxemburg: Publications office of the European Union.

Erdmenger, K., & Fach, W. (1986). Späth-Absolutismus? Über die Zukunft der Vergangenheit des modernen Staates. *Blätter für deutsche und internationale Politik, 31,* 716–725.

Ernst Basler + Partner, & Regionomica. (2010). *Evaluation der Ergebnisse der Neuausrichtung der Förderpolitik auf Regionale Wachstumskerne (RWK).* Studie im Auftrag der Staatskanzlei des Landes Brandenburg. Potsdam: Ernst Basler + Partner.

Europäische Kommission. (2009a). *EFRE – Förderung erneuerbarer Energieträger im Burgenland. Ein Modell für andere europäische Regionen.* Brüssel: DG Regio.

Europäische Kommission. (2009). *Staatliche Beihilfen: Kommission segnet LBBW-Umstrukturierungsplan und Entlastung für Risikoaktiva ab.* Presseerklärung: Brüssel.

Europäische Kommission. (2011). *Staatliche Beihilfen: Kommission gibt grünes Licht für die Zerschlagung der West LB.* Pressemitteilung. Brüssel: Europäische Kommission.

European Commission. (2008). *A European economic recovery plan.* Communication from the Commission to the European Council. (COM 2008) 800. Brussels: European Commission.

European Commission. (2009). *Preparing for our future: A common strategy for key enabling technologies in the EU.* COM (2009) 512. Brussels: European Commission.

European Commission. (2010). *EU smart, sustainable and inclusive growth: The European 2020 strategy.* COM (2010) 2020. Brussels: European Commission.

European Commission (2010a). *An integrated industrial policy fort he globalisation era. Putting competitiveness and sustainability at centre stage.* COM (2010) 614. Brussels: European Commission.

European Commission. (2012). *A stronger European industry for growth and economic recovery.* Communication from the Commission to the European Parliament, the Council, the Economic and Social Committee and the Committee of the Regions. COM (2012) 582. Brussels: European Commission.

European Commission. (2013). *Competing in global value chains.* EU industrial structure report. Brussels: European Commission.

European Commission. (2014). *Regional innovation scoreboard.* Brussels: European Commission.

Exner, A. (2013). Von der Nachhaltigkeit zur Resilienz? Mögliche Diskursveränderung in der Vielfachkrise. *Phase 2 – Zeitschrift gegen die Realität,* No. 45.

Experian. (2012). *Understanding resilience. Local economic partnerships.* Nottingham: Experian.

Fieldsend, A. F. (2010). Indicators for the assessment of the potential for employment creation in rural areas. *Studies in Agricultural Economics, 111,* 49–64.

Fieldsend, A. F. (2013). Rural renaissance: An integral component of regional economic resilience. *Studies in Agricultural Economics, 115,* 85–91.

Fingleton, B., & Palombi, S. (2013). Spatial panel data estimation, counterfactual predictions, and local economic resilience among British towns in the Victorian era. *Regional Science and Urban Economics, 43,* 649–660.

Fingleton, B., Garretsen, H., & Martin, R. (2012). Recessionary shocks and regional employment: Evidence on the resilience of UK regions. *Journal of Regional Science, 52,* 109–133.

Fischer, B., Vullhorst, U., & Werner, J. (2009). Wirtschaftskrisen und Konjunkturzyklen in Baden-Württemberg seit 1950. *Statistisches Monatsheft Baden-Württemberg, 9,* 3–11.

Flick, U. (2000). Episodic interviewing. In M. Bauer & G. Gaskell (Hrsg.), *Qualitative researching with text, image and sound. A practical handbook* (S. 75–92). London: Sage.

Flick, U. (2014). *An introduction to qualitative research* (5. Aufl.). London: Sage.

Fooken, I. (2015). Psychologische Perspektiven der Resilienzforschung. In R. Wink (Hrsg.), *Multidisziplinäre Perspektiven der Resilienzforschung*. Wiesbaden: VS Verlag für Sozialwissenschaften (im Druck).

Foray, D., David, P. A., & Hall, B. H. (2009). Smart specialisation. The concept. *Knowledge Economists Policy Brief* No. 9.

Foray, D., David, P. A., & Hall, B. H. (2011). Smart specialisation. From academic idea to political instrument. The surprising career of a concept and the difficulties involved in its implementation. MTEI Working Paper. Lausanne.

Frank, A., Meyer-Guckel, V., & Schneider, C. (2008). *Innovationsfaktor Kooperation. Bericht des Stifterverbands zur Zusammenarbeit zwischen Unternehmen und Hochschulen*. Essen: Edition Stifterverband.

Frenken, K., & Mendritzki, S. (2012). Optimal modularity: A demonstration of the evolutionary advantage of modular architectures, *Journal of Evolutionary Economics, 22*, 935–956.

Frenken, K., van Oort, F. G., & Verburg, T. (2007). Related variety, unrelated variety and regional economic growth. *Regional Studies, 41*(5), 685–697.

Fromhold-Eisebith, M. (2015). Sectoral resilience: Conceptualizing industry-specific spatial patterns of interactive crisis adjustment. *European Planning Studies, 23*, 1675–1694. doi:10.1080/09654313.2015.1047329.

Fuchs, G. (2010). Path dependence in regional development: What future for Baden- Württemberg? In G. Schreyögg & J. Sydow (Hrsg.), *The hidden dynamics of path dependence. Institutions and organizations* (S. 178–194). Houndmills: Palgrave Macmillan.

Fuchs, M., & Kempermann, H. (2012). Flexible specialization – Thirty years after the ‚second industrial divide‘: Lessons from the German mechanical engineering industry in the crisis 2008 to 2010. In M. Fromhold-Eisebith & M. Fuchs (Hrsg.), *Industrial transition. New global-local patterns of production, work, and innovation* (S. 65–79). Farnham: Ashgate.

Gardiner, B., Martin, R., & Tyler, P. (2013). Spatially unbalanced growth in the British economy. *Journal of Economic Geography, 13*(6), 889–928.

Gereffi, G., Humphrey, J., & Sturgeon, T. (2005). The governance of global value chains. *Review of International Political Economy, 12*(1), 78–104.

Gesetz zur Änderung steuerrechtlicher Vorschriften und zur Errichtung eines Fonds „Aufbauhilfe" (Flutopfersolidaritätsgesetz) vom 19.09.2002. *Bundesgesetzblatt, Teil I, 67*, 3651–3653.

Glock, B. (2006). *Stadtpolitik in schrumpfenden Städten. Duisburg und Leipzig im Vergleich*. Stadt, Raum und Gesellschaft, Band 23. Wiesbaden: VS Verlag für Sozialwissenschaften.

Goch, S. (2002). Betterment without airs: Social, cultural and political consequences of the deindustrialization in the Ruhr area. *International Review of Social History, 3*, 87–111.

Goch, S. (2004). Strukturwandel und Strukturpolitik in Nordrhein-Westfalen: Vergleichsweise misslungen oder den Umständen entsprechend erfolgreich? In S. Goch (Hrsg.), *Strukturwandel und Strukturpolitik in Nordrhein-Westfalen*. Schriften zur politischen Landeskunde Nordrhein-Westfalens (Bd. 16, S. 11–53). Münster: Lit.

Goch, S. (2011). Sinnstiftung durch ein Strukturpolitikprogramm: Die Internationale Bauausstellung Emscher-Park. In G. Betz, R. Hitzler, & M. Pfadenhauer (Hrsg.), *Urbane Events. Über den Eventisierungsdruck der Städte* (S. 67–84). Wiesbaden: VS Verlag für Sozialwissenschaften.

Grabher, G. (1993). The weakness of strong ties: The lock-in of regional development in the Ruhr area. In G. Grabher (Hrsg.), *The embedded firm. On the socioeconomics of industrial networks* (S. 255—277). London: Routledge.

Grabher, G. (1994). Lob der Verschwendung: Redundanz in der Regionalentwicklung. In U. Schneidewind (Hrsg.), *Eine Region ist kein Motorrad*. ÖIR Frühjahrstagung (S. 29–42). Wien: ÖIR.

Groos, T., & Jehles, N. (2015). *Der Einfluss der Armut auf die Entwicklung von Kindern. Ergebnisse der Schuleingangsuntersuchung*. Schriftenreihe Arbeitspapiere wissenschaftliche Begleitforschung „Kein Kind zurücklassen". Gütersloh: Bertelsmann-Stiftung.

Groot, S. P. T., Möhlmann, J. L., Garretsen, J. H., & de Groot, H. L. F. (2011). The crisis sensitivity of European countries and regions: Stylized facts and spatial heterogeneity. *Cambridge Journal of Regions, Economy and Society, 4*(3), 437–456.

Grundig, B., et al. (2008). *Rechtfertigung von Ansiedlungssubventionen am Beispiel der Halbleiterindustrie.* Gutachten im Auftrag der Sächsischen Staatskanzlei. ifo Dresden Studien 45. Dresden: ifo.

Gunderson, L. H., Holling, C. S., Pritchard, L., & Peterson, G. D. (2002). Resilience. In H. A. Mooney, J. G. Canadell, & T. Munn (Hrsg.), *Encyclopedia of global change. The Earth system: Biological and ecological dimensions of global environmental change* (Bd. 2, S. 530–531). Hoboken: Wiley.

Hall, P. A., & Soskice, D. (2001). *Varieties of capitalism: The institutional foundations of comparative advantage.* Oxford: Oxford University Press.

Hamm, R., & Wienert, H. (1989). *Strukturelle Anpassung altindustrieller Regionen im internationalen Vergleich.* Schriftenreihe des Rheinisch-Westfälischen Instituts für Wirtschaftsforschung, *Heft 48.* Berlin: Duncker & Humblot.

Harper, D. A., & Lewis, P. (2012). The anatomy of emergence, with a focus on capital formation. *Journal of Economic Behaviour and Organization, 82,* 352–367.

Hassink, R. (2010). Locked in decline? On the role of regional lock-ins in old industrial areas. In R. Boschma & R. Martin (Hrsg.), *Handbook of evolutionary economic geography* (S. 450–467). Cheltenham: Edward Elgar.

Hassink, R. (2010a). Regional resilience: A promising concept to explain differences in regional economic adaptability? *Cambridge Journal of Regions, Economy and Society, 3*(1), 45–58.

Hassink, R., Klaerding, C., & Marques, P. (2014). Advancing evolutionary economic geography by engaged pluralism. *Regional Studies, 48*(7), 1295–1307.

Hauptsatzung der Landeshauptstadt Dresden. (2014). Fassung vom 04.09.2014, veröffentlicht im *Dresdner Amtsblatt* Nr. 37/14 vom 11.09.2014, zuletzt geändert in Nr. 40/14 vom 02.10.14 und in Nr. 06/15 vom 05.02.15.

Healy, A., & Bristow, G. (2013). *Economic crisis and the structural funds.* Research Paper in the context of ESPON ECR 2. Cardiff: Cardiff University.

Heidemann, W. (2011). *Qualifizierung in Kurzarbeit.* Düsseldorf: Hans-Böckler-Stiftung.

Heidenreich, M., & Krauss, G. (2004). The production and innovation regime in Baden-Württemberg: Between past successes and new challenges. In P. Cooke, M. Heidenreich, & H.-J. Braczyk (Hrsg.), *Regional innovation systems: The role of governance in a globalized world* (2. Aufl.). London: Routledge.

Heimpold, G. (2010). Unternehmensnetzwerke in den Regionen Leipzig, Dresden, Chemnitz und Halle: Befinden sich die Netzwerkmitglieder in räumlicher Nähe zueinander? *Wirtschaft im Wandel, 16*(4), 205–212.

Heinker, H.-H. (2004). *Boomtown Leipzig: Anspruch und Wirklichkeit.* Leipzig: Faber & Faber.

Heinze, R. G., Hilbert, J., Nordhausen-Janz, J., & Rehfeld, D. (2004). Industrial clusters and the governance of change – Lessons from North Rhine-Westphalia. In P. Cooke, M. Heidenreich, & H. J. Braczyk (Hrsg.), *Regional innovation systems. The role of governances in a globalised world* (2. Aufl., S. 234–258). London: Routledge.

Helmedag, F. (2003). Leitlinien der Wirtschaftsförderung in Ostdeutschland. In M. Moldaschl & F. Thießen (Hrsg.), *Neue Ökonomie der Arbeit.* Marburg: Metropolis.

Heymann, E., & Vetter, S. (2013). *Europe's re-industrialisation. The gulf between aspiration and reality.* Deutsche Bank EU Monitor. Frankfurt a. M.: Deutsche Bank.

Hill, E., et al. (2010). *Economic shocks and regional economic resilience.* Washington, DC: Brookings Institute.

HLG – High Level Expert Group. (2011). *Key enabling technologies.* Final report. Brüssel: European Commission.

Hocquél, W. (1983). Die Großstadt Leipzig und die Baukunsr des späten Historismus und des Jugendstils (1870 bis 1914). In W. Hocquél (Hrsg.), *Leipzig* (S. 123–141). Leipzig: Seemann.

Hoffman, M. A., & Bearman, P. S. (2015). Bringing anomie back in: Exceptional events and excess suicide. *Sociological Science, 2,* 186–210.

Holling, C. S. (1996). Engineering resilience versus ecological resilience. In P. Schulze (Hrsg.), *Engineering within ecological constraints* (S. 31–44). Washington, DC: National Academy.

Hollmann, L. (2011). *Kulturhauptstadt Europas – Ein Instrument zur Revitalisierung von Altindustrieregionen. Evaluierung der Kulturhauptstädte „Glasgow 1990, Cultural Capital of Europe" und „RUHR 2010, Essen für das Ruhrgebiet".* Arbeitspapiere zur Regionalentwicklung. Kaiserslautern: Technical University Kaiserslautern.

Holm, J., & Ostergaard, C. (2015). Regional employment growth, shocks and regional industrial resilience: A quantitative analysis of the Danish IT sector. *Regional Studies, 49*(1), 95–112.

Hooker, C. (2011). Conceptualising reduction, emergence and self-organisation in complex dynamical systems. In C. Hooker (Hrsg.), *Philosophy of complex systems*. North Holland: Elsevier.

Hornych, C., & Brachert, M. (2010). Unternehmensnetzwerke in der Photovoltaik-Industrie – Starke Verbundenheit und hohe Kooperationsintensität. *Wirtschaft im Wandel, 16*(1), 57–64.

Hospers, G.-J. (2004). Restructuring Europe's rustbelt. The case of the German Ruhrgebiet. *Intereconomics, May/June,* 147–156.

Huber, P. (2005). *Beschäftigung und Arbeitslosigkeit im Burgenland 1995 bis 2003.* Wien: Österreichisches Institut für Wirtschaftsforschung.

HWWI – Hamburger Institut für Weltwirtschaft, & Berenberg. (2012). *Kulturstädteranking 2012. Die 30 größten deutschen Städte im Vergleich.* Hamburg: HWWI und Berenberg.

IAW – Institut für angewandte Wirtschaftsforschung, & ISG – Institut für Sozialforschung und Gesellschaftspolitik. (2013). *Programmbegleitende und abschließende Evaluation des Bundesprogramms Kommunal-Kombi.* Tübingen und Köln: IAW und ISG.

IfM – Institut für Mittelstandsforschung. (2014). *NUI-Regionenranking 2013.* Bonn: Institut für Mittelstandsforschung.

IHK – Industrie- und Handelskammer Nordschwarzwald. (2013). *Nordschwarzwald 2030. Entwicklungsstrategie für die Region* (2., erweiterte Aufl.). Pforzheim: IHK.

IHK – Industrie- und Handelskammer Nordwestfalen. (2007). *IHK-Standortanalyse 2007. Stärken- und Schwächen-Profil der Kommunen in Nord-Westfalen.* Münster: IHK.

ILS – Institut für Landes- und Stadtentwicklung. (2009). *Planung, Konzepte und Strategien der Stadt- und Regionalentwicklung im Ruhrgebiet. Expertise zu den Kooperationen im Ruhrgebiet.* Dortmund: ILS.

IMAG – Interministerielle Arbeitsgruppe Aufbau Ost. (2005). *Stärkung der Wachstumskräfte durch räumliche und sektorale Fokussierung von Landesmitteln.* Bericht vom 04.04.2005 zur Sitzung der Landesregierung. Potsdam: IMAG.

INKAR – Indikatoren und Karten zur Raum- und Stadtentwicklung. (2015). *Regionalstatistische Informationen des Bundesinstituts für Bau-, Stadt- und Raumforschung und der Statistischen Ämter des Bundes und der Länder.* www.inkar.de.

Institut der deutschen Wirtschaft. (2014). *Einkommensarmut aus regionaler Sicht.* Materialien. Köln: IW.

Irle, C., & Röllinghoff, S. (2008). Dortmund – eine Stadt im Aufbruch. *Informationen zur Raumentwicklung, 9–10,* 639–650.

IW Consult (2011). *Ruhr 2030 Index. Fortschrittsmessung 2010.* Bericht im Auftrag des Initiativkreises Ruhr. Köln: IW Consult.

IWH – Institut für Wirtschaftsforschung Halle, ISI – Fraunhofer Institut für System- und Innovationsforschung, EuroNorm GmbH. (2013). *Sächsischer Technologiebericht.* Dresden: Sächsisches Staatsministerium für Wirtschaft, Arbeit und Verkehr.

Jacuniak, M. (2012). State attempts to improve regional image? A comparative analysis of environment- and leisure-oriented regeneration strategies in the Emscher Zone (Germany) and North Staffordshire (England). In N. Clifton, et al. (Hsg.). *The regeneration of image in old-industrial regions: Agents of change and changing agents* (S. 69–87). Göttingen: Cuvillier.

Jakubowski, P. (2013). Resilienz – eine zusätzliche Denkfigur für gute Stadtentwicklung. *Informationen zur Raumentwicklung, 4*, 371–378.

Jakubowski, P., Lackmann, G., & Zarth, M. (2013). Zur Resilienz regionaler Arbeitsmärkte – theoretische Überlegungen und empirische Befunde. *Informationen zur Raumentwicklung, 4*, 351–370.

Joyce, M., Lasaosa, A., Stevens, I., & Tong, M. (2011). The financial market impact of quantitative easing. *International Journal of Central Banking, 7*, 113–161.

Jung, W., Hardes, A., & Schröder, W. (2010). From industrial area to solar area – the redevelopment of brownfields and old building stock with clean energy solutions. (City of Gelsenkirchen, Germany). In M. van Staden & F. Musco (Hrsg.), *Local governments and climate change. Sustainable energy planning and implementation in small and medium sized communities* (S. 275–291). Dordrecht: Springer.

Jungnikl, S. (2008). Sieht das Kraftwerk der Zukunft so aus? Ein Ausflug in die autarke Energieoase von Güssing. *Die Zeit*. Nr. 35 vom 23.08.2008. S. 33.

Kabisch, N., Haase, D., & Haase, A. (2010). Evolving reurbanisation? Spatio-temporal Dynamics as exemplified by the East German city of Leipzig. *Urban Studies, 47*, 967–990.

Kahl, J., & Hundt, C. (2015). Employment performance in times of crisis: A multilevel analysis of economic resilience in the German biotechnology industry. *Competitiveness Review, 25*(4), 371–391.

Kalinowski, T. (2013). *Crisis management and the varieties of capitalism: Fiscal stimulus packages and the transformation of East-Asian state-led capitalism since 2008*. Wissenschaftszentrum Berlin, Discussion Paper No. SP III 2013-501. Berlin: WZB.

Karl, H., Möller, A., & Wink, R. (2003). *Regional industrial policies in Germany*. CERIS-Working Paper. Torino: CERIS.

Kentikelenis, A., Karanikolos, M., Papanicolas, I., Basu, S., McKee, M., & Stuckler, D. (2011). Health effects of financial crisis: Omens of a Greek tragedy. *The Lancet, 378*, 1457–1458.

Kiese, M. (2012). *Regionale Clusterpolitik in Deutschland. Bestandsaufnahme und interregionaler Vergleich im Spannungsfeld von Theorie und Praxis*. Marburg: Metropolis.

Kiese, M., & Hundt, C. (2014). Cluster policies, organising capacities, and regional resilience. Evidence from German case studies. *Raumforschung und Raumordnung, 72*(2), 117–131.

Kilper, H. (2012). Multilevel Governance – Anregungen für die Analyse von Stadtentwicklungspolitik in schrumpfenden Städten. In M. Liebmann & H. Kühn (Hrsg.), *Regenerierung der Städte. Strategien der Politik und Planung im Schrumpfungskontext* (S. 109–123). Wiesbaden: VS Verlag für Sozialwissenschaften.

Klee, G., Krumm, R., & Neugebauer, K. (2011). *Der Dienstleistungssektor in der Region Stuttgart. Bedeutung und Perspektiven wissensintensiver Servicebranchen*. Stuttgart: IHK Region Stuttgart.

Klemmer, P. (1992). Risiken und Chancen des strukturellen Wandels in alten Industrieregionen. In Deutsche Gesellschaft für Sicherheitswissenschaft (Hrsg.), *Der Mensch und seine Risiken in Gesellschaft, Technik und Umwelt* (S. 33–50). Bremerhaven: Wirtschaftsverlag NW.

Kluge, J., Montén, A., Nagl, W., Schirwitz, B., & Thum, M. (2012). *Wachstum und Be-schäftigung am Wirtschaftsstandort Dresden*. Gutachten im Auftrag der Landeshauptstadt Dresden. ifo Dresden Studie 64. Dresden: ifo-Institut.

Knapp, W., & Schmitt, P. (2008). Discourse on 'metropolitan driving forces' and 'uneven development': Germany and the RhineRuhr conurbation. *Regional Studies, 42*(11), 1187–1204.

Knudsen, E. S. (2011). *Shadow of trouble: The effects of pre-recession characteristics on the severity of recession impact*. Working paper 19/11. Bergen: Institute for Research in Economics and Business Administration.

Kohlhaas-Weber, I., & Plöger, J. (2013). Fallstudienbericht Deutschland. In Bundesministerium für Verkehr, Bau und Stadtentwicklung (Hrsg.), *Wieder erstarkte Städte. Strategien, Rahmenbedingungen und Ansätze der Regenerierung in europäischen Groß- und Mittelstädten* (S. 43–56). Bonn: Bundesamt für Bauwesen und Raumordnung.

Kotilainen, J., Eisto, I., & Vatanen, E. (2014). Uncovering mechanisms for resilience: Strategies to counter shrinkage in a peripheral city in Finland. *European Planning Studies, 23*(1), 53–68.

Kröhnert, S., et al. (2011). *Die demografische Lage der Nation. Was freiwilliges Engagement für die Region leistet*. Berlin: Berlin-Institit für Bevölkerung und Entwicklung.

Krüger, S. (2012). Stuttgart 21 – Interessen, Hintergründe, Widersprüche. *Informationen zur Raumentwicklung, 11/12*, 589–603.

Krumm, R., & Boockmann, B. (2012). *Konjunkturpolitik auf Bundesländerebene: Das Beispiel Baden-Württemberg*. IAW Kurzberichte No. 1, Tübingen: Institut für angewandte Wirtschaftsforschung.

Krumm, R., & Neugebauer, K. (2012). *Der Finanzplatz Stuttgart im europäischen Standortvergleich*. IAW Policy Reports, No. 9. Tübingen: Institut für angewandte Wirtschaftsforschung.

Kuckartz, U. (2012). *Qualitative Inhaltsanalyse. Methoden, Praxis, Computerunterstützung*. Wiesbaden: VS Verlag für Sozialwissenschaften.

Kuhlicke, C. (2013). Resilience: A capacity and a myth. Findings from an in-depth case study in disaster management research. *Natural Hazards, 67*, 61–76.

Kühn, M., & Sommer, H. (2013). *Periphere Zentren – Städte in peripherisierten Regionen. Theoretische Zugänge, Handlungskonzepte und eigener Forschungsansatz*. Working Paper No. 48. Erkner: Leibniz Institut für Regionalentwicklung und Strukturplanung.

Küpper, U. I. (2005). Zwischenbilanz des „dortmund-projects" aus der Sicht des Wirtschaftsförderers. *Informationen zur Raumentwicklung, 32*(9/10), 627–636.

Lageman, B., et al. (2005). *Strukturwandel ohne Ende? Aktuelle Vorschläge zur Revitalisierung des Ruhrgebiets und ihre Bewertung*. RWI-Materialien, Heft 20. Essen: Rheinisch-Westfälisches Institut für Wirtschaftsforschung.

Lagravinese, R. (2015). Economic crisis and rising gaps North-South: Evidence from the Italian regions. *Cambridge Journal of Regions, Economy and Society, 8*(2), 331–342.

Lang, T. (2012). How do cities and regions adapt to socio-economic crisis? Towards and institutionalist approach to urban and regional resilience. *Raumforschung und Raumordnung, 70*, 285–292.

Langlois, R. N. (2002). Modularity in technology and organization. *Journal of Economic Behavior and Organization, 49*, 19–37.

Leheyda, N., & Verboven, F. (2013). *Scrapping subsidies during the financial crisis – evidence from Europe*. ZEW Discussion Paper No. 13-079. Mannheim: Zentrum für Europäische Wirtschaftsforschung.

Leszczensky, M., Frietsch, R., Gehrke, B., & Helmrich, R. (2010). *Bildung und Qualifikation als Grundlage der technologischen Leistungsfähigkeit Deutschlands*. Studien zum deutschen Innovationssystem, 1-2010. Hannover, Bonn und Karlsruhe: Hochschul-Informations-System, Bundesinstitut für Berufsbildung, Fraunhofer Institut für Innovations- und Systemforschung, Niedersächsisches Institut für Wirtschaftsforschung.

Li, H. H. J. K., Tan, K. H., & Hida, A. (2011). Sustaining growth in electronic manufacturing sector: Lessons from Japanese mid-size EMS providers. *International Journal of Production Research, 49*, 5415–5430.

Lichtblau, K., Demary, M., & Schmitz, E. (2010). *Lehren einer Krise. Die Sicht des Maschinenbaus*; IMPULS-Stiftung für den Maschinenbau, den Anlagenbau und die Informationstechnik. Cologne: IMPULS-Stiftung.

LUA – Landesumweltamt Brandenburg. (1998). *Das Sommerhochwasser an der Oder 1997*. Studien und Tagungsberichte (Bd. 16). Potsdam: LUA.

Lukesch, R., Payer, H., & Winkler-Rieder, W. (2011). *Wie gehen Regionen mit Krisen um? Eine explorative Studie über die Resilienz von Regionen*. Fehring: ÖAR Regionalberatung.

Lütke-Daldrup, E. (2002). Risiken und Chancen der Schrumpfung – der Fall Leipzig. In Deutsche Akademie für Städtebau und Landesplanung (Hrsg.), *Schrumpfende Städte fordern neue Strategien der Stadtentwicklung*. Berlin: Müller + Busmann.

MacKinnon, D., & Driscoll Derickson, K. (2012). *From resilience to resourcefulness: A critique of resilience policy and activism*. Papers in Evolutionary Economic Geography (PEEG), No. 12-12. Utrecht: Utrecht University.

Marks G. (1993). Structural policy and multilevel governance in the EU. In A. Cafruny & G. Ro-
senthal (Hrsg.), *The state of the European community*. New York: Lynne Rienner.
Martin, R. (2012). Regional economic resilience, hysteresis, and recessionary shocks. *Journal of
Economic Geography, 12*(1), 1–32.
Martin, R., & Sunley, P. (2015). On the notion of regional economic resilience: Conceptualisation
and explanation. *Journal of Economic Geography, 15*(1), 1–42.
Matuschewski, A. (2005). Vom sozialistischen Kombinat zum postfordistischen Cluster: Die Um-
strukturierung der Mikroelektronikindustrie in Dresden unter dem Transformationsschock. *Geo-
graphische Zeitschrift, 93*(3), 165–182.
May-Strobl, E. (2009). *NUI-Regionenranking 2009. Neue unternehmerische Initiative in den Regio-
nen Deutschlands*. IfM-Materialien Nr. 204. Bonn: Institut für Mittelstandsforschung.
Mayring, P. (2010). *Qualitative Inhaltsanalyse. Grundlagen und Techniken* (11. Aufl.). Landsberg:
Beltz.
McCann, P., & Ortega-Argiles, R. (2013). The role oft he smart specialisation agenda in a reformed
EU cohesion policy. *Scienzi Regionali, 2014*(1), 15–32.
Meerow, S., & Newell, J. P. (2015). Resilience and complexity. A bibliometric review and prospects
for industrial ecology. *Journal of Industrial Ecology*. doi:101111/jiec.12252.
Mishler, E. G. (1986). The analysis of interview-narratives. In T. R. Sarbin (Hrsg.), *Narrative psy-
chology* (S. 233–255). New York: Praeger.
Nährer, U. (2010). *Geschichte der Windkraftnutzung in Österreich*. St. Pölten: IG Windkraft.
Narbro, A. (2010). *Getting the best out of regional innovation systems. Cases and good practices*.
Rovaniemi: Nordic Innovation Centre.
Navarro-Espigares, J. L., Martin-Segura, J. A., & Hernandez-Torres, E. (2012). The role of the ser-
vice sector in regional economic resilience. *Service Industries Journal, 32*, 571–590.
Neugebauer, K., & Spies, J. (2011). *Wie haben Exportunternehmen die Krise bewältigt?* IAW Policy
Report No. 8. Tübingen: Institut für angewandte Wirtschaftsforschung.
Neumann, U. (2005). *Ökonomisch-demographische Segregationsmechanismen. Aktuelle Befunde
aus der Rhein-Ruhr-Region*. RWI-Materialien, Heft 18. Essen: Rheinisch-Westfälisches Institut
für Wirtschaftsforschung.
Neumann, U., Schmidt, C. M., & Trettin, L. (2007). *Förderung der lokalen Ökonomie. Fallstudie
im Rahmen der Evaluation des integrierten Handlungsprogramms „Soziale Stadt NRW"*. Essen:
RWI – Rheinisch-Westfälisches Institut für Wirtschaftsforschung.
Neumann, U., Trettin, L., & Zakrzewski, G. (2012). *Tourismus im Ruhrgebiet. Chancen für klei-
ne Unternehmen*. RWI-Materialien, Heft 70. Essen: Rheinisch-Westfälisches Institut für Wirt-
schaftsforschung.
Niosi, J., & Zhegu, M. (2010). Anchor tenants and regional innovation systems: The aircraft indus-
try. *International Journal of Technology Management, 50*, 263–284.
Nohl, A.-M. (2012). *Interview und dokumentarische Methode: Anleitung für die Forschungspraxis*.
Wiesbaden: VS Verlag für Sozialwissenschaften.
NRW.Bank. (2010). *Finanzbericht 2009*. Düsseldorf: NRW.Bank.
OECD – Organisation of Economic Co-operation and Development. (2009). *How regions grow*.
Paris: OECD.
OECD – Organisation of Economic Cooperation and Development. (2010). *Medium-run capacity
adjustment in the automobile industry*. OECD Economics Department Policy Notes, No. 21.
Paris: OECD.
OECD – Organisation of Economic Cooperation and Development. (2013). Innovation driven
growth in regions: The role of smart specialisation. Paris: OECD.
OP Baden-Württemberg. (2007). *Operationelles Programm für das Ziel „Regionale Wettbewerbsfä-
higkeit und Beschäftigung." Teil EFRE in Baden-Württemberg 2007–2013*. CCI-Code: 2007DE-
162PO008. Stuttgart: OP Baden-Württemberg.
Othengrafen, F., & Cornett, A. P. (2013). A critical assessment of the added value of territorial cohesion. *European Journal of Spatial Development*. Refereed Article No. 53.

Otto, A., & Weyh, A. (2014). *Industry space and skill-relatedness of economic activities. Comparative case studies of three eastern German automotive regions.* IAB-Forschungsbericht 8/2014. Nürnberg: Institut für Arbeitsmarkt- und Berufsforschung.

Otto, A., Nedelkoska, L., & Neffke, F. (2014). Skill-relatedness und Resilienz: Fallbeispiel Saarland. *Raumforschung und Raumordnung, 72,* 133–151.

Palaskas, T., Psycharis, Y., Rovolis, A., & Stoforos, C. (2015). The asymmetrical impact of the economic crisis on unemployment and welfare in Greek urban economies. *Journal of Economic Geography, 15*(5), 973–1007.

Palttala, P., et al. (2012). Communication gaps in disaster management: Perceptions by experts from governmental and non-governmental organizations. *Journal of Contingencies and Crisis Management, 20,* 2–12.

Parkinson, M., et al. (2013). *Second tier cities and territorial development in Europe: Performance, policies and prospects.* Final report. European Spatial Observatory Network. Liverpool. John Moores University.

PCAST – The President's Council of Advisors on Science and Technology (2014). *Accelerating US Manufacturing 2.0.* AMP 2.0 Steering Committee Report. Washington, DC: PCAST.

Pendall, R., Foster, K. A., & Cowell, M. (2010). Resilience and regions: Building understanding of the metaphor. *Cambridge Journal of Regions, Economy and Society, 3*(1), 71–84.

Pender, J., Marré, A., & Reeder, R. (2012). *Rural wealth creation: Concepts, strategies, and measures.* Economic Research Report No. 131. Washington, DC: US Department for Agriculture.

Perroux, F. (1955). Note sur la notion de ‚pôle de croissance'. *Économie Appliquée, 8,* 307–320.

Pestel-Institut. (2010). *Regionale Krisenfestigkeit. Eine indikatorengestützte Bestandsaufnahme auf der Ebene der Kreise und kreisfreien Städte.* Hannover: Pestel-Institut.

Pike, A., Birch, K., Cumbers, A., MacKinnon, D., & McMaster, R. (2009). A geographical political economy of evolution in economic geography. *Economic Geography, 85*(2), 175–182.

Pike, A., Dawley, S., & Tomaney, J. (2010). Resilience, adaptation, and adaptability. *Cambridge Journal of Regions, Economy and Society, 3*(1), 59–70.

Planungsgemeinschaft Rieselfeld. (1997). Der neue Stadtteil. Nutzungskonzept: Wohnen und Arbeiten, öffentliche Infrastrukturen. In K. Humpert (Hrsg.), *Stadterweiterung: Freiburg Rieselfeld. Modell für eine wachsende Stadt* (S. 103–113). Stuttgart: avedition.

Plattner, M. (2001). *Cluster-Evolution im Produktionssystem der ostdeutschen Halbleiterindustrie.* Münster: LIT.

Plöger, J., & Lang, T. (2013). Resilienz als Krisenfestigkeit: Zur Anpassung von Bremen und Leipzig an den wirtschaftlichen Strukturwandel. *Informationen zur Raumentwicklung, 4,* 325–335.

Plum, O., & Hassink, R. (2013). Analysing the knowledge base configuration that drives southwest Saxony's automotive firms. *European Urban and Regional Studies, 20,* 206–226.

Pollmanns, C. (2015). *Urban Governance – Wandel staatlicher Steuerung? Am Beispiel der Stadterneuerung Leipzigs.* Wissenschaftliche Hausarbeit. Leipzig: Universität Leipzig.

Prognos AG. (2010). *Fortschreibung und Vertiefung von Standortanalyse und Standortentwicklungskonzept von Schwedt/Oder.* Studie im Auftrag des Ministeriums für Wirtschaft und Europaangelegenheiten des Landes Brandenburg. Berlin: Prognos.

Psycharis, Y., Kallioras, D., & P. Pantazis (2014). Economic crisis and regional resilience: Detecting the ‚geographical footprint' of economic crisis in Greece. *Regional Science Policy & Practice, 6,* 121–141.

Püschel, S. (2004). *Entstehung und Entwicklung des Dresdner Mikroelektronik-Clusters.* Lizentiatsarbeit. München: Grin.

Rechnungshof Baden-Württemberg. (2011). *Sonderbericht zur Umsetzung des Zukunftsinvestitionsgesetzes: Bildungs- und Infrastrukturpauschalen.* Stuttgart: Rechnungshof Baden-Württemberg.

RECLUS – Réseau d'étude des changements dans les localisations et les unités spatial. (1989). *Les villes europeénees.* Rapport pour la DATAR (Délégation interministérielle à l'aménagement du territoire et à l'attractivité régionale). Montpellier: RECLUS.

Reggiani, A., De Graaff, T., & Nijkamp, P. (2002). Resilience: An evolutionary approach to spatial economic systems. *Networks and Spatial Economics, 2,* 211–229.

Regionenmarketing Mitteldeutschland. (2004). *Strategie zur Clusterentwicklung in Mitteldeutschland.* Leipzig: Regionenmarketing Mitteldeutschland.

Reicher, C., Niemann, L, & Uttke, A. (Hrsg.). (2011). *IBA Emscher Park: Impulses. Local, regional national, international.* Essen: Klartext.

Reißmüller, R., Schucknecht, K., & Fischer, S. (2011). Innenstadtentwicklung in der Shrinking City Chemnitz: Von der Herausforderung, Leere mit Leben zu füllen. In R. Reißmüller & K. Schucknecht (Hrsg.), *Stadtgesellschaften im Wandel.* Zum 60. Geburtstag von Christine Weiske (S. 67–110). Chemnitz: Universitätsverlag Technische Universität Chemnitz.

Richter Ostergaard, C., & Park, E. (2015). What makes clusters decline? A study on disruption and evolution of a high-tech cluster in Denmark. *Regional Studies, 49*(7), 834–849.

Rink, D. (2015). Zwischen Leerstand und Bauboom: Gentrifizierung in Leipzig. In F. Eckardt, R. Seyfarth, & F. Werner (Hrsg.), *Leipzig: Die neue urbane Ordnung der unsichtbaren Stadt* (S. 88–107). Münster: Unrast.

RMB – Regionalmanagement Burgenland. (2000). *Einheitliches Programmplanungsdokument 2000–2006 für die Ziel-1-Region Burgenland.* Eisenstadt: RMB.

RMB – Regionalmanagement Burgenland. (2007). *Operationelles Programm Phasing-out Burgenland 2007–2013 – EFRE.* Eisenstadt: RMB.

RMB – Regionalmanagement Burgenland. (2009). *EU-Förderungen im Burgenland. Programmperiode 2007–2013. Umsetzungsbericht 2008.* Eisenstadt: RMB.

RMB – Regionalmanagement Burgenland. (2011). *EU-Förderungen im Burgenland. Programmperiode 2007–2013. Umsetzungsbericht 2010.* Eisenstadt: RMB.

Röllinghoff, S. (2008). Clusterpolitik im Strukturwandel: Das dortmund-project. In M. Kiese & L. Schätzl (Hrsg.), *Cluster und Regionalentwicklung: Theorie, Beratung und praktische Umsetzung* (S. 157–182). Dortmund: Rohn.

Rose, A., & Liao, S.-Y. (2005). Modeling regional economic resilience to disasters: A computable general equilibrium model of water service disruptions. *Journal of Regional Science, 45,* 75–112.

RWI – Rheinisch-Westfälisches Institut für Wirtschaftsforschung. (2014). *Die finanzwirtschaftliche Situation der Städte und Gemeinden in Nord-Westfalen im interkommunalen Vergleich.* Forschungsprojekt im Auftrag der IHK Nord Westfalen. Essen: RWI.

RWI – Rheinisch-Westfälisches Institut für Wirtschaftsforschung. (2011). *Den Wandel gestalten – Anreize für mehr Kooperationen im Ruhrgebiet.* Gutachten im Auftrag der RAG-Stiftung. Essen: RWI.

RWI – Rheinisch-Westfälisches Institut für Wirtschaftsforschung, & Stifterverband für die deutsche Wissenschaft. (2009). *Innovationsbericht 2009. Zur Leistungsfähigkeit des Landes Nordrhein-Westfalen in Wissenschaft, Forschung und Technologie.* Endbericht im Auftrag des Ministeriums für Innovation, Wissenschaft, Forschung und Technologie des Landes Nordrhein-Westfalen. Essen: RWI.

SAB – Sächsische Aufbaubank. (2010). *SAB-Förderbericht 2010. Wirtschaft, Technologie, Arbeit.* Dresden: SAB.

Schellenberger, A., & Hesse, L. (2008). Zum Pendlerverhalten der sozialversicherungspflichtig Beschäftigten in Sachsen 1996 bis 2006. *Statistik in Sachsen, 1,* 30–45.

Schmid, J. (1990). Modernisierungspolitik und Späth-Absolutismus in Baden-Württemberg – eine parteilose Veranstaltung? In S. Bröchler & H. P. Mallkowsky (Hrsg.), *Modernisierungspolitiken heute: Die Deregulierungspolitiken von Staat und Parteien* (S. 153–164). Frankfurt a. M.: Materialis.

Schneider, D. P. (2015). *Verbunde Vielfalt als Untersuchungsdeterminante regionalwirtschaftlicher Resilienz. Eine qualitative Fallstudie aus der Sicht der Akteure mit einem Schwerpunkt auf Sachsen.* Dissertation. Leipzig: Universität Leipzig.

Schröder, H. (2013). *Unternehmerische Erneuerungsprozesse und räumliche Entwicklungsunterschiede infolge eines Strukturbruchs. Eine Analyse des ostdeutschen Verlagsgewerbes nach der deutschen Wiedervereinigung auf Basis des Mikro-Meso-Makro-Ansatzes.* Berlin: Wissenschaftlicher Verlag Berlin.

Schultz, A. (2015). Wanderungen nach Gemeindegrößenklassen. *Statistischer Quartalsbericht der Stadt Leipzig, I,* 13.

Schumpeter, J. A. (1911, 1997). *Theorie der wirtschaftlichen Entwicklung. Eine Untersuchung über Unternehmergewinn, Kapital, Kredit, Zins und den Konjunkturzyklus* (9. Aufl.). Berlin: Duncker & Humblot.

Schwab, O., & Schwarze, K. (2013). *Evaluation of the main achievements of cohesion policy programmes and projects over the longer term in 15 selected regions. Case study Nordrhein-Westfalen.* Glasgow: London School of Economics (LSE) and European Policy Research Centre (EPRC).

Seils, E., & Meyer, D. (2012). *Die Armut steigt und konzentriert sich in den Metropolen.* WSI-Report 08. Düsseldorf: WSI.

Setterfield, M. (1997). *Rapid growth and relative decline. Modelling macroeconomic dynamics with hysteresis.* Houndmills: Palgrave Macmillan.

Shaw, R. (2002). The International Building Exhibition (IBA) Emscher Park: A model for sustainable restructuring? *European Planning Studies, 10*(1), 77–97.

Siebe, T. (2012). *Industrie, Strukturwandel und Beschäftigung in Deutschland und in Nord-Westfalen. Eine empirische Analyse 2000 bis 2010 im Auftrag der IHK Nordwestfalen.* Bocholt: SiCon Wirtschaftsberatung.

Siegenthaler, H. (1993). *Regelvertrauen, Prosperität und Krisen.* Tübingen: J.C. Mohr.

Siegl, K., & Kaiser, P. (1997). Projektmanagement, Finanzierung, Vermarktung. In K. Humpert (Hrsg.), *Stadterweiterung: Freiburg Rieselfeld. Modell für eine wachsende Stadt* (S. 168–173). Stuttgart: avedition.

Silbereisen, R. K., Pinquart, M., & Tomasik, M. J. (2010). Social change and psychosocial adjustment: Results from the Jena study. In R. K. Silbereisen & X. Chen (Hrsg.), *Social change and human development: Concept and results* (S. 125–147). London: Sage.

Simmie, J., & Martin, R. (2010). The economic resilience of regions: Towards an evolutionary approach. *Cambridge Journal of Regions, Economy and Society, 3*(1), 27–43.

Sirkin, H. L., Zinser, M., & Hohner, D. (2011). *Made in America, again: Why manufacturing will return to the U.S.* Chicago: Boston Consulting Group.

Sleifer, J. (2006). *Planning ahead and falling behind. The East German economy compared with West Germany.* Jahrbuch für Wirtschaftsgeschichte. Supplement 8. Berlin.

Smettan, C., & Heinsohn, K. (2010). *Tourismusstrategie für Schwedt/Oder und Umland.* Präsentation. Berlin: dwif consulting.

Soldt, R. (2013). Politik des Laberns, Volllaberns und Vollgelabertwerdens. *Frankfurter Allgemeine Zeitung.* Nr. 126. 04.06.2013. S. 5.

Spada, H., & Reisse, K. (2012). Cognition and emotion in risk perception and behaviour – security awareness/need for security. In H.-H. Gander, et al. (Hrsg.), *Resilienz in der offenen Gesellschaft* (S. 195–209). Baden-Baden: Nomos.

Stadt Chemnitz. (Hrsg.). (2003). *Chemnitz. Neue Bauten in der Stadtmitte.* Ein Werkbericht. Leipzig: Verlag Edition Leipzig.

Stadt Dortmund. (2004). *Zukunftsstandort Phönix Dortmund.* Projektbeschreibung. Dortmund: Stadt Dortmund.

Stadt Gelsenkirchen. (2012). *Lernen ist Zukunft – Bildungsbiographien gemeinsam gestalten.* 1. Gelsenkirchener Bildungsbericht. Gelsenkirchen: Stadt Gelsenkirchen.

Stadt Leipzig. (2013). *Wirtschaftsförderungsreport.* Leipzig: Stadt Leipzig.

Stadt Leipzig. (2013a). Förderprogramm für Wachstum und Kompetenz im Leipziger Mittelstand 2013 bis 2015 (Mittelstandsförderprogramm). *Beschluss der Ratsver-sammlung* Nr. RBV-1671/13. Leipzig: Stadt Leipzig.

Stadt Leipzig. (2015a). *Statistischer Quartalsbericht II.* Stadt Leipzig: Amt für Statistik und Wahlen.

Stadt Pforzheim. (2009). *Stadterneuerung „Soziale Oststadt" – Abschlussbericht.* Pforzheim: Stadt Pforzheim.

Stadt Pforzheim. (2010). *Sonderberichte aus den Statistischen Halbjahresberichten der Kommunalen Statistikstelle seit 2005.* Pforzheim: Stadt Pforzheim.

Stahlecker, T., & Koschatzky, K. (2010). *Cohesion policy in the light of the place-based innovation approach: New approaches in multi actors, decentralised regional settings with bottom-up strategies?* Working Paper Firms and Regions No. 1/2010. Karlsruhe: Fraunhofer Institute for Systems and Innovation Research.

Statistische Ämter des Bundes und der Länder. (2014). *Integrierte Schulden der Gemeinden und Gemeindeverbände. Anteilige Modellrechnung für den interkommunalen Vergleich.* Stand: 31.12.2012. Wiesbaden: Statistisches Bundesamt.

Statistisches Landesamt Baden-Württemberg. (2012). *Zukunft Baden-Württemberg: Indikatoren im Vergleich.* Stuttgart: Statistisches Landesamt Baden-Württemberg.

Statistisches Landesamt Baden-Württemberg. (2012a). *Mehr als eine halbe Million Menschen nach der Wiedervereinigung aus neuen Bundesländern nach Baden-Württemberg zugezogen.* Newsletter No. 418. Stuttgart: Statistisches Landesamt Baden-Württemberg.

Statistisches Landesamt Baden-Württemberg (2012b). *Wirtschafts- und Sozialentwicklung Baden-Württemberg 2012/2013.* Stuttgart: Statistisches Landesamt Baden-Württemberg.

Stegmann, T., & Gärtner, S. (2015). *Beschäftigungsentwicklung im Finanzsektor – ein internationaler Vergleich.* Forschung aktuell Nr. 04/15. Gelsenkirchen: Institut für Arbeit und Technik.

Steinführer, A., Haase, A., & Kabisch, S. (2009). Leipzig – Reurbanisierungsprozesse zwischen Planung und Realität. In M. Kühn & H. Liebmann (Hrsg.), *Regenerierung der Städte. Strategien der Politik und Planung im Schrumpfungskontext* (S. 176–194). Wiesbaden: VS Verlag für Sozialwissenschaften.

Strambach, S. (2010). Path dependence and path plasticity. The co-evolution of institutions and innovation. The German customized business software industry. In R. A. Boschma & R. L. Martin (Hrsg.), *The handbook of evolutionary economic geography* (S. 406–431). Cheltenham: Edward Elgar.

Strambach, S., & Halkier, H. (2013). Reconceptualizing change. Path dependency, path plasticity and knowledge combination. *Zeitschrift für Wirtschaftsgeografie, 57*(1–2), 1—14.

Strambach, S., & Klement, B. (2013). Exploring plasticity in the development path of the automotive industry in Baden-Württemberg: The role of combinatorial knowledge dynamics. *Zeitschrift für Wirtschaftsgeografie, 57*(1–2), 67–82.

Strambach, S., & Klement, B. (2015). Resilienz aus wirtschaftsgeografischer Perspektive: Impulse eines „neuen" Konzeptes. In R. Wink (Hrsg.), *Multidisziplinäre Perspektiven der Resilienzforschung.* Wiesbaden: VS Verlag für Sozialwissenschaften (im Druck).

Strohmeier, K. P. (2009). Die Stadt im Wandel – Wiedergewinnung von Solidarpotential. In K. Biedenkopf, H. Bertram, & E. Niejahr (Hrsg.), *Starke Familie – Solidarität, Subsidiarität und kleine Lebenskreise* (S. 156–172). Stuttgart: Bosch-Stiftung.

Stuckler, D., & Basu, S. (2014). *The body economic: Eight experiments in economic recovery, from Iceland to Greece.* London: Penguin.

Studitemps, & Maastricht University. (2013). *Studentische Mobilität in Deutschland. Datenauszüge zur Studienreihe „Fachkraft 2020".* Köln: Studitemps.

Suire, R., & Vicente, J. (2009). Why do some places succeed when others decline? A social interaction model of cluster viability. *Journal of Economic Geography, 9*(3), 381–404.

TA 2020 – Territoriale Agenda 2020. (2011). *Für ein integratives, intelligentes und nachhaltiges Europa der vielfältigen Regionen.* Gemäß Übereinkunft auf dem informellen Treffen der für die Raumordnung und territoriale Entwicklung zuständigen Ministerinnen und Minister am 19. Mai 2011 in Gödöllö, Ungarn.

Taleb, N. N. (2012). *Antifragile. Things that gain from disorder*. New York: Random House.

Tan, H., & Mathews, J. A. (2010). Cyclical industrial dynamics: The case of the global semiconductor industry. *Technological Forecasting and Social Change, 77,* 344–353.

Terkessinidis, M. (2015). *Kollaboration*. Berlin: Suhrkamp.

Thissen, M., van Oort, F., Diodato, D., & Rujis, A. (2013). *Regional competitiveness and smart specialisation in Europe: Place-based developments in international economic networks*. Cheltenham. Elgar.

Thoma, K., Leismann, T., & Hiller, D. (2012). The concept of resilience in the context of technical sciences. In H.-H. Gander, et al. (Hrsg.), *Resilienz in der offenen Gesellschaft* (S. 321–339). Baden-Baden: Nomos.

TOB – Technologie-Offensive Burgenland. (2013). *Energiestrategie Burgenland 2020*. Studie im Auftrag der burgenländischen Landesregierung. Eisenstadt: TOB.

Todo, Y., Nakajima, K., & Matous, P. (2015). How do supply chain networks affect the resilience of firms to natural disasters? Evidence from the great East Japan earthquake. *Journal of Regional Science, 55*(2), 209–229.

Tödtling, F., & Trippl, M. (2005). One size fits all? Towards a differentiated policy approach with respect to regional innovation systems. *Research Policy, 34,* 1203–1219.

Torreiter, L. (2015). Wenn Segregation Schule macht. Bildungsbenachteiligung im Leipziger Stadtbezirk Ost. In F. Eckardt, R. Seyfarth, & F. Werner (Hrsg.), *Leipzig: Die neue urbane Ordnung der unsichtbaren Stadt* (S. 163–178). Münster: Unrast.

Townsend, A., & Champion, T. (2014). The impact of recessions on city regions: The British experience, 2008–2013. *Local Economy, 29,* 38–51.

Treado, C. D. (2010). Pittsburgh's evolving steel legacy and the steel technology cluster. *Cambridge Journal of Regions, Economies and Societies, 3*(1), 105–120.

Trippl, M., & Otto, A. (2009). How to turn the fate of old industrial areas: A comparison of cluster-based renewal processes in Styria and the Saarland. *Environment and Planning, A41*(5), 1217–1233.

TÜV Rheinland. (2014). *Bericht zum Breitbandatlas 2014 im Auftrag des Bundesministeriums für Verkehr und digitale Infrastruktur. Ergebnisse*. Berlin: TÜV Rheinland Consulting.

VDI Technologieberatung, & ZEW – Zentrum für Europäische Wirtschaftsforschung. (2015). *Sächsischer Technologiebericht*. Dresden: Sächsisches Staatsministerium für Wirtschaft, Arbeit und Verkehr.

VGRdL – Volkswirtschaftliche Gesamtrechnung der Länder. (2013). *Arbeitnehmerentgelt in den kreisfreien Städten und Landkreisen der Bundesrepublik Deutschland 2000 bis 2012*. Stuttgart: Statistische Ämter der Länder.

Vignetti, S., Pellegrin, J., & Pancotti, C. (2015). *Territorial Agenda 2020 put in practice. enhancing the efficiency and effectiveness of cohesion policy by a place-based approach. Volume I – Synthesis Report*. Brüssel: European Commission Directorate General for Regional and Urban Policy.

Walker, J., & Cooper, M. (2011). Genealogies of resilience: From systems ecology to the political economy of crisis adaptation. *Security Dialogue, 41,* 143–160.

Wagschal, U. (2013). Die Volksabstimmung zu Stuttgart 21 – ein direktdemokratisches Lehrstück? In U. Wagschal, U. Eith, & M. Wehner (Hrsg.), *Der historische Machtwechsel: Grün-Rot in Baden-Württemberg* (S. 181–205). Baden-Baden: Nomos.

Weck, S. (2005). *Quartiersökonomie im Spiegel unterschiedlicher Diskurse. Standpunkte und theoretische Analysen zur Revitalisierung erneuerungsbedürftiger Stadtteile*. Dortmunder Beiträge zur Raumplanung, 124. Dortmund: IRPUD – Institut für Raumplanung an der Technischen Universität Dortmund.

Weigel, O., & Heinig, S. (2007). Entwicklungsstrategien ostdeutscher Großstädte – Beispiel Leipzig. *Geographische Rundschau, 59*(2), 40–47.

Weller, C., & Helppie, B. (2010). *Biting the hand that fed it: Did the Stock market boom of the late 1990s impede investment in manufacturing?* Washington, DC: Economic Policy Institute.

Weltbank. (2009). *World development report 2009: Reshaping economic geography*. Washington, DC: Weltbank.

Wendt, M. (2014). Was folgt auf die Zwischennutzung? Modelle der Verstetigung temporärer Raumaneignungen in Leipzig. In O. Schnur, M. Drilling, & O. Niermann (Hrsg.), *Zwischen Lebenswelt und Renditeobjekt. Quartiere als Wohn- und Investitionsorte* (S. 145–157). Wiesbaden: VS Verlag für Sozialwissenschaften.

Whitacre, J. M. (2012). Biological robustness: Paradigms, mechanisms, and systems principles. *Frontiers in Genetics, 3,* 67.

Williams, N., Vorley, T., & Ketikidis, P. H. (2013). Economic resilience and entrepreneurship: A case study of the Thessaloniki city region. *Local Economy, 28,* 399–415.

Wink, R. (1996). *Historical development of soil protection and land use in the ruhr area.* IIASA-Working-Paper, WP-96-35. Laxenburg. International Institute for Advanced System Analysis.

Wink, R. (2010). Evolution regionaler Resilienz: theoretischer Rahmen und Messkonzepte. In C. Dreger, R. Kosfeld, & M. Türck (Hrsg.), *Empirische Regionalforschung heute* (S. 111–124). Wiesbaden: Gabler.

Wink, R. (2010a). Transregional institutional learning in Europe: Prerequisites, actors, and limitations. *Regional Studies, 44*(6), 499–511.

Wink, R. (2014). Regional economic resilience: European experiences and policy issues. *Raumforschung und Raumordnung, 72,* 85–91.

Wink, R. (2015). Regional urban resilience. The case of Dortmund and Gelsenkirchen. In A. Drobniak (Hrsg.), *Regional urban resilience. Concept and measurement* (S. 242–268). Gliwice: One Press.

Wink, R. (2015a). Renewable energies as a growth engine. In CSIL Centre for Industrial Studies (Hrsg.), *Territorial Agenda 2020 put in practice. Enhancing the efficiency and effectiveness of Cohesion Policy by a place-based approach. Volume II: Case Studies* (S. 37–46). Brüssel: European Commission Directorate General for Urban and Regional Policy.

Wink, R. (Hrsg.). (2015b). *Multidisziplinäre Perspektiven der Resilienzforschung.* Wiesbaden: VS Verlag für Sozialwissenschaften.

Wink, R., Kirchner, L., Koch, F., & Speda, D. (2015). Collective learning and path plasticity as means to regional economic resilience. The case of Stuttgart. *International Journal of Learning and Change, 8*(1), 21–41.

Winkler, F. (1997). Der frühe Marktplatz Leipzig. In V. Rodekamp (Hrsg.), *Leipzig. Stadt der Wa(h)ren Wunder. 500 Jahre Reichsmesseprivileg* (S. 7–23). Leipzig. Leipziger Messe Verlag.

wmr – wirtschaftsförderung metropole ruhr. (2014). *Wirtschaftsbericht Ruhr 2014.* Essen: wmr.

Zander, M., & Roemer, M. (2015). Resilienz im Kontext von Sozialer Arbeit: Das Geheimnis der menschlichen Seele lüften? In R. Wink (Hrsg.), *Multidisziplinäre Perspektiven der Resilienzforschung.* Wiesbaden: VS Verlag für Sozialwissenschaften.

ZEFIR – Zentrum für interdisziplinäre Regionalforschung. (2014). *Mehr als viertes Kind im Ruhrgebiet ist arm. Abkopplung vom Trend sinkender Armut in Deutschland.* Bochum: ZEFIR.

Internetquellen

ACI – Airport Council International. (2015). *Cargo Volume. Preliminary loaded and unloaded freight and mail in metric tonnes.* http://www.aci.aero/Data-Centre/Annual-Traffic-Data/Cargo/2013-final.

Almaas, I. H. (1999). Regenerating the Ruhr – IBA Emscher Park project for the regeneration of Germany's Ruhr Region. *The Architectural Review.* February. http://www.thefreelibrary.com/Regenerating+the+Ruhr.-a054172205. Zugegriffen: 25. Aug. 2014.

Amt für Wirtschaftsförderung der Stadt Dresden. (2011). *Mikroelektronik-/IT-Cluster. Region Dresden.* Präsentation. https://www.dresden.de/media/pdf/wirtschaft_extern/Praesentation_Mikro_Standort_Semicon_2011_web.pdf.

AMTC – Advanced Mask Technology Center. (2012). *Toppan Photomasks und Globalfoundries verlängern Joint Venture und planen weitere Investitionen in gemeinsames Maskenzentrum in Dresden*. Pressemitteilung. http://www.amtc-dresden.com/content/dls/Joint%20Release_TPI_GF_AMTC%20final_deu_revGF_homepage.pdf.

Augsburger Allgemeine. (2014). Hochwasser-Spezialist sieht Land. IBS Thierhaupten im Insolvenzverfahren. Augsburger Allgemeine. http://www.augsburger-allgemeine.de/augsburg-land/Hochwasser-Spezialist-sieht-Land-id31231997.html. Zugegriffen: 5. Sept. 2014.

Balser, M., & Kohl, C. (2009). Rettungspaket für Qimonda geplatzt. *Sueddeutsche Zeitung*. http://www.sueddeutsche.de/wirtschaft/kein-geld-von-infineon-rettungspaket-fuer-qimonda-geplatzt-1.381657.

Baumgärtel, U., Kubicek, J., & Küster, H. (2011). Leipzig 1871 – Gründerzeit und Gründergeist. http://www.gruenderzeit-in-leipzig.de/home/gruenderzeit/.

Bertelsmann-Stiftung. (2015). Kein Kind zurücklassen. Kommunen in NRW beugen vor. Präsentation der Modellkommune Gelsenkirchen. http://www.kein-kind-zuruecklassen.de/kommunen/gelsenkirchen.html.

Bioenergy 2020+. (2013). Unternehmensgeschichte. http://www.bioenergy2020.eu/content/unternehmen/geschichte.

BMWE – Bundesministerium für Wirtschaft und Energie. (2014). *Statistik der Fördermittelvergabe des Zentrales Innovationsprogramm Mittelstand nach Bundesländern*. http://www.zim-bmwi.de/download/infomaterial/statistiken/fm-nach-bl-daten.

Breining, T. (2014). Kretschmann: Keiner soll überhört werden. Regierungserklärung zur Bürgerbeteiligung. Stuttgarter Zeitung. http://www.stuttgarter-zeitung.de/inhalt.regierungserklaerung-zur-buergerbeteiligung-kretschmann-keiner-soll-ueberhoert-werden.627eb2fa-05aa-48ed-81c1-78a507696549.html. Zugegriffen: 26. März 2014.

Centro Management GmbH. (2010). Oberhausen. Eine Stadt im Strukturwandel. http://www.centro.de/fileadmin/_migrated/content_uploads/OberhausenImStrukturwandel_Futura_02.pdf.

Centro Management GmbH. (2015). Daten und Fakten. http://www.centro.de/fileadmin/user_upload/2015_Daten_und_Fakten_06-2015.pdf.

Der Westen. (2012). Scheuten Solar insolvent – Werk in Gelsenkirchen betroffen. http://www.derwesten.de/staedte/gelsenkirchen/scheuten-solar-insolvent-werk-in-gelsenkirchen-betroffen-id6416383.html. Zugegriffen: 1. März 2012.

Deutsche UNESCO-Kommission. (2009). *Dresden verliert Welterbe-Status*. Pressemitteilung. http://www.unesco.de/presse/pressearchiv/2009/ua36-2009.html?&L=0.

Dörries, B. (2010). 77 Millionen Euro verzockt. http://www.sueddeutsche.de/politik/pforzheim-razzia-im-rathaus-millionen-euro-verzockt-1.126309.

Dörries, B. (2012). Ruhrgebiet will Osten Solidarität aufkündigen. Süddeutsche Zeitung. http://www.sueddeutsche.de/politik/wachsende-schulden-in-westdeutschen-kommunen-ruhrgebiet-will-osten-solidaritaet-aufkuendigen-1.1313210. Zugegrifffen: 20. März 2012.

Dresden Marketing. (2012). *MC Vergleich 2001 bis 2011. Übernachtungen aus 19 Zielländern*. Dresden. http://mediaserver.dresden.de/details.php?img_id=19695&language_dir=deutsch.

Duden. (2015). *Wutbürger*. http://www.duden.de/rechtschreibung/Wutbuerger.

Engelhart, K. (2014). ‚New Berlin' or not, Leipzig has new life. *New York Times*. http://www.nytimes.com/2014/09/07/travel/new-berlin-or-not-leipzig-has-new-life.html?_r=0. Zugegriffen: 2. Sept. 2014.

Flughafen Leipzig-Halle. (2015). *Entwicklung des Fracht- und Postaufkommens*. https://www.leipzig-halle-airport.de/unternehmen/ueber-uns/zahlen-und-fakten/entwicklung-158.html.

Franke, J.-D. (2015). ICE-Anschluss für Chemnitz: Freistaat tritt auf die Bremse. Freie Presse. http://www.freiepresse.de/NACHRICHTEN/SACHSEN/ICE-Anschluss-fuer-Chemnitz-Freistaat-tritt-auf-die-Bremse-artikel9103420.php. Zugegriffen: 2. Feb. 2015.

Fraunhofer ISE – Institut für Solare Energiesysteme. (2015). Daten und Fakten. http://www.ise.fraunhofer.de/de/ueber-uns/daten-und-fakten.

Fraunhofer ISE – Institut für solare Energiesysteme. (2015a). Labor- und Servicecenter Gelsenkirchen. http://www.ise.fraunhofer.de/lsc/de.

Freynschlag, S. (2013). Solarzellenerzeuger Blue Chip Energy wird zerschlagen. Wiener Zeitung. http://www.wienerzeitung.at/nachrichten/wirtschaft/oesterreich/587662_Solarzellenerzeuger-Blue-Chip-wird-zerschlagen.html. Zugegriffen: 15. Nov. 2013.

Gericke, G. (2015). Dresden will neue kommunale Wohnungsgesellschaft. Immobilienzeitung. http://www.immobilien-zeitung.de/1000024577/dresden-will-neue-kommunale-wohnungsgesellschaft.

Goffart, D. (2008). Tillich: Lassen uns von Qimonda nicht erpressen. *Handelsblatt*. http://www.handelsblatt.com/politik/deutschland/sachsens-ministerpraesident-tillich-lassen-uns-von-qimonda-nicht-erpressen/3067392.html.

Hamburg Tourismus. (2014). *Städteallianz Magic Cities Germany mit neuer Marktausrichtung und neuem Vorstand. Pressemitteilung.* http://www.hamburg-tourism.de/uploads/tx_news/141121_PM_Staedteallianz_Magic_Cities_Germany_01.pdf.

HausHalten e. V. (2015). Wächterhäuser – das Modell. http://www.haushalten.org/de/waechterhaeuser_modell.asp.

Hergert, L., & Franke, J.-D. (2014). MAN schließt Werk in Plauen – Bus-Fertigung geht in die Türkei. Freie Presse. http://www.freiepresse.de/NACHRICHTEN/TOP-THEMA/MAN-schliesst-Werk-in-Plauen-Bus-Fertigung-geht-in-die-Tuerkei-artikel8825551.php. Zugegriffen: 21. Mai 2014.

Hochschule Pforzheim. (2015). Zeittafel und Portrait. https://www.hs-pforzheim.de/De-de/Hochschule/Portrait/zeittafel/Seiten/Zeittafel.aspx.

IG Windkraft. (2014). Windkraft aktuell: Wind in Zahlen. https://www.igwindkraft.at/?xmlval_ID_KEY[0]=1047.

IMTEK – Institut für Mikrosystemtechnik an der Albert-Ludwigs-Universität Freiburg. (2015). Zahlen, Daten, Fakten. https://www.imtek.de/institut/fakten.

Initiativkreis Ruhr. (2015). *Projektübersicht.* http://i-r.de/projekte/aktuelle-projekte/.

Innotec Pforzheim. (2015). Unternehmen. http://www.innotec-pforzheim.de/index.php?id=2.

IPS – Industriepark Schwedt. (2015). Firmenübersicht. http://www.ipsdt.de/firmen.html.

Kottmann, M., & Kriegesmann, B. (2011). Mit FH-INTEGRATIV Talente entfalten – ein Programm an der FH Gelsenkirchen. Heimatkunde – Migrationspolitisches Portal der Heinrich-Boell-Stiftung. https://heimatkunde.boell.de/2011/02/18/mit-fh-integrativ-talente-entfalten-ein-programm-der-fh-gelsenkirchen.

Kulish, N. (2009). Unemployment surges in Germany's golden city. New York Times. http://www.nytimes.com/2009/04/14/world/europe/14germany.html?_r=0. Zugegriffen: 13. April 2009.

Laurin, S. (2008). Bürgermeister legen Städtebundpapier vor. *Ruhrbarone.* http://www.ruhrbarone.de/burgermeister-legen-stadtebundpapier-vor. Zugegriffen: 25. Aug. 2014.

LBS – Landesbausparkassen. (2013). Eigenheime für die meisten bezahlbar. https://www.lbs.de/presse/p/infodienst_wohnungsmarkt/details_420496.jsp.

Leipziger Stiftung für Innovations- und Technologietransfer. (2015). Stiftungsarbeit seit 2001. http://www.leipziger-stiftung.de/geschichte-38.html.

Lester, T. W., & Nguyen, M. T. (2015). The economic integration of immigrants and regional resilience. *Journal of Urban Affairs.* doi:10.1111/juaf.12205.

Ludwig, B. (2015). Stadtportrait der Stadt Chemnitz. http://chemnitz.de/chemnitz/de/die-stadt-chemnitz/stadtportrait/index.html.

Mauch, U. (2015). Erwartet und gewollt. *Badische Zeitung.* http://www.badische-zeitung.de/freiburg/freiburgs-neuer-stadtteil-dietenbach-erwartet-und-gewollt. Zugegriffen: 21. April 2015.

MDR – Mitteldeutscher Rundfunk. (2015). Wird Dresden Zentrum de Halbleiter-®evolution? http://www.mdr.de/sachsen/globalfoundries-investition-dresden100_zc-f1f179a7_zs-9f2fcd56.html. Zugegriffen: 14. Juli 2015.

Meinert, G. (2011). Pilkington kündigt Investition in Millionenhöhe an. Der Westen. http://www.derwesten.de/staedte/gelsenkirchen/pilkington-kuendigt-investition-in-millionenhoehe-an-id4159850.html. Zugegriffen: 13. Jan. 2011.

Mietshäuser Syndikat. (2015). Das Projekte – Sammelsurium und Chronik. http://www.syndikat.org/de/syndikat/unternehmensverbund/.

MIK – Ministerium für Inneres und Kommunales des Landes Nordrhein-Westfalen. (2014). Stär-kungspakt Stadtfinanzen. http://m.mik.nrw.de/themen-aufgaben/kommunales/kommunale-fi-nanzen/kommunale-haushalte/haushaltssicherung/staerkungspakt-stadtfinanzen.html.

Ministerpräsident des Landes Baden-Württemberg. (2015). Politik des Gehörtwerdens. http://www.baden-wuerttemberg.de/de/regierung/ministerpraesident/der-wandel-kommt-an/politik-des-gehoertwerdens/.

MIWF – Ministerium für Innovation, Wissenschaft und Forschung des Landes Nordrhein-Westfa-len. (2015). Talentscouts an sieben Hochschulen im Ruhrgebiet. http://www.wissenschaft.nrw.de/studium/informieren/talentscouting/.

Nößler, R. (2015). Schere zwischen Arm und Reich klafft in Leipzig weiter auseinander. Leipziger Volkszeitung. http://www.lvz.de/Leipzig/Lokales/Schere-zwischen-Arm-und-Reich-in-Leipzig-klafft-weiter-auseinander. Zugegriffen: 9. Juli 2015.

o. V. (1984). VW-Motoren aus Karl-Marx-Stadt. Der Spiegel. http://www.spiegel.de/spiegel/print/d-13512231.html.

o. V. (2015). Spatenstich für neue Daimler-Teststrecke. Frankfurter Allgemeine Zeitung. http://www.faz.net/aktuell/wirtschaft/unternehmen/daimler-baut-neue-teststrecke-in-baden-wuerttem-berg-13437855.html. Zugegriffen: 19. Feb. 2015.

ORF – Österreichischer Rundfunk Burgenland. (2013). Biomassekraftwerk Güssing vorerst geret-tet. http://burgenland.orf.at/news/stories/2596350/.

ORF – Österreichischer Rundfunk Burgenland (2014). Kärntner Unternehmer kauft Blue Chip Ener-gy. http://burgenland.orf.at/news/stories/2633661/. Zugegriffen: 28. Feb. 2014.

PCK GmbH. (2015). Unternehmenshistorie. http://www.pck.de/unternehmen/unternehmen-h.html.

Pretzlaff, H. (2014). Die Neuen sind in Leipzig in der Überzahl. *Stuttgarter Zeitung.* http://m.stutt-garter-zeitung.de/inhalt.macan-werk-von-porsche-eroeffnet-die-neuen-sind-in-leipzig-in-der-ueberzahl.cb85885c-5619-4058-b734-1aa65e68c9b6.html. Zugegriffen: 11. Feb. 2014.

PricewaterhouseCoopers & ö:konzept. (2013). Gutachten zum potentiellen Nationalpark im Nord-schwarzwald. Zusammenfassung der wesentlichen Aussagen des Gutachtens im Auftrag des Mi-nisteriums für Ländlichen Raum und Verbraucherschutz Baden-Württemberg. Berlin. http://www.schwarzwald-nationalpark.de/fileadmin/_schwarzwald/Downloads/Zusammenfassung.pdf.

Purvis, A. (2008). Is this the greenest city in the world? *The Observer.* http://www.theguardian.com/environment/2008/mar/23/freiburg.germany.greenest.city. Zugegriffen: 23. März 2008.

Region Nordschwarzwald. (2015). Cluster und Netzwerke. http://www.nordschwarzwald.de/wirt-schaftsstandort/cluster-netzwerke.html.

Reicher, C. (2013). Aufwertung versus Verdrängung – Kann es einen Wandel des Emschertals ohne Gentrifizierung geben? *EmscherPlayer.* http://www.emscherplayer.de/main.yum?mainActi-on=magazin&id=84482. Zugegriffen: 25. Aug. 2014.

Röderer, J. (2015). Freiburgs neuer Stadtteil: Entscheidung fällt für Dietenbach. *Badische Zeitung.* http://www.badische-zeitung.de/freiburg/freiburgs-neuer-stadtteil-entscheidung-faellt-fuer-die-tenbach-103666702.html. Zugegriffen: 21. April 2015.

Ryall, J. (2015). The 20 global destinations where yuccies can be together. http://mashable.com/2015/07/22/yuccie-city-guide/#lNrszRajgsqh.

RWTH – Rheinisch-Westfälisch-Technische Hochschule Aachen. (2013). *Freiburg. Quartier Vau-ban: Ziele, Qualitäten, Erfahrungen.* Präsentation eines studentischen Projekts am Lehrstuhl für Planungstheorie und Stadtentwicklung sowie vom Lehrstuhl Wohnbau. http://www.freiburg.de/pb/site/Freiburg/get/745547/kl_Praesentation.pdf.

Sachse, S. (2012). Chemnitz führt nun Regie über die Landesbehörde. Freie Presse. http://www.freiepresse.de/NACHRICHTEN/SACHSEN/Chemnitz-fuehrt-nun-Regie-ueber-die-Landesbe-hoerde-artikel7919359.php. Zugegriffen: 29. Feb. 2012.

Schütze, R. (2014). Zorn, Angst und Ohnmacht. The European. http://www.theeuropean.de/richard-schuetze/7920-mit-buergerdialog-proteste-vermeiden.

Simons, H. (2014). *Schwarmstadt Leipzig.* Präsentation im Rahmen des Projekts „Leipzig weiter denken". www.leipzig.de/buergerservice-und-verwaltung/buergerbeteiligung-und-einflussnahme/leipzig-weiter-denken/beteiligen/wohnen-in-der-wachsenden-stadt/akteurs-und-experten-workshops-zum-wohnungspolitischen-konzept/?eID=dam_frontend_push&docID=33153.

Solarsiedlung Gelsenkirchen-Bismarck. (2015). Von der Landesinitiative zur Bürgerinitiative: Gründung des Bürger-Solarvereins in Gelsenkirchen. http://www.solarsiedlung-gelsenkirchen-bismarck.de.

Solarstadt Gelsenkirchen. (2012). Meilensteine. http://www.solarstadt-gelsenkirchen.de/ueber-uns/meilensteine/.

Solarstadt Gelsenkirchen. (2014). Umbenennung. http://www.solarstadt-gelsenkirchen.de/ueber-uns/.

Sorge, N.-V. (2012). Erste Solarpleite nach der Förderkürzung. Manager-Magazin. http://www.manager-magazin.de/unternehmen/energie/a-818622.html. Zugegriffen: 1. März 2012.

Sozialberichterstattung der Statistischen Ämter des Bundes und der Länder. (2015). *Indikatoren zur Armut und sozialen Ausgrenzung.* http://www.amtliche-sozialberichterstattung.de/armut_soziale_ausgrenzung.html.

Stadt Dortmund. (2014). *Projekte zur Stadterneuerung Dortmund Nordstadt.* http://www.dortmund.de/de/leben_in_dortmund/planen_bauen_wohnen/stadterneuerung_nordstadt/projekte_sn/. Zugegriffen: 25. Aug. 2014.

Stadt Dresden. (2013). Dresden erneut Geburtenhauptstadt. Pressemitteilung. http://www.dresden.de/de/02/035/01/2013/08/pm_104.php.

Stadt Freiburg im Breisgau. (2005). Gelungener Balanceakt. Zukunft Freiburg. Flächennutzungsplan 2020. *Amtsblatt der Stadt Freiburg im Breisgau.* http://www.freiburg.de/pb/site/Freiburg/get/documents_E-672694061/freiburg/daten/news/amtsblatt/pdf/AB_SS_2005-1210.pdf.

Stadt Freiburg im Breisgau. (2015). *Perspektivplan Freiburg.* http://www.perspektivplan-freiburg.de/perspektivplan/.

Stadt Gelsenkirchen. (2015). Stadtgeschichte(n) des Instituts für Stadtgeschichte. http://www.gelsenkirchen.de/de/Kultur/Institut_fuer_Stadtgeschichte/Stadtgeschichte(n)/default.asp?Z_highmain=17&Z_highsub=5&Z_highsubsub=0.

Stadt Gelsenkirchen. (2015a). Stadtname. http://www.gelsenkirchen.de/de/Touristik/Stadtportrait/Stadtname.asp?Z_highmain=6&Z_highsub=9&Z_highsubsub=0.

Stadt Leipzig. (2011). *Kommunal-Kombi Leipzig. Perspektiven schaffen.* http://www.kommunal-kombi-leipzig.de.

Stadt Leipzig. (2015). Wave Gotik Treffen. http://www.leipzig.de/news/news/wave-gotik-treffen-2015/.

Stadt Pforzheim. (2015). Schmuck in der Goldstadt. https://www.pforzheim.de/buerger/ueber-pforzheim/schmuck-und-goldstadt.html.

Stadt Pforzheim. (2015a). Kurzportrait zur Stadtgeschichte. https://www.pforzheim.de/buerger/ueber-pforzheim/stadtgeschichte.html.

Stadt Prenzlau. (2015). Brancheninformationen. http://www.prenzlau.eu/cms/detail.php?gsid=bb3.c.266059.de.

Städteregion Ruhr 2030. (2015). Städteregion allgemein. http://www.staedteregion-ruhr-2030.de/cms/allgemeines_zur_staedteregion.html.

Statistik Austria. (2015). Statcube – Statististische Datenbank. http://statcube.at/statistik.at.

Statistisches Landesamt Baden-Württemberg. (2014). Regionaldaten. http://www.statistik.baden-wuerttemberg.de/SRDB/.

Statistisches Landesamt Sachsen. (2015). Kreisstatistik. http://www.statistik.sachsen.de/appsl1/Kreistabelle/.

Stender, J. (2013). Scheuten ist wieder zahlungsunfähig. Der Westen. http://www.derwesten.de/staedte/gelsenkirchen/scheuten-ist-wieder-zahlungsunfaehig-id8098215.html. Zugegriffen: 21. Juni 2013.

Thieme, G. (2015). A72: Finale für den letzten Autobahnneubau. Freie Presse. http://www.freiepresse.de/NACHRICHTEN/SACHSEN/A72-Finale-fuer-den-letzten-Autobahnneubau-artikel9148568.php. Zugegriffen: 23. März 2015.

Tourismus Marketing Uckermark. (2015). Übersicht. http://www.tourismus-uckermark.de/de/.

VGRdL – Volkswirtschaftliche Gesamtrechnungen der Länder. (2014). *Gesamtwirtschaftliche Indikatoren.* www.vgrdl.de.

VGRdL – Volkswirtschaftliche Gesamtrechnungen der Länder. (2015). *Bruttoinlandsprodukt, Bruttowertschöpfung in den kreisfreien Städten und Landkreisen der Bundesrepublik Deutschland, 1992 und 1994 bis 2012.* Datenübersicht. www.vgrdl.de.

Volmerich, O. (2013). Grundstücke am Phönix-See werden nun doch vermarktet. *Westdeutsche Allgemeine Zeitung.* http://www.derwesten.de/staedte/dortmund/sued/grundstuecke-am-phoenix-see-werden-nun-doch-vermarktet-id7805234.html. Zugegriffen: 5. April 2013.

Volmerich, O., & Thiel, T. (2014). Das wird gerade alles am Phönix-See gebaut. *Westdeutsche Allgemeine Zeitung.* http://www.derwesten.de/staedte/dortmund/sued/das-wird-gerade-alles-am-phoenix-see-gebaut-id9946183.html. Zugegriffen: 18. Okt. 2014.

Westfälische Hochschule. (2015). Chronik der Hochschule. http://www.w-hs.de/erkunden/portrait-der-hochschule/chronik/.

WIdO – Wissenschaftliches Institut der Allgemeinen Ortskrankenkassen. (2015a). Städte im Ruhrgebiet mit den höchsten Fehlzeiten. Pressemitteilung. http://www.wido.de/fileadmin/wido/downloads/pdf_pressemitteilungen/wido_bgf_pm_krankenstand_2012_0313.pdf.

WIdO – Wissenschaftliches Institut der Allgemeinen Ortskrankenkassen. (2015). Wenn der Beruf krank macht. Pressemitteilung. http://www.wido.de/fileadmin/wido/downloads/pdf_praevention/wido_pra_pm_krankenstand1_0315.pdf.

Wissenschaftspark Gelsenkirchen. (2015). Geschichte. http://www.wipage.de/ueber-uns/geschichte/.

Wolf, M. (2015). Konzepte zur Innenstandtentwicklung. Bestandteil einer Präsentation für eine Bürgerinformationsveranstaltung. Pforzheim. https://di0pda1wg490s.cloudfront.net/fileadmin/user_upload/bauen/stadtentwicklung/pfmitte/pfmitte150115.pdf.

WRS – Wirtschaftsförderung Region Stuttgart. (2015). *Angaben zur Modellregion für nachhaltige Mobilität.* http://nachhaltige-mobilitaet.region-stuttgart.de.

WSP – Wirtschaft und Stadtmarketing Pforzheim. (2012). Ministerium für Finanzen und Wirtschaft Baden-Württemberg fördert Regionale Fachkoordinierungsstelle Pforzheim Nordschwarzwald mit knapp 100.000 €. Pressemitteilung. http://www.nordschwarzwald.de/fileadmin/filemounts/redaktion/Dateien/Pressemitteilungen/PM_9-11-2012_Regionale_Fachkraeftekoordinierungs-stelle_Pforzheim_Nordschwarzwald.pdf.

Xu, L., Marinova, D., & Guo, X. (2015). Resilience thinking: A renewed system approach for sustainability science. *Sustainability Science, 10*(1), 123–138.

Zensus. (2011). Zensusdatenbank zum Zensus 2011. https://ergebnisse.zensus2011.de.

Zurbonsen, K.-H. (2015). Ex-Stadtplaner plädieren für Rieselfeld statt Dietenbach. *Netzwerk Südbaden.* http://www.netzwerk-suedbaden.de/ex-stadtplanernd-plaedieren-fuer-rieselfeld-statt-dietenbach/.

Sachverzeichnis

© Springer Fachmedien Wiesbaden 2016
R. Wink et al., *Wirtschaftliche Resilienz in deutschsprachigen Regionen*,
DOI 10.1007/978-3-658-09823-0

The manufacturer's authorised representative in the EU is Springer
Nature Customer Service Centre GmbH, Europaplatz 3, 69115 Heidelberg,
Germany. If you have any concerns regarding our products, please
contact ProductSafety@springernature.com

Printed and bound by CPI Group (UK) Ltd, Croydon, CR0 4YY
27/04/2026
02097652-0013